U0228913

油田含油污泥
解脱附技术研究及其工程应用

Research and Engineering Application of
Oilfield Oil Sludge Desorption Technology

陈忠喜　魏利　马骏　于忠臣　等著

化学工业出版社
·北京·

内 容 简 介

油田含油污泥是被纳入《国家危险废物名录》的危险固体废物，其无害化、减量化、资源化处理是油田践行"绿色低碳"的发展理念、切实履行"绿色企业行动计划"的重要组成部分。本书是详细介绍含油污泥解脱附机制、含油污泥热解动力学以及热解技术和应用的著作，共分 9 章，主要介绍了含油污泥处理的重要性、处理技术的现状及发展趋势，含油污泥组成分析及其特性表征方法，含油污泥理化性质，含油污泥热洗技术，含油污泥超声处理技术，含油污泥热解脱附动力学及热解产物研究，含油污泥热解处理工艺参数数值仿真技术，热解脱附技术在国内外油田中的应用案例，含油污泥的"出路"和"归宿"初探。

本书内容新颖、信息量大、理论体系脉络完整，写作严谨，具有较强的实用性，全面反映了我国含油污泥处理的现状与技术水平，可以作为从事油田含油污泥处理、固体废物处置等相关研究和工作人员的参考用书，也可作为环境科学与工程及相关专业的研究生以及高校教师的教学用书。

图书在版编目（CIP）数据

油田含油污泥解脱附技术研究及其工程应用/陈忠喜等著. —北京：化学工业出版社，2024.4
ISBN 978-7-122-45576-5

Ⅰ. ①油⋯　Ⅱ. ①陈⋯　Ⅲ. ①油田-污泥处理　Ⅳ. ①X741.03

中国国家版本馆 CIP 数据核字（2024）第 089025 号

责任编辑：刘兴春　刘　婧　　文字编辑：李晓畅　李　静　王云霞
责任校对：宋　玮　　　　　　　装帧设计：王晓宇

出版发行：化学工业出版社
　　　　　（北京市东城区青年湖南街 13 号　邮政编码 100011）
印　　装：北京建宏印刷有限公司
787mm×1092mm　1/16　印张 22　彩插 13　字数 542 千字
2024 年 8 月北京第 1 版第 1 次印刷

购书咨询：010-64518888　　　　　售后服务：010-64518899
网　　址：http://www.cip.com.cn
凡购买本书，如有缺损质量问题，本社销售中心负责调换。

定　　价：198.00 元　　　　　　　版权所有　违者必究

序

随着史上最严格的环保法——"土十条"和"水十条"的出台，含油污泥已被列入《国家危险废物名录》，按照《中华人民共和国清洁生产促进法》要求，必须对含油污泥进行无害化处理。国家危险废物处理的规范严格，危险废物处理不当可以直接入刑，现在国家允许污染产生企业在法律允许的范畴内自行处置危险废物，给危险废物处置带来新的机遇。

含油污泥（含油泥沙）是石油产业在勘探、开采、集输过程中产生的大量废弃物，一般分为油田含油污泥与石油化工行业（主要是炼油厂）产生的含油污泥。油田含油污泥包括油田开发过程中产生的落地含油污泥、联合站生产运行中产生的罐底含油污泥和污水站运行中产生的含油污泥，这些废弃物含油量高，不能直接利用或外排，若被堆放风干或掩埋地下，不仅会污染环境，同时会造成大量资源浪费。随着对油田三次采油的开发不断深入，含油污泥产生量将日趋提高。

近十年来，含油污泥的处理技术发生了很大的变化，对含油污泥基础研究的深入，如含油污泥的组成，含油污泥的油水泥胶体界面性质，含油污泥在不同处理技术下的界面张力，含油污泥的热解动力学，含油污泥热解产物分析以及含油污泥热解的模拟等，促进了含油污泥相关技术的进步和发展，其中热解技术受到广大科研工作者和企业的重视和欢迎。

现行的许多方法都视含油污泥为危险废物，或仅仅利用了含油污泥的燃烧热，忽略了含油污泥本身所具有的资源价值。随着天然资源越来越短缺和固体废物排量激增，许多国家把废物作为"资源"积极开展综合利用，固体废物已逐渐成为可开发的"再生资源"。含油污泥资源化利用将是其最终处置的根本方式，热解技术一个重要的优点是能够回收部分热解油和产生炭黑，可以进一步资源化利用含油污泥。

由大庆油田设计院陈忠喜教授级高级工程师、哈尔滨工业大学魏利研究员、大庆油田设计院马骏高级工程师、东北石油大学于忠臣教授及有关研发人员等共同编写的《油田含油污泥解脱附技术研究及其工程应用》一书，填补了国内在该领域的图书空白，将对广大环保科研工作者从事的科学研究和工程实践具有针对性的指导意义。

作者多年来在科研一线对含油污泥进行了深入研究，同时具有丰富的生产实践经验。作者以近年来新兴的含油污泥处理技术为主线，依据含油污泥处理基本原理的不同对其进行分类及归纳总结，探讨不同条件下，各种含油污泥处理技术工艺在环境工程治理等领域不同方向的研究及应用。另外，本书内容充分体现了理论联系实际的思想，针对含油污泥处理技术，提出了指导工程实践的应用案例，体现了该类新兴技术对于人类社会环保治理与实际生产的应用价值及意义，在内容上也充分体现了学以致用的原则。

总之，本书在遵循全面落实科学发展观的基础上，详细地总结归纳了含油污泥相关的解脱附机理和处理技术以及工艺应用等，将极大地满足从事环境保护、环境工程、给排水等领域的教学、科研、工程技术的人员对此类技术的需求。

李玉春

2023 年 12 月

前言

由于我国在油田环境保护方面起步较晚，含油污泥的处理没有得到足够重视，鲜有成熟的应用工艺和实例。含油污泥种类繁多、性质复杂，相应的处理技术和设备也呈现出多元化发展趋势，目前含油污泥处理技术大致可分为调质-机械脱水技术、热处理技术（化学热洗、焚烧、热脱附）、生物处理技术、溶剂萃取技术及对含油污泥的综合利用等。此外，含油污泥已被列为危险固体废物，随着环保法规的逐步完善和对企业技术要求的逐渐提高，含油污泥的污染治理技术已逐渐引起人们的关注和重视。

含油污泥的处理措施众多，每种方法都有其自身的优缺点和适用范围。将含油污泥直接填埋或将含油污泥脱水制成泥饼等简单处理措施是我国多数油田采用的主要方法，但这种方法带来了一定程度上的经济损失和环境污染。

近年来，含油污泥的处理技术受到广大科研工作者和企业的重视。笔者系统地总结归纳了国内外含油污泥处置的原理和技术，同时在企业的帮助下获得了比较详细的含油污泥处理工程案例。含油污泥处理技术由探索、不成熟逐渐走向成熟，但现有的工艺仍然存在一定的缺点和不足，后续的研究和工业推广应用仍需逐步完善。

因此，本书对含油污泥处理技术和工艺的产生、原理、发展及应用进行了详细、清晰的阐述，将能够填补我国在该领域的图书空白。

本书共分为9章，系统介绍了含油污泥油水泥界面张力、包裹特性以及解脱附的机制，含油污泥热解动力学以及仿真模拟的基础研究，以及热解、热洗等工艺，并归纳总结了其在环境污染治理与新能源回收开发等方面的应用，有助于增进读者对这类新兴技术的理解与认识。

本书由陈忠喜、魏利、马骏、于忠臣等著，具体分工如下：第1章由哈尔滨工业大学魏利、张昕昕、魏东，香港科大霍英东研究院欧阳嘉、骆尔铭、卢倩撰写；第2章由大庆油田设计院陈忠喜、马骏、赵秋实、古文革、辛菲，香港科大霍英东研究院欧阳嘉、骆尔铭、卢倩撰写；第3章由大庆油田设计院马骏、赵秋实、曹振锟、舒志明、房永，哈尔滨工业大学魏利、张昕昕、魏东撰写；第4章由东北石油大学于忠臣、李可，哈尔滨工业大学魏利、张昕昕、魏东，大庆油田设计院马骏、赵秋实、辛菲撰写；第5章由中国昆仑工程有限公司冯英明，哈尔滨工业大学魏利、魏东、张昕昕撰写；第6章由大庆油田设计院马骏、陈忠喜，哈尔滨工业大学魏利、魏东、张昕昕，哈尔滨工程大学邹高万、杨阳撰写；第7章由哈尔滨工程大学邹高万、杨阳，大庆油田设计院马骏、陈忠喜，东北石油大学于忠臣撰写；第8章由大庆油田设计院马骏、陈忠喜、辛菲，哈尔滨工业大学魏利、魏东，大庆惠博普石油机械设备制造有限公司罗克撰写；第9章由哈尔滨工业大学魏利、魏东；大庆油田设计院马骏、陈忠喜、郭城；黑龙江省万意达油田技术服务有限公司刘星海；辽宁华业能源技术服务公司苏长明、范玉平、李作臣、曲占庆编著。全书最后由陈忠喜、魏利、马骏、于忠臣统稿。

本书的编写一直得到中国工程勘察设计大师李玉春教授级高工的关怀，李玉春大师在百忙之中为本书欣然作序，在此，作者及全体编写者表示衷心的感谢！

大庆油田设计院李铁军、韩晓天、周大新、周鑫艳、杨晓峰等对本书的编写给予了鼎力的支持与资助，同时大庆油田设计院的工作人员为本书的出版做了大量的工作，在此对支持和关心本书编写的领导、专家和同事表示衷心的感谢。

在编辑出版的过程中，也得到了中国工程勘察设计大师李玉春工作室，同时得到了大庆油田设计院出版基金、大庆油田含油污泥处理项目；广东省科技计划项目（2023A0505030018），广州市科技计划项目（202201011743、202201011683、202201011584、2024A03J0392），广州市南沙区科技项目（2023ZD015、2023ZD021、2021MS017），城市水资源与水环境国家重点实验室项目（2024TS27）给予资助，在此表示感谢。

本书在编写过程中参考了部分的教材、专著以及国内外生产实践相关资料，在此对这些著作的作者表示感谢。

由于本书是首次探索性编写，且著者水平有限，书中疏漏和不妥之处在所难免，敬请广大读者批评指正。

著 者

2023 年 12 月

目录

第 1 章

绪论

1.1 含油污泥处理的必要性

1.1.1 含油污泥的定义、组成及性质

（1）含油污泥的定义

含油污泥，简称油泥，指混入原油、各种成品油、渣油等重质油的污泥，是油田开发、运输、炼制过程中产生的主要污染物之一，是原油采出液带到地面的固体颗粒（砂岩、石灰岩等含油层的细小岩屑、黏土或淤泥）。含油污泥主要分为原油开采过程中产生的含油污泥、油田集输过程中产生的含油污泥、炼油厂和污水处理厂产生的含油污泥。

原油开采过程中产生的含油污泥主要来源于地面处理系统，包括采油污水处理过程中产生的含油污泥，污水净化处理中投加净水剂后形成的絮体、设备及管道腐蚀产物和污垢及细菌等。

油田集输过程中产生的含油污泥主要来源于油田接转站、联合站的油罐、沉降罐、污水罐、隔油池底泥，炼油厂含油水处理设施、轻烃加工厂、天然气净化装置清除出来的油沙、油泥，钻井、作业管线穿孔而产生的落地原油及含油污泥。油品储罐在储存油品时，油品中的少量机械杂质、砂粒、泥土、重金属盐类以及石蜡和沥青质等重油性组分沉积在油罐底部，形成罐底油泥。

炼油厂污水处理厂产生的含油污泥主要来源于炼油厂隔油池底泥、浮选池浮渣、原油罐底泥等，俗称"三泥"。油田含油污泥主要包括落地油泥、沉降罐污泥、三相分离器油泥及生产事故产生的溢油污泥等。

随着油田开发技术的不断进步，水驱、化学驱、生物驱等二次、三次采油技术陆续在油田推广应用，从而向地下注入了大量的水、化学助剂和微生物菌剂，同时在地面建设了数量庞大的井、站系统。在处理采出液以及地面井站、管道等生产设施运行维护的过程中，伴生出大量的含油污泥。而含油污泥是油田开发和储运过程中产生的主要污染物之一，已被我国列入《国家危险废物名录》（HW08 和 HW49），作为危险废物进行管理。含油污泥的处置效率和处理能力会影响到油田生产，新的含油污泥处置技术和工艺的开发更加容易满足当下的环保要求和企业发展的迫切需求。例如，随着油田聚合物驱和三元驱采油的深入以及油田设施运行时间的延长，大庆油田含油污泥产生量呈逐年增长趋势。

目前，我国含油污泥的产量巨大，按照我国目前原油产量（$16 \times 10^8 t/a$）估算，每年会

产生近百万吨的油泥，若加上石油化工产生的"三泥"，总量更大。据不完全统计，2020 年全油田含油污泥产生量超过 $5.2 \times 10^5 m^3$，预估市场价值达到 1000 亿元。

（2）含油污泥的组成及性质

含油污泥是由石油烃类、胶质、沥青质、泥沙、无机絮体、有机絮体以及水和其他有机物、无机物牢固黏结在一起的乳化体系。它属于危险废物，污泥含油量高，一般在 10%～50%，含水率在 40%～90%，砂土含量为 55%～65%，密度约为 1.6t/m³，孔隙率约为 40%。含油污泥黏度大、脱水难，是黑色黏稠状的半流体，且成分复杂。它不仅具有大量老化原油、沥青质、蜡质、胶体、细菌、固体悬浮物、盐类、腐蚀性产物、酸性气体等，还包括在生产过程中所加入的缓蚀剂、凝聚剂、杀菌剂、阻垢剂等水处理剂，还含有 Fe、Cu、Hg、Zn 等重金属以及苯系物、酚类等有机物，因此成为石油行业主要的污染源之一。

油田含油污泥的组成成分极其复杂，一般由水包油、油包水以及悬浮固体杂质组成，是一种极其稳定的悬浮乳状液体系。例如，大庆油田实施聚合物驱三次采油，油田聚合物含油污泥所含化学成分中还包含弱酸低温交联剂、聚丙烯酰胺和硫化物等。

1.1.2 含油污泥对油田生产的影响

含油污泥的露天堆放，将会对生产区域造成影响：

① 油田地面处理系统中产生的含油污泥，如果不及时移除系统，会降低系统（尤其是污水处理系统）的处理效率，影响系统的处理效果，最终导致处理结果不达标；

② 在油田地面处理系统中，一部分污泥在脱水和污水处理系统中循环，恶化的水处理系统使原油生产中的注入水水质不达标，致使注入压力越来越大，不仅造成了能量的巨大损耗，还会导致井筒内套管变形，影响原油生产；

③ 油田产生的含油污泥，若不及时处理，会给企业带来巨大的经济损失，仅某油田每年就要缴纳高达 500 万元的排污费。

1.1.3 含油污泥对周边生态环境和人类的影响

含油污泥若得不到及时处理，将会对周边环境造成不同程度的影响：首先，散落和堆放的含油污泥，其中的石油类物质不易被土壤吸收，它们会通过渗透等一系列作用进入地下，污染地下水，使水中 COD、BOD 和石油类严重超标；其次，这些污染物会随着大气运动，扩散到大气环境中污染空气，并以雨水、雾等形式重新回到地面，进入水体中污染地表水；再次，含油污泥中含有大量的原油，石油类物质进入土壤环境后会影响其通透性，降低土壤肥沃程度，造成土壤中石油类超标，土壤板结，使区域内的植被遭到破坏，草原退化，生态环境受到影响；最后，含油污泥中的油气挥发，使生产区域内空气中总烃浓度超标，石油类物质中的芳烃类物质，尤其是多环芳烃毒性大，各种正烷烃、支链烃、环烷烃会引起呼吸系统、肾脏和中枢神经系统疾病，油泥的有毒重金属（如镍、铬、锌、铅、锰、镉和铜）浓度也比在土壤中的高，如果处理不当会造成工人的中毒事件，或是进入生态系统后通过食物链进入动植物体内，进而影响人类的身体健康。

含油污泥若不经处理直接排放，不仅会占用大量耕地，而且会对周围土壤等生态系统造成难以逆转或不可逆转的破坏。含油污泥中的石油类物质是破坏土壤、水体以及空气等生态系统的主要成分。烃类物质会阻碍植物的呼吸与吸收以及光合作用，甚至会引起根部腐烂，从而破坏植被生态系统。

1.1.4 含油污泥处理的必要性和意义

由于含油污泥中含有硫化物、苯系物、酚类、蒽、芘等数百种有毒有害物质，且原油中所含的某些烃类物质（苯、多环芳烃等）具有"三致"（致癌、致畸、致突变）效应，被美国环境保护署（EPA）列为优先污染物，并且对其排放有严格的限制，《美国资源保护与回收法案》将其列为危险废物。在中国，含油污泥也已被列入《国家危险废物名录》废矿物油条目（HW08 和 HW49）中，危险特性属于毒性、易燃，纳入危险废物进行管理。按照《中华人民共和国清洁生产促进法》的要求，必须对含油污泥进行无害化处理。此外，针对危险废物，我国相继制定和出台了《危险废物焚烧污染控制标准》和《危险废物填埋污染控制标准》等标准。根据国家 2018 年 1 月 1 日开始实施的《中华人民共和国环境保护税法》，排放危险废物将会承担 1000 元/吨的环境保护税。最高人民法院、最高人民检察院联合发布的《关于办理环境污染刑事案件适用法律若干问题的解释》，其中第一条第 2 项，"非法排放、倾倒、处置危险废物三吨以上的"认定为"严重污染环境"，进而构成污染环境罪。因此，含油污泥的合法处理处置是必要的。

随着国家对环保要求日趋严格，含油污泥减量化、无害化、资源化处理技术将成为污泥处理技术发展的必然趋势。含有有害物质和含油量较高的污泥，采用一定的回收处理技术，可将其中的原油回收，在实现环境治理和防止污染的同时，可以取得一定的经济效益。另外，处理后的污泥可用于高渗透率油层调剖，或再采用相应治理技术对其进行处理，达到国家排放标准，或者进行回用铺路等综合利用，从而彻底实现含油污泥的无害化处理。因此，对含油污泥进行经济有效的治理与利用对油田可持续发展具有重要的实际意义。

1.2 含油污泥的来源、性质以及行业现状

含油污泥是油田开发、生产过程中产生的主要污染物之一，主要包括油田井下作业施工等过程中产生的油水与地面土壤混合形成的以及从地层中携带出的污染物（见表 1-1）。含油污泥被列入《国家危险废物名录》（HW08 和 HW49），难以降解，倘若处置不善，将对周边的水、土壤及空气等环境，乃至人类的身体健康造成危害，所以必须进行无害化处理或资源化利用。含油污泥中含有石油类、重金属等物质，如果不经处置而排放，则可能对地表水、土壤、地下水等产生一定的影响。虽然国内外含油污泥污染控制技术众多，但还没有制定针对性的污染控制标准。目前只是参考其他危险废物或其他行业的污染控制标准，如农用污泥、城镇污水污泥以及危险废物的焚烧、填埋控制标准等。虽然含油污泥经无害化、资源化处理后其危险性降低，但如果没有配套的污染控制标准，不仅会阻碍现有无害化、资源化处置技术的推广应用，还会大大增加企业处置成本，将严重挫伤企业进行含油污泥处理的积极性，有悖于我国废物资源化利用的基本政策。因此，需要根据含油污泥的危险特性及无害化、资源化利用的程度，制定针对含油污泥处理的污染控制标准，确保对含油污泥的处理处置既科学合理又经济可行，这对我国石油石化行业含油污泥的处理处置和环境监管具有较大的现实意义。

全世界每年预计产生 2000 万吨含油污泥，中国每年新增含油污泥约 600 万吨，很多地方的钻井泥浆、压裂液及压裂返排液存放后的含油污泥并未算入，保持在 500 万~600 万

吨。历史遗留 1000 万～2000 万吨（评估的数据）；500 万～600 万吨的污泥，按照每吨污泥 500～1000 元计算，市场空间 25 亿～60 亿元。含油污泥处理是整个油田环保产业链的末端，是污染的重要载体。我国油田石化市场具有甲方市场的特性，环保市场具有半封闭的特性，不会形成闭环。

表 1-1　石油化工含油污泥的来源与特性

序号	污泥来源	特性
1	石油化工污泥"三泥"	通常含有大量的有机物，含水率高，体积庞大，一般占石化企业固废总量的 70%～85%，如丁苯橡胶污泥中含有的苯并[a]芘，有的含油污泥含有重金属
2	催化炼化中的含油污泥 废白土渣 含油废催化剂	产量大，同时含有重金属
3	油田污水沉降罐底泥和除油罐底泥	沉降罐底泥和除油罐底泥外观为黑色，黏稠状，含油较多，乳化严重，颗粒细密，杂质较少，呈明显的、分布较均匀的"油泥"形态
4	油田油罐底泥	含油最多，杂质以砂石和泥为主
5	油田三相分离器底泥	外观大多呈黑黄色，含油多、黏稠，颗粒比沉降罐底泥颗粒大，杂质较少，油泥形态较均匀
6	油田井场落地油泥	各种作业的最终固体废物，经日晒风化，油泥中轻组分进一步减少，沥青与胶质组分增多，泥中含有大颗粒砂石及草等杂质，密度增大，油泥分布极不均匀，油泥中原油、泥沙组分比例变化较大
7	油田污水处理过程产生的污泥	如含聚型含油污泥、三元含油污泥、含油五彩布、含油蓝旗布等
8	新污染含油土壤、历史遗留含油污染土壤	有些特殊的高盐碱型含油土壤、高钾盐型的含油土壤，如青海油田
9	钻井泥浆（水基泥浆和油基泥浆）	目前逐步以水基泥浆为主，油基泥浆会越来越少
10	钻井泥浆（油基钻屑）	这种含油污泥含有白油（类似柴油的物质）
11	其他（油田开采过程中的含油物质）	多是不可预见的、临时产生的污泥

1.3　国内外含油污泥污染控制标准现状

1.3.1　国外的控制标准

在国际上，由于各地在地质和地理条件上存在差异，土壤对油类有机物的耐受程度不同，因此对于污泥中的总石油烃（TPH）或者含油量，世界上没有统一的标准，但是很多国家和地区都根据本地区的实际情况以法规或指导准则的形式提出了相应的现场专用指标，对土壤或污泥中的含油量以及有机物和重金属含量提出了相应的限制。大部分含油污泥处理指标要求都与污泥的最终处置方式有直接的关系。

（1）加拿大对含油污泥处理处置的要求

在加拿大，不同的地区给填埋场制定了可以接受的 TPH 标准。例如，加拿大 Sask 土地填埋指导准则中对石油工业土地填埋主要提出了以下几点要求。

① 在合理的情况下，尽量减少废弃物。

② 当再没有其他选项时，可以选择安全填埋废物或者合适的垃圾填埋法。

③ 原油污染的土壤分类为ⅠA，在被送入工业垃圾填埋场前，TPH 通常≤3%。

下列情况下 TPH 可能大于 3%：a. 固体中的烃含有高碳数，以至其不能被除去，或者实践中很难被除去（碳数越高，越难和水相溶）；b. 固体包含细微颗粒（粒径<0.08mm），或者除不去，或者实践中很难被去除。

加拿大 Alberta 能源利用委员会则提出关于用原油污染的砂土来筑路的原则性政策，其中要求原油 TPH 必须小于 5%。另外，1999 年该委员会提出要求，石油工业应该符合最新的能够接受的标准规定，使油田废弃物能够用不同类型的垃圾填埋场处理。其具体的规定如下：对工程黏土或合成防护层，有渗滤液收集系统的填埋场，对 TPH 没有限制；对工程黏土或合成防护层，没有渗滤液收集和去除系统，TPH<3%；对自然黏土防护层，TPH<2%。加拿大 Alberta Directive 058《关于上游石油工业油田废物管理要求》中，提到了用于铺路的标准是含油<5%；废物排到土壤时，TPH<2%。

（2）美国对含油污泥处理处置的要求

在美国，除 EPA 对危险和固体废物的处理以及土地处置提出了一般的要求外，美国的各个州也根据自己的实际情况制定了相应的法规或指导原则。由于石油开采工业直接面对原油，其 TPH 标准比起石油炼厂或其他商业用油宽松很多，因为原油处理中没有添加剂，当石油炼制时，过程中会产生各种危险物质。例如，来自石油炼厂、运输公司或加油站的含油污泥，有非常严格的 TPH 准则（TPH 要求低至 0.005%），并且应该按照危险废物法案进行处理，而对于原油工业实际上很少有要求。在垃圾填埋处理方面对 TPH 要求的决定性因素是垃圾填埋场的土建，其他要考虑的重要因素是渗漏的潜在性、距离地层水的深度、距地表水的距离、公众可接近性和对人类健康的危害程度。通常而言，TPH<2%是自然黏土填埋能够接受的标准，产油区有时允许更高 TPH 的原油废弃物进入填埋场。例如，加利福尼亚州允许用 TPH 高达 5%的固体废物来铺路。

（3）法国对含油污泥处理处置的要求

法国对于降水量较高、属于湿地的地区要求土壤中含油<5000×10⁻⁶（0.5%），对于旱地宽松一些，<2.0%即可。

国外对含油污泥处理有很明确的处置标准和要求，见表 1-2。

表 1-2 国外部分国家对处理后含油污泥含油量的规定

国家	残渣含油量要求（干基）		
	填埋处置	筑路、铺路、垫井场（TPH）	排放土壤
加拿大	≤3%	≤5%	≤2%
美国	≤2%	≤5%	≤1%，敏感性评估
荷兰			≤10mg/L
法国	≤2%		湿地<0.5%，旱地<2.0%

1.3.2 国内的控制标准

1.3.2.1 国家标准

目前我国出台的国家标准包括：a.《农用污泥污染物控制标准》（GB 4284—2018），其中矿物油要求 A 级≤500mg/kg、B 级≤3000mg/kg；b.《土壤环境质量　建设用地土壤污染风险管控标准（试行）》（GB 36600—2018），其中第二类用地，石油烃（$C_{10} \sim C_{40}$）的筛选值≤4500mg/kg、管制值≤9000mg/kg。我国对于危险废物治理的研究和管理起步较晚，但参考国外相关政策、法规和标准规范，先后制定和出台了一系列危险废物污染控制的法律法规和标准规范，对我国的危险废物管理起到了积极作用，如 2021 年新修订的《国家危险废物名录》以及包括通则、易燃性、腐蚀性、反应性、急性毒性、浸出毒性和毒性物质含量相关的 7 项危险废物鉴别标准。从危险废物收集、贮存、运输、处理处置等环节制定了相应的技术规范，如《危险废物贮存污染控制标准》（GB 18957）、《危险废物焚烧污染控制标准》（GB 18484）、《危险废物填埋污染控制标准》（GB 18598）等，规定了危险废物在处理处置过程中各环节污染物控制规范和标准要求。这一系列标准规范规定了含油污泥为危险废物。

由于只有《危险废物焚烧污染控制标准》和《危险废物填埋污染控制标准》有明确的污染控制要求，企业只能选择焚烧或填埋这两项技术进行含油污泥的处理处置，不仅会造成含油污泥中资源的浪费、能源无法回收，还会占用大量土地，使企业负担过重。而其他的含油污泥处理技术，因为缺乏配套的污染控制标准，只能参考《农用污泥污染物控制标准》（GB 4284），矿物油含量（以干基计）A 级污泥产物＜500mg/kg、B 级污泥产物＜3000mg/kg。而目前的化学热洗、调质-离心分离等处理技术很难达到这一控制标准，或者需要极高的处理成本才能满足这一要求，在一定程度上影响了企业治理含油污泥的积极性。

1.3.2.2 地方标准

自 2010 年以来，国家越来越重视石油石化行业含油污泥等固体废物的治理和资源化利用问题，陆续出台了部分与含油污泥相关的标准规范，用于指导含油污泥的处理处置。如《废矿物油回收利用污染控制技术规范》（HJ 607—2011）指出"原油和天然气开采产生的残油、废油、油基泥浆、含油垃圾、清罐油泥等应全部回收，不应外排或弃置""含油率大于 5％的含油污泥、油泥沙应进行再生利用""油泥沙经油沙分离后含油率应小于 2％"。黑龙江省地方标准《油田含油污泥综合利用污染控制标准》（DB23/T 1413—2010）建议处理后的油田含油污泥用于铺设油田井场和通井路时石油类含量≤20000mg/kg、pH≥6、含水率≤40％，此标准适用于黑龙江省及大庆油田的特定环境条件。统一、明确的处置标准及监测项目的检测方法，既是各大油田企业统一认识、明确管理目标和致力于含油污泥治理环保工作者统一思想、有效开展科研工作的需要，又是规避技术差异性、评价技术优劣、推广优势技术的需要，更是规范技术、规范管理、规范治理市场的需要。

在国内油田的含油污泥处理中，黑龙江省地方标准《油田含油污泥处置与利用污染控制要求》（DB23/T 3104—2022）规定：油田含油污泥经处置后的泥渣，进行利用时污染物控制限值应达到表 1-3 要求。

我国出台的 5 个含油污泥控制排放标准总结：

①《农用污泥中污染物控制标准》（GB 4284—2018）中，规定污泥产物农用时，根据其污染物的浓度将其分为 A 级和 B 级污泥产物，其污染物浓度值应满足相关要求。达标后，A 级可用于耕地、园地、牧草地；B 级可用于园地、牧草地、不种植食用农作物的耕地。

表 1-3　油田含油污泥经处置后泥渣利用污染物控制限值

序号	控制项目	控制限值
1	As(以干基计)/(mg/kg)	≤30
2	Hg(以干基计)/(mg/kg)	≤0.8
3	Cr^{6+}(以干基计)/(mg/kg)	≤5
4	Cu(以干基计)/(mg/kg)	≤150
5	Zn(以干基计)/(mg/kg)	≤600
6	Ni(以干基计)/(mg/kg)	≤150
7	Pb(以干基计)/(mg/kg)	≤375
8	Cd(以干基计)/(mg/kg)	≤3
9	石油类(以干基计)/(mg/kg)	≤3000
10	pH 值	6.5~9
11	含水率(质量百分比)/%	≤40

②《海洋石油勘探开发污染物排放浓度限值》(GB 4914—2008)中规定的钻井液和钻屑排放浓度限值:一级海域(渤海除外)含油量≤1%,二级海域含油量≤3%,三级海域含油量≤8%。

③《油田含油污泥综合利用污染控制标准》(DB23/T 1413—2010)中,规定含油污泥处理后污泥中含油量≤20000mg/kg 时可用于修路、垫井场。在含油量≤3000mg/kg 的情况下可以农用。

④ 黑龙江省地方标准《油田含油污泥处置与利用污染控制要求》(DB23/T 3104—2022)中,油田含油污泥经处置后的泥渣,达到本标准文件污染物控制限值要求,在油田作业区域内用于通井路和井场建设、筑路和铺路、作业场地地面覆盖、围堰等材料的活动;或者在油田作业区域外用于物流仓储用地、工业厂区道路与交通设施用地以及危险废物填埋场、固体废物填埋场封场等材料的活动。

⑤ 陕西省 2016 年 5 月 9 日发布《含油污泥处置利用控制限制》,于 2016 年 8 月 1 日起实施。对于含油量≤2% 这一标准,使用目前通用的离心、沉降等处置技术难以达到,但纯物理的清洗分离+生物降解除外。药剂洗涤法虽可达到标准要求,但会导致药剂残留和重金属超标。

1.3.2.3　行业标准

目前,国内针对含油污泥处理没有统一的污染控制标准和指导性文件,虽然中国石油、部分省(自治区、直辖市)出台了相关规范或要求,但其适用范围、标准限制及采用的检测方法存在较大的差异。为了加快促进油气田含油污泥处理无害化、资源化技术的发展,从国家层面制定统一的油气田含油污泥处置污染控制标准,是十分必要的。

针对固体废物,我国出台了《中华人民共和国固体废物污染环境防治法》,在此基础上制定了《国家危险废物名录》和《危险废物鉴别标准》,制定了《危险废物填埋污染控制标准》(GB 18598—2001)和《危险废物焚烧污染控制标准》(GB 18484—2001)等。在这些标准和法规中,将含油污泥归类为危险固体废物。辽河油田、胜利油田、长庆油田以及吉林油田等确定含油污泥沙清洗站处理工艺的主要控制指标为:处理后泥沙含油≤0.3%。

1.3.3　国内标准差异性分析

通过对国内外有关含油污泥污染控制相关标准规范的分析和比较,可以发现我国在含油污泥污染控制标准方面存在以下问题。

（1）含油污泥排放标准间有相互矛盾的现象

我国部分省市如黑龙江省和陕西省均出台了地方标准，明确了处理后再利用的含油污泥的石油类含量控制限值，这类标准对于含油污泥再利用有一定指导意义，但二者相互矛盾，例如：

① 限于工业化应用，尚无明确的排放标准。如《废矿物油回收利用污染控制技术规范》（HJ 607—2011）中规定：含油率大于 5% 的含油污泥、油泥沙应进行再生利用；油泥沙经油沙分离后含油率应小于 2%；含油岩屑经油屑分离后含油率应小于 5%，分离后的岩屑宜采用焚烧处理。国内相关标准和规范见表 1-4。

表 1-4　国内相关标准和规范

名称	污染物类别	指标	
		住宅类用地	工业类用地
标准①	石油烃（$C_6 \sim C_9$ 芳香烃）	298mg/kg	1721mg/kg
	石油烃（$C_{10} \sim C_{36}$ 芳香烃）	309mg/kg	2050mg/kg
标准②	石油烃总量（$C_6 \sim C_{36}$ 总和）	500mg/kg	
标准③	石油类	油田井场和通井路时	
		≤20000mg/kg、pH≥6、含水率≤40%	
标准④	石油类	铺设油田井场、等级公路时（含水率≤40%）	用作工业生产原料时（含水率≤60%）
		10000mg/kg	20000mg/kg

① 《建设用地土壤污染风险筛选指导值（三次征求意见稿）》。
② 《农用地土壤环境质量标准（三次征求意见稿）》。
③ 《油田含油污泥综合利用污染控制标准》（DB23/T 1413—2010）。
④ 《含油污泥处置利用控制限值》（DB61/T 1025—2016）。

② 部分标准非常严格，难以实施。例如《建设用地土壤污染风险筛选指导值（三次征求意见稿）》规定住宅类用地石油烃（$C_6 \sim C_9$ 芳香烃）的含量≤298mg/kg，而石油烃（$C_{10} \sim C_{36}$ 芳香烃）的含量则≤309mg/kg。

③ 部分标准之间相互矛盾。例如《建设用地土壤污染风险筛选指导值（三次征求意见稿）》的污染物类别为 $C_6 \sim C_9$ 和 $C_{10} \sim C_{36}$ 的芳香烃，而《农用地土壤环境质量标准（三次征求意见稿）》的污染物则是石油烃总量为 $C_6 \sim C_{36}$ 总和，《土壤环境质量标准（修订）（征求意见稿）》（GB 15618—2008）中的污染物则为石油烃总量，规定差异大，执行难。

④ 对于稠油污泥没有指导意义。稠油污泥中含有大量胶质和沥青质，其碳原子数远高于 36，这部分没有明确的规定，导致企业无所适从。按照上述法规、标准，企业含油污泥处置的难度非常大。因此，需要根据含油污泥的危险特性及资源化、无害化处理的程度，制定针对含油污泥处理的污染控制标准，确保对含油污泥的处理处置既科学合理又经济可行。

（2）处理后残渣的定位不科学

《危险废物鉴别标准　通则》（GB 5085.7—2019）和《国家危险废物名录》（2021 年）规定：含油污泥物化处理过程中产生的废水和残渣仍属"危险废物"，若不彻底资源化利用，处理后残渣仍按照"危险废物"管理。《国家危险废物名录》（2021 年）规定 HW08 废矿物油的危险性为毒性和易燃性。含油污泥焚烧、热解等处置过程产生的底渣、飞灰（医疗废物焚烧处置产生的底渣除外）仍为危险废物，这将使含油污泥处理成本仍保持高位。

含油污泥处理后的属性判定应根据《危险废物鉴别标准　通则》（GB 5085.7—2019）第 6 条"危险废物处理后判定规则"进行判定，具有毒性（包括浸出毒性、急性毒性及其他毒性）和感染性等一种或一种以上危险特性的危险废物处理后的废物仍属于危险废物，国家有关法规、标准另有规定的除外（如铬渣）。仅具有腐蚀性、易燃性或反应性的危险废物处理后，经《危险废物鉴别标准　腐蚀性鉴别》（GB 5085.1—2007）、《危险废物鉴别标准　易燃性鉴别》（GB 5085.4—2007）和《危险废物鉴别标准　反应性鉴别》（GB 5085.5—2007）鉴别不再具有危险特性的，则不属于危险废物。

含油污泥的危险特性主要为易燃性和毒性，经过处理后含油量一般能控制在 5% 以下，已不具备易燃性，如按照《废矿物油回收利用污染控制技术规范》（HJ 607—2011）规定采用焚烧处理，需添加辅助燃料。含油污泥的毒性主要来源于重金属和多环芳烃，重金属存在于原油开采过程中携带的含油污泥沙中，大量的研究和应用表明处理前、处理后，采用浸出和直接检测，重金属的含量均远低于国家控制标准；多环芳烃大部分来源于原油，少部分来源于外加的表面活性剂，采用焚烧、热解方法可完全去除。综上，含油污泥经过热解或焚烧处理后可消除其易燃性和毒性。

欧美国家通过建立系统的评估体系，对含油污泥的危险特性进行分析，制定了具有针对性的污染控制标准，对含油污泥进行分级管理和处理处置，降低对低污染风险含油污泥的过度管理，还可将部分不具备危险特性或经处理后危险性可消除的含油污泥从危险废物中豁免出来，大大降低了含油污泥的管理和处理成本。

1.4　含油污泥处理方法及其特点

随着人们环保意识的增强以及环保标准日趋严格，含油污泥这种含有石油资源的危险固体废物，必须进行减量化、无害化、资源化处理。目前，针对含油污泥的处理，国内外学者和石化相关企业进行了大量的研究，形成了多种含油污泥处理技术，其中主要有填埋处置、溶剂萃取、固化处理、生物处理、调剖处理、干化焚烧、化学热洗和热解处理等，以期实现含油污泥的减量化、无害化、资源化处理。

1.4.1　溶剂萃取技术

溶剂萃取是一种物理化学分离技术，该技术的核心在于有机萃取剂的选取，利用的原理是溶剂的"相似相溶"，主要是萃取出油泥中的油相组分，然后将萃取后的溶剂进行蒸馏与分馏操作，实现油品与萃取溶剂的分离，溶剂可进行反复多次使用，回收油品资源。目前使用的萃取溶剂主要是有机溶剂和超临界溶剂两大类，萃取技术的关键在于萃取剂的选取，要分离油泥中的油相，所选萃取剂必须对油相具有良好的溶解性，而且萃取剂与油相的性质在沸程上要有差距，这样就能保证萃取剂的回收循环利用。车承丹和张秀霞等分别选取了石油醚和氯仿这些传统有机溶剂作为萃取剂来对油泥进行萃取，研究了不同条件对回收率的影响，得到在最佳工况下回收的油相组分达到 90% 以上。有国外研究者选取了罐底油泥作为研究对象，采用超临界乙烷在自制的超临界流体萃取装置中进行萃取实验，研究了不同温度不同压力对萃取的影响。

萃取技术的优点是萃取剂可以重复使用、工艺简单、能够回收油泥中的大部分油相，但萃取剂大都具有挥发性和毒性，导致处理过程中的损耗巨大，加大成本，而且会污染环境。

1.4.2 固化处理技术

固化处理的过程是使有毒有害的危险废物转变为低溶解性、低毒性以及低迁移性物质的过程，从而实现其中有毒有害物质的稳定化。固化技术早期是用来处理放射性污泥的，最近几年该技术得到迅速发展。含油污泥固化技术是指油泥与不同种类的固化剂、促凝剂、添加剂等药剂混合固化，使含油污泥的某些性质发生不可逆的变化，从而形成整体性较好的固化体。

战玉柱等选取辽河油田的油泥作为研究对象，研究了固化剂与促凝剂的添加比例对固化效果的影响，最终确定油泥、固化剂、促凝剂的比例为 100：12：1.5，制得正方体固化物后大大降低了浸出液中重金属的含量，使得铬、锌、镍等金属含量达到国家允许的排放标准。刘敏等在以水泥为固化剂的前提下，研究了不同的促凝剂对固化效果的影响，发现石膏和石灰的固化效果最佳，其添加比例为 0.5%。

固化法是一种成熟、能够基本实现无害化，同时处理工艺简单、运行成本较低的处理手段，但该工艺会在处理过程中使用大量的高能耗固化原料，处理后的固化物体积和重量都增加许多，而且固化剂对处理的油泥特性要求较高，目前的研究主要集中在固化添加剂的开发、药剂稳定化等方面。

1.4.3 生物处理法

生物处理法就是向含油污泥中投放特殊的微生物菌种，使该类菌种可以在含油污泥环境中繁殖生长，利用这种生物过程来消耗油泥中的有机物，进而将其消化为 CO_2 和 H_2O，以达到去除含油污泥中各类有机污染物的目的。其处理的机理主要有两个方面：

① 向含油污泥中投加经自然形成并经筛选分离得到的具有高效降解能力的微生物菌群；

② 向含油污泥中投加氮磷元素等来调节营养因子，通过曝气、控制温度、调节 pH 值等措施来刺激微生物菌群的高效降解活性。

目前，国内外生物处理技术常用的有堆肥法、地耕法、生物反应器法 3 种。

（1）堆肥法

堆肥法就是把含油污泥同树叶、秸秆、稻草等有机质调节剂混合堆放，利用自然界存在的一些天然微生物菌群进行有机物降解的过程。调节剂一般为松散材料，这样就可以增强透气性、增加持水性、保持含油污泥的混合密度，同时留存住微生物代谢过程中产生的热量，加快微生物菌群降解烃类有机物的速度。余冬梅等以稻草作为调节剂，以风干的肥粪作为有机肥，采用堆肥法处理油田联合站的含油污泥来研究温度对烃类有机物降解的影响，结果表明在堆肥 115d 后，烃类有机物降解了 42%，高温下的降解速率为常温下的 2.5 倍。

（2）地耕法

地耕法是将含油污泥铺设于预处理场地上，铺设厚度为 10～15cm，然后与土壤混合，再定期进行施肥、浇水等，利用土壤中的自然微生物菌群来降解烃类有机物的方法。该方法能将有害的有机物转化为无害的土壤成分，但是该方法处理过程缓慢、周期很长，而且随着时间的推移和使用次数的增多，难以降解的高分子蜡、胶质、沥青质、重金属会在土壤中长期积累，同时也会对地下水资源造成不同程度的污染。欧美一些发达地区已经停止使用此种方法，但在一些落后的油泥产量较大的地区仍在使用。

（3）生物反应器法

该技术是将原本发生在外界环境中的生物代谢转移到特定的反应器中，需要对含油污泥进行稀释和添加相应的营养物处理，再将处理后的这种特殊物料输送入反应器内，加入能高效降解烃类有机物的微生物菌群，将石油烃类有机物降解为 CO_2 和 H_2O。由于反应器的存在，我们可以精确地控制一些参数，为其提供适宜的温度、氧料，也可以严格控制输送的油泥养料的 pH 值，来为微生物菌群提供最佳的降解环境。该方法相对于前两种方法，具有处理速度较快、处理周期短的优点。周立辉等在撬装式生物反应器中添加石油降解菌剂、膨松剂来处理长庆油田修井油泥，控制反应温度、溶氧量等条件，在 24d 后含油率降到 0.23%，达到很好的处理效果。生物法处理含油污泥的重点在于菌群的选取以及培养，虽然该技术具有许多优点，如操作简单、节能、几乎不需添加化学试剂、对环境污染小，但也存在其自身的局限性，如无法回收油资源等。微生物菌群的筛选以及培养工艺都比较复杂，菌群自身对烃类有机物的耐受性也有限，不适合处理高含油率的油泥，因此筛选具有高效降解能力和存活能力的菌群是今后研究的重点。

1.4.4　调剖处理技术

油田含油污泥产自地层，其组成成分有水、原油、蜡质、泥沙、胶质、沥青质等，该类油泥与地层有着良好的配伍性。调剖技术正是本着"来自地层，还于地层"的观点，将含油污泥回注回地层，这种特殊的回注液需要采用一些相应的处理手段，如加入适量的乳化剂、悬浮剂等来增强含油污泥固体颗粒的有效悬浮以及延长悬浮时间，从而配制成均一、稳定的调剖剂。含油污泥调剖剂回注入地层，在进入地层一定深度后，地层岩石对乳化分散剂的吸附以及对地层水的冲释作用使得稳定的调剖剂体系开始分解，调剖剂中的泥沙颗粒吸附蜡质、胶质、沥青质后，通过黏合聚集形成粒径比较大的颗粒，沉降在大孔道中，使其孔隙尺寸变小，从而使得后续注水的渗流阻力大大增加，有效封堵地层岩心，进而大大改善了注水开发效果，提高了采油率。

国内外在含油污泥调剖技术的研究和应用试验方面十分活跃，已有多个已投入应用的油田。但是由于不同来源油泥的成分以及特性相差很大，因此需要针对不同的油泥制备不同的调剖剂，且对处理的油泥也有一定的要求，例如含油率不能太高，因此该技术的应用范围受到一定的限制。

1.4.5　焚烧处理技术

含油污泥焚烧是指将脱水、干化处理后的含油污泥输送入高温燃烧炉中，使其有机组分在富氧的条件下进行燃烧反应，实现含油污泥的无害化、减量化处理的过程。

该方法可以快速、彻底地对含油污泥进行无害化处理，使油泥体积大大减小，且技术工艺比较成熟，因此被认为是最实用的技术之一。焚烧处理是国外许多发达国家处理含油污泥的主要方式，焚烧产生的热能可用来发电或者供热，而燃尽的残渣可用作建筑材料。在我国，许多炼化厂、油田也投产了许多焚烧站用来处理含油污泥，如燕山石化厂、胜利油田都建有焚烧站。该技术虽然可以最大程度减量化油泥，对油泥进行比较彻底的处理，但是油泥焚烧技术也存在许多缺点，其主要不足在于焚烧设备占地较大、投资较大、操作复杂，焚烧过程产生的烟气中含有二恶英、大量的 SO_2 与 NO_x 等气体以及大量的灰尘，如果处理不当则会引起二次污染。

1.4.6　化学热洗技术

根据温度的不同热洗技术分为低温热洗和高温热洗两种处理工艺，一般把处理温度低于100℃的称为低温热洗，而高于100℃的称为高温热洗。该技术主要是在一定温度下加入一定量的化学试剂（碱以及少量表面活性剂）对含油污泥进行反复洗涤，然后通过旋流或者气浮等装置设施实现油与渣的分离，再往油水相中加入破乳剂，破坏稳定存在的油水乳化体系，进而回收其中的油资源。低温热洗相对于高温热洗而言，其优点是耗能少、处理成本较低，但是含油污泥中的蜡质以及沥青质、胶质去除不彻底，导致处理后的含油污泥达不到排放标准。化学热洗技术目前多用于含渣率较高的落地油泥。

1.4.7　热解处理技术

热解技术最早应用于煤的干馏，20世纪90年代才被引进用来进行固废的资源化处理。近年来该技术发展迅速，被认为是含油污泥资源化处理最具优势的技术。含油污泥热解处理技术是在隔绝氧气的环境中将油泥加热到一定温度，使其中的各种烃类、蜡质、胶质、沥青质发生复杂的化学反应，包括热裂解反应和热缩合反应，以实现含油污泥的减量化、无害化、资源化的处理技术。

热解处理技术的处理条件一般为常压，因此对设备的要求不高，不需要高压材质，这大大降低了投资成本，而且设备相对简易，处理后的热解产物具有很高的利用价值，降低了运行成本。热解处理过程中产生的有毒有害气体较少，处理后的残渣能够实现含油量低于0.3%。虽然该技术有诸多优势，但也存在很多问题，热解过程中产生的气体往往具有恶臭气味，如果处理不当易造成二次污染，回收的油中杂质较多，因原料不同还可能导致重质油含量较高而变为无法利用的渣油，仍被列为危险废物。

1.4.8　不同处理方法的对比

目前，含油污泥的处理方法已有近十种，如溶剂萃取、固化处理、生物处理、调剖处理、干化焚烧、化学热洗、热解处理等。从处理方式上，这些方法又可分为物理化学法和生物法。研究热点主要集中在溶剂萃取、生物处理、固化处理、焚烧处理及热解处理等方面。表1-5中给出了各种处理方法在经济和环保等方面的对比。

表1-5　含油污泥处理技术比较

处理方法		应用范围	油回收率/%	二次污染	主要缺陷
生物法		低油无毒污泥	无	无	处理周期长，对环烷烃、芳香烃、杂环类处理效果差
物理化学法	调剖处理	油田污泥	无	絮凝剂残留物难降解	调剖作业有限
	固化处理	所有污泥	无	无	以填埋为主，占用大量土地资源
	焚烧处理	所有污泥	无	严重的烟气、粉尘污染	能耗大，存在二次污染，浪费资源，设备易受腐蚀，设备维护难
	溶剂萃取	高含油污泥	＞92	剩余污泥量大	成本高，待开发性价比高的萃取剂，残渣需二次处理
	化学热洗	高含油污泥	＞95	剩余污泥、污水量大	需二次处理
	热解处理	所有污泥	＞90	废水废渣少，废渣可回收利用	缺乏成熟的热解反应设备

因含油污泥中石油类及其他有机物质含量高,含油污泥的资源化利用已经成为主要发展趋势,而近年来研究者们针对含油污泥的研究也大都集中在回收含油污泥中的原油方面。从表 1-5 中可以看出:

① 生物法、调剖处理、固化处理以及焚烧处理虽然有各自的处理优点,但无法回收含油污泥中的油。生物法的处理周期较长,对环烷烃、芳香烃、杂环类处理效果较差;固化处理目前主要以填埋为主,会对环境产生污染;焚烧处理会浪费较多能源,存在二次污染。

② 溶剂萃取法、化学热洗法虽然能实现含油污泥中油的回收,但也有其不可取之处。萃取剂成本较高,目前技术的关键就是研发出高性价比的萃取剂,此外,萃取法剩余的污泥量较大,涉及二次污染处理问题。化学热洗法已经有一些工业应用,但工业化的程度有限,其剩余的污泥和污水量较大,同样涉及二次污染处理问题。此外,溶剂萃取法和化学热洗法都只适合用来处理含油量较高的污泥,存在一定的局限性。

③ 热解处理既能回收污泥中的油,实现含油污泥的资源化处理,又适用于所有污泥,而且处理过程中产生的废水、废渣量少,废渣还可回收利用,几乎不存在二次污染,应用范围广泛。但是,热解处理技术能源消耗大,在工业化应用中,其关键问题就是缺乏比较成熟的热解反应设备。

热解法已经成为含油污泥热解处理的重要发展技术之一,国内外都在进行广泛的研究和推广。热解处理方法处理含油污泥不仅达到了资源化利用的要求,还实现了无害化"零排放",在发展可持续经济和越来越重视环境保护的今天,此技术越来越有发展潜力。

1.5 "双碳"下含油污泥未来技术和工程应用展望

1.5.1 未来含油污泥处理技术和工程应用展望

目前,中国石油老油气田步入开发中后期,新区油气开发步入"非常规"时代,原油有效稳产和天然气效益建产难度大,油气田地面工程保障国家能源安全和天然气供应任务艰巨。"双碳"目标下,能源加快转型和绿色安全生产也对地面工程提出了更高的要求。

"十四五"期间原油新区新建产能中,页岩油、致密油、碳酸盐岩油、低渗透油、稠油储量占比超过 90%,天然气新建产能中低渗、特低渗、页岩气等低品位资源,以及高压凝析气田、高含硫气田等高风险、复杂介质气藏占比也超过 90%。老油田进入高含水、高采出程度阶段,化学驱、气驱等提高采收率技术将得到进一步应用,老气田普遍进入排水采气和增压开采阶段。地面工程面临成本高、传统建设模式和工艺技术尚不能完全适应非常规复杂油气藏及新开采方式下油气田采出物处理难度大等新挑战。

在"双碳"目标下,全球能源加快转型,虽然中国能源自给率在 80% 以上,但人均能源资源拥有量相对较低,原油、天然气对外依存度较高,新能源发展不稳定、不确定性仍然较大。中共中央、国务院也先后发布了《关于完整准确全面贯彻新发展理念做好碳达峰碳中和工作的意见》《2030 年前碳达峰行动方案》等一系列政策,对"双碳"目标提出了指导意见和工作要求。要加快推进能源技术革命,努力实现关键核心技术自主可控。风、光、余热、地热等新能源的开发应用主要在地面领域,以科技创新推动多种能源稳定供应、协同发展,加快构建形成清洁低碳、安全高效、多元互补的现代能源供给体系,不断提高能源自主供给能力,是地面工程面临的迫切挑战。《陆上石油天然气开采工业大气污染物排放标准》

（GB 39728—2020）、《挥发性有机物无组织排放控制标准》（GB 37822—2019）等多项标准的发布、实施及更新，标志着石油开采过程安全环保压力日益严峻。实现油气开采过程全密闭，控制管道及站场风险，确保绿色处理（尤其是含油污泥），含油污泥土壤修复、安全生产任务艰巨。科技创新是实现绿色低碳发展的第一动力，与国外先进水平相比，中国石油地面科技创新能力仍存在一定差距。我们应坚持业务发展科技先行，着力攻克关键核心技术，全力以赴突破"短板"技术装备，加快形成"长板"技术新优势，快速推进前瞻性、颠覆性技术发展，以科技创新支撑引领油气田地面工程高质量发展。针对环保压力的进一步加大，开展各类复杂水型达标处理外排、油田固体废物"三化"（减量化、无害化及资源化）等关键技术研究，主要内容包括：a. 高矿化度稠油采出水达标外排处理技术；b. 含油污泥减量化、无害化及资源化再利用技术；c. 集成化烟气余热深度回收利用技术及装置研发；d. 超低排放燃煤注汽技术；e. 稠油伴生气达标排放处理技术及装置研发；f. 低渗砾岩油藏 CO_2 驱油与埋存配套技术。

随着碳达峰、碳中和"双碳"目标推进，从中国石油集团安全环保技术研究院设置的研发技术、一些企业实际的技术需求以及调研来看，未来针对不同类型的含油污泥降低处理能耗，应更多地进行污泥中油的回收。采用生物法处理含油污泥，如类生物反应器，以及针对末端为满足达标排放使用的电化学生物耦合的方法，都是十分环保低碳的方法。

此外，在当前"碳达峰"与"碳中和"的战略背景下，污泥处理处置过程中的碳减排有着很大的必要性。我国污水行业碳排放量占全社会总排放量的 $1\% \sim 2\%$，污水甲烷排放量排名第一，虽然碳排放量整体占比不大，但结合行业自身的发展需求，污水处理需要节能降耗和碳减排。污水资源化，一方面是水的综合利用，另一方面是污染物的综合利用。污泥作为污水处理的副产物，富集了污水中带入和污水处理过程产生的难降解的有机物、重金属和病原体等有毒有害物质，同时含有 N、P、K 等营养物质，源头上具有"污染"和"资源"的双重属性。因此，污泥处理处置过程碳减排对污水处理行业的"减污降碳"具有重要意义。

1.5.2　含油污泥资源化工程应用展望

加快建立健全绿色低碳循环发展的经济体系，统筹推进"碳达峰、碳中和"，推动我国绿色发展迈上新台阶，是党中央做出的重大战略部署。在此背景下石油开采、石油炼制、化工生产、有色冶炼等产业将面临减污降碳的空前压力。其中含油污泥作为一种重要的行业危险废物，具有产量大、污染重、资源回收价值高等特点，已成为目前国内外亟待解决的重大环保问题之一。探讨当前相关领域含油污泥治理先进技术应用现状及发展趋势，突破含油污泥处置与资源化利用关键技术，促进我国石油和化工行业提质增效、绿色发展，并适应当前国家"双碳"目标下严格的能评与环评要求刻不容缓。

含油污泥处理过程中原油的回收对于含油污泥处置而言具有重要的意义，既可以回收原油，同时能够减少环境污染物的排放。在满足排放标准（如 2% 或者 0.3%）的情况下，很多含油污泥仍没有办法直接排放，多用于铺井路和制备成行道砖。未来可以开发低碳、低能耗的资源化方法，其中生物处理含油污泥，包括电化学生物耦合处理技术、类生物反应器技术以及工艺改造过程中的生物技术的融合，是未来低碳含油污泥处理的主要方向。含油污泥的源头减量以及含油污泥运行的智能管理，能够有效地降低能耗，同时可以减少含油污泥的处置费用，降低能耗，对含油污泥资源化以及高附加值的产品开发具有重要的意义。

第**2**章

含油污泥组成分析及其特性表征方法

2.1 含油污泥的组成及其特性表征

2.1.1 含油污泥的含油量、含水率、含固率分析

2.1.1.1 含油量

（1）索氏抽提-紫外吸收光度法

采用索氏抽提-紫外吸收光度法检测样品含油量。在使用标准样品之前，用四氯化碳（CCl_4）超声萃取几个小时，再将萃取液进行脱水、过滤、蒸馏处理获得比较纯的石油样品，以此石油样品作为标准石油样品。

标准曲线的确定：将标准石油样品按照适当的质量梯度称取后，再用石油醚定容到指定刻度，然后进行超声萃取处理，从中抽取 1mL 进行紫外光谱扫描来确定标线。如图 2-1 所示，$A=K_1C+K_0$，$K_1=0.0157$，$K_0=-0.00848$，$R^2=0.9987$。

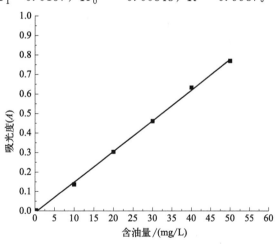

图 2-1 含油量标准曲线

将 K_0、K_1 代入线性方程，得到含油量和吸光度的线性关系式，如式（2-1）所示：

$$A=0.0157C-0.00848 \tag{2-1}$$

式中 A——吸光度；

C——含油量，mg/L。

根据吸光值算出石油类物质的质量，然后通过计算质量比，算出含油率。

以石油醚为溶剂，称取经相同预处理步骤的同一批油泥 1.5g 左右，以 225nm 波长，分别在 10mL、20mL、30mL、40mL、50mL 溶剂量和分别超声 2min、4min、6min、8min、10min、12min 的条件下做正交实验，确定最佳固液比为 1g/20mL，最佳的超声时间为 8min。

（2）比烘干法

粗含油率（Y_o）可采用比烘干法测量。实验步骤如下：取干净坩埚，准确称重 m_1；取油泥样品 10g 左右，准确称重 m_2；置于坩埚中 105℃ 干燥 3h，准确称重 m_3；干燥后样品经 600℃ 烘干，准确称重 m_4。计算公式如下：

$$Y_o = \frac{m_o}{m} = \frac{m_3 - m_4}{m_2 - m_1} \times 100\%$$

式中　m_o——含油固体废物中粗含油质量，g；

　　　m_1——坩埚质量，g；

　　　m_2——坩埚与含油固体废物样品质量，g；

　　　m_3——105℃ 干燥后含油固体废物和坩埚质量，g；

　　　m_4——600℃ 烘干后含油固体废物和坩埚质量，g；

　　　m——含油固体废物样品质量，g。

（3）重量法测可萃取油率（CJ/T 57—2018）

实验步骤如下：将采集的样品倒入 500mL 或 1000mL 分液漏斗中，加硫酸溶液（1+1）5mL，用 25mL 石油醚洗采样瓶后，倾入分液漏斗中，充分振荡 2min，并打开活塞放气，静置分层。水相用石油醚重复提取 2 次，每次用量 25mL，合并 3 次石油醚（有机相）提取液于锥形瓶中。向石油醚提取液中加入无水硫酸钠脱水，轻轻摇动，至不结块为止。加盖后放置 0.5～2h。用预先以石油醚洗涤过的滤纸过滤，收集滤液于经烘干至恒重的 100mL 蒸发皿中，将蒸发皿置于（65±1）℃ 水浴上蒸发至近干。将蒸发皿外壁水珠擦干，置于烘箱中，在 65℃ 下烘干 1h，放入干燥器内冷却 30min，称量，直至恒重。

样品中油的含量计算公式如下：

$$\rho = \frac{(m_2 - m_1) \times 1000 \times 1000}{V}$$

(2-2)

式中　ρ——油的含量，mg/L；

　　　m_1——蒸发皿的质量，g；

　　　m_2——蒸发皿和油的总质量，g；

　　　V——样品体积，mL。

2.1.1.2　含水率

（1）比烘干法

严格执行标准《固体废物浸出毒性浸出方法　水平振荡法》（HJ 557—2010）中含水率的测定方法。称取 20～100g 含油污泥样品，于预先干燥至恒重的有盖容器中，在 105℃ 下烘干，恒重至 ±0.01g，计算含油污泥样品的含水率公式如下：

$$含水率 = \frac{m - m_1}{m} \times 100\%$$

(2-3)

式中　m——所称取的含油污泥样品质量，g；

　　　m_1——含油污泥经烘干至恒重后的质量，g。

（2）回流法

参照《石油产品水含量的测定 蒸馏法》（GB/T 260—2016）进行测定。实验步骤如下。

① 试样的准备：a. 易碎的固体试样，要完全磨碎并混合均匀，实验所用试样要从中获取；b. 液体试样要在原装容器内混匀，必要时加热混匀。

② 根据试样类型，取适量的试样，准确至±1%。

③ 对流动的液体试样，用量筒取适量的试样，用一份 50mL 和两份 25mL 选好的抽提溶剂，分次冲洗量筒（见表 2-1），将试样全部转移到蒸馏器中。在试样倒入蒸馏器后或每次冲洗后，应将量筒完全沥净。

表 2-1　被测试样与相匹配的抽提溶剂

抽提溶剂的种类	被测样品
芳烃溶剂	焦油、焦油制品
石油馏分溶剂	燃料油、润滑油、石油磺酸盐、乳化油品
石蜡基烃溶剂	润滑脂

④ 对于固体或黏稠的样品，将试样直接称入蒸馏瓶中，并加入 100mL 所选用的抽提溶剂，对于水含量低的样品，需要增加称样量，所以抽提溶剂的量也需要大于 100mL。注意：在使用 10mL 接收器测试试样时，如果水含量大于 10%，可以减少试样量，使蒸馏出的水量不超过 10mL。

⑤ 如果所测试样有产品指标"痕迹"的要求，建议使用 10mL 精密锥形接收器（见图 2-2）。试样量为 100g 或 100mL，加入溶剂量为 100mL。

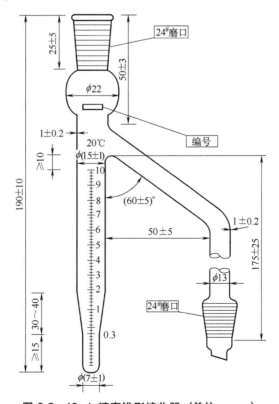

图 2-2　10mL 精密锥形接收器（单位：mm）

⑥ 磁力搅拌可以有效防止暴沸，也可在蒸馏器中加入玻璃珠或助沸材料，以减轻暴沸。

⑦ 按照图 2-3 或图 2-4 组装蒸馏装置，通过估算样品中的水含量，选择适当的接收器，确保蒸汽和液体相接处的密封。冷凝管及接收器需清洗干净，以确保蒸出的水不会黏到管壁上，而全部流入接收器底部。在冷凝管顶部塞入松散的棉花，以防止大气中的湿气进入。在冷凝管的夹套中通入循环冷却水。

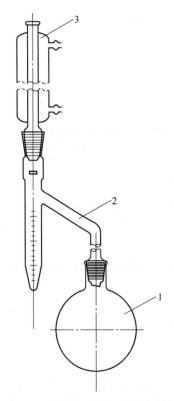

图 2-3　未带旋塞接收器蒸馏装置

1—蒸馏瓶；2—接收器；3—冷凝器

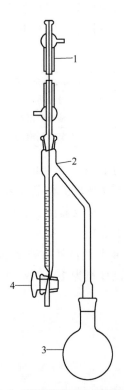

图 2-4　带旋塞接收器蒸馏装置

1—蒸馏瓶；2—接收器；3—冷凝器；4—旋塞

⑧ 加热蒸馏瓶，调整试验沸腾速度，使冷凝管中冷凝液的蒸馏速率为 2~9 滴/s。继续蒸馏至蒸馏装置中不再有水（接收器内除外），接收器中水的体积在 5min 内保持不变，如果冷凝管上有水环，小心提高蒸馏速率，或将冷凝水的循环关掉几分钟。

⑨ 待接收器冷却至室温后，用玻璃棒或四氯乙烯棒，或其他合适的工具将冷凝管和接收器壁黏附的水分拨移至水层中。读出水的体积，精确至刻度值。

⑩ 如果使用新的一批溶剂，需按步骤⑥~⑨的测定试验所需的溶剂，水含量测定结果应为"无"。

根据试样的量取方式，按照式（2-4）、式（2-5）或者式（2-6）计算水在试样中的体积分数 φ（%）或质量分数 ω（%）。

$$\varphi = \frac{V_1}{V_0} \times 100\% \tag{2-4}$$

$$\varphi = \frac{V_1}{m/\rho} \times 100\% \tag{2-5}$$

$$\omega = \frac{V_1 \rho_{水}}{m} \times 100\%\qquad(2\text{-}6)$$

式中　V_0——试样的体积，mL；

　　　V_1——测定试样时接收器中的水分，mL；

　　　m——试样的质量，g；

　　　ρ——试样 20℃的密度，g/cm^3；

　　　$\rho_{水}$——水的密度，g/cm^3，取值为 1.00g/cm^3。

注：试样中如果存在挥发性水溶性物质，也会以水的形式测定出来。

结果的表示：

① 报告水含量结果以体积分数或者质量分数表示。

② 对于 100mL 或 100g 的试样，若使用 2mL 或 5mL 的接收器，报告水含量的测定结果精确至 0.05％；若使用 10mL 或 25mL 的接收器，则报告结果精确至 0.1％。

③ 使用 10mL 的精密锥形接收器时，水含量≤0.3％时，报告水含量的测定结果精确至 0.03％；水含量＞0.3％时，则报告结果精确至 0.1％。试样的水含量＜0.03％，结果报告为"痕迹"。在仪器拆卸后接收器中没有水存在，结果报告为"无"。

2.1.1.3　含固率

含固率即含油污泥的含泥率，可通过萃取法和焙烧重量法测定。其中，焙烧重量法的测定步骤如下：

① 称量一干燥坩埚质量，记为 m_1；

② 往坩埚中加入一定量的含油污泥，称量质量，记为 m_2；

③ 将坩埚放在 650℃的马弗炉中焚烧 8h，冷却后，称量质量，记为 m_3；

④ 含泥率的计算公式如下：

$$含泥率 = \frac{m_3 - m_1}{m_2 - m_1} \times 100\%\qquad(2\text{-}7)$$

含油污泥是由油、水、泥沙三部分组成的，含固率也可由之前测定的含油率和含水率计算而来。计算公式如下：

$$含固率 = 100\% - 含油率 - 含水率\qquad(2\text{-}8)$$

2.1.2　有机质

含油污泥的有机质是指存在于含油污泥中的含碳有机物，包括污泥中的微生物及各种有机物。以含油污泥的有机质含量表示含油污泥的热解反应程度，有机质含量越高，说明热解反应越剧烈，反应活性越高；反之亦然。含油污泥的有机质含量参照《土壤环境监测分析方法》，采用重铬酸钾氧化-容量法测定。

2.1.2.1　重铬酸钾氧化-容量法原理

在加热条件下，用过量的重铬酸钾-硫酸溶液氧化含油污泥中的有机碳，使有机质中的碳氧化成二氧化碳，而重铬酸根离子被还原成三价铬离子，剩余的重铬酸钾用二价铁的标准溶液滴定。根据有机碳被氧化前后重铬酸根离子数量的变化，就可算出有机碳或有机质的含量。此方法只能氧化约 90％的有机质，在计算分析结果时采用氧化校正系数 1.10 来计算有机质含量。

2.1.2.2　样品处理及分析步骤

准确称取适量的样品，通过 100 目筛后风干试样 0.05～0.5g（精确到 0.0001g，称样量根据有机质含量范围而定），放入硬质试管中，用自动调零滴定管准确加入 10.00mL 0.4mol/L 的重铬酸钾-硫酸溶液，摇匀并在每个试管口插入一玻璃漏斗。将试管逐个插入铁丝笼中，再将铁丝笼沉入已在电炉上加热至 185～190℃ 的油浴锅内，使管中的液面低于油面，由于要求放入后的温度下降至 170～180℃，所以等试管中的溶液沸腾时开始计时，必须控制电炉温度，不使溶液剧烈沸腾，其间可轻轻将铁丝笼从油浴锅内提出，冷却片刻，擦去试管外的油（蜡）液。把试管内的消煮液及污泥残渣无损地转入 250mL 三角瓶中，用水冲洗试管及小漏斗，洗液并入三角瓶中，使三角瓶内溶液的总体积控制在 50～60mL。加入 3 滴邻菲罗啉指示剂，用硫酸亚铁标准溶液滴定剩余的 $K_2Cr_2O_7$，溶液的变色过程是橙黄—蓝绿—棕红。

有机质质量分数的计算公式如下：

$$\omega = \frac{c \times (V_0 - V) \times 0.003 \times 1.724 \times 1.10}{m} \times 100\%$$

式中　ω——污泥有机质的质量分数；

　　　V_0——空白试验所消耗硫酸亚铁标准溶液体积，mL；

　　　V——试样测定所消耗硫酸亚铁标准溶液体积，mL；

　　　c——硫酸亚铁标准溶液的浓度，mol/L；

　0.003——1/4 碳原子的毫摩尔质量，g/mmol；

　1.724——由有机碳换算成有机质的系数；

　　1.10——氧化校正系数；

　　　m——称取烘干试样的质量，g。

2.1.2.3　适用范围

适用于有机质含量在 15% 以下的污泥，如样品的有机质含量大于 15%，可用固体稀释法来测定。方法如下：称取磨细的样品 1 份（准确到 1mg）和经过高温灼烧并磨细的矿质土壤 9 份（准确到 1mg），使之充分混合均匀后再从中称样分析，分析结果以称量的 1/10 计算。该方法不宜用于测定含氯化物较高的污泥。

2.1.3　重金属离子含量

含油污泥中含有 As、Hg、Cr、Cu、Zn、Ni、Pb、Cd 等重金属物质，通过电感耦合等离子体质谱（ICP-MS）法、原子吸收法、原子荧光法可对含油污泥中重金属离子组成及成分含量进行测定。

2.1.3.1　样品的预处理

含油污泥在进行重金属测试之前需对油泥样品进行风干、研磨、消解等步骤的预处理，再应用电感耦合等离子体质谱法、原子吸收法、原子荧光法等方法进行重金属离子的测定。

（1）风干

在风干室，将泥样放置于风干盘中，摊成 2～3cm 的薄层，适时地压碎、翻动，拣出碎石、砂砾等。

（2）样品粗磨

在磨样室，将风干的样品倒在有机玻璃板上，用木槌敲打，用木棍、木棒、有机玻璃棒再次压碎，拣出杂质，混匀，过孔径为 0.85mm（20 目）的尼龙筛。过筛后的样品全部置于无色聚乙烯薄膜上，并充分搅拌混匀。

（3）样品细磨

研磨到全部可通过孔径 0.15mm（100 目）筛。

（4）消解法

测定油泥中的铜、铅、锌、镉、铬、镍等重金属，可选用盐酸-硝酸-氢氟酸-高氯酸消解法或硝酸-盐酸-氢氟酸消解法进行预处理，其中，盐酸-硝酸-氢氟酸-高氯酸消解法包括电热板消解法和全自动消解法；而测定油泥中的汞、砷、硒、锑等重金属，应使用王水（硝酸和盐酸混合液）消解法进行样品的预处理。

2.1.3.2 铜、铅、锌、铬、镍等重金属的消解

铜、锌、铅、镍、铬的消解参照《土壤和沉积物　铜、锌、铅、镍、铬的测定　火焰原子吸收分光光度法》（HJ 491—2019）中的电热板消解法。

称取 0.2～0.3g（精确至 0.1mg）样品于 50mL 聚四氟乙烯坩埚中，用水润湿后加入 10mL 盐酸，于通风橱内电热板上 90～100℃加热，使样品初步分解，待消解液蒸发至剩余约 3mL 时，加入 9mL 硝酸，加盖加热至无明显颗粒，加入 5～8mL 氢氟酸，开盖，于 120℃加热飞硅 30min，稍冷，加入 1mL 高氯酸，于 150～170℃加热至冒白烟，加热时应经常摇动坩埚。若坩埚壁上有黑色碳化物，加入 1mL 高氯酸加盖继续加热至黑色碳化物消失，再开盖，加热赶酸至内容物呈不流动的液珠状（趁热观察）。加入 3mL 硝酸溶液，温热溶解可溶性残渣，全量转移至 25mL 容量瓶中，用硝酸溶液定容至标线，摇匀，保存于聚乙烯瓶中，静置，取上清液待测。于 30d 内完成分析。

2.1.3.3 汞、砷、硒、锑等重金属的消解

王水的微波消解法适用于汞、砷、硒、锑等重金属的总量测定。参照《土壤和沉积物　金属元素总量的消解　微波消解法》（HJ 832—2017）的处理步骤。

称取风干、过筛的样品 0.25～0.5g（精确至 0.0001g）置于消解罐中，用少量实验用水 [新制备的二次去离子水或亚沸蒸馏水，电阻率≥18MΩ·cm（25℃）] 润湿。在防酸通风橱中，依次加入 6mL 硝酸 [$\rho(HNO_3)=1.42g/mL$]、3mL 盐酸 [$\rho(HCl)=1.19g/mL$]、2mL 氢氟酸 [$\rho(HF)=1.16g/mL$]，使样品和消解液充分混匀。若有剧烈化学反应，待反应结束后再加盖拧紧。将消解罐装入消解罐支架后放入微波消解装置的炉腔中，确认温度传感器和压力传感器工作正常。按照表 2-2 的升温程序进行微波消解，程序结束后冷却。待罐内温度降至室温后在防酸通风橱中取出消解罐，缓缓泄压放气，打开消解罐盖。

表 2-2　微波消解升温程序

升温时间	消解温度	保持时间
7min	室温→120℃	3min
5min	120℃→160℃	3min
5min	160℃→190℃	25min

将消解罐中的溶液转移至聚四氟乙烯坩埚中，用少许实验用水 [新制备的二次去离子水或亚沸蒸馏水，电阻率≥18MΩ·cm（25℃）] 洗涤消解罐和盖子后一并倒入坩埚。将坩埚置于温控加热设备（温度控制精度为±5℃）上在微沸的状态下进行赶酸。待液体成黏稠状时，取下稍冷，用滴管取少量硝酸 [1＋99（体积比），用 $\rho(HNO_3)=1.42g/mL$ 硝酸配制]

冲洗坩埚内壁，利用余温溶解附着在坩埚壁上的残渣，之后转入 25mL 容量瓶中，再用滴管吸取少量硝酸 [1+99（体积比），用 $\rho(HNO_3)=1.42g/mL$ 硝酸配制] 重复上述步骤，洗涤液一并转入容量瓶中，然后用硝酸 [1+99（体积比），用 $\rho(HNO_3)=1.42g/mL$ 硝酸配制] 定容至标线，混匀，静置 60min 取上清液待测。

2.1.3.4 原子吸收法

原子吸收法是基于样品中的基态原子对该元素特征谱线的吸收程度来测定待测元素的含量。

一般情况下原子都是处于基态的。当特征辐射通过原子蒸气时，基态原子从辐射中吸收能量，由基态跃迁到激发态。原子对光的吸收程度取决于光程内基态原子的浓度。因此，根据光线被吸收后的减弱程度就可以判断样品中待测元素的含量。这就是原子吸收光谱法定量分析的理论基础。因此，原子吸收光谱法的基本原理是依据处于气态的被测元素基态原子对该元素的原子共振辐射有强烈的吸收作用而建立的。该法具有检出限低、准确度高、选择性好、分析速度快等优点。

在温度吸收光程、进样方式等实验条件固定时，样品产生的待测元素基态原子对作为光源的该元素的空心阴极灯所辐射的单色光产生吸收，其吸光度（A）与样品中该元素的浓度（C）成正比，即 $A=KC$，式中，K 为常数。据此，通过测量标准溶液及未知溶液的吸光度，又已知标准溶液浓度，可作标准曲线，求得未知液中待测元素浓度。

2.1.3.5 X 射线荧光光谱法

X 射线荧光光谱法适用于 25 种无机元素和 7 种氧化物的测定。其方法原理是样品经过衬垫压片或铝环（塑料环）压片，试样中的原子受到适当的高能辐射激发后，放射出该原子所具有的特征 X 射线，其强度大小与试样中该元素的质量分数成正比。通过测量特征 X 射线的强度来定量分析试样中各元素的质量分数。

2.1.3.6 电感耦合等离子体质谱法

电感耦合等离子体质谱法可对 67 种金属元素进行测定。其方法原理是采集的样品经风干、研磨后，采用混合酸体系对含油污泥样品进行预处理，成为待测溶液。然后用电感耦合等离子体质谱仪（ICP-MS）对待测液中的目标元素浓度进行测定，用内标法定量。

2.1.4 含油污泥 pH 值的测定

含油污泥样品用水浸提或用中性盐溶液浸提（如酸性土壤可用 1mol/L 氯化钾溶液浸提，中性和碱性土壤可用 0.01mol/L 氯化钙溶液浸提），水土比一般为 2.5∶1（盐碱土水土比为 5∶1）。经充分搅拌，静置 30min，用酸度计或 pH 计测定。

（1）试剂配制

① pH＝4.01 标准缓冲溶液：将 10.21g 邻苯二甲酸氢钾（$KHC_8H_4O_4$，分析纯，105℃烘干）溶于 1000mL 蒸馏水中。

② pH＝6.87 标准缓冲溶液：将 3.39g 磷酸二氢钾（KH_2PO_4，分析纯，45℃烘干）和 3.53g 无水磷酸氢二钠（$Na_2H_2PO_4$，分析纯，45℃烘干）溶于 1000mL 蒸馏水中。

③ pH＝9.18 标准缓冲溶液：称取 3.80g 硼砂（$Na_2B_4O_7 \cdot 10H_2O$）溶于 1000mL 煮沸冷却的蒸馏水中，装瓶密封保存。

④ 1mol/L 氯化钾溶液：将 74.6g 氯化钾（KCl，分析纯）溶于 1000mL 蒸馏水中，该溶液的 pH 值为 5.5～6.0。

⑤ 0.01mol/L 氯化钙溶液：将 147.02g 氯化钙（$CaCl_2 \cdot 2H_2O$，分析纯）溶于 1000mL 蒸馏水中，即得 1mol/L 氯化钙溶液；取 10mL 浓度为 1mol/L 的氯化钙溶液于 500mL 烧杯中，加入 500mL 蒸馏水，滴加氢氧化钙或盐酸溶液调节 pH=6，然后用蒸馏水定容至 1000mL，即得 0.01mol/L 氯化钙溶液。

（2）样品处理

将含油污泥样品风干磨细过 2mm 筛，称取 10.0g 样品于 50mL 烧杯中，加入 25mL 无二氧化碳的蒸馏水或 1mol/L 氯化钾溶液（酸性土壤）或 0.01mol/L 氯化钙溶液（中性和碱性土壤），用玻璃棒剧烈搅拌 1～2min，静置 30min，以备测定，此时应注意实验室氨气和挥发性酸雾的影响。

按仪器说明书开启 pH 计（或酸度计），选择与土壤浸提液 pH 值接近的 pH 标准缓冲溶液（酸性的用 pH=4.01 标准缓冲溶液，中性的用 pH=6.87 标准缓冲溶液，碱性的用 pH=9.18 标准缓冲溶液）作为标准，校正仪器指示的 pH 值与标准值一致。将 pH 计的复合电极（或 pH 玻璃电极和甘汞标准电极）插入土壤浸提液中，轻轻转动烧杯，读出 pH 值。每份样品测定后，用蒸馏水冲洗电极，并用滤纸将水吸干。

2.1.5　油泥粒径分布特性

含油污泥的粒径分布对热解反应器的传热效率、反应充分程度和热解效果等都有一定的影响，特别是不同的热解反应器对污泥的粒径需求不同。如热解流化床装置，希望污泥的粒径尽量小，使物料较轻，使热解反应更充分；而固定式热解炉或回转窑则对颗粒粒径的要求较低。因此，含油污泥在热解前可通过破碎、研磨、筛分等预处理方式，获得实验理想的粒径大小。颗粒粒径大小和粒径分布一般采用粒度分析仪测定。粒径在微米级以上的颗粒，一般选用激光粒度分析仪测试，而粒径在微米级以下或是纳米级别的，适宜采用纳米粒度分析仪。

2.1.6　污泥样品中油品的测定分析

2.1.6.1　含油污泥中含油量的不同表述及定义

含油污泥成分的复杂以及状态的多样，给其中油类含量的检测带来了很大的难度。在我国，含油污泥的油类含量检测方法一直缺乏一个统一的标准。造成这一状况的主要原因：一是我国制定的《土壤环境质量标准》中，只是主要说明了重金属和难降解农药的指标，并没有对石油类及其相关物质的标准要求；二是研究中常常把矿物油（mineral oil）、石油类（petroleum substances）和总石油烃（total petroleum hydrocarbons，TPH）含量的概念混淆。

对于含油污泥来讲，我国目前还没有一个统一标准规定。实际上，矿物油、石油类物质和总石油烃在概念上是有一定区别的，尤其是石油类含量与总石油烃含量的概念也应当与水质标准（HJ 637—2018）中规定的概念有所不同。

油类物质从来源上一般可分为三大类：一是矿物油，指天然石油（原油）及其炼制产品，由烃类化合物组成；二是动植物油，来自动物、植物和海洋生物，主要由各种三酰甘油组成，并含有少量的低级脂肪酸酯、磷脂类、甾醇类等；三是香精油，是由某些植物提馏而得的挥发性物质，主要成分是一些芳香烃或萜烯烃等。各种油类的化学性质完全不同，多数动植物油能作为营养源供人们食用，并且能被消化和吸收，而矿物油和香精油非但不能食用，而且对人体有害。

对于油田开发生产过程中产生的含油污泥来讲，其组成成分应为矿物油，以下就从矿物油的角度来进行分析。各种油类的一般定义如下。

（1）总体油

总体油是指总体石油类加总体动植物油。测定样品中（一般为水中）的油如未加说明或特殊要求，报出的结果是总体油，既包括石油类又包括动植物油。如果需要分别测定石油类和动植物油，应先测总体油，然后将被测溶液用硅酸镁吸附处理，单独测定石油类，利用差减法求出动植物油的含量。

测定方法为：《水质　石油类和动植物油类的测定　红外分光光度法》（HJ 637—2018）。

（2）石油类

《水质　石油类和动植物油类的测定　红外分光光度法》（HJ 637—2018）采用的定义：指在 $pH \leqslant 2$ 的条件下，能够被四氯乙烯萃取且不被硅酸镁吸附的物质。石油类的成分非常复杂，其组成也因产地而异，主要成分是烃类。在石油烃中次甲基、甲基及芳香烃基团中碳氢键的振动波数分别是 $2930cm^{-1}$、$2960cm^{-1}$ 和 $3030cm^{-1}$，所以只有这三个波数吸收强度之和才是总体石油类。ISO（国际标准化组织）和国标中指出：只有红外分光光度法才能满足烃类化合物 CH_2、CH_3 和芳香烃测量的要求。其他的测油方法只能测定出总体石油类中的一部分，不能代表总体石油类。

（3）动植物油

从动物、植物体内提炼出来的油，称为动植物油，例如：菜籽油、花生油、豆油、香油（芝麻油）等为植物油；猪油、牛油、羊油等为动物油。动物油和植物油的主要成分都是脂肪酸。脂肪酸（fatty acid）是指一端含有一个羧基的脂肪族碳氢链。

油脂中的碳链含碳碳双键时，主要是低沸点的植物油；油脂中的碳链为碳碳单键时，主要是高沸点的动物脂肪。碳碳双键的性质是可以使溴水和酸性高锰酸钾溶液褪色，同时也是植物油所具有的特性，含单键的动物脂肪不能使固体反应褪色，这就是两者的区别。动物油沸点在 400℃ 左右；花生油、菜籽油的沸点为 335℃，豆油为 230℃。此外，动植物油能被硅酸镁吸附。

（4）矿物油

依据习惯，把通过物理蒸馏方法从石油中提炼出的基础油称为矿物油，加工流程是：在原油提炼过程中，分馏出有用的轻物质后，残留的塔底油再经提炼而成［被称为"老三套"（溶剂精制、酮苯脱蜡、白土补充精制）］。矿物油主要是含有碳原子数比较少的烃类物质，多的有几十个碳原子，多数是不饱和烃，即含有碳碳双键或是叁键的烃。按照现代工艺，是指取原油中 250～400℃ 的轻质润滑油馏分，经酸碱精制、水洗、干燥、白土吸附、加抗氧剂等工序制得。

国家环境保护标准《废矿物油回收利用污染控制技术规范》中定义废矿物油（used mineral oil）：从石油、煤炭、油页岩中提取和精炼，在开采、加工和使用过程中由外在因素作用导致改变了原有的物理和化学性能，不能继续被使用的矿物油。

有文献介绍，矿物油的测定范围是沸点较高（170～430℃）、碳数在 C_{10}～C_{35} 的石油烃类，包括柴油烃类、煤油类等。

但是，对于油田开发生产过程中产生的含油污泥来讲，其组成成分应为广义的矿物油，也就是含油污泥中的原油组成成分。

（5）总石油烃（TPH）

烃是仅由碳和氢两种元素组成的有机化合物，烃类化合物是碳与氢原子所构成的化合物，主要包含烷烃、环烷烃、烯烃、炔烃、芳香烃。总石油烃指所有的烃类化合物，对环境空气造成污染的主要是常温下为气态及常温下为液态但具有较大挥发性的烃类（$C_1 \sim C_{12}$ 的烃类），而 C_{13} 以上的烃类化合物，一般不会以气态存在。

显然，总石油烃字面的意思是石油中总的烃类，实际上，对于油田开发生产过程中产生的含油污泥来讲，应该指的是含油污泥中的原油组成成分：烃类化合物（烃）及含氮、硫、氧等的烃类衍生物。

因此，根据以上分析，总石油烃相当于广义的矿物油；石油类（用 CCl_4 萃取，不被硅酸镁吸附）相当于在总萃取物后去掉动植物油，对于含油污泥中的原油组成成分来讲，缺少了一部分温度下的馏分（动植物油对应部分）。

2.1.6.2 含油量测定方法

国外土壤中石油烃类监测方法标准中，萃取剂有超临界 CO_2、正己烷和二氯乙烷，方法有免疫法、红外法、重量法、免疫比浊法、气相色谱法和荧光法；在国外水体石油烃检测方法标准中，萃取剂有正戊烷、正己烷、四氯乙烷、二氯乙烷、S-316 和环己烷，方法有红外分光光度法、重量法、气相色谱法和荧光法。

国外学者在实验中也提出了新的测定含油量的方法。有研究者提出了采用共聚焦激光显微镜（CLFM）作为一种对处理水中的油定量的技术，该方法利用油的自荧光特性，可实时地对水中的三维油滴进行量化。该技术不需要用危险有害的溶剂来提取石油，人工劳动强度低，有很大的潜力用于对处理过的水的含油量进行初步的实时检测。还有研究者研究了以纳米乳液为溶剂，用紫外可见分光光度计（UV-vis）和全有机碳分析仪（TOC-VCHS）测定油在油水中的含量，该方法准确度很高，UV-vis 和 TOC-VCHS 的平均标准差都很低（5%），与传统的测定方法相比需要的溶剂很少，可以对含油量进行简单、快速和准确的测定和分析。另有研究者提出了一种测定地下水中脂肪族和芳香烃组分的分析方法，该方法利用气相色谱对地下的烃类进行了两次固相萃取，并用火焰电离对所得馏分分析检测，该方法已在含有大量烃类化合物的污染地区采集的一组地下水样品的检测分析中取得了很好的应用效果。

由于国内尚无土壤中石油类的国标方法，多数参照采用《水质　石油类和动植物油类的测定　红外分光光度法》（HJ 637—2018）。

（1）红外分光光度法

红外分光光度法是目前测定石油烃较好的方法，具有灵敏度高，能显示油品的特征吸收峰，可以识别—CH_2—、—CH_3、≡CH—的 C—H 伸缩振动和不受油标准限制等优点，被广泛应用于水体、土壤、沉积物中石油烃含量的测定中。红外光谱法更能全面地反映出被测样品中的总油烃含量，因为石油中的烷烃、环烷烃占总体的 70%～80%，这两种烃类中的—CH_3、—CH_2—、≡CH—和 C_6H_n 是红外光谱法测定的基础，而芳烃仅占石油的 20%～30%，有些产地的油仅含 6%～15% 的芳烃，因此所测值普遍偏低。实践证明芳烃苯环上可能有一定量的—CH_3、—CH_2—、≡CH—，其在 2960cm^{-1}、2930cm^{-1}、3030cm^{-1} 处有吸收，所以红外光谱法可测定石油中 80%～90% 的组成物。

（2）紫外分光光度法

石油烃中带有 C=C 共轭双键的有机化合物在紫外区 215～230nm 处有特征吸收，而含有简单的、非共轭双键和具有 n 电子的生色基团有机化合物在 250～300nm 范围内有低强度吸收带。因此，一般是选在 215～300nm 范围内进行扫描，然后选择在最大吸收峰处进行测量。采用紫外法测定石油烃含量，合理选择萃取溶剂和测定波长尤为重要，因为很多溶剂在紫外区 225nm 处都有吸收。紫外分光光度法常用的萃取剂是石油醚，为避免其他因素的干扰，常采用双波长测定。紫外分光光度法由于灵敏度低，对饱和烃、环烃无效，比较适用于高浓度样品中石油烃含量的测定。此法广泛地应用于水中、土壤中、沉积物中石油烃含量的测定，而较少应用于水产品中石油烃含量的测定。而且紫外分光光度法只能测定具有共轭双键的成分和具有 n 电子的生色基团有机化合物，而不包括饱和烃类，因此测定结果不具代表性。

综上，紫外分光光度法在含油污泥的石油组成物测定中不适用。

（3）气相色谱法

气相色谱法（GC）是将石油烃经色谱柱分离后，分别检测不同的石油烃组分的方法。GC 具有灵敏度高、能定性检测石油烃的某种组分等优点。但由于石油烃组成极其复杂，所以 GC 测量时，使用的标样也十分复杂，从应用角度来看不适于石油组成物含量的测定。有标准样的情况下，由于其吸收峰的复杂性，难以进行分析而不能实际应用。

（4）可见光分光光度法

石油（包含各种组分）在可见光 430nm 处有最大吸收峰，可以用于测定含油量。该方法以标准油绘制标准曲线，样品用四氯化碳萃取，采用分光光度法（可见光 430nm）测定。

（5）非分散红外法

适用于测定浓度在 0.02mg/L 以上的含油水样，当油品的比吸光系数较为接近时，测定结果的可比性较好；但当油品相差较大时，测定的误差也会较大，尤其当油样中含芳烃时误差更大，此时要与红外分光光度法相比较，同时要注意消除其他非烃类有机物的干扰。

（6）重量法

重量法适用于高含油量的样品测定。

2.1.6.3 含油污泥中含油量的测定方法

通过上节分析，含油污泥中含油量的测定可采用重量法和红外分光光度法。

（1）重量法

用 250mL 的锥形瓶称取 3～5g 含油污泥样品，向锥形瓶中加入 25mL 石油醚，轻轻振荡 1～2min，盖上盖，放置过夜；将过夜的锥形瓶置于 50～55℃水浴振荡器上热浸 1h（注意放气 2 次）；振荡后将液体取出过滤，在滤纸上放适量（加入量以不再结块为准）的无水硫酸钠脱水；滤渣中加 25mL 石油醚，水浴中振荡 30min；重复加入石油醚清洗滤渣，至滤渣中加入石油醚无色；将装有所有滤液的烧杯放在 55～60℃水浴振荡器中通风浓缩至干燥；擦去烧杯外壁水汽，置于 60～75℃烘箱中烘干 4h，取出放入干燥器，冷却 30min 后称重，烧杯前后质量差即为污泥中油的质量。该方法准确度比较低，一般用于含油量高（10mg/L 以上）的样品分析。

本方法参照《水和废水监测分析方法》（第四版）。

（2）红外分光光度法

红外光谱测定方法见黑龙江省地方标准《油田含油污泥综合利用污染控制标准》

（DB23/T 1413—2010）中石油类的测定：红外光度法。

2.1.6.4 含油污泥中含油量检测存在的问题

（1）含油量的定义不明晰

含油污水和含油污泥的状态复杂多样，给含油量的检测带来了很大的难度，虽然已出台了许多标准，但是在各标准中对污染物的定义不统一，目前我国存在着对含油量、石油类、矿物油和石油烃类等概念的混淆。

在《地表水环境质量标准》（GB 3838—2002）中石油类是对地表水质量判定的标准之一，但未给出具体定义。《建设用地土壤污染风险筛选指导值（三次征求意见稿）》中石油烃类是判断土壤是否存在污染的指标之一，包括 $C_9 \sim C_{16}$ 芳香烃和 $C_{17} \sim C_{35}$ 芳香烃。在《油田采出水中含油量测定方法　分光光度法》（SY/T 0530—2011）中对含油量的定义为：在规定条件下每单位体积的油田采出水中所含烃类物质的质量。在《水质　石油类和动植物油类的测定　红外分光光度法》（HJ 637—2018）中对油类的定义为：在 $pH \leqslant 2$ 的条件下，能够被四氯乙烯萃取且在波数为 $2930cm^{-1}$、$2960cm^{-1}$ 和 $3030cm^{-1}$ 处有特征吸收的物质，主要包括石油类和动植物油类。矿物油是为了与动植物油区分开来的一种通俗说法，《水和废水监测分析方法》（第一版）中的石油类在再版时改为矿物油，但由于这个定义存在局限性，该书在第四版的时候又将矿物油改回为石油类。在《水质　可萃取性石油烃（C_{10}—C_{40}）的测定　气相色谱法》（HJ 894—2017）中有关于石油烃的测定方法，但目前还未有从国家层面给出的定义。

（2）含油量检测方法的不统一

《地表水环境质量标准》（GB 3838—2002）中对于石油类的地表水环境质量标准基本项目分析方法是红外分光光度法；《建设用地土壤污染风险筛选指导值（三次征求意见稿）》中将石油烃类（$C_9 \sim C_{16}$ 芳香烃和 $C_{17} \sim C_{35}$ 芳香烃）划为污染物，但是对石油烃类污染项目的检测却没有给出明确的分析方法；《水质　石油类和动植物油类的测定　红外分光光度法》（HJ 637—2018）中对石油类和动植物油类的测定方法为红外分光光度法；《水质　可萃取性石油烃（$C_{10} \sim C_{40}$）的测定　气相色谱法》（HJ 894—2017）对石油烃的检测方法是气相色谱法。虽然各领域都有提出关于油类污染物的检测方法，但是未明确说明各方法的适用情况，对于含油量检测的精准性和不同检测结果的可比较性有着很大的影响。

目前常规测定含油量的方法有很多种，一般常用的方法有重量法、红外分光光度法、紫外分光光度法和气相色谱法。

重量法是用萃取剂将污染物中的油萃取出来，再将萃取剂去除，最后即可测得含油量。虽然这种方法操作简单、成本低，但是也有缺点，如灵敏度低（含油量检测范围通常在 5～10mg/L），当温度过高时或加热时间过长时，溶剂和油的组分会蒸发，对最终结果的精准性会有影响。

红外分光光度法是依据石油中不同 C—H 键伸缩振动而形成的吸收峰的不同进行检测。该方法操作简单，测定含油量时不用绘制相应的标准曲线，灵敏度较高，适用范围较广，但当石油烃含量较高时精准度将会有所下降，所以一般用于含油量较低的污染物的测定。

紫外分光光度法测定含油量时需要绘制相应的标准曲线，该方法灵敏度较低，比较适用于水质变化相对稳定和含石油烃较高的水样的含油量测定。但由于所测得的结果中不包括饱和烃和环烃，所以该法所得结果可能与实际结果存在偏差。

气相色谱法非常灵敏，可以定性分析检测石油烃各组分。但在实际操作的过程中，由于矿物油的成分比较复杂，所需的标样也很复杂，操作起来比较困难。而且气相色谱有沸点的适用范围，只能检测出沸点在175～525℃之间的物质，对于超出这个范围的成分不能有效地检测，所得的结果可能会与真实值有偏差。气相色谱法测定含油量时数据分析的时间较长，仪器价格比较昂贵也是限制气相色谱法推广应用的原因之一。

（3）萃取方法不统一

目前萃取的方法有索氏提取法、超声萃取法、超临界流体萃取法、快速溶剂萃取法、微波萃取法。

索氏提取法是较为常用的方法，相对于其他方法比较容易操作，但实验周期较长，一般需要1～2d，萃取效率较低，很难大批量地对样品进行检测。超声萃取法是利用超声波在液体中产生的空化效应来进行萃取的方法，该方法操作简单，所需时间短，可用于难萃取固体样品的萃取。超临界流体萃取法是利用超临界流体在临界点附近性质会改变的原理，在实际的操作过程中，可以通过调节压力或温度使其溶解能力发生变化来实现萃取。快速溶剂萃取法是一种新兴的萃取方法，萃取较为快速、萃取率高、溶剂比较容易去除，目前已广泛地应用于食品、农业和环境等领域。微波萃取法是以微波为能量使样品的不同组分分开的方法，其不会对有机物造成破坏，且操作简单，所需药剂少，对实验环境和工作人员健康影响较小，适用于萃取固体样品中的有机物。

（4）名称及规定限值不统一

表2-3为含油污污处理相关标准。

表2-3　含油污泥处理相关标准

编号	标准	标准类型	适用范围
①	《农用污泥污染物控制标准》（GB 4284—2018）	国家标准	适用于城镇污水处理厂污泥在耕地、园地和牧草地的污染控制
②	《土壤环境质量　建设用地土壤污染风险管控标准（试行）》（GB 36600—2018）	国家标准	适用于建设用地土壤污染风险筛查和风险管制
③	《陆上石油天然气开采含油污泥资源化综合利用及污染控制技术要求》(SY/T 7301—2016)	石油天然气行业标准	适用于陆上石油天然气开采含油污泥资源化综合利用过程及污染控制和环境监管
④	《油田含油污泥综合利用污染控制标准》（DB23/T 1413—2010）	黑龙江省地方标准	适用于油田井下作业施工等过程中产生的油水与地面土壤混合形成的以及地层中携带出的含油污泥，经处理后，用于农用、铺设油田井场和通井路
⑤	《含油污泥处置利用控制限值》(DB61/T 1025—2016)	陕西省地方标准	适用于陕西省油气田生产及炼化生产过程中所产生的含油污泥（其经过处理后，用于铺设油田井场、等级公路或用作工业生产原料）
⑥	《油气田含油污泥综合利用污染控制要求》(DB65/T 3998—2017)	新疆维吾尔自治区地方标准	适用于经处理过的油气田含油污泥在油田作业区内综合利用过程中的污染控制、环境影响评价和环境监管

1）油气田含油污泥处置相关标准中，泥中油的量值是一项尤为重要的参数，③～⑥号标准中，对泥中油的量值的规定不尽相同，其中③号标准规定的是石油烃总量，而其他标准规定的是石油类含量。

依据③号标准所依据的GB 5085.6中检测方法的规定：石油烃总量是指"可回收石油

烃总量"，由超临界色谱法可提取的石油烃（TRPHs）来测定；具体是指废物中涕灭威、涕灭威亚砜、胺甲萘（西维因）、虫螨威（呋喃丹）、二氧威、3-羟基呋喃、灭虫威（美苏洛尔）、灭多威（鞣酸盐）、猛杀威、残杀威 10 种 N-甲基氨基甲酸酯的红外光谱测定。由此可见，并非我们所理解的通常意义上的石油烃（含有烃类化合物的混合物）总量。

依据相关标准，石油类是指在标准规定的条件下，能够被四氯乙烯萃取且不被硅酸镁吸附的物质，具体是废物中总油含量减去动植物油含量即为石油类。由此可见，④～⑥号标准中规定的泥中油含量的测定值要高于③号标准规定的；同样是≤2%的规定值，④～⑥号标准要严于③号标准。

2）③～⑥号标准关注的主要监测项目不尽相同，仅③号标准及④号标准农用用途时没有规定含水率限值，其他标准均同时规定了泥中油及含水率限值。同一标准不同用途以及不同标准同一用途的限值规定也不同，其中④号标准（黑龙江省地方标准）农用用途泥中石油类（≤3000mg/kg）限值的规定最严格，用于铺通井路、垫。

（5）萃取剂不统一

目前较为常用的萃取剂为石油醚、正己烷、混合庚烷、三氯甲烷、四氯化碳等。石油醚毒性低、环境污染小，但对于一些石油烃类无法萃取，使得测定结果的准确性较差。用紫外分光光度法测定水中含油量时，萃取剂需经纯化后才能使用，正己烷的操作步骤较为简便。三氯甲烷虽然有很好的萃取能力，但有中等毒性，可经由皮肤、呼吸道进入人体，对人的神经系统和肾脏有极大的损害。四氯化碳不稳定，极其容易挥发，有剧毒，吸入体内会对身体健康产生危害。

（6）标准油的选择不统一

除重量法不需要标准油外，其他测定含油量的方法都需要标准油。目前使用较多的标准油有正十六烷、异辛烷和苯按比例配制的标准油；用石油醚萃取含油污水中的油，再经过脱水、过滤并去除石油醚所得的标准油；还有采用正十六烷和异丙烷等混合配制而成的标准油。在标准油的制备过程中，需将油样萃取后，将蒸馏瓶置于（75±5）℃的环境中，蒸馏至恒重，该过程必然会将油中的部分低碳馏分（主要是烃类组分）去除，最终的测定结果也是以去除了部分低碳组分的基准油为基础，测定采出水中的含油量，测定的结果与真实值存在偏差。

（7）计算基础不统一

针对石油类的计算，不同标准采用的测试方法中，给出的计算公式也不一致，主要体现在规定的计算基础存在差异。

① 对于标准中采用《城市污水处理厂污泥检验方法》（CJ/T 221—2005）测定石油类的，规定的公式计算出的数值是红外分光光度计测定的浓度数值与除去水分后（干基）物料的比值，即单位质量干基物料中所含石油类的质量；而④号标准中规定方法是红外分光光度计测定的浓度数值与湿基物料的比值，没有去除水含量。

② 以湿基物料为基础得出的石油类数值是个暂时值，是变化的、不确定的，数值会随着污泥中含水率的降低而变化（通常会升高），使用时必须注明是在多少含水率下得出的；而以干基物料为基础得出的数值相对稳定，具有可比性。

③ 以干基为基础计算出的石油类数值高于以湿基为基础的，对于同样≤2%的标准规定值，采用以干基为基础的标准要严于采用湿基的标准。

（8）含油污泥的含油量检测方法未出台国家标准

目前还未有国家层面的油田污泥含油量的检测标准出台，只有新疆、陕西和黑龙江等地发布了关于油田污泥含油量的检测标准。新疆维吾尔自治区地方标准《油气田含油污泥综合利用污染控制要求》（DB 65/T 3998—2017）和陕西省地方标准《含油污泥处置利用控制限值》（DB61/T 1025—2016）中对污泥含油率的检测方法参照 CJ/T 221—2005 中的"城市污泥　矿物油的测定　红外分光光度法"部分测定总油含量；黑龙江省地方标准《油田含油污泥综合利用污染控制标准》（DB23/T 1413—2010）中对油田含油污泥石油类的测定采用分光光度法。行业标准有含油天然气行业标准《陆上石油天然气开采含油污泥资源化综合利用及污染控制技术要求》（SY/T 7301—2016），其中对含油污泥经处理后剩余固相中石油烃总量的检测方法符合 GB 5085.6 中附录 O 的要求，即采用红外光谱法进行检测。

（9）建议

鉴于目前已出台的与油气田含油污泥处理相关的标准，存在着适用范围不统一、监测项目名称及规定限值不统一、检测方法不统一以及计算基础不统一等诸多问题，需要国家环保部门尽快制定有针对性、普适性强、统一的油气田含油污泥污染控制标准。

① 针对限值不统一的问题，限值规定得过松有可能对环境产生危害，过严又会带来因处理成本高而造成浪费的问题。需要开展大量的研究工作，根据含油污泥的危险性及资源化、无害化处理的程度，制定切实可行的含油污泥处理污染控制标准限值，确保对含油污泥的处理既科学合理又经济可行。

② 针对检测项目及检测方法不统一的问题，开展相关的研究工作，确定处理后含油污泥中的危险成分及其危险限值，制定有针对性的油气田含油污泥污染物检测方法，做到测试方法统一、计算公式一致，使得结果真实可靠，具有可比性。

③ 目前各领域标准中对含油污染物的定义存在着不明晰的情况，虽然国际上大多采用石油烃这一概念，但是国内并未给出石油烃的具体定义，建议制定统一的污染物名称和定义，这将有利于环境领域含油污染物处理工作的开展。

④ 各含油量检测方法的适用范围不同，但目前除重量法有具体的适用范围可参考，其他的方法中大多用"高"和"低"来划定含油量检测方法的适用范围，不具有科学性和准确性，不能给研究人员提供有效的参考价值，所以给各个含油量检测方法确定具体的适用范围是非常必要的。

⑤ 现在我国所使用的萃取剂大多有毒，对研究人员和实验环境都有很大的危害，选择绿色、安全、高效的萃取剂将有利于研究的开展和环境的保护。

⑥ 目前虽有地方性的油田污泥的含油量检测标准出台，但大多还参照含油污水含油量的检测方法，制定一个专门针对含油污泥含油量的检测标准是保证含油污泥含油量检测准确性的前提。

2.1.7　含油污泥中的挥发性物质

含油污泥中的挥发性物质包括苯系物（苯并芘等）、多环芳烃、酚类、蒽、芘等物质。以芳环类和高分子聚合物为主，主要为烷烃、环烷烃、烯烃、硫甲基化合物和杂芳环及芳环类化合物等，采用美国 Varian 公司的 NMR 型核磁共振波谱仪分析。

2.1.8　含油污泥的有机与矿物组分分析

2.1.8.1　有机成分分析

测定时取 2g 风干过夜的含油污泥，溶解于 50mL 四氯化碳（CCl_4）中进行超声萃取处理，采用抽滤法将萃取液通过无水硫酸钠以去除残余的水分，最后取 1mL 采用气相色谱-质谱联用仪（Agilent 6890-FID）进行油品族组分的分析。有机官能团的测定与分析采用傅里叶变换红外光谱仪（FT-IR）检测。

气相色谱的测定条件为：汽化温度为 250℃，检测器温度为 300℃，高纯氮气作为载气，进样量为 1μL。升温程序为：90℃，保持 2min；以 5℃/min 速率升温至 190℃，再以 10℃/min 速率升温至 270℃，保持 5min，总分析时间约为 35min。

2.1.8.2 重质有机物含量的计算

污泥组成中存在着非石油醚萃取物，且在 600℃ 条件下灼烧，燃烧的物质主要为重芳烃、胶质、沥青质等物质，统称为重质有机物。重质有机物含量 X_c 可通过以下公式计算：

$$X_c = 100\% - X_w - X_o - X_s$$

式中　X_w——含水率；

　　　X_o——可萃取油比率；

　　　X_s——含固率。

2.1.8.3 矿物成分分析

经有机溶剂萃取，分离含油污泥中的固体矿物组分，采用 X 射线衍射法（XRD）分析全岩量，对含油污泥中矿物的主要成分进行定性分析，并对粒子的粒径及其分布进行测定。仪器为粒径分布测定仪、多功能衍射仪。

通过液相分离技术，将溶解于水中的无机物和溶解于油中的无机物分别在 90℃ 的烘箱中烘 12h，然后用刀片刮下干粉，进行测样。将溶解于油中的无机物和溶解于水中的无机物依次通过 XRD、X 射线荧光光谱分析仪（XRF）以及 X 射线光电子能谱分析仪（XPS）三种仪器进行数据的综合比较和分析，最终确定污泥中无机物的组成。

2.1.9　含油污泥的生物毒性和毒理学分析

2.1.9.1　生物表面活性剂分析

采用红外光谱来定性分析生物表面活性剂的官能团，对于固体物质的红外光谱分析需要进行样品的预处理，常用的是溴化钾压片法。该方法需要先将菌株的发酵上清液进行离心收集，然后加入 HCl 调 pH 值为 2，放入冰箱中过夜，然后将产生的白色絮体再次离心收集，并进行烘干，最后将烘干后的样品取 1～3mg，加入 100～300mg 经研磨和干燥后的溴化钾粉末，在研钵中研细，使粒度＜2.5μm，放入压片机中进行抽真空加压，使样品与溴化钾的混合物形成一个薄片，外观上透明，然后放于红外光谱专用的固定装置上，进行红外光谱扫描。将扫描后图谱中出现特征谱线的位置与红外光谱标准对照表进行比较，就可以确定样品中所含有的官能团。

2.1.9.2　含油污泥微生物的观察及测定

（1）常用土壤微生物量测定方法

目前在土壤微生物研究中，常用的研究方法主要包括直接镜检法、成分分析法、底物诱导呼吸法、熏蒸-培养法、化学抑制法、平板计数法等。另外，随着技术的不断发展，一种新兴的土壤微生物研究方法——微生物分子生态学方法，已经成为该领域研究的主要手段。

各种研究方法的基本原理和特点如下：

1）直接镜检法

该法较为原始，但它是一种最直接的土壤微生物测定方法，其基本操作过程为：土壤样品加水制成悬液后，在显微镜下计数，并测定各类微生物的个体大小。根据一定观察面积上的微生物个数、体积及密度（一般采用 $1.18g/cm^3$），计算出单位干土所含的微生物量。

该法的主要缺陷：一是技术难度大，特别是在测定微生物个体大小时很容易产生大的误差，不太适宜常规分析；二是操作复杂，首先要测定各类微生物的个体大小，其次要针对同类微生物个体之间存在的大小差异，进行大量的抽样测定，在此基础上，计算出微生物大小的平均值，而通常情况下土壤中往往存在种类不同的微生物，因此几次测定结果很难重现，无法做出准确判断。所以，该方法不适于批量样品的测定。

2）成分分析法

成分分析法常采用的是 ATP（adenosine triphosphate，三磷酸腺苷）分析法。其基本过程是将微生物细胞破坏，将其释放的 ATP 经适当的提取剂浸提，浸提液经过滤，用荧光素-荧光素酶法测定其中的 ATP 量，然后将 ATP 量转换成土壤微生物量。土壤微生物的 ATP 含量一般采用 $6.2\mu mol/g$ 微生物干物质。

该法的不足之处：

① ATP 的提取效率不理想；

② 质地差异较大的土壤，其微生物 ATP 含量差异可能较大，因此，ATP 与土壤微生物量的转换系数需针对测试土壤种类重新测定；

③ 土壤 P 素状况也可能影响 ATP 测定；

④ ATP 测定所需的荧光素-荧光素酶试剂较为昂贵，测定过程较为复杂，一定程度上影响了该法的普及。

3）底物诱导呼吸法

底物诱导呼吸法是由 Anderson 和 Domsch 提出来的，其基本原理是通过加入足够量的底物（葡萄糖），诱导土壤微生物达到最大呼吸速率，根据土壤最大呼吸速率与土壤微生物量之间存在的线性关系，可以快速测定土壤微生物量。Anderson 等测得土壤微生物量与呼吸释放的 CO_2 量之间的相关性可以用方程 $C_{mic}=40.92C_{CO_2}+12.9$ 表示。

该法的特点及注意事项：

① 该法适用的土壤范围较广，但测定值受土壤 pH 值及含水量的影响，由于碱性土壤对产生的 CO_2 吸收较多，常使测定结果偏低。有研究者建议采用气体连续流动系统来减少 CO_2 的损失。土壤培养期间的含水量调整到 120％田间持水量被认为是比较合适的。

② 土壤呼吸速率必须在加入葡萄糖之后 1～2h 内测定，时间过长，微生物增殖，会使结果偏高。

③ 对每个待测土壤样品必须先做一个预备试验，以确定达到最大呼吸速率所需的最少葡萄糖量。

4）熏蒸-培养法

该法于 20 世纪 70 年代中期由 Jenkinson 和 Powlson 所提出，其特点是简便，适用于常规分析。其基本过程为：采集新鲜土壤样品，调节其含水量至 40％～50％田间持水量，25℃下预培养 7～10d；置于干燥器内，用不含酒精的氯仿熏蒸 24h，抽气法除尽氯仿后，调节土壤含水量至 50％田间持水量，好氧培养 10d；收集、测定培养期间释放的 CO_2，根据熏蒸和未熏蒸土样释放 CO_2 量差值，计算出土壤微生物量 C_{mic}。计算公式如下：

$$C_{mic}=F_c/K_c \tag{2-9}$$

式中 F_c——熏蒸和未熏蒸土样释放 CO_2 量之差；

K_c——F_c 至 C_{mic} 的转换系数，可通过纯培养试验获得，也可通过同位素标记法测得。

不同试验测得的 K_c 不尽相同，但根据大部分测定结果，K_c 为 0.45 较合适，应用于不同土壤时不致出现较大的误差。

该法局限性主要是不适用于风干土样土壤微生物量测定，对游离 $CaCO_3$ 含量高的土壤、淹水土壤、pH<4.5 的土壤以及新近施过有机肥或绿肥的土壤，其测定结果均不可靠。

5）化学抑制法

该方法通过使用化学抑制剂有选择地抑制不同种类微生物的代谢活性来达到评估其相对组成的目的。例如，某些学者推荐用硫酸链霉菌抑制细菌、用环己酰亚胺抑制真菌。有研究者用类似的方法测定了土壤中真核生物与原核生物的比例。

这种方法存在的缺点是只能在研究土壤中微生物群落结构时作为辅助手段。首先，很难找到一种理想的化学品，即使在使用很高浓度时也能完全抑制土壤中某一类微生物的代谢活性；其次，对土壤微生物活性的最大抑制所需要的浓度并不是固定的，依不同来源的土壤而不同，因而限制了这一方法的应用。

6）平板计数法

平板计数法比较原始，但仍为最直接的土壤微生物量测定方法。土壤样品加水制成悬液，在显微镜下计数，并测定各类微生物的大小，根据一定观察面积上微生物的数目、体积及密度（一般采用 $1.18g/cm^3$）计算出每克干土所含的微生物量，或根据微生物体的干物质量（一般采用 25%）及干物质含碳量（通常为 47%），进一步换算出每克土壤微生物的含碳量。

该法的局限性在于：自然界中有 85%～99.9% 的微生物至今还不可纯培养，再加上其形态过于简单，并不能提供太多的信息。这给客观地认识环境中微生物的存在状况及微生物的作用造成了严重障碍。其优点在于方法简单，费用较低。

7）微生物分子生态学方法

要对土壤微生物的群落结构组成进行定量描述或者说要定量地测定土壤中不同种类微生物的相对比例，在目前确实很困难。土壤微生物通常紧密地黏附于土壤中的黏土矿物和有机质颗粒上，它们所形成的结合体在生理和形态上差异非常大。虽然常用的研究方法可以对土壤微生物形态多样性进行观察，但不能描述土壤微生物的群落结构组成方面的信息，往往会过于低估价土壤微生物的群落结构组成，无法得到它们在土壤生态系统中的重要信息。

利用土壤中可提取 DNA 的复杂性来评估土壤中微生物群落结构和组成的多样性是近几年刚刚兴起的一种分子生物学方法。众所周知，生物多样性可分为基因、物种和生态系统三个层次。最近，有研究者认为土壤中细菌的基因多样性可以通过直接测定土壤中 DNA 组成的复杂性来实现，而且这种方法是目前唯一能评价土壤中微生物整体群落多样性的手段。他们在直接测定土壤细菌群体中 DNA 后证实：土壤中整体微生物群落基因多样性要比实际上能分离出来的群体水平上表现出的多样性高 200 倍。土壤微生物在基因水平上的多样性是指微生物群体或群落在这一水平上不同数目和频率的分布差异，这种多样性可以通过微生物中 DNA 组成的复杂性表现出来，而 DNA 组成的复杂性是指在一特定量 DNA 中不同 DNA 序列的总长度或其碱基对总数目。从理论上讲，使用分离和鉴别土壤中目标生物 DNA 的方法，可以完全实现对土壤中微生物种类的鉴别，但是实际上问题并非如此简单。由于土壤是一个极为复杂的体系，对其中 DNA 提取的困难性、完全性以及对 DNA 鉴别时需要高程度的纯化导致了分析方法的复杂性，最终大大地影响了所得到数据的可靠性。尽管如此，利用土壤中 DNA 的组成来估价土壤中微生物的多样性至少在目前是其他手段难以替代的。常规的方法和现代的方法相结合，才能更有效地探索性分析生物修复和微生物处理过程中微生物群落的变化情况。

（2）平板菌落计数法对微生物筛选、鉴定及群落动态分析过程

1）含油土壤样品的采集

含油土壤样品的采集必须选择有代表性的地点和有代表性的含油土壤类型。样品采集：在划定采样范围之后，根据采样范围内地块面积的大小、土壤养分状况、土壤肥力状况、植被状况、地块形状等特征，可采用蛇形采样法、棋盘法和对角线法布设采集点进行采集。采集点的布设不要过于集中，布点均匀，每个采集点取样量应大体一致。采集的样品，应尽快分析，如果不能立刻检验，应在 4℃ 左右保存，但保存期限不要超过 3 周。

2）富集培养

① 基本原理：含油土壤中存在的各种微生物，都按照各自的特征进行着不同的生命活动，并对外界环境的变化作出不同的反应。根据微生物的这一基本性质，如果提供一种只适于某一特定微生物生长的特定环境，那么，相应微生物将因获得适宜的条件而大量繁殖，其他种类微生物由于环境条件不适宜，逐渐被淘汰。这样就有可能较容易地从土壤中分离出特定的微生物。

② 操作步骤：配制富集培养基，分装 30～50mL 于 100mL 三角瓶中灭菌。在第一个三角瓶里加入 1g 土壤样品，恒温培养，待培养液发生浑浊时，用无菌吸管吸取 1mL 培养液，移入另一个培养三角瓶中。如此连续移接 3～6 次，最后就得到富集培养对象菌占绝对优势的微生物混合培养物。然后，以这种培养液作为材料，用平板法分离纯化所需的微生物。

3）纯种培养

① 基本原理：平板菌落计数法是根据微生物在固体培养基上所形成的一个菌落是由一个单细胞繁殖而成的原理进行的，也就是说一个菌落即代表一个单细胞。计数时，先将待测样品作一系列稀释，再取一定量的稀释菌液接种到培养皿中，使其均匀分布于平皿中的培养基内，经培养后，由单个细胞生长繁殖形成菌落，统计菌落数目，即可换算出样品中的含菌数。这种计数法的优点是能测出样品中的活菌数，但平板菌落计数法的操作较为烦琐。

② 操作步骤：取新鲜土壤样品 1g，用无菌水按 10 倍稀释法做成一系列稀释液。选择 2～3 个连续的稀释度，用混菌法进行平板接种。每个稀释度做 3～5 个平板，每个平板上接种土壤悬液 1mL。接种后的平板于 28～30℃ 恒温箱中培养，待菌落长出后进行计数。按下列公式计算每克土中的菌数，即：

$$1g \text{ 干土中的菌数} = [(2 \text{ 个平板的菌落数} \times \text{稀释度})/\text{干土的质量分数}] \times 100$$

4）纯种分离、鉴定

基本原理：通过纯种分离，可把退化菌种的细胞群体中一部分仍保持原有典型形状的单细胞分离出来，经过扩大培养，就可恢复菌株的典型形状。

纯种的验证主要依赖于显微镜观察，从单个菌落（或斜面培养物）上取少许样品进行各种制片操作，在显微镜下观察细胞的大小、形状及排列情况、革兰氏染色、鞭毛的着生位置和数目、芽孢的有无、芽孢着生的部位和形态、细胞内含物等是否相同以及个体发育过程中形态的变化规律，以此来确认所分离的微生物是否为纯种。

5）污染土壤中微生物组成及动态分析

① 基本原理：土壤样品的采集时间与土壤微生物的数量变化有很大关系，土壤微生物的数量随着季节的变化而变化，也随着环境因子、营养因素的变化而变化。

② 基本步骤：配制细菌培养基、马铃薯葡萄糖琼脂（PDA）培养基和高氏一号培养基，用平板计数法统计土壤中细菌、真菌和放线菌的数目，绘制菌数-时间变化曲线，观察污染物浓度、营养、温度、pH 值等因素与微生物组成、数量之间的关系。

（3）PCR-DGGE 技术石油污染土壤和含油污泥中的微生物种群动态分析过程

常规检测方法受采样及分析条件的影响极大，准确性差，检测时间长，有些种类（如厌氧菌）分离困难，且自然界中有 85%～99.9% 的微生物至今还不可纯培养，再加上其形态过于简单，并不能提供太多的信息。由于生物处理工程中生物氧化作用是多种菌种共同作用的结果，所以，不同菌群之间的相互作用至关重要，由聚合酶链式反应（PCR）技术发展而带动的基于多态性技术的研究取得了迅速发展，如变性梯度凝胶电泳（DGGE）技术、单链构象多态性（SSCP）技术都可以检测各种生物反应器中的微生物种群结构。应用 DGGE 分析 16S rDNA/18S rDNA 的扩增产物，可绘制一组微生物种群的 16S rDNA/18S rDNA 基因图谱，使环境学家能够从基因水平上描述和鉴定微生物群落，估计菌种的丰度、均度，了解微生物多样性、群落和区系动态变化及其在自然生态系统中的作用，来进行环境的风险评价及环境治理。

1）PCR-DGGE 技术的基本原理

rRNA 分子在进化上是一种很好的度量生物进化关系的"分子钟"。细菌核糖体小亚基 16S rRNA 分子约为 1500bp，包含有可用于细菌系统发育和进化研究的足量信息。利用 16S rRNA 保守序列设计特异性引物，对其多变区或全长进行扩增和序列分析，最早用于细菌分类、鉴定、起源和进化等方面的研究，近年来在微生物多样性、种群结构和区系变化等研究领域已得到广泛应用。DGGE 使用具有化学变性剂梯度的聚丙烯酰胺凝胶，该凝胶能够有区别地解链 PCR 扩增产物。DGGE 不是基于核酸分子量的不同将 DNA 片段分开，而是根据序列的不同，将片段大小相同的 DNA 序列分开。双链 DNA 分子中 A、T 碱基之间由 2 个氢键连接，而 G、C 碱基之间由 3 个氢键连接，因此 A、T 碱基对对变性剂的耐受性要低于 G、C 碱基对。由于这四种碱基的组成和排列存在差异，不同序列的双链 DNA 分子具有不同的解链温度，因此长度相同但核苷酸序列不同的双链 DNA 片段将在凝胶的不同位置上停止迁移。由 DNA 解链行为的不同得到一个凝胶带图案，该图案是微生物群落中主要种类的一个轮廓，根据此轮廓就可得知微生物群落结构、多样性和区系变化情况。

另外，在生物增强系统中应用这些技术得出的数据，不仅强有力地支持了生物增强技术的理论基础，为理论研究、工艺优化及提高生物处理效率提供了条件，而且可用来确定系统的最优条件，设定投菌日程及投菌量，了解混合菌种生物增强菌对系统改善的贡献。有研究者利用免疫荧光显微镜检测技术对系统中生物增强菌进行定量，评价了这些菌对 PCP（五氯苯酚）降解速率提高的贡献。

2）操作步骤

样品采集：根据实验需要采集具有代表性的污染土壤。

① 基因组 DNA 的提取：a. 取离心后样品 1g 放入 1.5mL 的离心管中，加入提取缓冲液 900μL，轻轻搅动；b. 加入 10% SDS（十二烷基硫酸钠）100μL，充分混匀，于 65℃水浴中保温 30min，每隔 5min 晃动一次；c. 采用液氮冻融 30min，重复 3 次；d. 加入 100μL

5mol/L 乙酸钾，充分混匀，冰浴中放置 30min，于 4℃、12000r/min 离心 10min；e. 上清液转入新离心管中，加入等体积的氯仿/异戊醇，轻轻颠倒离心管数次，放置片刻后于 4℃、8000r/min 离心 10min；f. 重复步骤 e 两次；g. 在上清液中加入 2/3 体积、−20℃ 预冷的异丙醇，混匀，−20℃ 放置 2h，于 4℃、12000r/min 离心 30min，倾去上清液，将离心管倒置于吸水纸上，控干上清液；h. 用 80% 乙醇洗涤沉淀 2～3 次，吹干 10～15min。

② 基因组 DNA 的纯化：采用专用的玻璃珠 DNA 胶回收试剂盒，按照操作说明对 DNA 粗提液进行纯化。

③ 基因组 DNA 浓度检测：DNA 浓度测定用 1% 琼脂糖凝胶进行电泳检测，由 UVP-GDS8000 凝胶成像系统记录结果。

④ 基因组 DNA 的 PCR 扩增：对 16S rRNA 基因 V3 区引物 GM5F-GC 和 518R 进行扩增，反应参数为 94℃ 预变性 5min，前 20 个循环为 94℃ 1min、65～55℃ 1min 和 72℃ 延伸 3min（其中每个循环后复性温度下降 0.5℃），后 10 个循环为 94℃ 1min、55℃ 1min 和 72℃ 3min 以及 72℃ 下延伸 7min。PCR 反应的产物用 1% 琼脂糖凝胶电泳检测。

⑤ PCR 反应产物的 DGGE 分析：a. 使用梯度胶制备装置，制备变性剂浓度从 30% 到 70% 的 8% 聚丙烯酰胺凝胶；b. 待胶完全凝固后，将胶板放入装有电泳缓冲液（TAE 缓冲液的成分浓度是常规 TAE 缓冲液的 1/2）的装置中，向每个加样孔加入含有 10% 的加样缓冲液的 PCR 样品 50μL；c. 在 75V 下电泳 16h，温度为 60℃；d. 电泳结束后，采用银染色方法进行染色。

⑥ DGGE 分离后的 PCR 产物的电泳条带的分析。

⑦ 序列分析：将分离后的条带测序并进行序列分析。

2.1.9.3 微生物群落解析高通量测序方法

微生物高通量测序技术是一种新的依靠生物发光进行 DNA 序列分析的技术，在 DNA 聚合酶、ATP 硫酸化酶、荧光素酶和双磷酸酶的协同作用下，将引物上每一个 dNTP（脱氧核糖核苷三磷酸）聚合与一次荧光信号释放偶联起来，通过检测荧光的释放和强度，达到实时测定 DNA 序列的目的。此技术不需要荧光标记的引物或核酸探针，也不需要进行电泳，具有分析快速、结果准确、灵敏度高和自动化程度高的特点，在遗传多态性分析、重要微生物的鉴定与分型研究、克隆检测和等位基因频率分析等方面具有广泛的应用。

2.2 含油污泥包裹脱附检测方法

2.2.1 表观形态分析

利用高清光学显微镜直接对（稠油型和化学驱油型含油污泥）内部油/泥界面进行观察，分析界面形态。

2.2.2 油泥微观形态分析

采用扫描电镜（SEM）对污泥内部进行微观检测，分析污泥内部形态。

2.2.3 油/水/泥界面特性分析（自由能、黏附力和铺展系数）

油/水/泥界面特性分析过程中主要采用接触角测量仪对污泥界面化学性质进行检测，主要基于光学影像法原理测试界面的化学性质。分析油泥接触角、黏附功、润湿线、润湿行为等。

本实验中所使用的设备为 SDC-200SH 型接触角测量仪，所用到的液体为蒸馏水。

将一液体滴到一平滑均匀的固体表面上，若不铺展，则将形成一个平衡液滴，其形状由固-液-气三相交界处任意两相之间夹角所决定，通常规定在三相交界处自固液界面经液滴内部至气液界面之夹角为平衡接触角，以 θ 表示。

通常把 $\theta=90°$ 作为润湿与否的界限，当 $\theta>90°$ 时，称为不润湿；当 $\theta<90°$ 时，称为润湿，θ 越小润湿性能越好，当 $\theta=0°$ 时，液体在固体表面上铺展，固体被完全润湿。接触角即液-气表面张力与固-液表面张力之间的夹角。将液滴（l）放在一理想平面（s）上，若有一相是气体，则接触角是气-液界面通过液体而与固-液界面所夹的角，如图 2-5 所示。

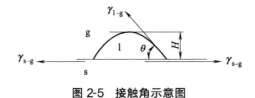

图 2-5　接触角示意图

接触角与三个界面张力之间的关系为如下所示的 Young 方程（杨氏方程）：

$$\gamma_{s\text{-}g}-\gamma_{s\text{-}l}=\gamma_{l\text{-}g}\cos\theta \tag{2-10}$$

式中　$\gamma_{s\text{-}g}$、$\gamma_{s\text{-}l}$、$\gamma_{l\text{-}g}$——固-气、固-液和液-气界面张力。

由上式知，只有当 $\gamma_{l\text{-}g}>\gamma_{s\text{-}g}-\gamma_{s\text{-}l}$ 时才有明确的三相交界线，即 θ 有一定的值；而当 $\gamma_{l\text{-}g}=\gamma_{s\text{-}g}-\gamma_{s\text{-}l}$ 时，θ 为 0°；$\gamma_{l\text{-}g}<\gamma_{s\text{-}g}-\gamma_{s\text{-}l}$ 时，不存在平衡接触角。

Young 方程也称为润湿方程，它是界面化学基本方程之一。将 Young 方程与三个润湿过程的定义相结合，得到判断润湿过程的几个公式：

沾湿　　　　　　　$W_a=\gamma_{s\text{-}g}+\gamma_{l\text{-}g}-\gamma_{s\text{-}l}=\gamma_{l\text{-}g}(\cos\theta+1)$ 　　　　(2-11)

浸湿　　　　　　　$W_i=\gamma_{s\text{-}g}-\gamma_{s\text{-}l}=\gamma_{l\text{-}g}\cos\theta$ 　　　　(2-12)

铺展　　　　　　　$S=\gamma_{s\text{-}g}-\gamma_{s\text{-}l}+\gamma_{l\text{-}g}=\gamma_{l\text{-}g}(\cos\theta-1)$ 　　　　(2-13)

式中　W_a、W_i 和 S——黏附功、浸润功（润湿能、黏附张力）、铺展系数。

由式（2-11）～式（2-13）可知，θ 越小（$\cos\theta$ 越大），相应的 W_a、W_i 和 S 越大，即润湿性越好，因而 θ 可作为润湿性能的度量指标。

当黏附功≥0 时，沾湿过程可以自发进行。黏附功越大，沾湿过程越容易发生。固-液界面张力总是小于它们之间的表面张力之和，这说明固-液接触时，其黏附功总是大于零。因此，不管对什么液体和固体，沾湿过程总是可以自发进行的。

当浸润功≥0 时，浸湿过程可自发进行。不是所有液体和固体均可自发发生浸湿，只有固体的表面自由能比固-液界面的表面自由能大时，浸湿才能自发进行。

当铺展系数≥0 时，液体可在固体表面自动展开；当铺展系数<0 时，表示没有完全润湿。

接触角的测定方法很多，根据直接测定的物理量分为角度测量法、长度测量法、力测量法、透射测量法四大类。其中，角度测量法是最常用的，也是最直截了当的一类方法。它是在平整的固体表面上滴一滴小液滴，直接测量接触角的大小。本实验过程中采用此法进行接触角测定。

采用热重（TG）、热重-质谱联用（TG-MS）、热解气相色谱/质谱（Py-GC/MS）等设备研究污泥热解过程及变化情况，以此分析污泥热解过程的物理化学变化，实验污泥选取化学驱含油污泥和稠油型含油污泥作为研究对象。

此外，为深入分析热解过程，利用热解设备对实际含油污泥池内的污泥进行处理，污泥池内污泥种类复杂，多数以化学驱含油污泥为主，然后利用软件对污泥热解设备进行仿真模拟计算，并进行参数优化和动力学方程拟合，进一步分析污泥热解机理和热解过程。

2.3 含油污泥热解过程模拟和热解动力学分析

2.3.1 含油污泥热解的热重分析方法

2.3.1.1 热重分析（TG）

热重分析是一种技术，其工作原理是用一个受控的温度程序，测量随温度连续变化的样品质量。使用由 TG 曲线微分得到的热重微分（DTG）曲线，获得基于样品质量随时间和温度变化的样品的物理和化学性质。

（1）TG 曲线

热重分析（thermal gravity analysis，TG）是指在程序温度变化（升/降/恒温及其组合）过程中，观察样品的质量随温度或时间的变化过程。在测试进行中，样品支架下部连接的高精密天平能够随时感知到样品当前的质量，并由计算机自动作出质量随时间/温度变化的图，得到热重曲线（TG 曲线）。TG 曲线表达的是样品质量或失重百分数随着加热温度或时间的变化规律，它表示试样在反应过程中的失重累积量。另外，根据 TG 曲线还能直接得到测量结束时样品残余的质量。

（2）DTG 曲线

当样品因分解、氧化、还原、吸附与解吸等而发生质量变化时，会在 TG 曲线上体现为失重/增重台阶，由此可以得知该失重/增重过程所发生的温度区域，并定量计算失重/增重比例，若对 TG 曲线进行一次微分计算，则可得到热重微分（differential thermal gravity，DTG）曲线，可以进一步得到质量变化速率等更多信息。DTG 曲线可以分为两种，静态法和动态法，分别表示在一定温度下样品失重率随时间的变化和一定升温速率下样品失重率和温度的关系。

2.3.1.2 差示扫描量热分析（DSC）

差示扫描量热分析（DSC）是在程序温度变化（升/降/恒温及其组合）过程中，测量样品和参考物的热流差，进而描述所有与热效应有关的样品的变化。同步热分析仪测定的 DSC 曲线为热流型，热流型 DSC 仪的结构如图 2-6 所示。

热流型 DSC 仪是外加热式，采取外加热的方式使均温块受热，然后通过空气和康铜盘把热传递给试样和参比物，试样的温度由镍铬丝和镍铝丝组成的高灵敏度热电偶检测，参比物的温度由镍铬丝和康铜盘组成的热电偶加以检测。由此可知，检测的是温差 ΔT，温差 ΔT 与热流差成正比，通过测量温度的变化，转化为热焓的变化。热电偶将数据传递至计算机，计算机自动作出数据随时间/温度变化的图形，即得到 DSC 曲线。DSC 曲线上，峰向上表示吸热反应，峰向下表示放热反应，DSC 曲线的面积实际上仅代表样品传导到温度传感器装置的那部分热量变化；此外，样品还有部分热量传到传感器以外的地方，样品真实热量

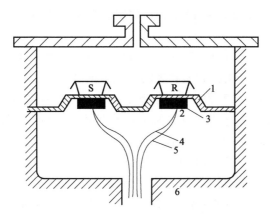

图 2-6　热流型 DSC 仪示意图

1—康铜盘；2—热电偶结点；3—镍铬板；4—镍铝丝；5—镍铬丝；6—加热块

变化与 DSC 峰面积表示的热量变化存在一个关系，如下式：

$$m\Delta H = KA \tag{2-14}$$

式中　m——样品质量；

　　　ΔH——单位质量样品的焓变；

　　　A——与 ΔH 相应的曲线峰面积；

　　　K——校正系数，称为仪器常数。

本实验采用 Rigaku TG-DTA8122 热重差热分析仪，坩埚材质为 Al_2O_3，在 N_2 气氛下，样品从 30℃升温至 1000℃。

2.3.2　Py-GC/MS 分析

分析热解是一种有效表征高聚合物由热分解引起的化学反应和研究高聚物的结构和组成的手段。热解气相色谱/质谱（pyrolysis-gas chromatograghy/mass spectrometry，Py-GC/MS）可以分析热解过程中析出产物的成分及结构特性，对于不能直接进入色谱分析的高分子量化合物成分的结构分析有其特殊优势。Py-GC/MS 是将微量样品在惰性气氛下迅速加热到热解点，使样品热解为许多碎片产物，这些产物将导入气相色谱系统中，经过色谱分离后采用质谱鉴定具有特征性的热解碎片。质谱得到的各种热解产物的质谱图，通过质谱数据库进行指纹级别的比对，可以定性地分析出各个特征峰所对应的化合物的结构式。采用归一化法来计算气相色谱分离出来的各个峰的峰面积，可以半定量地分析出不同热解产物的相对含量。

2.3.3　Fluent 软件传热模拟

2.3.3.1　Fluent 软件介绍

计算流体力学软件简称 CFD（computational fluid dynamics），它可以进行分析、计算、流场预测。

Fluent 软件是由 Fluent 公司发行的，用于专业模拟和分析复杂几何区域内流体流动和传热现象的 CFD 软件，在 2006 年 2 月被 ANSYS 公司收购。到目前为止，Fluent 软件独占了世界市场 40% 以上的份额，是世界上市场占有率最高的 CFD 软件。Fluent 可以用来模拟从不可压缩到高度可压缩范围内的复杂流动。由于采用了多种求解方法和多重网格加速收敛技术，Fluent 能达到最佳的收敛速度和求解精度。灵活的非结构化网格和基于解算的自适应网格技术及成熟的物理模型，使 Fluent 在层流、湍流、传热、化学反应、多相流、多孔介质等方面有广泛应用。

完整的 CFD 软件结构包括前处理器、求解器和后处理器三个部分。从本质上讲，Fluent 只是一个求解器和后处理器。它能实现的功能包括导入网格模型、提供物理模型、设定边界条件、设定材料性质、求解和后处理。因此 Fluent 软件可以借助简单函数来近似求得变量，然后代入连续型控制方程形成方程组，解出代数方程组，并能根据需要显示和分析计算结果。而前处理器则需要向 Fluent 输入所求问题的相关数据。Fluent 支持很多网格生成软件，如 GAMBIT、TGrid、GeoMesh 及其他 CAD/CAE 软件包。

其中 GAMBIT 可生成可供直接使用的网格模型。其操作步骤依次为：a. 构造几何模型；b. 划分网格；c. 指定边界类型和区域类型。通过以上 3 个步骤可以输出专门的网格文件，即 msh 文件。该文件可以直接导入 Fluent 进行读取和计算模拟。

GAMBIT 是专用的 CFD 前处理器，Fluent 系列产品皆采用 Fluent 公司自行研发的 GAMBIT 前处理软件来建立几何形状及生成网格。图 2-7 是 GAMBIT 的操作界面图。

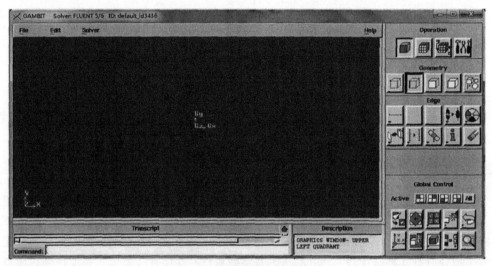

图 2-7 GAMBIT 操作界面

Fluent 能求解二维和三维问题，并选择单或双精度进行处理。Fluent 软件应用范围非常广泛，主要包括以下范围：a. 可压缩与不可压缩流动问题；b. 稳态和瞬态流动问题；c. 无黏流、层流及湍流问题；d. 牛顿流体及非牛顿流体；e. 对流换热问题（包括自然对流和混合对流）；f. 导热与对流换热耦合问题；g. 辐射换热；h. 惯性坐标系和非惯性坐标系下的流动问题模拟；i. 用 Lagrangian 轨道模型模拟稀疏相（颗粒、水滴、气泡等）；j. 一维风扇、热交换器性能计算；k. 两相流问题；l. 复杂表面形状下的自由面流动问题。

2.3.3.2 模拟操作步骤

利用 Fluent 软件进行求解的步骤如下：

① 确定几何形状，生成计算网格（用 GAMBIT，也可以读入其他指定程序生成的网格）。

② 输入并检查网格。

③ 选择求解器（2D 或 3D 等）。

④ 选择求解的方程：层流或湍流（或无黏流），化学组分或化学反应，传热模型等。

⑤ 确定流体的材料物性。

⑥ 确定边界类型及其边界条件。

⑦ 条件计算控制参数。

⑧ 流场初始化。

⑨ 求解计算。

⑩ 保存结果，进行后处理等。

将上述过程简单地用图 2-8 表示。

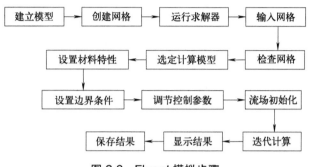

图 2-8 Fluent 模拟步骤

热解反应器是油泥热解反应的场所，通过电加热热解反应器壁辐射传热使油泥升温。在热解反应器内无法设置多个温度传感器，因此不能有效分析内部温度的分布。通过软件模拟热解反应器，获得内部温度的分布，就可以分析得出热解反应器加热效果的影响因素。

2.3.4 含油污泥热解动力学模型

目前，热分析技术广泛应用于物料的热解动力学研究中。热解过程的动力学研究对于热化学机理的推理以及热化学转化过程演变有重要的意义。由于热解过程复杂，中间产物繁多，有多种化学反应参与，动力学分析是一种研究热解特性的有力工具。热解动力学研究在反应机理、反应速率、反应参数以及反应产物等方面都具有非常重要的作用。这些参数对热解反应器的选取和设计以及实际热解条件控制等方面具有很大的帮助。热分析技术可应用于计算含油污泥热解过程中固态反应的动力学参数。一般来说，等温和非等温方法适用于均相和非均相反应的反应参数。对于含油污泥这种非均相物质反应，非等温方法相比于等温方法更加合适。根据动力学分析过程是否需要机理函数，热解动力学分为模型非等温拟合与无模型非等温拟合。一般无模型拟合更多地关注在活化能方面，往往忽略其他方面的变化。模型拟合法通过线性拟合相关性来判断动力学模型的合适性，对于复杂多步的热解过程，模型模拟工作量较大，机理函数的选取对反应过程的模拟结果有很大的影响，而且现有的模型不能保证对所有反应类型都适用。针对模型拟合法进行的非等温拟合过程中对确定动力学三因子的值产生的不准确性，无模型拟合在模拟过程中不涉及机理函数的选取，对于多步复杂的动力学研究，无模型拟合更能准确地描述多步复杂动力学的活化能 E 与转化率 α 之间的关系。

对于含油污泥这种组成复杂的混合物，其热解机理繁杂，可采用多种不同的模型和分布活化能两种方法分别来研究含油污泥的热解动力学。

2.3.4.1 多种不同的热解动力学方程模型

在非等温热分析过程中，假设反应过程是单一的反应机理，常用的基本固相动力学机理方程有 20 种（见表 2-4）。

表 2-4　固体热分解不同的动力学反应机理方程

序号	机理函数 $g(\alpha)$	反应速率确定
F_1	α^2	一维扩散
F_2	$1-(1-\alpha)=\alpha$	一维相边界反应,$n=1$
F_3	$(1-\alpha)^{-1}-1$	化学反应
F_4	$(1-\alpha)\ln(1-\alpha)+\alpha$	二维扩散,圆柱对称
F_5	$(1-\alpha)^{-1}$	化学反应,减速型 α-t 曲线,二级
F_6	$(1-\alpha)^{-0.5}$	化学反应
F_7	$(1-\alpha)^{-2}$	化学反应,减速型 α-t 曲线,二级
F_8	$1-(1-\alpha)^{-0.5}$	相边界条件,圆柱形对称,减速型 α-t 曲线,$n=0.5$
F_9	$1-(1-\alpha)^2$	$n=2$
F_{10}	$1-(1-\alpha)^3$	$n=3$
F_{11}	$\alpha^{1/3}$	$n=1/3$
F_{12}	$\alpha^{0.25}$	$n=0.25$
F_{13}	$3/2\times[1-(1-\alpha)^{2/3}]$	三维扩散,圆形对称,Jender 方程
F_{14}	$3/2\times[1-(2/3)\alpha-(1-\alpha)^{2/3}]$	三维扩散,球形对称,Ginstling-Brounstein 方程
F_{15}	$-\ln(1-\alpha)$	每个分子上一个原子核,随机成核
F_{16}	$-\ln(1-\alpha)^{1/2}$	随机成核,Avrami 方程Ⅰ
F_{17}	$-\ln(1-\alpha)^{1/3}$	随机成核,Avrami 方程Ⅱ
F_{18}	$-\ln(1-\alpha)^{1/4}$	随机成核,Avrami 方程Ⅲ
F_{19}	$2\times[1-(1-\alpha)^{1/2}]$	相边界反应,圆柱对称
F_{20}	$3\times[1-(1-\alpha)^{1/3}]$	相边界反应,球形对称

采用 Coats-Redfern 方法来分析含油污泥热解的 TG/DTG 数据。采用最小二乘拟合方法确定方程的线性度、相关系数以及与机理方程的吻合程度。固相物质的热降解速率方程为:

$$g(\alpha)=kt \tag{2-15}$$

式中　$g(\alpha)$——热解机理方程;

　　　k——速率常数;

　　　t——反应时间;

　　　α——转化率。

$$\alpha=\frac{m_0-m_T}{m_0-m_\alpha} \tag{2-16}$$

式中　m_0——物料初始质量,mg;

　　　m_T——物料在温度为 T 时的质量,mg;

　　　m_α——物料最终质量,mg。

根据 Arrhenius 公式,

$$k=k_0 e^{-\frac{E}{RT}} \tag{2-17}$$

式中　k_0——指前因子,min^{-1};

　　　E——反应表观活化能,J/mol;

　　　T——反应温度,K;

　　　R——气体常数,8.314J/(mol·K)。

将式（2-17）代入式（2-15）后，经过积分变形可以得到最终的 Coats-Redfern 积分形式：

$$\ln[g(\alpha)/T^2] = \ln[k_0 R/(\beta E) - E/(RT)] \tag{2-18}$$

式中　β——升温速率，$\beta = \mathrm{d}T/\mathrm{d}t$，在动力学分析过程中 β 为恒定数值。

上述关系描述的是动力学三个重要参数的方程：Arrhenius 公式的指前因子（k_0），反应表观活化能（E），与反应机理相关的方程 $g(\alpha)$。

根据式（2-18），选取合理对应的机理函数 $g(\alpha)$，采用 $\ln[g(\alpha)/T^2]$ 对 $1/T$ 作图，图形的线性度体现出所选模型的优劣性，对于线性好的图形，所得直线的斜率为 $-E/R$，求解出反应的表观活化能 E；直线的截距为 $\ln[k_0 R/(\beta E)]$，从而求解出指前因子 k_0。

2.3.4.2　分布活化能模型计算

含油污泥热解过程中，基于含油污泥复杂的体系以及热解过程中各种化合键的断裂，热解过程中活化能往往呈现连续变化。所以单一活化能的动力学模型不能完全准确地反映出热解过程的活化能变化。不同的热解机理函数所表现出来的含油污泥热解动力学参数变化较大。因此，对于含油污泥这种复杂化合物，通过模型机理函数方法来计算热解动力学参数存在很大的局限性，主要原因是目前对于含油污泥热解过程的详细机理反应的了解仍然存在很大的缺陷。对于含油污泥热解的过程中产物分布以及能量转化等信息并没有完全深入地研究，只能采用相关近似的模型来进行计算，这样计算得到的结果与实际过程存在较大差异，并不能客观地反映出含油污泥热解过程中的动力学参数。

针对上述含油污泥热解动力学模型分析存在的一些误差和缺陷，采用分布活化能模型（DAEM）对其进行动力学分析，能够客观地反映出含油污泥热解过程中活化能连续变化的情况，较全面地了解含油污泥热解过程的动力学参数，从而克服了在模型模拟计算过程中由机理函数选取的差异而产生的热解动力学参数偏差。

分布活化能模型是一种适合复杂反应体系热力学分析的动力学模型。分布活化能主要有2点假设：a. 无限平行独立反应假设，假设反应体系由无数平行独立的一级不可逆反应组成，反应的活化能不相同；b. 每个反应的活化能分布呈现某种连续函数形式。计算分布活化能的方法有积分法和微分法，两者在本质上相同。采用积分法来求解含油污泥的热解动力学分布活化能，其动力学失重的数学表达式为：

$$1 - \frac{V}{V^*} = \int_0^\infty \exp\left[-k_0 \int_0^t \mathrm{e}^{-E/(RT)} \mathrm{d}t\right] f(E) \mathrm{d}E \tag{2-19}$$

$$\varphi(E, T) = \exp\left[-k_0 \int_0^t \mathrm{e}^{-E/(RT)} \mathrm{d}t\right] = \exp\left[-\frac{k_0}{\beta} \int_0^T \mathrm{e}^{-E/(RT)} \mathrm{d}T\right] \tag{2-20}$$

式中　　V——t 时刻样品的失重率；

V^*——样品总失重率；

k_0——指前因子，min^{-1}；

E——活化能，J/mol；

R——气体常数，$8.341\mathrm{J}/(\mathrm{mol} \cdot \mathrm{K})$；

$f(E)$——活化能正态分布函数；

$\varphi(E, T)$——E 随 T 的变化函数；

β——升温速率，K/min。

在某一温度 T 下，升温速率 β 为恒值，通过一个阶跃函数 $E = E_\mathrm{s}$，式（2-19）、式（2-20）

可以分别简化为：

$$\frac{V}{V^*} = 1 - \int_{E_s}^{\infty} \varphi(E,T) f(E) \mathrm{d}E = \int_{\infty}^{E_s} \varphi(E,T) f(E) \mathrm{d}E \tag{2-21}$$

$$\varphi(E,T) = \exp\left(-\frac{k_0 R T^2}{\beta E} \mathrm{e}^{-\frac{E}{RT}}\right) \tag{2-22}$$

假设实际反应体系由 N 个反应组成，整体的失重速率可以近似由在某一温度下只发生的第 j 个反应的反应速率表达，则其数学表达式为：

$$\frac{\mathrm{d}V}{\mathrm{d}t} = \frac{\mathrm{d}\Delta V}{\mathrm{d}t} = k_0 \mathrm{e}^{-\frac{E}{RT}}(\Delta V^* - \Delta V) \tag{2-23}$$

式中　$\mathrm{d}V/\mathrm{d}t$——样品反应过程中整体的失重速率；

ΔV^*——第 j 个反应过程中有效挥发物的量；

ΔV——第 j 个反应过程中实际挥发物的量。

对于第 j 个反应过程中 k_0 和 E 为常量，在升温速率为常数的情况下，对式（2-23）积分可以得到：

$$1 - \frac{\Delta V}{\Delta V^*} = \exp\left(-k_0 \int_0^t \mathrm{e}^{-\frac{E}{RT}} \mathrm{d}t\right) = \exp\left[-\frac{k_0 R T^2}{\beta E} \mathrm{e}^{-E/(RT)}\right] \tag{2-24}$$

公式两边取自然对数，得到：

$$\ln \frac{\beta}{T^2} = \ln \frac{k_0 R}{E} - \ln\left[-\ln\left(1 - \frac{\Delta V}{\Delta V^*}\right)\right] - \frac{E}{RT} \tag{2-25}$$

其中，$1 - \dfrac{\Delta V}{\Delta V^*} = E_s = 0.58$，代入式（2-24）和式（2-25）中，得到最终方程为：

$$\ln \frac{\beta}{T^2} = \ln \frac{k_0 R}{E} + 0.6075 - \frac{E}{RT} \tag{2-26}$$

含油污泥热解过程中的分布活化能可通过式（2-26）求解，利用一组不同升温速率的 TG 曲线，选取相同失重率 V/V^* 下的一组温度数据点。利用 $\ln(\beta/T^2)$ 对 $1/T$ 作图，然后采用最小二乘法拟合，所得直线的斜率为 $-E/R$，可以求取该失重率 V/V^* 下的活化能 E，进而可以得到 E 随失重率 V/V^* 的变化曲线。

2.3.5　含油污泥热解过程能量平衡分析

2.3.5.1　物料得失能量平衡分析

将整个热解炉作为一个系统，根据能量守恒定律，其在任意某时间段内，有以下能量平衡关系：导入系统的总热流量＋系统内热源的生成热＝导出系统的总热流量＋系统热力学能量的增量。可用下面数学表达式表示：

$$Q_{导入} + Q_{生成} = Q_{导出} + Q_{增加} \tag{2-27}$$

由于含油污泥本身的成分比较复杂，热解过程涉及的反应繁多，很难精确计算其热解所需的能量，其内能增加只能通过数值模拟的方法进行计算。

2.3.5.2　热解反应整体能量平衡分析

加热源提供的能量为 Q_1，热解反应回收油气资源所能提供的能量为 Q_2，热解炉的能耗损失为 Q_s，热解炉外壁与物料内能的增加为 Q_w，则可建立如下能量平衡方程：

$$Q_1 + Q_2 = Q_s + Q_w \tag{2-28}$$

在给定热解炉热效率、物料内能的增加以及回收油气所能提供的能量情况下，依据式（2-28）可计算出加热源提供的能量。

2.3.5.3 处理含油污泥所需热量计算

将含油污泥简化为水、油和土砂，分别计算水、油以及土砂达到最终温度所需热量，热量计算如下式：

$$q = \alpha_1 \int_{T_1}^{T_{12}} \rho_1 c_1 \mathrm{d}T + \alpha_2 \int_{T_1}^{T_{22}} \rho_2 c_2 \mathrm{d}T + \alpha_3 \int_{T_1}^{T_{32}} \rho_3 c_3 \mathrm{d}T \tag{2-29}$$

式中　　　q——处理单位体积的油泥所需热量，kJ；

α_1、α_2、α_3——水、油及土砂的体积分数，$\alpha_1 + \alpha_2 + \alpha_3 = 1$；

ρ_1、ρ_2、ρ_3——水、油及土砂的密度，kg/m^3；

c_1、c_2、c_3——水、油及土砂的当量比热容，$kJ/(kg \cdot K)$；

T_1——处理起始温度，K；

T_{12}、T_{22}、T_{32}——水、油及土砂的处理终温，K。

2.4　含油污泥热解产物的测定分析和材料学表征

2.4.1　含油污泥热解油、气、残渣的分析

2.4.1.1　热解油的分析

（1）测试方法和仪器设备

热解油的烃类成分采用高效液相色谱仪和气相色谱-质谱联用仪（GC-MS）分析。

GC-MS的工作原理是：多组分混合样品经色谱柱分离后，各组分按其不同的保留时间混同载气流出色谱柱，经过中间装置进入质谱仪的离子源，再经质谱仪快速扫描后，就可得到各单一组分的相应质谱图，根据各质谱图就可对这些单一组分进行定性鉴定。

气相色谱-质谱联用仪的特点之一就是适合做多组分混合物中未知组分的定性鉴定，可以判断化合物的分子结构和准确地测定未知组分的分子量。因此，非常适用于对热解油这种未知组分的复杂烃类混合物进行分析。

利用气相色谱与质谱联用仪（Agilent 6890N/HP 5975）对热解油的组分进行定性测量。色谱条件：DB5-MS弹性石英毛细管柱（30m×0.132m×0.125μm），柱始温为353K，升温速率为5℃/min，柱终温为573K，保持10min；载气为He，流量为60mL/min，采用不分流进样；进样口温度为553K，进样量为1μL。质谱条件：质谱检测器（MSD）为电子轰击电离源（EI）（70eV），离子源温度为280℃，接口温度为230℃，质量扫描范围为50～550Da。

热解油采用傅里叶红外变换光谱仪（日本岛津 IRPrestige-21）进行红外表征，测定波数范围为400～4000cm^{-1}，方法与萃取油方法一致。热解油热值分析采用 XRY-1A 型等温室微机自动氧弹量热仪。

凝胶渗透色谱（GPC）：采用凝胶渗透色谱仪（Viscotek TDA302）对含油污泥制取的油品进行分子量测定。

（2）液相回收油品组分的分析

按照《原油馏程的测定》（GB/T 26984—2011）标准对热解后回收的燃料油进行分析，模拟蒸馏采用 AC 双通道高温模拟蒸馏色谱仪（AC Agilent-6890，美国），主要的测定指标

包括闪点（PMCC）、灰分、密度（20℃）、馏程和回收率等。再根据石油天然气行业标准《岩石中可溶有机物及原油族组分分析》（SY/T 5119—2016）对分离出来的油相进行 SARA（石油重油四组分）表征。

（3）热解油种类和比例的确定

对热解油进行加氢精制，确定加氢产物中不同油类的馏分和比例。常压下 IBP（初馏点）～200℃的馏分为汽油馏分，200～350℃的馏分为柴油馏分，140～240℃的馏分为煤油馏分，350～500℃的馏分为蜡油馏分，500℃以上的馏分为重油馏分。减压蒸馏真空度为－0.09MPa 时，0～90℃的馏分为水及汽油，90～150℃的馏分为柴油，150℃以上的馏分为蜡油及渣油。

2.4.1.2 热解气的分析

（1）热解气含量的测定与分析

热解过程产生的气体分为可凝气体和不凝气体两部分。其中，可凝气体包括易挥发的烃类化合物，如异戊烷、正戊烷等；而不凝气体包括低碳烃类化合物（如甲烷、乙烷、丙烷、异丁烷、正丁烷等）以及无机物（如一氧化碳、氢气、二氧化碳、二氧化硫、硫化氢、氨等）。一般采用气相色谱仪（天美 GC-7890Ⅱ）对热解气进行分析。以高纯 He 为载气，采用热导检测器，色谱柱为 TDX-01（2m×4mm）、5A 分子筛（2m×4mm）和 GDX-102（2m×4mm）。检测参数设定：柱温度为 343K，汽化室温度为 373K，检测器温度为 393K。主要检测的气体包括 CH_4、C_2H_4、C_2H_6、C_3H_6、C_3H_8、H_2、CO、CO_2、N_2 等。

（2）热解烟气污染物成分及排放限值

热解烟气来源于两个方面：一是热解炉内产生的热解气中的不凝气，包括可回炉燃烧的气体，如不凝烃类气体、CO、H_2 等，以及不可回收利用的污染成分，如 SO_2、H_2S、硫酸雾等；二是给热解炉提供热源的回收不凝气、燃料油的燃烧产生的烟气，如烟尘、重金属、氮氧化物等。

因此，需对热解实验过程和热解工艺的热解烟气进行常规污染物的监测。含油污泥热解烟气的控制标准应符合《危险废物焚烧污染控制标准》（GB 18484—2020）的要求，危险废物焚烧炉大气污染物排放限值如表 2-5 所列。

表 2-5 危险废物焚烧炉大气污染物排放限值

序号	污染物	不同焚烧容量时的最高允许排放浓度限值/（mg/m³）		
		≤300kg/h	300～2500kg/h	≥2500kg/h
1	烟气黑度		林格曼Ⅰ级	
2	烟尘	100	80	65
3	一氧化碳（CO）	100	80	80
4	二氧化硫（SO_2）	400	300	200
5	氟化氢（HF）	9.0	7.0	5.0
6	氯化物（HCl）	100	70	60
7	氮氧化物（以 NO_2 计）		500	
8	汞及其化合物（以 Hg 计）		0.1	
9	镉及其化合物（以 Cd 计）		0.1	
10	砷、镍及其化合物（以 As+Ni 计）		1.0	
11	铅及其化合物（以 Pb 计）		1.0	
12	铬、锡、锑、铜、锰及其化合物（以 Cr+Sn+Sb+Cu+Mn 计）		4.0	
13	二噁英类（TEQ）		0.5ng/m³	

（3）热解不凝气中硫化物含量分析

由于热解工艺是在绝氧的条件下进行的，热解不凝气中的污染物气体以硫化物为主，硫化物包括二氧化硫、硫化氢、硫酸雾等含硫化合物，此类气体易腐蚀锅炉，所以在回收利用不凝气前需要对该指标含量做定量分析，并有针对性地进行净化处理。可用硫分析仪（测硫范围：0.01%～20%）测试不凝气中的含硫物质含量。

不凝气中二氧化硫的测定可参照环境保护部标准《固定污染源废气　二氧化硫的测定　非分散红外吸收法》（HJ 629—2011）。二氧化硫气体对 6.82～9μm 波长的红外光具有选择性吸收，一束恒定波长为 7.3μm 的红外光通过二氧化硫气体时，其光通量的衰减与二氧化硫的浓度符合朗伯-比尔定律。

不凝气体中的硫化氢、甲硫醇、甲硫醚和二甲二硫可用带火焰光度检测器（FPD）的气相色谱同时测定，参照国家标准《空气质量　硫化氢、甲硫醇、甲硫醚和二甲二硫的测定　气相色谱法》（GB/T 14678—93）。各物质的标准色谱图见图 2-9。

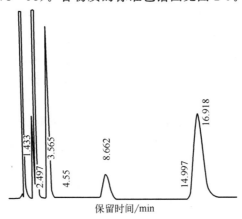

图 2-9　标准色谱图

按出峰顺序各峰成分分别为 H_2S、CS_2、CH_2SH、$(CH_3)_2S$、C_6H_6、$(CH_3)_2S_2$

硫酸雾的测定采用离子色谱仪，将气体采集到 NaOH 吸收液中，用离子色谱仪对硫酸根进行分离测定，根据保留时间定性确定污染物，再通过峰面积和峰高定量测定其含量。此方法参照环境保护部标准《固定污染源废气　硫酸雾的测定　离子色谱法》（HJ 544—2016）。

（4）热解烟气其他污染物的监测分析

热解烟气中其他污染物的监测分析应依据《危险废物焚烧污染控制标准》（GB 18484—2020）规定的方法进行监测分析。

2.4.1.3　热解残渣的分析

在含油污泥热解产物中，热解残渣占很大一部分，并含有未完全回收的油资源以及残留的重金属元素等，已被列入《国家危险废物名录》，若处理不当会造成二次污染。含油污泥热解残渣特性是其处置和再利用过程中需要参考的关键参数，了解残渣中元素种类、油含量、污染物含量和形貌结构等特性，可为残渣的资源化利用提供必要的依据。

（1）热解残渣的成分分析

污泥的来源、是否进行活化、热解条件的改变等都会影响残渣中元素的种类和含量。利用 X 射线荧光光谱仪（岛津 XRF-1800）对热解残渣进行全元素分析。

为进一步加深对含油污泥重质成分热解过程的理解，对热解残渣的成分组成可进行 FT-IR 分析。若需了解热解残渣中的无机成分及晶相变化，可进行含油污泥热解残渣的 XRD 分析。

（2）热解残渣的热值分析

热解残渣的热值分析采用的是等温室微机自动氧弹量热仪（宏泰 ZDHW-6）。

（3）热解残渣中矿物油含量分析

热解残渣中矿物油含量应用红外分光光度法测定。取 10g 残渣和 10g 于 300℃ 加热 2h 的无水硫酸钠混匀后，置于 100mL 具塞比色管中，加入 20mL 环保专用四氯化碳于水浴中超声萃取 15min，过滤用 50mL 容量瓶收集滤液，重复萃取一次，合并两次萃取滤液，定容到 50mL，采用 OIL480 红外分光测油仪测定矿物油含量。

（4）热解残渣中炭黑含量测定和灰化分析

1）热解残渣灰分的去除

① 物理浮选。首先将热解残渣装入浮选柱中，利用碳与灰分颗粒表面疏水性与亲水性的差别，在捕收剂的作用下，借助浮选设备产生的气泡，将碳与灰分颗粒分离开来，以进行碳与矿物质的初步浮选，经浮选处理后的热解残渣可去除部分灰分。

② 化学分离法。一级酸溶处理：取经物理浮选后的热解残渣，按一定固液比加入复合酸液，加热反应一定时间，洗涤去除酸溶性灰分，洗涤过滤至滤液呈中性，滤渣烘干备用。二级碱溶处理：取经一级酸溶处理后烘干的滤渣，按一定比例加入复合碱液，加热反应一定时间，洗涤去除碱溶性灰分，洗涤过滤至滤液呈中性，滤渣烘干备用。

2）回收碳分析方法

灰分的测定依据《煤质颗粒活性炭试验方法　灰分的测定》（GB/T 7702.15—2008）；回收碳纯度采用重量法计算（回收碳质量与产物质量比值）；收率采用重量法计算（产物质量与热解残渣质量比值）。另外，采用 Quantax 200XFlash5000-10 X 射线能谱仪、Quanta 250 钨灯丝环境扫描电子显微镜，对产物的灰分、元素组成进行测定分析。

（5）热解残渣形貌分析及孔隙结构特征

为了更直观地了解热解残渣的表面结构，可对热解残渣进行扫描电镜表征。通过扫描电镜表征，可观察残渣的孔径大小、孔隙分布均匀程度等特性。残渣比表面积和孔容积主要受热解终温、污泥含水率、停留时间、升温速率等因素的影响。而热解残渣的孔结构特征将直接影响它的资源化应用。

（6）热解残渣浸出液污染物浓度分析

由于含油污泥的成分复杂，且经过不同程度的热解化学反应，热解产物需按照国家各危险废物鉴别标准中规定的相应检测项目和方法进行危险废物鉴定，以保证残渣的后续处理不会对环境造成二次污染。按照《固体废物　浸出毒性浸出方法　水平振荡法》（HJ 557—2010）称取热解后剩余残渣 100g 制备浸出液，按照中国环境科学出版社《水和废水监测分析方法（第四版）》刊载的方法测定浸出液的 pH 值以及石油类、六价铬、总铬、砷、汞、铅、镉等污染物浓度。具体的检测指标及检测方法见表 2-6。

表 2-6　热解残渣废弃物鉴定的检测指标及方法

检测项目	检测方法
腐蚀性	GB 5085.1—2007、GB/T 15555.12—1995
急性毒性	GB 5085.2—2007
易燃性	GB 5085.4—2007
反应性	GB 5085.5—2007
无机元素及化合物(Cu、Pb、Hg、氰化物等 16 种)	GB 5085.3—2007、GB/T 15555.4—1995、GB/T 14204—93、GB/T 15555.1—1995

检测项目	检测方法
有机农药类(滴滴涕、六氯苯以及灭蚁灵等10种)	GB 5085.3—2007
非挥发性有机化合物(硝基苯、苯并[a]芘以及多氯联苯等12种)	GB 5085.3—2007
挥发性有机化合物(苯、丙烯腈以及三氯甲烷等12种)	GB 5085.3—2007

2.4.2 总石油类化合物转化率、油品回收率、热解气转化率的分析

对含油污泥热解后得到的热解油残渣、热解油和热解气进行质量平衡计算后,参照热解前含油污泥中有机物的含量,计算热解过程中总石油类化合物转化率、油品回收率以及气态石油类化合物转化率。

2.4.2.1 总石油类化合物转化率

热解过程中总石油类化合物转化率计算公式如下:

$$\alpha_{total} = \frac{\text{产物中石油类化合物含量}}{\text{含油污泥中石油类化合物含量}} \times 100\% = \frac{\text{热解油质量} + \text{热解气质量}}{\text{含油污泥提取油质量}} \times 100\%$$

式中　α_{total}——含油污泥热解过程中总石油类化合物转化率。

2.4.2.2 油品回收率

热解过程中的油品回收率计算公式如下:

$$\alpha_{oil} = \frac{\text{产物中液态石油类化合物含量}}{\text{含油污泥中石油类化合物含量}} \times 100\% = \frac{\text{热解油质量}}{\text{含油污泥提取油质量}} \times 100\%$$

式中　α_{oil}——含油污泥热解过程中油品回收率。

2.4.2.3 气态石油类化合物转化率

热解过程中的气态石油类化合物转化率计算公式如下:

$$\alpha_{gas} = \frac{\text{产物中气态石油类化合物含量}}{\text{含油污泥中石油类化合物含量}} \times 100\% = \frac{\text{热解气质量}}{\text{含油污泥提取油质量}} \times 100\%$$

式中　α_{gas}——含油污泥热解过程中气态石油类化合物转化率。

2.4.3 热解产物的飞灰分析

飞灰是含油污泥热解过程中产生的烟气灰分中的细微固体颗粒物。其粒径一般在1~100μm 之间,又称烟灰。粒径小的飞灰随尾气排出,粒径大的飞灰沉降于底部随残渣排出。飞灰是污泥进入高温炉膛后,在悬浮燃烧条件下经受热面吸热后冷却而形成的。由于表面张力作用,飞灰大部分呈球状,表面光滑,微孔较少。一部分因在熔融状态下互相碰撞而粘连,成为表面粗糙、棱角较多的蜂窝状组合粒子。飞灰的化学组成与污泥成分、污泥颗粒粒度、锅炉型式、燃烧情况及收集方式等有关,飞灰的排放量与燃煤中的灰分有直接关系。

2.4.3.1 飞灰的正常检测

关于飞灰的监测与鉴定,国内仅出台了煤飞灰的相关标准——《大气　试验粉尘标准样品　煤飞灰》(GB/T 13269—91)。而含油污泥热解飞灰属于危险废物,需根据危险废物检测标准对其相关指标含量进行检测。

2.4.3.2 飞灰的全碳分析和元素含量分析

飞灰是经高温热解后的烟灰,主要以残炭和无机物粉尘为主,可通过全碳分析仪、CHONS 元素分析仪、XRD、XRF 和 XPS 等仪器来分析确定飞灰的物质组成。

2.4.3.3　飞灰的危险废物鉴定

飞灰的物化性质与热解残渣相似，热解产物的飞灰也需进行危险废物鉴定，其鉴定方法同表 2-6。

2.4.4　焙烧物的微观形貌特征和组成元素分析

采用 SEM（扫描电镜）、EDX 能谱仪、Vario MICRO 型元素分析仪以及 ICP-MS 对含油污泥热解前后的表面形貌特征、总体元素组成进行观察与综合检测分析。其中，SEM 能够直接观察样品表面的结构，是观察和研究污泥微观形貌的重要工具。

第3章
含油污泥理化性质研究

含油污泥主要来源于石油开采、炼制、加工及储运过程中产生的废弃物。在石油开采过程中，随着地层压力的变化和注水作业的实施，产生了大量的含油废水，这些废水经过处理后仍会残留部分油污和悬浮物，从而形成含油污泥。在石油炼制和加工过程中，会产生各种含油废水，如含油冷却水、含油洗涤水等，这些废水经过沉淀、过滤等处理后同样会形成含油污泥。此外，在石油储运过程中油品泄漏、油罐清洗等也会产生一定量的含油污泥。

含油污泥的组成十分复杂，主要包括油泥、油砂、油脚等。其中，油泥主要由黏土、细砂、水分等无机物与石油烃类等有机物混合而成；油砂主要由砂粒、石油烃类及少量水分组成；油脚则是由石油炼制和加工过程中产生的重质油分与水分、杂质等混合而成的液体废弃物。这些污泥中含有大量的石油烃类、重金属等有害物质，如果未经处理直接排放，将会对环境造成严重的污染。

含油污泥的环境污染问题主要表现在以下几个方面。

（1）对水体的污染

含油污泥中的石油烃类、重金属等有害物质在雨水冲刷或人为排放的过程中，很容易进入水体，造成水体的污染。这种污染不仅会影响水资源的利用，还会对水生生物造成危害，破坏水生生态系统。

（2）对土壤的污染

含油污泥在堆放或填埋过程中，其中的有害物质会逐渐渗透到土壤中，对土壤造成污染。这种污染会破坏土壤的结构和肥力，影响农作物的生长和产量，甚至会通过食物链危害人体健康。

（3）对大气的污染

含油污泥在堆放过程中会产生大量的恶臭气体和挥发性有机物，对大气造成污染。这些污染物不仅会影响空气质量，还会对人体健康产生负面影响。

由于含油污泥的理化性质复杂多变，其处理与处置面临着诸多挑战。首先，含油污泥中的石油烃类、重金属等有害物质难以降解，处理难度较大；其次，含油污泥的含水量高、黏度大，给处理过程中的固液分离、脱水干燥等步骤带来了困难；此外，含油污泥的处理技术和资源化利用方法尚不成熟，缺乏高效、环保的处理技术，减缓了其资源化利用的进程。

综上所述，要想解决含油污泥的环境污染问题，就必须深入研究其理化性质。通过深入研究含油污泥的理化性质，我们可以更好地了解其组成、结构、稳定性等方面的特征，为制订有效的处理方法和措施提供理论依据。同时，这也有助于推动相关领域的科技创新和产业发展，为环境保护和可持续发展作出贡献。

3.1 含油污泥理化性质测试研究

含油污泥作为一种特殊的工业废物，其复杂的理化性质对其处理与处置提出了严峻的挑战。为了更有效地管理这种废物，对其进行深入的理化性质研究至关重要。这不仅有助于了解污泥的基本特性，还可以为选择合适的处理技术和资源化利用方法提供重要依据。

本部分研究的含油污泥实验样品包括辽河油田稠油型污泥、大庆油田中质污泥、大庆油田三元污泥、大庆油田含聚（聚合物）污泥、新疆油田轻质污泥和青海油田含油污泥。

3.1.1 含油量、含油率、含水率和含固率

（1）含油量

通常指的是污泥中石油烃类物质的含量。

（2）含油率

含油率也是描述污泥中石油烃类物质含量的一个指标，通常以质量分数表示。这个数值会受到污泥的来源、处理方式和环境因素的影响。

（3）含水率

是描述污泥中水分含量的一个指标。高含水率使得污泥的处理和处置过程更加困难，因为需要去除大量的水分。

（4）含固率

含固率描述的是污泥中固体物质的含量。这些固体物质可能包括泥、沙、微生物胶团体、悬浮物和絮凝剂的聚合物等。

这些参数不仅会影响含油污泥的处理和处置方式，也直接关系到污泥的环境风险和资源化利用潜力。因此，对含油污泥的理化性质进行深入的研究，了解其各项参数的具体数值和变化趋势，对于制订有效的处理策略和资源化利用方案具有重要意义。

不同类型含油污泥的含油量、含油率、含水率和含固率见表 3-1。

表 3-1　不同类型含油污泥的含油量、含油率、含水率和含固率

含油污泥类型	含油量/(mg/kg)	含油率/%	含水率/%	含固率/%
辽河油田稠油型污泥	790806.18	77.46	11.50	11.04
大庆油田中质污泥	116932.44	14.72	9.86	75.42
大庆油田三元污泥	41647.00	5.45	76.23	18.32
大庆油田含聚污泥	207618.88	24.16	14.76	61.08
新疆油田轻质污泥	166066.60	21.82	52.92	25.26
青海油田含油污泥	88021.56	8.69	13.25	78.06

3.1.2 pH 值

pH 值的测定参照《石油产品酸值测定法》（GB 264—83）进行测定。不同类型含油污泥的 pH 值见表 3-2。

表 3-2　不同类型含油污泥的 pH 值

含油污泥类型	pH 值
辽河油田稠油型污泥	8.42
大庆油田中质污泥	7.96
大庆油田三元污泥	8.51
大庆油田含聚污泥	8.14
新疆油田轻质污泥	7.30
青海油田含油污泥	8.63

3.1.3　油品分析

油品分析是石油工业中一个非常重要的环节，它涉及对石油及其产品的质量和性能进行评估。

3.1.3.1　含油污泥提取油样品的密度和蜡含量

各含油污泥中提取油样品的密度和蜡含量见表 3-3。

表 3-3　各含油污泥提取油样品的密度和蜡含量

含油污泥类型	密度（20℃）/（kg/m³）	蜡含量（质量分数）/%	油类基属
辽河油田稠油型污泥	895.7	19.8	低硫中间石蜡基
大庆油田中质污泥	846.5	28.4	低硫石蜡基
大庆油田三元污泥	868.3	29.6	低硫石蜡基
大庆油田含聚污泥	858.6	28.3	低硫石蜡基
新疆油田轻质污泥	849.1	12.8	低硫石蜡基
青海油田含油污泥	854.3	20.6	含硫石蜡基

3.1.3.2　含油污泥提取油样品金属组成

各含油污泥中提取油样品的金属组成见表 3-4。

表 3-4　各含油污泥提取油样品的金属组成

含油污泥类型	金属组成含量/（μg/g）				
	Ni	V	Fe	Cu	As
辽河油田稠油型污泥	37.68	0.59	21.26	0.65	0.07
大庆油田中质污泥	1.87	0.08	2.91	0.03	0.31
大庆油田三元污泥	2.66	0.05	2.11	0.02	0.55
大庆油田含聚污泥	1.76	0.10	2.31	0.12	0.25
新疆油田轻质污泥	4.50	0.10	2.51	0.25	—
青海油田含油污泥	7.90	1.00	8.70	—	—

3.1.4　腐蚀性分析

含油污泥的腐蚀速率受其含盐量、pH 值、含水量、硫化物含量等多种因素的影响。本实验参照《水腐蚀性测试方法》（SY/T 0026—1999）进行测定，实验结果见表 3-5。

表 3-5 不同含油污泥的腐蚀性

含油污泥类型	腐蚀等级
辽河油田稠油型污泥	低
大庆油田中质污泥	中
大庆油田三元污泥	低
大庆油田含聚污泥	低
新疆油田轻质污泥	低
青海油田含油污泥	低

3.2 含油污泥毒理学分析

含油污泥毒理学分析的意义在于全面评估其对环境和人类健康的影响，并为制订有效的处理和处置策略提供科学依据。首先，这种分析有助于了解含油污泥对环境的潜在危害，包括其对土壤生态系统的破坏和对地下水资源的污染；其次，通过毒理学分析，可以评估含油污泥对人类健康的潜在风险，特别是其中的有害物质（如苯类、酚类等）对人类的危害，这些物质具有"三致"（致癌、致畸、致突变）作用；最后，毒理学分析还可以为含油污泥的资源化利用潜力评估提供理论基础。虽然含油污泥是一种危险废物，但其中也含有一些有价值的资源，如石油烃类物质。通过了解含油污泥的组分和性质，可以探索其资源化利用的可能性，如提取石油烃类物质，实现资源的回收利用。

综上所述，含油污泥毒理学分析在环境保护、人类健康风险评估和资源化利用潜力评估方面具有重要意义，有助于制订科学、合理的处理策略，从而确保含油污泥的安全处理和资源化利用。

生物毒理诊断是一种直接反映污染物对生态环境产生的整体效应的重要手段。通过这种诊断，可以深入了解污染物对生态系统的影响，从而为环境保护和治理提供科学依据。发光细菌毒性测试作为其中的一种方法，具有快速、简便、灵敏且成本低的优势，被广泛用于评价生物毒性。

本研究选择了具有代表性的、不同源的含油污泥样品，进行生物急性毒性检测。含油污泥作为一种特殊的工业废弃物，含有高浓度的石油污染物，这些污染物不溶于水，给毒性测试带来了挑战。在传统的发光细菌固相检测方法中，常用的提取剂是 2％的 NaCl 溶液。然而，这种提取剂在处理含油污泥时，由于其亲水性，无法有效地将不溶于水的石油污染物从污泥中提取出来，从而影响了测试的准确性和可靠性。

本实验参照《中国主要产油区土壤石油污染及其毒性评估》第 2 章内容，选择毒性小并且萃取能力强的鼠李糖脂作为萃取剂。

前期处理：a. 配制 2％的 NaCl 溶液；b. 将鼠李糖脂加入 2％的 NaCl 溶液中，使得鼠李糖脂的浓度为 1％；c. 按照 1∶10 的固液比将含油污泥加入鼠李糖脂浓度为 1％的 2％ NaCl 溶液中；d. 将上一步骤的混合物在 150r/min 的回旋振动器上振荡 10min；e. 在 10～30℃的环境下，高速离心机以 7000r/min 的速度离心 15min，取上层清液进行下一步分析。

每个浓度点设置 3 个平行试验，同时将 96 孔板第一行设置为阴性质控，第二行设置为阳性质控。向各孔中加入样品液 100μL 和菌液（明亮发光杆菌 T3 小种）100μL，总体积为

$200\mu L$。放入仪器中进行测试，以此为样品初始发光强度，记作 S_0；记阴性质控（2% NaCl）初始发光强度为 C_0；将阳性质控（10mg/L 氯化汞）当作样品处理。

明亮发光杆菌 T3，作为一类非致病性的普通细菌，在海洋环境中分布广泛。这种细菌拥有独特的生物学特性，即它们能够在正常的生理条件下发射出可见光。这种发光现象是由细菌体内的荧光素酶催化荧光素所产生的，因此荧光素酶是这一发光过程中的关键酶。当环境条件不佳或存在有毒物质时，发光细菌的荧光素酶活性或细胞呼吸会受到抑制，这种抑制会导致细菌发光能力的减弱，发光强度随之降低。值得注意的是，发光强度减弱的程度与毒性大小呈现出正相关的关系。这意味着，通过观察发光细菌发光率的变化，我们可以直观地了解到有毒物质对生物体的毒害作用。

为了更好地量化这种发光变化，引入了相对发光率和相对发光抑制率两个指标。相对发光率是指加入受试样品的受试发光细菌发光度与对照发光度的比值，通常以百分比表示。这一指标反映了受试样品对发光细菌发光能力的影响程度。而相对发光抑制率则是指在规定条件下，受试样品与受试发光细菌接触后，发光细菌的发光量所降低的百分比。这一指标可用于直接评估受试样品对发光细菌发光强度的抑制作用。表 3-6 为水质急性毒性（发光细菌法）的分级标准。

表 3-6　水质急性毒性（发光细菌法）的分级标准

相对发光率(L)/%	等当量的 $HgCl_2$ 溶液浓度(C_{Hg})/(mg/L)	毒性级别
$L>70$	$C_{Hg}<0.07$	低毒
$50<L\leqslant70$	$0.07\leqslant C_{Hg}<0.09$	中毒
$30<L\leqslant50$	$0.09\leqslant C_{Hg}<0.12$	重毒
$0<L\leqslant30$	$0.12\leqslant C_{Hg}<0.16$	高毒
0	$C_{Hg}\geqslant0.16$	剧毒

6 种含油污泥的急性毒性（发光细菌法）实验结果见表 3-7。参照表 3-6 水质急性毒性（发光细菌法）的分级标准，6 种含油污泥的毒性级别均为高毒。

表 3-7　含油污泥急性毒性（发光细菌法）

污泥名称	相对发光抑制率/%			平均抑制率/%
	平行样 1	平行样 2	平行样 3	
辽河油田稠油型污泥	96	96	96	96
大庆油田中质污泥	93	92	93	93
大庆油田三元污泥	96	97	97	97
大庆油田含聚污泥	95	95	95	95
新疆油田轻质污泥	96	95	96	96
青海油田含油污泥	96	97	96	96

3.3　含油污泥微生物多样性分析

为深入分析含油污泥的性质，取 6 种含油污泥进行高通量测序，而后进行含油污泥的微生物组成和多样性分析。含油污泥样品高通量测序编号见表 3-8。

表 3-8　含油污泥样品高通量测序编号

含油污泥类型	样品编号
辽河油田稠油型污泥	LH
大庆油田中质污泥	ZZ
大庆油田三元污泥	SY
大庆油田含聚污泥	HJ
新疆油田轻质污泥	XJ
青海油田含油污泥	QH

3.3.1　含油污泥样品微生物种群多样性和丰富度分析

含油污泥样品微生物群落的生物多样性指数见表 3-9。

表 3-9　含油污泥样品微生物群落的生物多样性指数

样品编号	ACE 指数	Chao 指数	覆盖率	Shannon 指数	Simpson 指数	Sobs 指数
LH	624.6808	633.0313	0.996641	3.581796	0.051777	481
SY	814.4808	794.0545	0.995945	4.162602	0.032853	665
HJ	866.1935	861.6000	0.996809	4.664895	0.023268	778
XJ	742.5058	742.9759	0.997241	4.227086	0.056996	664
QH	14.70667	13.5000	0.999952	1.152331	0.373714	13
ZZ	390.4278	390.5652	0.998944	2.032657	0.310525	370

由表 3-9 分析可知，6 种含油污泥样品的微生物文库覆盖率均大于 99.5%，这表明该测序结果基本覆盖了样品中全部微生物量，测序结果能够反映样品微生物的真实值。ACE 指数和 Chao 指数的大小与物种的丰度呈正相关。从数据中可以看出，大庆油田三元污泥（SY）和大庆油田含聚污泥（HJ）的 ACE 和 Chao 指数值最高，意味着这两个样本中的物种丰度最高。相比之下，青海油田含油污泥（QH）的 ACE 和 Chao 指数值最低，表明其物种丰度最低。Shannon 指数值越大说明群落多样性越高，Simpson 指数与之相反，数值越小多样性越高。根据数据，大庆油田含聚污泥（HJ）的 Shannon 指数值最高，表明其群落多样性最高。这可能是因为该样本中包含了多种不同的物种，且这些物种在群落中的分布相对均匀。相反，青海油田含油污泥（QH）的 Shannon 指数值最低，说明其群落多样性最低。这可能是因为该样本中的物种较少，或者某些物种在群落中占绝对优势。

3.3.2　含油污泥样品微生物物种均匀度分析

图 3-1（书后另见彩图）为 6 个含油污泥样品的等级-丰度（Rank-abundance）曲线。曲线水平方向的宽度反映了物种的丰富度，曲线在横坐标方向越长，物种丰富度越高，而曲线的平滑程度反映了物种的均匀度，曲线越平缓，物种分布越均匀。从图中可以看出，样品物种丰富度和均匀度顺序为 HJ＞XJ＞SY＞LH＞ZZ＞QH，大庆油田含聚污泥样品的物种最为丰富，均匀度最高，而青海油田含油污泥物种丰富度最低，均匀度最低。

3.3.3　含油污泥样品微生物种群差异性分析

图 3-2 为 6 个含油污泥样品的 Venn 图。从图中可以看出辽河油田稠油型污泥（LH）、

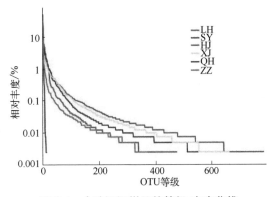

图 3-1 含油污泥样品的等级-丰度曲线

大庆油田中质污泥（ZZ）、大庆油田三元污泥（SY）、大庆油田含聚污泥（HJ）、新疆油田轻质污泥（XJ）、青海油田含油污泥（QH）分别有 54 个、102 个、141 个、207 个、307 个、4 个 OTU。从图中可以看出 6 个样品共有 2 个相同的 OTU，所以其微生物种群差异性较大。

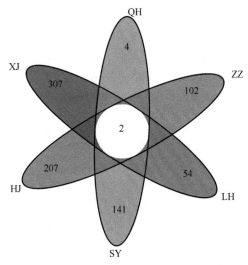

图 3-2 含油污泥样品之间的 Venn 图

图 3-3 为 6 个含油污泥样品的 PCoA 分析（主坐标分析）结果。在 PC1 贡献率为 26.63% 的条件下，大庆油田三元污泥与大庆油田含聚污泥物种组成结构较为相似。青海油田含油污泥样品与其他油田含油污泥样品物种组成结构相差较大。

3.3.4 含油污泥样品微生物群落组成分析

3.3.4.1 含油污泥样品微生物在门水平上组成分析

图 3-4（书后另见彩图）为 6 个含油污泥样品中微生物在门水平上的分布情况。辽河油田稠油型污泥主要由 Proteobacteria（54.92%）、Bacteroidota（15.24%）、unclassified_d_ Bacteria（10.39%）、Chloroflexi（7.84%）、Actinobacteriota（5.99%）门的微生物组成。大庆油田中质污泥主要由 Proteobacteria（91.61%）和 Actinobacteriota（4.87%）门的微生物组成。大庆油田三元污泥主要由 Proteobacteria（50.22%）、Synergistota（18.00%）、Firmicutes（8.39%）和 Chloroflexi（6.53%）门的微生物组成。大庆油田含聚污泥主要由

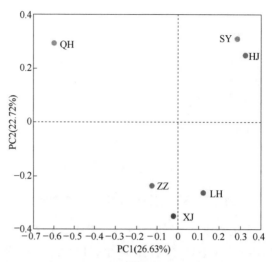

图 3-3　含油污泥样品 PCoA 分析图

Proteobacteria（35.69%）、Firmicutes（17.88%）、Chloroflexi（17.22%）、unclassified_d_
Bacteria（9.82%）、Synergistota（5.01%）门的微生物组成。新疆油田轻质污泥主要由
Bacteroidota（25.67%）、Firmicutes（20.01%）、Proteobacteria（16.17%）、Desulfobacte-
rota（9.70%）、Thermotogota（9.01%）和 Chloroflexi（7.12%）门的微生物组成。青海
油田含油污泥主要由 Firmicutes（99.46%）门的微生物组成。

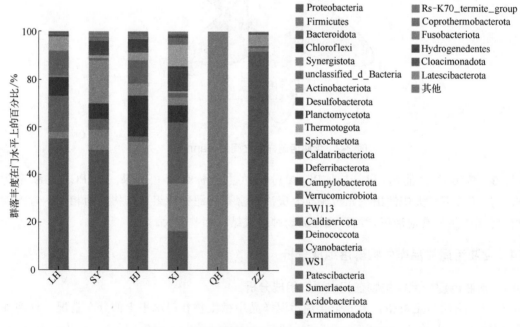

图 3-4　含油污泥样品微生物在门水平上组成分布

3.3.4.2　含油污泥样品微生物在纲水平上组成分析

图 3-5（书后另见彩图）为 6 个含油污泥样品中微生物在纲水平上的分布情况。辽河油
田稠油型污泥主要由 Gammaproteobacteria（49.48%）、Bacteroidia（15.16%）、Anaerolin-

eae（7.51％）、Actinobacteria（5.66％）、Alphaproteobacteria（5.45％）纲的微生物组成。大庆油田中质污泥的微生物主要由占绝对优势的 Gammaproteobacteria（88.27％）构成，其他显著组成部分包括 Actinobacteria（4.69％）和 Alphaproteobacteria（3.34％）。大庆油田三元污泥的微生物组成较为多样化，其中占据主导地位的是 Alphaproteobacteria（26.03％）和 Gammaproteobacteria（24.17％），此外，Synergistia（18.00％）、Clostridia（6.54％）、Anaerolineae（6.42％）也是污泥中的重要组成部分。大庆油田含聚污泥主要由 Alphaproteobacteria（21.97％）、Anaerolineae（17.17％）、Clostridia（15.15％）、Gammaproteobacteria（13.72％）、unclassified_d_Bacteria（9.82％）和 Synergistia（5.01％）纲的微生物组成。新疆油田轻质污泥主要由 Bacteroidia（25.65％）、Clostridia（14.99％）、Gammaproteobacteria（9.17％）、Thermotogae（9.01％）、Anaerolineae（7.10％）、Alphaproteobacteria（6.99％）、Desulfobacteria（5.84％）纲的微生物组成。青海油田含油污泥主要由 Bacilli 纲的微生物组成。

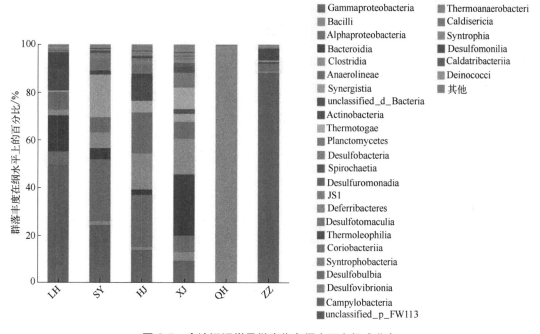

图 3-5　含油污泥样品微生物在纲水平上组成分布

3.3.4.3　含油污泥样品微生物在属水平上组成分析

图 3-6（书后另见彩图）为 6 个含油污泥样品中微生物在属水平上的分布情况。辽河油田稠油型污泥主要由 *Thiobacillus*（12.00％）、*Proteiniphilum*（11.60％）、unclassified_d_*Bacteria*（10.39％）、*Marinobacter*（7.75％）、unclassified_f_*Solimonadaceae*（6.25％）、unclassified_f_*Anaerolineaceae*（6.03％）、*Fontimonas*（5.42％）、KCM-B-112（5.09％）属的微生物组成。大庆油田中质污泥主要由 *Chromohalobacter*（45.37％）、*Halomonas*（32.10％）属的微生物组成。大庆油田三元污泥主要由 *Aminiphilus*（9.48％）、*Allorhizobium-Neorhizobium-Pararhizobium-Rhizobium*（7.21％）、*Shewanella*（6.76％）、*Longilinea*（5.76％）、*Legionella*（5.43％）、*Acetoanaerobium*（5.40％）属的微生物组成。大庆油田含聚污泥主要由 unclassified_d_*Bacteria*（9.82％）、unclassified_f_*Comamona-*

daceae（8.80%）、*Longilinea*（8.79%）属的微生物组成。新疆油田轻质污泥主要由 *Proteiniphilum*（23.13%）、*Mesotoga*（7.25%）、HN-HF0106（5.01%）属的微生物组成。青海油田含油污泥主要由 *Staphylococcus*（55.09%）、*Enterococcus*（25.81%）、*Latilactobacillus*（18.24%）属的微生物组成。

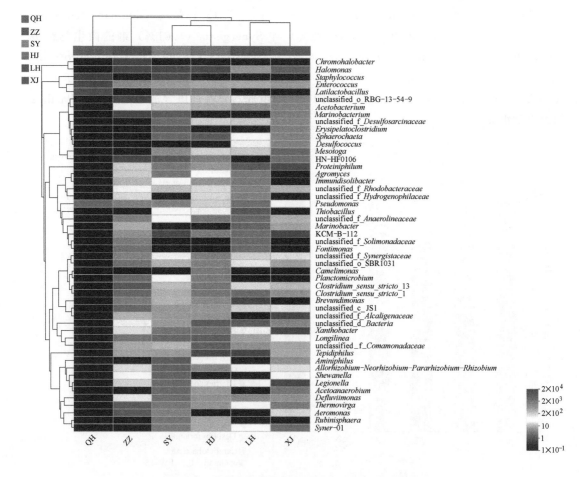

图 3-6　含油污泥样品微生物在属水平上组成分布

3.3.4.4　含油污泥样品微生物在种水平上组成分析

图 3-7（书后另见彩图）为 6 个含油污泥样品中微生物在种水平上的分布情况。辽河油田稠油型污泥主要由 unclassified_g_*Thiobacillus*（12.00%）、unclassified_d_*Bacteria*（10.39%）、unclassified_g_*Proteiniphilum*（10.18%）、unclassified_g_*Marinobacter*（7.75%）、uncultured_*gamma*_proteobacterium_g_unclassified_f_*Solimonadaceae*（6.25%）、uncultured_bacterium_g_*Fontimonas*（5.42%）种的微生物组成。大庆油田中质污泥主要由 *Chromohalobacter_canadensis*（45.37%）和 *Halomonas_zincidurans*（32.10%）种的微生物组成。大庆油田三元污泥主要由 uncultured_bacterium_g_*Aminiphilus*（9.48%）、*Shewanella_putrefaciens*（6.76%）、uncultured_bacterium_g_*Longilinea*（5.76%）、uncultured_bacterium_g_*Acetoanaerobium*（5.40%）种的微生物组成。大庆油田含聚污泥主要由 unclassified_d_*Bacteria*（9.82%）、unclassified_f_*Comamonadaceae*（8.80%）、uncultured_ bacterium_g_*Longilinea*（8.77%）种的微生物组成。新疆油田轻质污泥主要由 unclassified _g_*Proteiniphilum*（22.81%）、uncultured_bacterium_g_*Mesotoga*（7.25%）、uncultured_ *Firmicutes*_bacterium_g_HN-HF0106（5.01%）种的微生物组成。青海油田含油污泥主要 由 *Staphylococcus_aureus_g_Staphylococcus*（52.25%）、unclassified_g_*Enterococcus* （25.81%）、*Lactobacillus_sakei_g_Latilactobacillus*（18.24%）种的微生物组成。

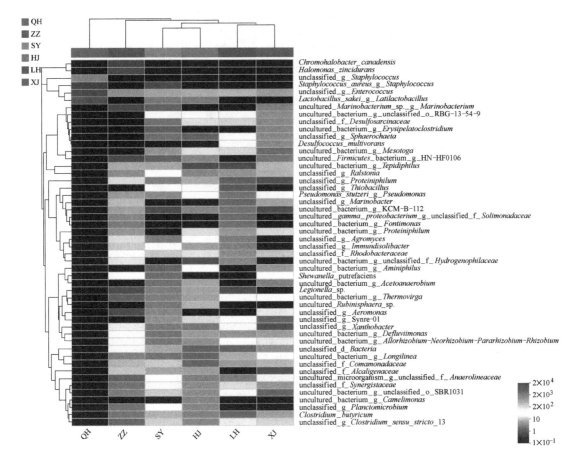

图 3-7　含油污泥样品微生物在种水平上组成分布

3.3.4.5　含油污泥样品 Circos 图

图 3-8（书后另见彩图）为 6 个含油污泥样品中门水平上细菌物种-样本 Circos 图。由图 3-8 分析可知，6 个含油污泥样品按含量多少的顺序主要由 Proteobacteria、Firmicutes、 Bacteroidota、Synergistota、unclassified_d_Bacteria、Actinobacteriota、Desulfobacterota、 Planctomycetota、Thermotogota 门的微生物组成。

3.3.4.6　功能分析

通过 OTU 聚类分析，将得到的 OTU 代表序列与 Greengenes 数据库进行比对，得到 COG 直系同源（orthology）和功能（function）丰度表。图 3-9（书后另见彩图）为 6 个含 油污泥样品的 COG 功能预测图，其中不同的颜色代表不同的基因功能，颜色区块的长度代 表丰度。

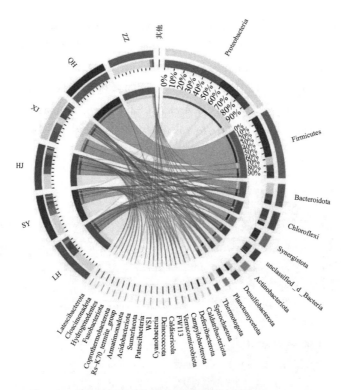

图 3-8 含油污泥样品门水平上细菌物种-样本 Circos 图

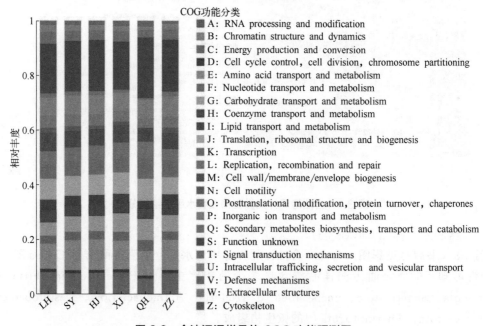

图 3-9 含油污泥样品的 COG 功能预测图

（A：核糖核酸加工和修饰；B：染色质结构和动力学；C：能源生产和转换；D：细胞周期控制、细胞分裂、染色体分割；E：氨基酸转运和代谢；F：核苷酸转运和代谢；G：碳水化合物运输和代谢；H：辅酶运输和代谢；I：脂质转运和代谢；J：翻译、核糖体结构和生物发生；K：转录；L：复制、重组和修复；M：细胞壁/膜/包膜生物发生；N：细胞活力；O：翻译后修饰、蛋白质周转、分子伴侣；P：无机离子运输和代谢；Q：次级代谢产物的生物合成、运输和分解代谢；S：功能未知；T：信号转导机制；U：细胞内运输、分泌和囊泡运输；V：防御机制；W：细胞外结构；Z：细胞骨架）

3.3.4.7　进化树

图 3-10（书后另见彩图）为 6 个含油污泥样品中微生物的系统发生进化树。

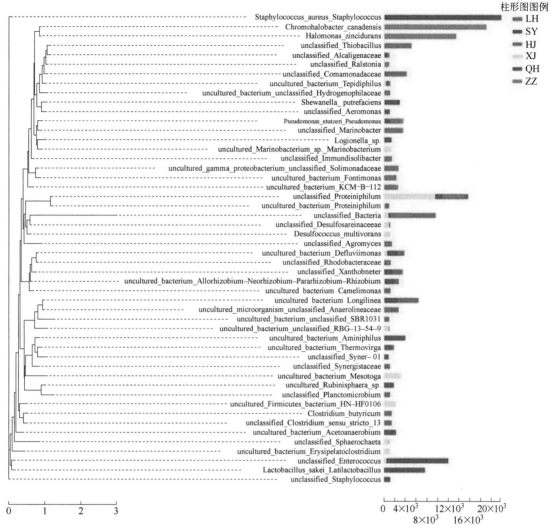

图 3-10　含油污泥样品微生物的系统发生进化树

3.4　油/水/泥界面研究

为研究含油污泥的界面特性，以稠油型含油污泥和化学驱含油污泥作为典型污泥，采用接触角测量仪测定含油污泥的接触角，并计算含油污泥的自由能、黏附功和铺展系数。

3.4.1　油/水/泥界面接触角分析

含油污泥的接触角是一个重要的物理性质，它描述了液滴与固体表面之间的接触程度。接触角的大小取决于液体、固体以及它们之间的界面张力。在含油污泥中，接触角可能受到多种因素的影响，包括污泥中的油分含量、油的种类、污泥的固体成分以及环境条件等。当接触角<90°时，表现为亲水性；当接触角>90°时，表现为疏水性。

图 3-11 为稠油型含油污泥和化学驱含油污泥的接触角。从图中数据可以看出，稠油型含油污泥的接触角为 105.597°，表现为疏水性；化学驱含油污泥接触角为 55.158°，表现为亲水性。

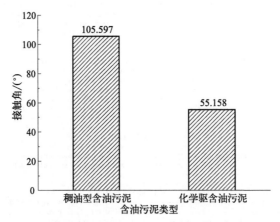

图 3-11 稠油型含油污泥和化学驱含油污泥的接触角

3.4.2 油/水/泥界面自由能分析

表面自由能和接触角均为衡量固体表面润湿性能的关键指标。当固体表面的自由能较高时，水滴能够更充分地润湿其表面，导致接触角相应减小；反之，若固体表面自由能较低，水滴在其表面的润湿效果不佳，接触角则较大。表面自由能反映了物体表面分子间的相互作用力。在本实验中采用 Fowkes 法来计算表面自由能。

图 3-12 为稠油型含油污泥和化学驱含油污泥的表面自由能。从图中数据分析可知，两种含油污泥的表面自由能相差较大，稠油型含油污泥表面自由能相对较低，表明其表面润湿性能较差，水滴在其表面不易形成润湿状态；而化学驱含油污泥的表面自由能较大，表明其表面润湿性能较好，水滴在其表面更容易形成润湿状态。

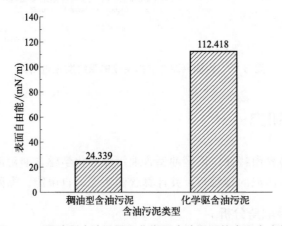

图 3-12 稠油型含油污泥和化学驱含油污泥的表面自由能

3.4.3 油/水/泥界面黏附功分析

黏附功是量化单位黏附界面分离所需能量的一个指标，黏附功的大小是衡量固-液界面结合牢固程度的一个重要参数。黏附功的数值直接反映了固-液两相之间铺展结合的牢固程度。当黏附功的数值较大时，意味着将液体从固体表面拉开所需的能量更多，显示出它们之间的结合更为牢固；反之，若黏附功的数值较小，则说明固-液两相之间的结合相对较弱，更易于分离。

图 3-13 为稠油型含油污泥和化学驱含油污泥的黏附功。从图中数据分析可知，稠油型含油污泥黏附功为 53.226J/m^2，化学驱含油污泥黏附功为 114.392J/m^2，与稠油型含油污泥相比，化学驱含油污泥与水滴结合得更为紧密。

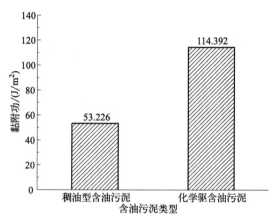

图 3-13　稠油型含油污泥和化学驱含油污泥的黏附功

3.4.4　油/水/泥界面铺展系数分析

液体滴到固体表面后的铺展过程，是一个涉及界面能量变化的重要物理现象。铺展过程中，新生的液-固界面取代了原有的气-固界面，同时气-液界面也相应扩大了面积。这一过程是否可自发进行，取决于系统 Gibbs 自由能的变化。

Gibbs 自由能的变化公式：

$$\Delta G = r_{SL} + r_{GL} - r_{GS}$$

式中　r_{SL}——固-液界面的界面张力；

　　　r_{GL}——气-液界面的界面张力；

　　　r_{GS}——气-固界面的界面张力。

这个公式描述了铺展单位面积时系统 Gibbs 自由能的变化。

铺展系数 S 定义为：$S = -\Delta G = r_{GS} - r_{GL} - r_{SL}$

铺展系数 S 是评估液体在固体表面铺展能力的重要参数。当 $S \geqslant 0$ 时，意味着铺展过程能够自发进行，液体可以在固体表面自动铺展。这是因为在这种情况下，系统 Gibbs 自由能是降低的，所以可以自发进行。相反，当 $S \leqslant 0$ 时，说明液体在固体表面没有完全润湿。这可能是因为固-液界面的界面张力较大，或者气-液界面的界面张力较小，导致铺展过程不可自发进行。

综上所述，铺展系数 S 为我们提供了一个量化液体在固体表面铺展能力的指标。通过计算和比较不同液体和固体组合下的 S 值，可以预测和解释润湿现象，为实际应用提供指导。

图 3-14 为稠油型含油污泥和化学驱含油污泥的铺展系数。从图中数据分析可知，稠油

型含油污泥的铺展系数为 -92.374，化学驱含油污泥的铺展系数为 -31.208，这说明水滴在两种污泥界面上均不能自动铺展，液体在污泥表面不能完全润湿。与稠油型含油污泥相比，化学驱含油污泥内部存在部分亲水基团，这些亲水基团的存在提高了污泥的润湿性。

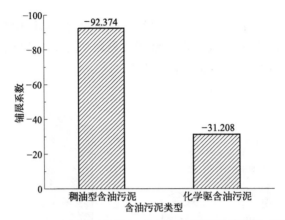

图 3-14　稠油型含油污泥和化学驱含油污泥的铺展系数

3.5　含油污泥包裹特性

3.5.1　含油污泥包裹体粒径分析

采用马尔文 Mastersizer 2000 激光粒度仪对含油污泥粒径进行检测分析，图 3-15 为稠油型含油污泥和化学驱含油污泥包裹体粒径的分布情况。从图中数据可以看出，与化学驱含油污泥相比，稠油型含油污泥的粒径分布范围更广，从图中可以看出稠油型含油污泥内部包裹体粒径多集中在 $0 \sim 500 \mu m$，粒径中值为 $29.416 \mu m$，化学驱含油污泥内部包裹体粒径多集中在 $0 \sim 400 \mu m$，粒径中值为 $68.408 \mu m$。

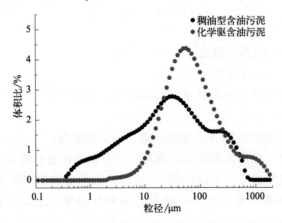

图 3-15　稠油型含油污泥和化学驱含油污泥包裹体粒径的分布情况

3.5.2　含油污泥包裹体元素分析

采用能量色散 X 射线光谱仪（EDX）对含油污泥包裹体元素进行检测分析，稠油型含油污泥和化学驱含油污泥的元素组成情况见表 3-10。由表中数据可知，稠油型含油污泥固相中主要有氧、硅、铝、钠、钙、铜元素，其中氧元素含量为 40.25%，硅元素含量为 35.84%，铝元素含量为 13.10%，钠元素含量为 7.60%，钙元素含量为 1.35%，铜元素含量为 1.13%；化学驱含油污泥固相中主要有氧、硅、铝、钾、铁、钠、钙、铜元素，其中氧元素占 39.11%，硅元素占 32.04%，铝元素占 11.02%，钾元素占 6.71%，铁元素占 4.42%，钠元素占 2.65%，钙元素占 2.31%，铜元素占 1.74%。

表 3-10　稠油型含油污泥和化学驱含油污泥的元素组成情况

元素	稠油型含油污泥		化学驱含油污泥	
	质量分数/%	原子分数/%	质量分数/%	原子分数/%
O	40.25	53.82	39.11	55.00
Na	7.60	7.07	2.65	2.60
Al	13.10	10.38	11.02	9.19
Si	35.84	27.30	32.04	25.66
K	0.21	0.12	6.71	3.86
Ca	1.35	0.72	2.31	1.30
Fe	0.52	0.20	4.42	1.78
Cu	1.13	0.38	1.74	0.61

由以上数据分析可知，无论是稠油型还是化学驱含油污泥，氧和硅元素都是其固相的主要组成部分，固相中的氧和硅元素主要来自砂石物质。稠油型含油污泥中铝元素的含量相对较高，而化学驱含油污泥中铝元素的含量略低。稠油型含油污泥中钠元素的含量较高，而化学驱含油污泥中则含有较高的钾元素和铁元素，且钾元素的含量相对较高。钙元素在两种含油污泥中都有存在，但含量相对较低，铜元素在两种含油污泥中的含量也较低。

综上所述，稠油型含油污泥和化学驱含油污泥固相的元素组成虽然有所差异，但氧和硅元素都是其主要组成部分，这主要来源于砂石物质。其他元素的含量则因污泥类型和来源的不同而有所变化。

3.5.3　含油污泥包裹体有机物组成分析

采用气相色谱-质谱联用仪（GC-MS）对含油污泥有机物组成进行检测分析。

3.5.3.1　稠油型含油污泥包裹体有机物组成分析

图 3-16 为稠油型含油污泥样品的 GC-MS 图谱。分析可知，稠油型含油污泥中有机物约有 100 种，其中有机物类型包括酰胺类 [如 n-tetradecyl-valeramide（正十四烷基戊酰胺）]、烷烃 [如 docosane（二十二烷）]、烯烃 {如（Z)-5-nonadecene [(Z)-5-十九烯]}、酯类 [如 3,5-difluorophenyl dodecyl ester fumaric acid（3,5-二氟苯基十二烷基酯富马酸）]、芳香烃 [如 decahydro-1,1,4a,5,6-pentamethylnaphthalene（十氢-1,1,4a,5,6-五甲基萘）] 等。

3.5.3.2　化学驱含油污泥包裹体有机物组成分析

图 3-17 为化学驱含油污泥样品的 GC-MS 图谱。分析可知，化学驱含油污泥中有机物约有 130 种，其中有机物类型包括烷烃 [如 heneicosane（二十一烷）]、醇类 [如 octacosanol（二十八烷醇）]、酯类 [如 2-thiopheneacetic acid, 6-ethyl-3-octyl ester（2-噻吩乙酸，6-乙基-3-辛基酯）]、芳香烃等。

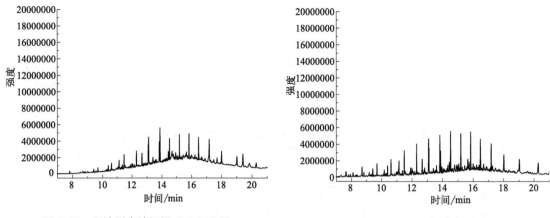

图 3-16 稠油型含油污泥 GC-MS 图　　　　图 3-17 化学驱含油污泥 GC-MS 图

3.5.4　含油污泥包裹体官能团分析

采用红外光谱（IR）对含油污泥官能团进行检测分析，红外光谱能够识别出化合物中的特定官能团。图 3-18 为稠油型含油污泥和化学驱含油污泥的红外光谱图。从图中可以看出：$3616cm^{-1}$、$2922cm^{-1}$、$2850cm^{-1}$ 处的吸收峰是饱和碳上的 C—H 伸缩振动（包括醛基上的 C—H）所引起的，表明污泥中可能存在烷烃和醛类物质；$1450cm^{-1}$、$1025cm^{-1}$ 处的吸收峰是 C—H 面内弯曲振动以及 C—O、C—X（卤素）、C—C 单键骨架振动所引起的；$1000\sim650cm^{-1}$ 处的吸收峰是烯烃、芳烃的 C—H 面外弯曲振动所引起的，表明污泥中可能存在烯烃和芳烃。

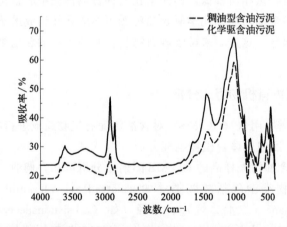

图 3-18　稠油型含油污泥和化学驱含油污泥的红外光谱图

3.5.5　含油污泥包裹体无机化合物分析

采用 X 射线衍射仪（XRD）对含油污泥无机化合物组成进行检测分析。

3.5.5.1　稠油型含油污泥包裹体无机化合物分析

图 3-19 为稠油型含油污泥样品固相的 XRD 图谱。通过与 PDF 标准卡片比对分析可知，稠油型含油污泥样品结晶相的组成主要是 SiO_2，其衍射峰强度较高，结晶度较高。

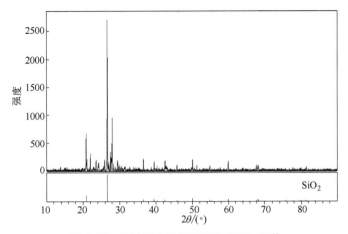

图 3-19　稠油型含油污泥固相 XRD 图谱

3.5.5.2　化学驱含油污泥包裹体无机化合物分析

图 3-20 为化学驱含油污泥样品固相的 XRD 图谱。通过与 PDF 标准卡片比对分析可知，化学驱含油污泥样品结晶相的组成主要是 SiO_2，其次为 $BaSO_4$。

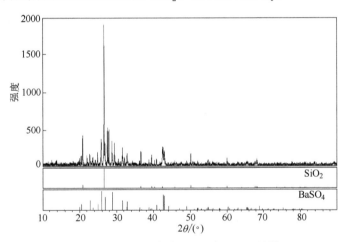

图 3-20　化学驱含油污泥固相 XRD 图谱

通过分析不同类型含油污泥的理化性质可知，不同种类的含油污泥由于其来源、组成成分不同，导致其理化性质存在差异。

① 辽河油田稠油型污泥的含油量最高，大庆油田三元污泥含油量最低；青海油田含油污泥的 pH 值最高，新疆油田轻质污泥的 pH 值最低。

② 大庆油田中质污泥的腐蚀等级为中级，辽河油田稠油型污泥、大庆油田三元污泥、大庆油田含聚污泥、新疆油田轻质污泥和青海油田含油污泥腐蚀等级为低级。

③ 6 种含油污泥提取油中的金属组成差异性较大，其中辽河油田稠油型污泥中的 Ni 和 Fe 含量远高于其他类型的含油污泥。

④ 6 种含油污泥经急性毒性检测，毒性级别均为高毒，对于含油污泥的处理和排放必须严格控制。

⑤ 6 个含油污泥样品的物种丰富度和均匀度顺序为 HJ＞XJ＞SY＞LH＞ZZ＞QH，大庆油田含聚污泥样品中物种最为丰富，均匀度最高，而青海油田含油污泥物种丰富度最低，

均匀度最低。

⑥ 6 个含油污泥样品微生物群落组成存在差异，青海油田含油污泥样品微生物群落组成与其他样品差异较大。6 个含油污泥样品按含量多少的顺序在门水平上主要由 Proteobacteria、Firmicutes、Bacteroidota、Synergistota、unclassified_d_Bacteria、Actinobacteriota、Desulfobacterota、Planctomycetota、Thermotogota 门的微生物组成。

⑦ 稠油型含油污泥表现为疏水性，化学驱含油污泥表现为亲水性。在粒径分布上，与化学驱含油污泥相比，稠油型含油污泥粒径分布范围更广。在元素组成上，稠油型含油污泥和化学驱含油污泥固相的元素组成虽然有所差异，但氧元素和硅元素都是其主要组成部分。在有机物组成上，稠油型含油污泥主要成分为酰胺类、烯烃、酯类、芳香烃，化学驱含油污泥主要成分为烷烃、醇类、酯类、芳香烃。在官能团组成上，两种污泥发生振动的吸收峰相近，表明两种污泥中存在相同类型的有机化合物。在无机化合物组成上，稠油型含油污泥的结晶相主要是 SiO_2，化学驱含油污泥的结晶相主要是 SiO_2 和 $BaSO_4$。

第4章

含油污泥热洗技术研究

含油污泥热洗技术是一种高效的处理方法，它利用物理和化学手段，通过加热、搅拌以及添加化学助剂等方式，使含油污泥中的油、水、泥三相得到有效分离。在热洗过程中，含油污泥与热水混合，并通过搅拌设备实现充分流化，同时加入化学助剂降低油与泥之间的界面张力，促使油从固相表面脱附。随着加热和搅拌的持续进行，油、水、泥三相因密度不同而逐渐分离，最终通过三相分离设备实现彻底分离。热洗技术具有处理效果好、设备选型灵活、投入低、产出高等优点，能够显著降低含油污泥中的含油量，实现资源的有效回收和利用。随着技术的不断发展和完善，含油污泥热洗技术将在环保领域发挥更大的作用。

本章以稠油型含油污泥和化学驱含油污泥为研究对象，进行热洗参数对除油效果的影响研究。

4.1 热洗参数对含油污泥脱除的影响

4.1.1 热洗温度对脱除的影响

为了研究不同热洗温度对含油污泥脱除效果的影响，本次实验设置了4个梯度的热洗温度，分别为40℃、50℃、60℃和70℃。实验选取50g含油污泥，将其放入烧杯中。随后，按照蒸馏水与含油污泥质量比为2∶1的比例向烧杯中加入蒸馏水。热洗时间设定为30min，搅拌速率则控制在100r/min。在实验过程中，分别对稠油型和化学驱含油污泥进行了热洗处理，观察和记录了不同温度条件下两者的脱除效果。

4.1.1.1 热洗温度对稠油型含油污泥脱除的影响

（1）除油效果

图4-1为不同热洗温度对稠油型含油污泥除油效果的影响。由图可知，随着热洗温度的逐渐上升，除油率呈现出升高的趋势，表明除油效果在不断提高。这主要是因为热洗温度的升高加速了含油污泥颗粒之间的热运动，增加了颗粒之间的碰撞概率，从而有助于油污的分离和脱除。此外，提高热洗温度还有助于破坏水与原油之间形成的刚性界面膜，使含油污泥更易分离。然而，需要注意的是，随着温度的升高，轻质油的挥发速度会加快，水分蒸发也会加速，导致热能散失更为严重，同时能耗成本也会相应增加。综合考虑除油效果、能耗成本以及轻质油挥发等因素，最终确定稠油型含油污泥热洗温度为70℃。

（2）污泥粒径

图 4-2 为不同热洗温度处理下稠油型含油污泥的粒径分布图。可以看出，热洗处理温度的升高对稠油型含油污泥的处理效果具有显著影响。随着温度的上升，油相更容易从含油污泥中脱除。当原油从泥沙表面分离后，油泥混合物得到了更好的分散，粒径也随之变小。这种变化不仅提高了油污的分离效率，还使得后续的处理更为高效。因此，在热洗处理稠油型含油污泥时，适当提高温度是一种有效的手段，有助于达到更好的除油效果。

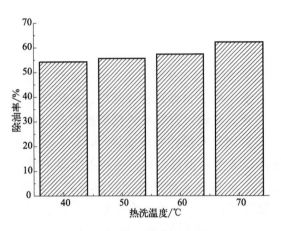

图 4-1 热洗温度变化对稠油型
含油污泥热洗除油率的影响

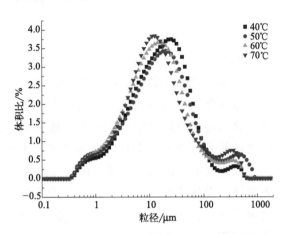

图 4-2 不同热洗温度处理下稠油
型含油污泥粒径分布

（3）红外光谱

为了进一步了解热洗处理对含油污泥的影响，采用红外光谱分析技术对热洗后的固体进行了详细研究。红外光谱分析作为一种高效且精确的检测手段，能够揭示固体中官能团的存在与变化，进而揭示热洗处理对含油污泥固体组成的影响机制。具体来说，红外光谱图上的不同吸收峰代表了不同的官能团。通过比较不同热洗条件下红外光谱图吸收峰的位置和强度，可以得出热洗处理对含油污泥固体中官能团的影响。例如，某些官能团在热洗处理后可能消失或减弱，表明这些官能团在热洗过程中被分解或转化；而另一些官能团的吸收峰则可能增强或出现新的吸收峰，这可能与热洗过程中发生的化学反应或结构变化有关。通过对红外光谱图的深入分析，可以推断出不同热洗条件对含油污泥固体组成的具体影响，包括有机物的分解、官能团的转化以及可能生成的新物质等。这些信息不仅有助于更好地理解热洗处理对含油污泥的作用机制，还能为优化热洗处理工艺提供重要依据。

图 4-3 为最佳热洗温度处理前后稠油型含油污泥的红外光谱图。从图中数据分析可知，经过最佳热洗温度处理后，稠油型含油污泥在 $3619cm^{-1}$、$2920cm^{-1}$、$1440cm^{-1}$、$1035cm^{-1}$、$532cm^{-1}$ 和 $468cm^{-1}$ 处的吸收峰显著增强，表明经过最佳热洗温度处理后，污泥表面的醇酚类、烷烃类以及芳香族类基团的含量有所增加。这一变化说明，原本被包裹在污泥中的油类分子在升温过程中逐渐向上层移动，导致污泥表面对应官能团含量增加。

（4）XRD

图 4-4 为最佳热洗温度处理后稠油型含油污泥固相的 XRD 图谱。从图中明显看出，稠油型含油污泥热洗处理后的主要结晶相为 SiO_2。

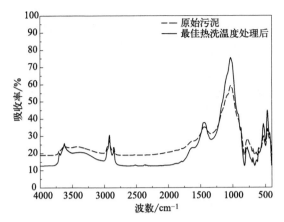

图 4-3　最佳热洗温度处理前后稠油型含油污泥的红外光谱对比图

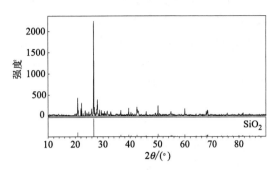

图 4-4　最佳热洗温度处理后稠油型含油污泥固相 XRD 图谱

（5）污泥界面特性

为了深入探究含油污泥在热洗处理前后的界面特性变化，采用了接触角测量仪这一精准仪器来测量其接触角，并使用配套软件计算出对应的表面自由能、黏附功以及铺展系数等关键参数的变化情况。

首先，接触角是反映液体与固体表面相互作用的重要参数。通过测量热洗处理前后含油污泥的接触角变化，可以了解污泥表面润湿性的改变。热洗处理可使污泥表面的油污减少，从而导致接触角的变化，进而揭示污泥表面的清洁程度和处理效果。

其次，表面自由能是描述固体表面性质的一个重要物理量，是固体表面分子间作用力的体现，与固体表面的润湿性能密切相关。通过测量热洗处理前后含油污泥的表面自由能变化，可以进一步了解污泥表面的化学特性和物理状态。

此外，黏附功是描述液体与固体之间黏附强度的物理量。通过测量黏附功的变化，可以评估热洗处理对污泥表面黏附性质的改善程度。

最后，铺展系数是反映液体在固体表面铺展能力的参数。热洗处理可能会改变污泥表面的化学组成和物理结构，从而影响液体的铺展行为。通过测量铺展系数的变化，可以了解热洗处理对污泥表面润湿性和液体分布的影响。

综上所述，通过采用接触角测量仪测量热洗处理前后含油污泥的接触角并计算对应的表面自由能、黏附功和铺展系数等参数的变化情况，可以全面评估热洗处理对含油污泥界面特性的影响，为优化处理工艺和提高处理效果提供有力支持。

1）接触角

图 4-5 为不同热洗温度处理后稠油型含油污泥的接触角变化情况。从图中可以看出，经过不同温度的热洗处理后，含油污泥的表面特性发生了显著变化。热洗温度与污泥表面的接触角之间存在明显的负相关关系，即热洗温度越高，接触角越小。接触角的减小意味着液体与固体表面之间的相互作用增强，液体更容易在固体表面铺展，污泥亲水性提高，说明热洗温度的提高对污泥润湿性的改变起到了关键作用。随着温度的升高，原油在污泥中的存在状态发生了变化，更容易从固相中分离出来。在这一过程中，原油与污泥颗粒之间的相互作用减弱，使得原油更容易被清洗掉。同时，高温也促进了污泥中水分的蒸发和扩散，进一步改变了污泥的表面性质。综上所述，热洗温度的提高不仅增强了含油污泥的亲水性，还可促使原油从固相中分离，从而提高了污泥的处理效果。

2）表面自由能

图 4-6 为不同热洗温度处理后稠油型含油污泥的表面自由能变化情况。从图中可以看出，随着热洗温度的逐步提高，含油污泥的表面自由能呈现出明显的增长趋势。随着热洗温度的升高，污泥中的油分逐渐受热分离，油滴与污泥颗粒之间的结合力减弱，使得油分更容易从污泥表面脱离。在热洗温度为 70℃ 时，污泥的表面自由能达到了最大值，此时污泥的润湿性也达到了最佳状态。这表明适当的热洗温度可以有效地改善含油污泥的润湿性，提高后续处理过程中的分离效率。

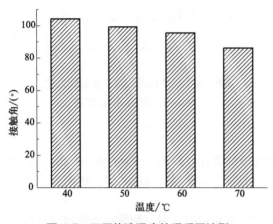

图 4-5　不同热洗温度处理后稠油型　　　　图 4-6　不同热洗温度处理后稠油型
　　　含油污泥的接触角变化情况　　　　　　　　含油污泥的表面自由能变化情况

3）黏附功

图 4-7 为不同热洗温度处理后稠油型含油污泥的黏附功变化情况。从图中可以观察到，随着热洗温度的逐步升高，稠油型含油污泥经过处理后的黏附功整体呈现出递增的趋势。这一趋势的出现，主要是由于热洗温度的上升提高了含油污泥的热洗效果。具体来说，随着温度的升高，含油污泥中的油相更容易从泥相中洗脱出来，并上浮至表面，这一过程导致了底部泥相中的含油量显著减少。当热洗温度达到较高水平时，含油污泥的清洗效果尤为明显，大部分油分得到有效分离，从而有利于水滴在其表面附着。这种良好的结合状态进一步增加了含油污泥的黏附功，使其在高温热洗后表现出更强的黏附性能。

4）铺展系数

图 4-8 为不同热洗温度处理后稠油型含油污泥的铺展系数变化情况。从图中可以看出，热洗温度的提升显著改变了稠油型含油污泥的铺展系数。随着热洗温度的逐渐升高，污泥的铺展系数呈现出增大的趋势。铺展系数是衡量液体在固体表面铺展能力的重要指标，在本实验中铺展系数的增大意味着水滴在稠油型含油污泥表面更易于铺展开来。具体来说，随着热洗温度的升高，稠油型含油污泥中的油分逐渐被洗脱出来，使得污泥中的油相减少，进而提高了水滴在污泥表面的润湿性。此外，较高的热洗温度还可能使得污泥表面的微观结构发生变化，如可导致表面粗糙度的增加或孔隙的扩张，为水滴的铺展提供了有利的条件。

4.1.1.2　热洗温度对化学驱含油污泥脱除的影响

（1）除油效果

图 4-9 为不同热洗温度对化学驱含油污泥除油效果的影响。整体来看，随着热洗温度的逐步升高，化学驱含油污泥的除油率也呈现出明显的上升趋势。随着热洗温度的上升，含油

污泥颗粒之间的热运动速度加快，颗粒之间的碰撞频率也随之增加。这种碰撞不仅有助于破坏污泥中的油滴结构，使其更容易从污泥中分离出来，同时也促进了油分的挥发和分解，从而提高了除油率。然而，温度过高会增加能源消耗，从长期的经济和环保角度来看不利于能源的节约和环境的保护。因此，在综合考虑除油效果和能源消耗的基础上化学驱含油污泥的热洗温度被确定为70℃。

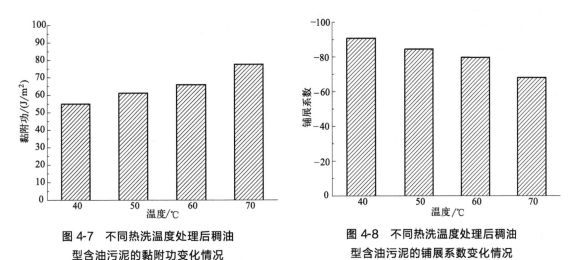

图 4-7　不同热洗温度处理后稠油
型含油污泥的黏附功变化情况

图 4-8　不同热洗温度处理后稠油
型含油污泥的铺展系数变化情况

（2）污泥粒径

图 4-10 为不同热洗温度处理下化学驱含油污泥的粒径分布图。从图中可以观察到，经过不同温度的热洗处理后，化学驱含油污泥的粒径分布发生了显著变化。整体来看，热洗处理后化学驱含油污泥的粒径分布范围明显缩小，呈现出一种更为集中的趋势。随着热洗处理温度的升高，化学驱含油污泥中的原油黏度逐渐降低，原油黏度的降低使得原油更容易从泥沙的表面脱落，从而促使油泥混合物被有效地分散开来。这种分散作用使得原本较大的污泥颗粒变成更小的颗粒，进而导致了整体粒径的减小。这种粒径的变化不仅有助于提升污泥的处理效率，还有利于后续的油泥分离和回收工作。因此，通过合理控制热洗处理温度，可以有效地优化化学驱含油污泥的处理过程，实现更高效、更环保的油泥处理。

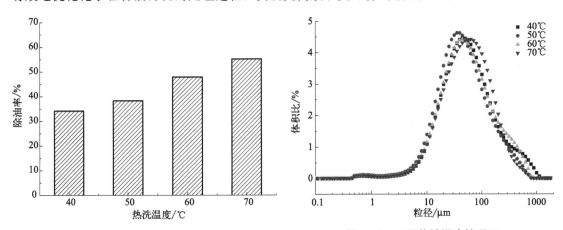

图 4-9　热洗温度变化对化学驱含油污泥热
洗除油率的影响

图 4-10　不同热洗温度处理下
化学驱含油污泥粒径分布

（3）红外光谱

图 4-11 为最佳热洗温度处理前后化学驱含油污泥的红外光谱图。从图中数据分析可知，经过最佳热洗温度处理后，化学驱含油污泥在 $3624cm^{-1}$ 处的尖吸收峰，处理后右移至 $3435cm^{-1}$，并且峰形变宽，这可能是由升温过程中醇类或酚类的分解所致。并且 $2920cm^{-1}$、$2850cm^{-1}$、$1450cm^{-1}$、$1030cm^{-1}$ 以及 $400\sim1000cm^{-1}$ 处的吸收峰强度均有所降低，这反映了化学驱含油污泥经热洗处理后，表面官能团的含量有所减少，可能是由于化学驱含油污泥中的烷烃、芳香烃等基团在热洗的过程中被洗脱。

（4）XRD

图 4-12 为最佳热洗温度处理后化学驱含油污泥固相的 XRD 图谱，其中 SiO_2 和 $BaSO_4$ 的衍射峰强度较高，同时伴有许多杂峰。

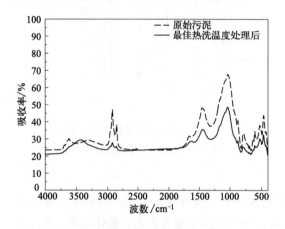

图 4-11 最佳热洗温度处理前后化学驱
含油污泥的红外光谱对比图

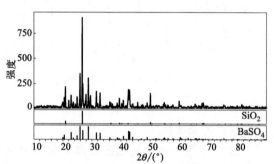

图 4-12 最佳热洗温度处理后化学驱
含油污泥固相 XRD 图谱

（5）污泥界面特性

1）接触角

图 4-13 为不同热洗温度处理后化学驱含油污泥的接触角变化情况。可以看出，随着热洗温度的逐步升高，接触角呈现出明显的下降趋势。这一变化意味着含油污泥的表面润湿性正在发生改变。当处理温度达到 70℃时，接触角达到最小值，此时含油污泥表现出亲水性。这一转变是由于随着热洗温度的升高，污泥中的油分受到热能的激发，开始逐渐从固相中释放出来向液相中转移。

2）表面自由能

图 4-14 为不同热洗温度处理后化学驱含油污泥的表面自由能变化情况。可以看出，随着热洗温度的升高，含油污泥稳定后的表面自由能呈现出明显的上升趋势。当热洗温度达到 70℃时，污泥的润湿性达到了最佳状态，此时水滴在经过处理的污泥表面能够更好地润湿，形成更大的接触面积。这一现象表明，70℃的热洗温度能够最有效地改变污泥的表面性质，提高油泥的分离效率。

3）黏附功

图 4-15 为不同热洗温度处理后化学驱含油污泥的黏附功变化情况。可以看出，随着热洗温度的逐步升高，黏附功呈现出明显的增加趋势，表明泥相和水相的结合增强。

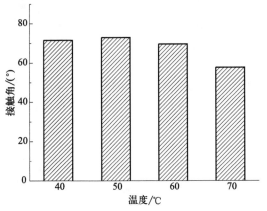

图 4-13　不同热洗温度处理后化学驱含油污泥的
接触角变化情况

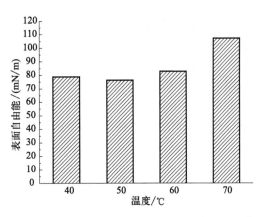

图 4-14　不同热洗温度处理后化学驱含油污泥的
表面自由能变化情况

4）铺展系数

图 4-16 为不同热洗温度处理后化学驱含油污泥的铺展系数变化情况。经过不同热洗温度处理的化学驱含油污泥，其铺展系数发生了显著的变化。随着热洗温度的逐渐升高，铺展系数呈现出明显的增大趋势。这意味着随着热洗温度的升高，水滴在污泥表面的铺展能力变得更强，更容易在污泥表面铺展开来。

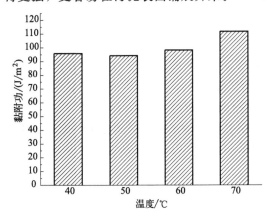

图 4-15　不同热洗温度处理后化学驱含油
污泥的黏附功变化情况

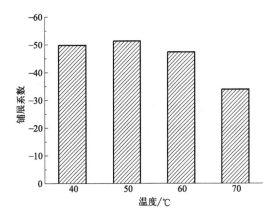

图 4-16　不同热洗温度处理后化学驱含油污泥
的铺展系数变化情况

4.1.2　热洗时间对脱除的影响

为研究不同热洗时间对含油污泥脱除效果的影响，实验设置了 3 个梯度的热洗时间，分别为 30min、60min 和 90min。实验选取 50g 含油污泥放入烧杯中，按照蒸馏水与含油污泥质量比为 2∶1 的比例加入蒸馏水，热洗温度为 70℃，搅拌速率为 100r/min，分别对稠油型和化学驱含油污泥进行热洗实验。

4.1.2.1　热洗时间对稠油型含油污泥脱除的影响

（1）除油效果

图 4-17 为不同热洗时间对稠油型含油污泥除油效果的影响。可以看出，随着热洗时间的延长，除油率逐步上升，显示出热洗对污泥中的油污有去除作用。清洗时间达到 90min

时除油效果最佳，表明此时热洗作用最为充分。然而，值得注意的是，在热洗时间超过30min后，除油率的增长逐渐变得不明显，这意味着继续延长热洗时间对除油效果不会有很大提升。因此，从能耗的角度考虑应选择30min作为稠油型含油污泥的热洗时间。

（2）污泥粒径

图 4-18 为不同热洗时间处理下稠油型含油污泥的粒径分布图。由图可知，与热洗时间为 30min 和 60min 相比，热洗时间为 90min 时，$100\sim1000\mu m$ 范围内的粒径分布体积占比降低，其粒径集中分布在 $10\sim100\mu m$。

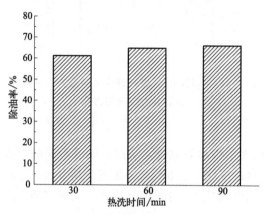

图 4-17　热洗时间变化对稠油型含油
污泥热洗除油率的影响

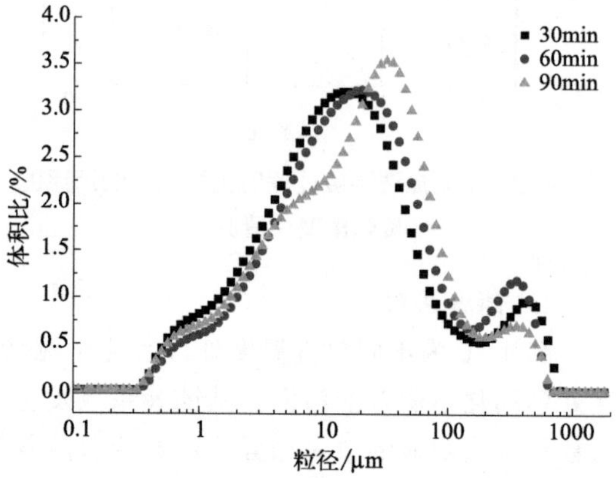

图 4-18　不同热洗时间处理下稠油型
含油污泥粒径分布

（3）红外光谱

图 4-19 为最佳热洗时间处理前后稠油型含油污泥的红外光谱图。分析图中数据可知，经过最佳热洗时间处理后，稠油型含油污泥在 $3617cm^{-1}$、$2920cm^{-1}$、$1450cm^{-1}$、$400\sim1000cm^{-1}$ 处的吸收峰强度均有所降低，这反映了稠油型含油污泥经热洗处理后，表面官能团的含量有所减少，这种减少可能是由于油相在热洗过程中被洗脱，但其变化强度较最佳热洗温度低，这说明温度对热洗效果的影响更为明显。

（4）XRD

图 4-20 为最佳热洗时间处理后稠油型含油污泥固相的 XRD 图谱。从衍射峰位置、峰形、强度均可看出，结晶度较高的物相主要是 SiO_2。

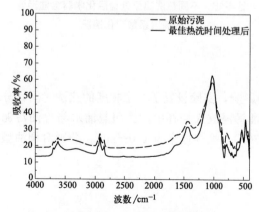

图 4-19　最佳时间热洗处理前后稠
油型含油污泥的红外光谱对比图

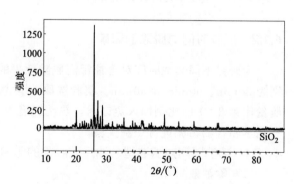

图 4-20　最佳热洗时间处理后稠油型含
油污泥固相 XRD 图谱

（5）污泥界面特性

1）接触角

图 4-21 为不同热洗时间处理下稠油型含油污泥的接触角变化情况。可以看出，经过不同热洗时间处理后稠油型含油污泥均表现为疏水性，且接触角之间的差异不大。

2）表面自由能

图 4-22 为不同热洗时间处理下稠油型含油污泥的表面自由能变化情况。从图中数据可以看出，随着热洗时间的延长，处理后稠油型含油污泥的表面自由能增大。说明随着热洗时间的延长，稠油型含油污泥得到充分清洗，其含油量降低，水滴能更好地润湿热洗处理后的含油污泥。

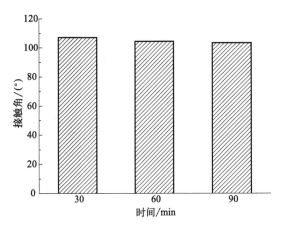

图 4-21　不同热洗时间处理下稠油型含油污泥　　　图 4-22　不同热洗时间处理下稠油型含油污泥
　　　　　的接触角变化情况　　　　　　　　　　　　　　的表面自由能变化情况

3）黏附功

图 4-23 为不同热洗时间处理下稠油型含油污泥的黏附功变化情况。由图可知，处理后稠油型含油污泥的黏附功随着热洗时间的延长，整体上呈现出增加的趋势。在热洗过程中，通过延长热洗时间，稠油型含油污泥得到了更充分的热洗处理，这种处理使得污泥中的油相与固相有效分离，从而显著减少了固相中剩余的油分，使水滴能够更好地与处理后的含油污泥结合。这种结合能力的增强直接反映在黏附功的增大上，表明了延长热洗时间对于改善含油污泥处理效果和提高其黏附特性具有积极作用。

4）铺展系数

图 4-24 为不同热洗时间处理下稠油型含油污泥的铺展系数变化情况。可以看出，随着热洗处理时间的增加，铺展系数变大，说明水滴在处理后的污泥表面更容易铺展。

4.1.2.2　热洗时间对化学驱含油污泥脱除的影响

（1）除油效果

图 4-25 为不同热洗时间对化学驱含油污泥除油效果的影响。从图中可以观察到，随着热洗时间的延长，除油率呈现出逐渐升高的趋势。特别地，当热洗时间达到 90min 时除油效果达到最佳。然而，值得注意的是，在热洗时间超过 30min 后除油效果的增加变得不再显著。考虑到能耗的节约与效率的优化，建议在处理化学驱含油污泥时选择 30min 作为热洗时间，这样既可以保证较好的除油效果又能有效降低能耗。

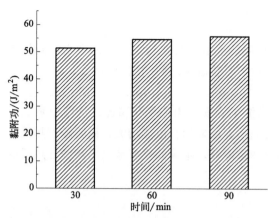

图 4-23　不同热洗时间处理下稠油型含油污泥　　　图 4-24　不同热洗时间处理下稠油型含油污泥
　　　　　的黏附功变化情况　　　　　　　　　　　　　　　的铺展系数变化情况

（2）污泥粒径

图 4-26 为不同热洗时间处理下化学驱含油污泥的粒径分布图。由图可知，随着热洗时间的延长，与热洗时间为 30min 相比，热洗时间为 60min 和 90min 时热洗后化学驱含油污泥的粒径分布范围变小。

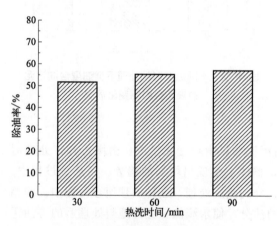

图 4-25　热洗时间变化对化学驱含
　　　　油污泥热洗除油率的影响

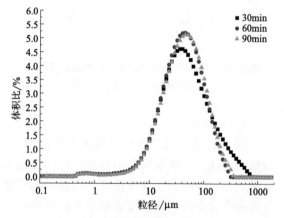

图 4-26　不同热洗时间下化学驱
　　　　含油污泥粒径分布

（3）红外光谱

图 4-27 为最佳热洗时间处理前后化学驱含油污泥的红外光谱图。从图中数据分析可知，经过最佳热洗时间处理后，除 $3444cm^{-1}$ 处的 O—H 伸缩振动以外，$3625cm^{-1}$、$2920cm^{-1}$、$2850cm^{-1}$、$1463cm^{-1}$、$1042cm^{-1}$、$400\sim1000cm^{-1}$ 处的吸收峰均大幅降低，可能是由于热洗处理后，含油污泥中的部分有机物质被洗脱，从而导致污泥表面官能团的吸收峰降低。

（4）XRD

图 4-28 为最佳热洗时间处理后化学驱含油污泥固相的 XRD 图谱。可以看出，处理后结晶度较高的物相主要是 SiO_2 和 $BaSO_4$。

（5）污泥界面特性

1）接触角

图4-29为不同热洗时间处理下化学驱含油污泥的接触角变化情况。可以看出，经过不同的热洗时间处理后，含油污泥的接触角变小，在热洗时间为90min时污泥由原来的疏水状态转变为亲水状态，说明通过延长热洗时间，可促使油相从污泥中脱离，向水相中转移，从而改变了含油污泥的润湿性。

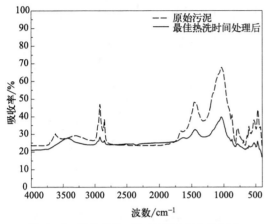

图4-27 最佳热洗时间处理前后化学驱含油污泥的红外光谱对比图

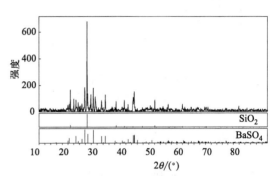

图4-28 最佳热洗时间处理后化学驱含油污泥固相 XRD 图谱

2）表面自由能

图4-30为不同热洗时间处理下化学驱含油污泥的表面自由能变化情况。从图中可以看出，随着热洗时间的延长，处理后化学驱含油污泥的表面自由能显著增加。

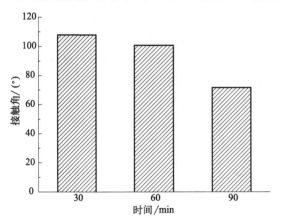

图4-29 不同热洗时间处理下化学驱含油污泥的接触角变化情况

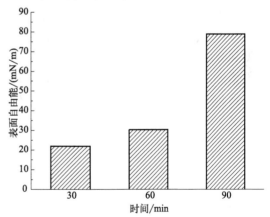

图4-30 不同热洗时间处理下化学驱含油污泥的表面自由能变化情况

3）黏附功

图4-31为不同热洗时间处理下化学驱含油污泥的黏附功变化情况。从图中可以看出，随着热洗时间的延长，处理后化学驱含油污泥的黏附功增加，说明含油污泥中的油相更多地被洗脱出来，使得热洗后的含油污泥和水滴结合得更为紧密。

4）铺展系数

图4-32为不同热洗时间处理下化学驱含油污泥的铺展系数变化情况。由图可知，随着热洗时间的延长，热洗处理后化学驱含油污泥的铺展系数变大，水滴更容易在其表面铺展。

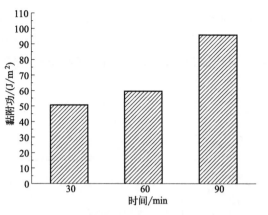

图 4-31　不同热洗时间处理下化学驱含
油污泥的黏附功变化情况

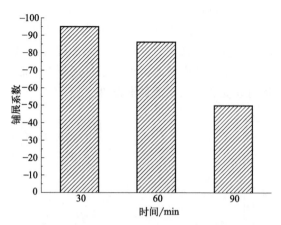

图 4-32　不同热洗时间处理下化学驱含
油污泥的铺展系数变化情况

4.1.3　热洗搅拌速率对脱除的影响

为研究不同热洗搅拌速率对含油污泥脱除效果的影响，实验设置了 3 个梯度的搅拌速率，分别为 100r/min、150r/min 和 200r/min。实验选取 50g 含油污泥放入烧杯中，按照蒸馏水与含油污泥质量比为 2∶1 的比例加入蒸馏水，热洗温度为 70℃，热洗时间为 30min，分别对稠油型和化学驱含油污泥进行热洗实验。

4.1.3.1　热洗搅拌速率对稠油型含油污泥脱除的影响

（1）除油效果

图 4-33 为不同热洗搅拌速率对稠油型含油污泥除油效果的影响。由图可知，随着热洗搅拌速率的提高，除油率提高，在搅拌速率为 200r/min 时除油效果最好。这表明搅拌速率的增加有助于增强热洗过程中的混合效果，使得油分更易于从污泥中分离出来。这种分离效果的增强直接反映在除油率的提高上，从而证实了搅拌速率在热洗过程中的重要作用。为了在实现高效除油的同时节约能源，并避免高转速下可能发生的飞溅危害，选择将热洗搅拌速率设定为 150r/min。在这一搅拌速率下，虽然与 200r/min 相比除油效果略有差距，但整体而言两者的除油效果相差并不大。因此，150r/min 的搅拌速率既能够满足除油需求，又能够确保热洗过程的安全与稳定，实现了除油效果与能耗和安全性的良好平衡。

（2）污泥粒径

图 4-34 为不同热洗搅拌速率下稠油型含油污泥的粒径分布图。从图中数据分析可知，随着热洗搅拌速率的逐渐提高，污泥的粒径分布呈现出明显的向左偏移趋势。这种偏移现象意味着污泥中的颗粒粒径整体变小，粒径中值也随之降低。这一现象的产生主要归因于，当搅拌速率提高时热洗液与污泥颗粒之间的混合与碰撞更加频繁和剧烈。这种剧烈的混合作用有助于破坏污泥颗粒的团聚结构，使得大颗粒逐渐被破碎成较小的颗粒。同时，搅拌速率的增加还加速了热洗液中油分与污泥颗粒的分离，进一步提高了热洗效率。

（3）红外光谱

图 4-35 为最佳热洗搅拌速率处理前后稠油型含油污泥的红外光谱图。可以看出，热洗前后稠油型含油污泥的表面官能团吸收峰，除 1037cm^{-1}、400～1000cm^{-1} 处的吸收峰有所变化外，其余的峰值变化不大。

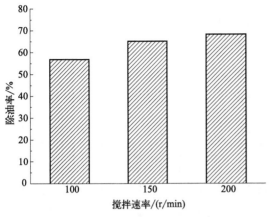

图 4-33　热洗搅拌速率变化对稠油型含
油污泥热洗除油率的影响

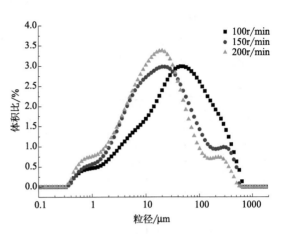

图 4-34　不同热洗搅拌速率下稠
油型含油污泥粒径分布

（4）XRD

图 4-36 为最佳热洗搅拌速率处理后稠油型含油污泥固相的 XRD 图谱。可以看出，经最佳热洗搅拌速率处理后稠油型含油污泥的主要结晶相为 SiO_2。

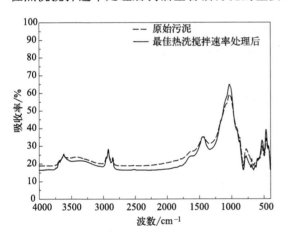

图 4-35　最佳热洗搅拌速率处理前后稠油型含油
污泥的红外光谱对比图

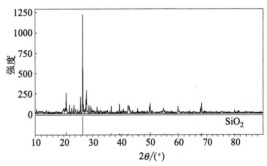

图 4-36　最佳热洗搅拌速率处理后稠油型
含油污泥固相 XRD 图谱

（5）污泥界面特性

1）接触角

图 4-37 为不同热洗搅拌速率处理下稠油型含油污泥的接触角变化情况。由图可知，随着热洗搅拌速率的提高，含油污泥的接触角降低，但仍表现为疏水性。

2）表面自由能

图 4-38 为不同热洗搅拌速率处理下稠油型含油污泥的表面自由能变化情况。从图中可以看出，随着搅拌速率的提高，热洗处理后稠油型含油污泥的表面自由能增加。当搅拌速率增加时，热洗液与污泥颗粒之间的相互作用更加剧烈，这有助于更充分地去除污泥表面的油污和杂质。同时，搅拌速率的提高还促进了污泥颗粒的均匀分散，使得污泥表面更加暴露。在这些因素的共同作用下，热洗处理后污泥的表面自由能得以增加。

3）黏附功

图 4-39 为不同热洗搅拌速率处理下稠油型含油污泥的黏附功变化情况。从图中可以看出，随着热洗搅拌速率的提高，含油污泥的黏附功增加。

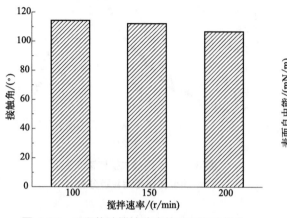

图 4-37 不同热洗搅拌速率处理下稠油型含油污泥的接触角变化情况

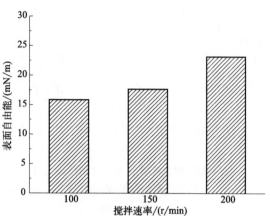

图 4-38 不同热洗搅拌速率处理下稠油型含油污泥的表面自由能变化情况

4）铺展系数

图 4-40 为不同热洗搅拌速率处理下稠油型含油污泥的铺展系数变化情况。从图中可以看出，随着热洗搅拌速率的提高，处理后含油污泥的铺展系数表现为上升的趋势，水滴更易在其表面铺展开。

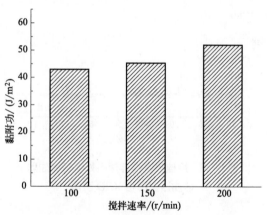

图 4-39 不同热洗搅拌速率处理下稠油型含油污泥的黏附功变化情况

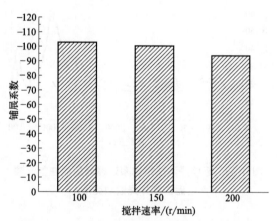

图 4-40 不同热洗搅拌速率处理下稠油型含油污泥的铺展系数变化情况

4.1.3.2 热洗搅拌速率对化学驱含油污泥脱除的影响

（1）除油效果

图 4-41 为不同热洗搅拌速率对化学驱含油污泥除油效果的影响。由图可知，随着热洗搅拌速率的提高，除油率增加。这一趋势表明，搅拌速率的提高对污泥中油分的去除具有积极的促进作用。具体来说，当搅拌速率增加时热洗液与污泥颗粒之间的相互作用更为剧烈，有助于减弱油分与污泥颗粒之间的结合力，使得油分更易于从污泥中分离出来。然而值得注意的是，当搅拌速率达到 200r/min 时，虽然除油效果达到最佳，但过高的转速也带来了新的问题。在实验过程中发现，高转速会导致热洗体系中的泥水混合物发生飞溅，这不仅可能

对周围环境造成污染，还可能对操作人员构成安全隐患。因此，在综合考虑除油效果、安全性以及能耗等因素后，将化学驱含油污泥的热洗搅拌速率确定为150r/min。这一选择既保证了较高的除油效率，又避免了高转速带来的潜在风险。

（2）污泥粒径

图4-42为不同热洗搅拌速率处理下化学驱含油污泥的粒径分布图。由图可知，随着热洗搅拌速率的逐渐提高，污泥的粒径分布呈现出明显的向左偏移趋势。

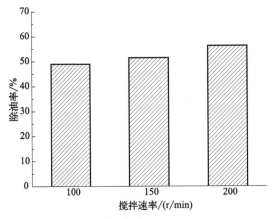

图4-41　不同热洗搅拌速率变化对化学驱含油污泥
热洗除油率的影响

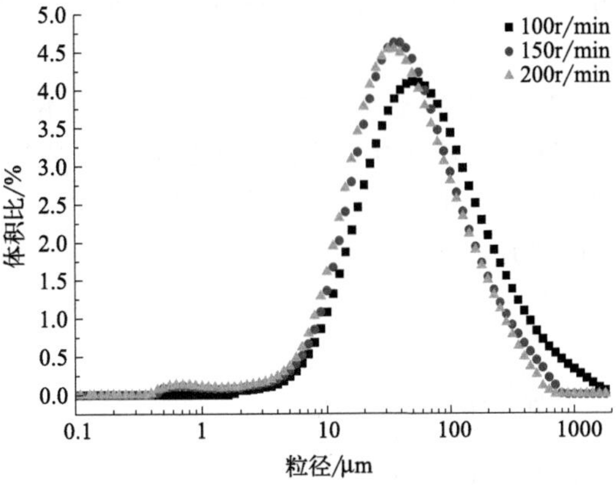

图4-42　不同热洗搅拌速率处理下化学驱
含油污泥粒径分布

（3）红外光谱

图4-43为最佳热洗搅拌速率处理前后化学驱含油污泥的红外光谱图。可以看出，热洗处理后，$3625cm^{-1}$、$2920cm^{-1}$、$2855cm^{-1}$、$1460cm^{-1}$、$1026cm^{-1}$、$400\sim1000cm^{-1}$处的吸收峰强度均有所降低，这反映出了化学驱含油污泥经热洗处理后，表面官能团的含量有所减少，其原因可能是化学驱含油污泥中的烷烃、芳香烃等基团在热洗过程中被洗脱。

（4）XRD

如图4-44所示，改变热洗搅拌速率对污泥的物相组成未带来较大的影响，其主要的结晶相为SiO_2和$BaSO_4$。

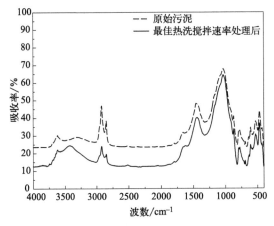

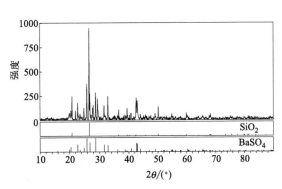

图4-43　最佳热洗搅拌速率处理前后化学驱含油
污泥的红外光谱对比图

图4-44　最佳热洗搅拌速率处理后化学
驱含油污泥固相XRD图谱

（5）污泥界面特性

1）接触角

图 4-45 为不同热洗搅拌速率处理下化学驱含油污泥的接触角变化情况。从图中可以看出，随着搅拌速率的逐步提高，化学驱含油污泥的接触角呈现出明显的下降趋势。这一变化表明，搅拌速率的提高对于改善热洗效果以及降低含油污泥的表面张力具有积极作用。搅拌速率的提升意味着处理过程中的物理作用力增强，这有助于更充分地分散和剥离污泥中的油污，从而使处理后的污泥表面更加清洁，接触角也随之减小。

2）表面自由能

图 4-46 为不同热洗搅拌速率处理下化学驱含油污泥的表面自由能变化情况。从图中可以看出，随着搅拌速率的逐步提升，化学驱含油污泥的表面自由能呈现出显著的增加趋势。搅拌速率的提高有助于去除污泥中的油相，从而使其表面更加清洁，使得污泥的表面自由能得以提升，进而改善了其润湿性。

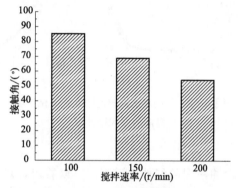

图 4-45　不同热洗搅拌速率处理下化学驱含油污泥的接触角变化情况

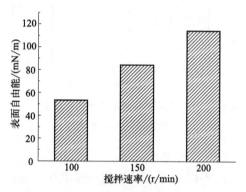

图 4-46　不同热洗搅拌速率处理下化学驱含油污泥的表面自由能变化情况

3）黏附功

图 4-47 为不同热洗搅拌速率处理下化学驱含油污泥的黏附功变化情况。由图可知，随着搅拌速率的提高，化学驱含油污泥的黏附功呈现出增加的趋势。

4）铺展系数

图 4-48 为不同热洗搅拌速率处理下化学驱含油污泥的铺展系数变化情况。可以看出，随着搅拌速率的提升，热洗处理后的化学驱含油污泥铺展系数增大，水滴在其表面更易铺展开。

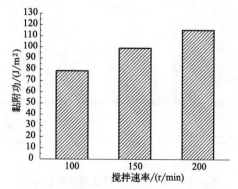

图 4-47　不同热洗搅拌速率处理下化学驱含油污泥的黏附功变化情况

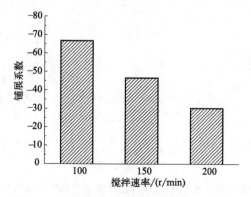

图 4-48　不同热洗搅拌速率处理下化学驱含油污泥的铺展系数变化情况

4.1.4 清洗剂对脱除的影响

为研究不同清洗剂对含油污泥脱除效果的影响，实验选取了 5 种不同的清洗剂，具体见表 4-1。实验选取 50g 含油污泥放入烧杯中，按照蒸馏水与含油污泥质量比为 2∶1 的比例加入蒸馏水，热洗温度为 70℃，热洗时间为 30min，热洗搅拌速率为 150r/min，分别对稠油型和化学驱含油污泥进行热洗实验。

表 4-1　清洗剂类型

编号	名称
1	月桂醇醚磺基琥珀酸单酯二钠盐［MES-30（AEMES）］
2	6501
3	OP-10
4	聚羧酸盐分散剂 5040（Ecospert5040）
5	脂肪醇聚氧乙烯醚硫酸钠（AES）

4.1.4.1 清洗剂对稠油型含油污泥脱除的影响

（1）除油效果

图 4-49 为不同清洗剂对稠油型含油污泥热洗处理的除油效果。可以看出，清洗剂 4［聚羧酸盐分散剂 5040（Ecospert 5040）］对稠油型含油污泥的热洗除油效果最好。

（2）污泥粒径

图 4-50 为不同清洗剂热洗处理下稠油型含油污泥的粒径分布图。可以看出，投加不同清洗剂热洗处理后的稠油型含油污泥粒径分布相差较大，其中投加清洗剂 2、清洗剂 4 和清洗剂 5 热洗处理后稠油型含油污泥的粒径分布范围和粒径中值更小。

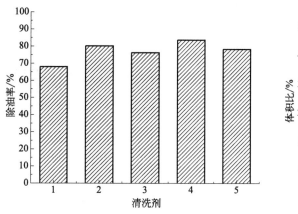

图 4-49　不同清洗剂热洗处理下稠油型
含油污泥除油效果

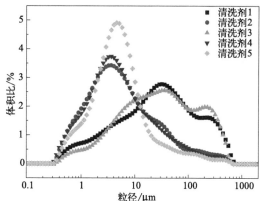

图 4-50　不同清洗剂热洗处理下稠油型含
油污泥的粒径分布

（3）红外光谱

图 4-51 为最佳清洗剂热洗处理前后稠油型含油污泥的红外光谱图。从图中数据分析可知，经过最佳清洗剂热洗处理后，稠油型含油污泥在 $3620cm^{-1}$、$2925cm^{-1}$、$2850cm^{-1}$、$1445cm^{-1}$、$1038cm^{-1}$、$400 \sim 1000cm^{-1}$ 处的吸收峰峰值均有所增强。

（4）XRD

图 4-52 为最佳清洗剂热洗处理下稠油型含油污泥固相的 XRD 图谱。从图中可以看出，主要结晶相为 SiO_2。

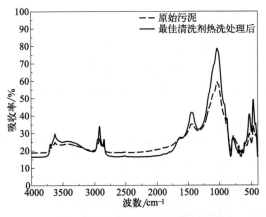

图 4-51 最佳清洗剂热洗处理前后稠油型含
油污泥的红外光谱对比图

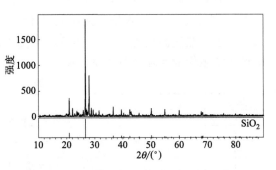

图 4-52 最佳清洗剂热洗处理下稠油
型含油污泥固相 XRD 图谱

（5）污泥界面特性

1）接触角

图 4-53 为不同清洗剂热洗处理下稠油型含油污泥的接触角变化情况。从图中可以看出，不同清洗剂热洗处理对稠油型含油污泥的影响存在差异，其中清洗剂 1 热洗处理后含油污泥的接触角最大，清洗剂 4 热洗处理后含油污泥的接触角最小，表现出良好的亲水性。

2）表面自由能

图 4-54 为不同清洗剂热洗处理下稠油型含油污泥的表面自由能变化情况。由图可知，清洗剂 4 处理后稠油型含油污泥的表面自由能最大。

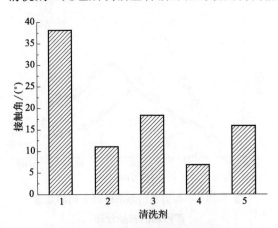

图 4-53 不同清洗剂热洗处理下稠油型
含油污泥的接触角变化情况

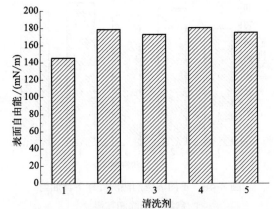

图 4-54 不同清洗剂热洗处理下稠油型
含油污泥的表面自由能变化情况

3）黏附功

图 4-55 为不同清洗剂热洗处理下稠油型含油污泥的黏附功变化情况。可以看出，清洗剂 4 热洗处理后稠油型含油污泥的黏附功最大，表明清洗剂 4 去除含油污泥中油相的能力更强，能够更有效地破坏含油污泥中油相和泥相的黏附，从而达到更彻底的清洁效果，使其在热洗后表现出更强的黏附性能。

4）铺展系数

图 4-56 为不同清洗剂热洗处理下稠油型含油污泥的铺展系数变化情况。从图中可以看出，清洗剂 1 热洗处理后稠油型含油污泥的铺展系数低于其他清洗剂。清洗剂 2 和清洗剂 4 热洗处理后稠油型含油污泥的铺展系数相差不大，均表现出良好的润湿性。

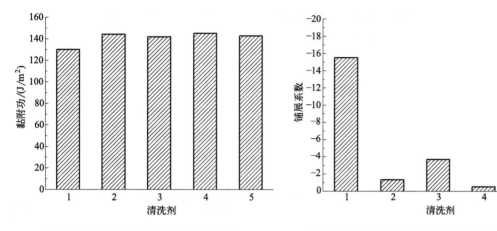

图 4-55　不同清洗剂热洗处理下稠油型含油污泥的黏附功变化情况

图 4-56　不同清洗剂热洗处理下稠油型含油污泥的铺展系数变化情况

4.1.4.2　清洗剂对化学驱含油污泥脱除的影响

（1）除油效果

图 4-57 为不同清洗剂对化学驱含油污泥热洗处理的除油效果。由图可知，5 种清洗剂均可提高化学驱含油污泥热洗的除油效果，其中清洗剂 4［聚羧酸盐分散剂 5040（Ecospert 5040）］的除油效果最好。

（2）污泥粒径

图 4-58 为不同清洗剂热洗处理后化学驱含油污泥的粒径分布图。可以看出，清洗剂 1 热洗处理后含油污泥的粒径在 $400 \sim 2000 \mu m$ 范围有一定的分布，其他清洗剂热洗处理后该部分粒径分布减少，峰向左偏移。

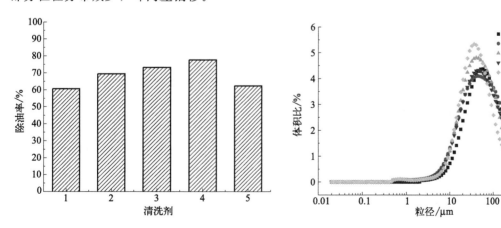

图 4-57　不同清洗剂热洗下化学驱含油污泥除油效果

图 4-58　不同清洗剂热洗处理后化学驱含油污泥的粒径分布

（3）红外光谱

图 4-59 为最佳清洗剂热洗处理前后化学驱含油污泥的红外光谱图。由图可知，热洗处理后，除 $3615cm^{-1}$ 处的吸收峰右移变宽外，其余官能团含量均降低。

（4）XRD

图 4-60 为最佳清洗剂热洗处理后化学驱含油污泥固相的 XRD 图谱。可以看出，处理后化学驱含油污泥的结晶相成分为 SiO_2 和 $BaSO_4$。

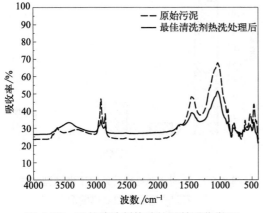

图 4-59　最佳清洗剂热洗处理前后化学驱
含油污泥的红外光谱对比图

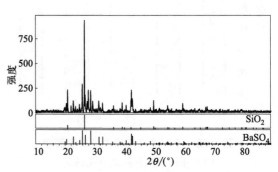

图 4-60　最佳清洗剂热洗处理后化学驱
含油污泥固相 XRD 图谱

（5）污泥界面特性

1）接触角

图 4-61 为不同清洗剂热洗处理下化学驱含油污泥的接触角变化情况。由图可知，不同清洗剂热洗处理后化学驱含油污泥的接触角存在显著差异，其中清洗剂 4 热洗处理后化学驱含油污泥的接触角最小，表现为亲水性。

2）表面自由能

图 4-62 为不同清洗剂热洗处理下化学驱含油污泥的表面自由能变化情况。由图可知，清洗剂 4 热洗处理后化学驱含油污泥的表面自由能最大，润湿性最好，水滴在其表面可以更好地润湿。

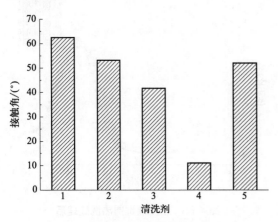

图 4-61　不同清洗剂热洗处理下化学驱
含油污泥的接触角变化情况

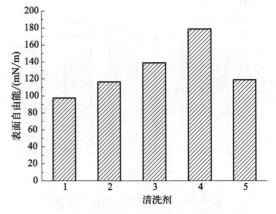

图 4-62　不同清洗剂热洗处理下化学驱含油
污泥的表面自由能变化情况

3）黏附功

图 4-63 为不同清洗剂热洗处理下化学驱含油污泥的黏附功变化情况。从图中可以看出，清洗剂 4 热洗处理后化学驱含油污泥的黏附功最大，与水滴的结合能力最强，表明清洗剂 4 对化学驱含油污泥中油相的清洗效果最好。

4）铺展系数

图 4-64 为不同清洗剂处理下化学驱含油污泥的铺展系数变化情况。从图中可以看出，清洗剂 4 热洗处理后化学驱含油污泥的铺展系数最大，水滴在其表面更容易铺展。

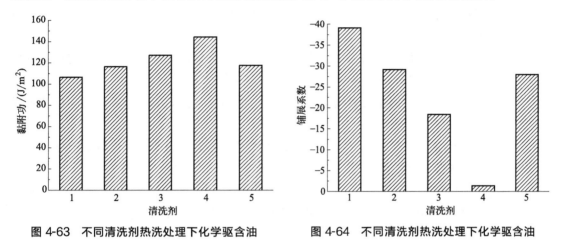

图 4-63　不同清洗剂热洗处理下化学驱含油
污泥的黏附功变化情况

图 4-64　不同清洗剂热洗处理下化学驱含油
污泥的铺展系数变化情况

4.2　含油污泥热洗机理及热洗影响因素分析

4.2.1　含油污泥热洗机理分析

含油污泥热洗技术是一种高效且相对环保的处理方法，旨在通过物理和化学过程的综合作用将含油污泥中的油、泥和水三相有效分离。这种技术的机理相对复杂，但可以从物理和化学两个主要方面来理解。

从物理角度来看，热洗过程中的热水和添加的化学助剂会渗透到油和污泥的界面中。由于热水的加热作用，污泥中的油分开始溶胀，削弱了油与污泥之间的结合力。同时，在机械搅拌或气流的作用下，油分逐渐从污泥表面卷起并分离出来。此外，表面活性剂的亲水基团向外伸展到水中，使得原本疏水的油和污泥表面变得亲水，这进一步促进了水对油和污泥表面的润湿作用，从而有助于油与污泥的分离。

从化学角度来看，热洗过程中使用的表面活性剂起着至关重要的作用。这些表面活性剂具有两亲性，即一端亲水，一端亲油。当它们被添加到含油污泥中时，亲油端会吸附到油滴表面，而亲水端则朝向水相。这种定向排列降低了油与水之间的表面张力，使得油滴更容易从污泥颗粒表面脱离，并聚集在一起形成较大的油滴。这些较大的油滴随后可以通过重力沉降或浮选等方法从水相中分离出来。

总的来说，含油污泥热洗技术通过物理和化学过程的协同作用实现了油、泥、水的三相分离。这种技术不仅具有较高的处理效率，而且能够在一定程度上回收油品资源，同时减小污泥对环境的污染风险。然而需要注意的是，处理后的污泥仍需进行妥善处置以确保其符合相关环保标准。此外，在实际应用中还需根据含油污泥的具体性质和成分选择合适的热洗条件和化学助剂，以达到最佳处理效果。

4.2.2　含油污泥热洗影响因素分析

含油污泥热洗技术是一种复杂但高效的处理方法，其核心是通过调控温度、时间、搅拌速率以及使用特定的清洗剂，达到油、泥、水三相的高效分离。

（1）温度的影响

① 油的流动性与溶胀：随着温度的升高，油的黏度降低，流动性增强，这使得油分更容易从污泥颗粒中溶胀并分离出来。

② 表面活性剂活性：高温可以增强表面活性剂的活性，使其能够更有效地降低油水界面张力，促进油的聚集和分离。

③ 水的蒸发与能耗：适当提升温度可加快水的蒸发，但过高的温度也可能会导致水蒸发过快，从而增加能耗和处理成本。

（2）时间的影响

① 与污泥的接触时间：足够的处理时间可以确保清洗剂与含油污泥充分接触，从而实现更高效的油泥分离。

② 处理效率与成本：过长的处理时间也可能会导致处理成本的增加，因此需要找到一个经济且高效的平衡点。

（3）搅拌速率的影响

① 混合效果：适当的搅拌速率可以增强清洗剂与含油污泥之间的混合效果，确保每一部分污泥都能均匀受热并接触清洗剂。

② 油的卷起与分离：机械搅拌产生的剪切力有助于油的卷起和从污泥表面分离。

③ 污泥的飞溅：过高的搅拌速率可能会导致处理过程中污泥飞溅，从而导致人员的损伤和实验环境的污染，因此需要优化搅拌速率以获得最佳的处理效果。

（4）清洗剂的影响

① 表面活性剂的作用：清洗剂中的表面活性剂能够显著降低油水界面张力，增强油的聚集效果，并改善污泥的润湿性。

② 官能团的影响：清洗剂中的特定官能团可能会与污泥中的某些成分发生化学反应，从而改变污泥的界面特性，进一步促进油泥分离。

③ 环保性与安全性：在选择清洗剂时还需要考虑其环保性和安全性，避免对环境和操作人员造成危害。

本章通过实验对比了不同温度、时间、搅拌速率、清洗剂热洗条件下，对稠油型含油污泥和化学驱含油污泥的除油情况和处理前后的污泥粒径、红外光谱、XRD、污泥界面特性的影响。

通过粒径分布数据分析发现，热洗处理后含油污泥的粒径整体上分布范围变小，峰向左偏移，体积占比最多的粒径值变小，粒径中值变小，表明经热洗处理后含油污泥的包裹体被破坏，含油污泥的油相和泥相分离。

通过红外光谱数据分析发现，热洗处理后含油污泥的官能团发生改变。表明经热洗处理后，部分油相被洗脱，泥相裸露，导致含油污泥官能团的组成和峰值发生变化。

通过污泥界面特性分析发现，经过热洗处理后含油污泥的界面特性发生改变。经过热洗处理后，污泥向着亲水的方向改变，温度的升高、时间的延长、搅拌速率的提高、清洗剂的投加都有助于提高热洗效率，降低含油污泥的接触角，增加含油污泥的表面自由能、黏附功和铺展系数。

第5章

含油污泥超声处理技术研究

本章以稠油型含油污泥和化学驱含油污泥为研究对象，进行超声参数对除油效果的影响研究。

5.1 超声频率对含油污泥脱除效能的研究

为研究不同超声频率对含油污泥的除油效果，实验设置了 2 个梯度的超声频率，分别为 28kHz 和 40kHz。实验选取 50g 含油污泥放入烧杯中，按照蒸馏水与含油污泥质量比为 2∶1 的比例加入蒸馏水，超声时间为 5min，超声温度为 20℃，超声功率为 100W，分别对稠油型和化学驱含油污泥进行超声实验。

5.1.1 超声频率对稠油型含油污泥脱除效能的研究

5.1.1.1 除油效果

图 5-1 为不同超声频率对稠油型含油污泥的除油效果。从图中可以观察到，随着超声频率的提升含油污泥的除油效果并未发生显著变化。这一现象可归因于超声频率的增加导致其空化阈值相应提升，进而使触发空化现象所需的能量增加，从而抑制了空化效应的发生。低频超声波适用于清洗较大物体表面或高黏附度污染物，因此对于含油污泥的清洗，选用低频超声波更为合适。

5.1.1.2 污泥粒径

图 5-2 为不同超声频率处理后稠油型含油污泥的粒径分布情况。由图可知，经 28kHz 和

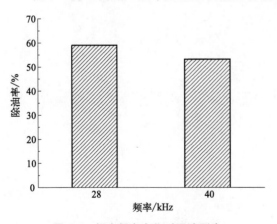

图 5-1 超声频率变化对稠油型含
油污泥除油率的影响

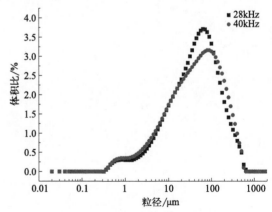

图 5-2 不同超声频率处理后稠油型
含油污泥的粒径分布

40kHz 超声处理后的稠油型含油污泥粒径分布范围均在 $0\sim800\mu m$，28kHz 超声处理后的稠油型含油污泥峰向左偏移，说明其粒径中值更小。

5.1.1.3 红外光谱

图 5-3 为最佳超声频率处理前后稠油型含油污泥的红外光谱图。从图中数据分析可知，经过最佳超声频率处理后，$3420cm^{-1}$、$2920cm^{-1}$、$2850cm^{-1}$、$1610cm^{-1}$ 处的吸收峰强度明显增加，而 $1446cm^{-1}$、$1033cm^{-1}$ 及 $600\sim900cm^{-1}$ 处的吸收峰无明显变化。这间接地说明了，污泥表面存在的 OH、CH_2、CH_3、C=C 等官能团与污泥颗粒的连接比其他官能团松散，通过超声的机械振动就可以被断开。

5.1.1.4 XRD

图 5-4 为最佳超声频率处理后稠油型含油污泥的 XRD 图谱。从图中数据分析可知，稠油型含油污泥超声处理后的主要结晶相为 SiO_2。

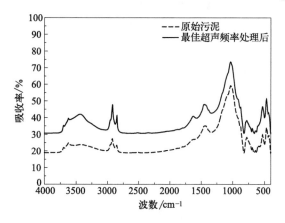

图 5-3 最佳超声频率处理前后稠油型
含油污泥的红外光谱对比图

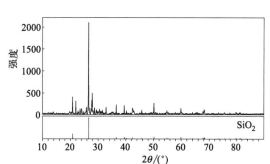

图 5-4 最佳超声频率处理后稠油型
含油污泥 XRD 图谱

5.1.1.5 污泥界面特性

（1）接触角

图 5-5 为不同超声频率处理后稠油型含油污泥的接触角变化情况。从图中可以看出，经 28kHz 超声处理后稠油型含油污泥的接触角更小，表现为亲水性。

（2）表面自由能

图 5-6 为不同超声频率处理后稠油型含油污泥的表面自由能变化情况。由图可知，经 28kHz 超声处理后，稠油型含油污泥的表面自由能更大，水滴可以更好地润湿其表面。

（3）黏附功

图 5-7 为不同超声频率处理后稠油型含油污泥的黏附功变化情况。由图可知，经 28kHz 超声处理后，稠油型含油污泥的黏附功更高，与水滴的结合能力更强。

（4）铺展系数

图 5-8 为不同超声频率处理后稠油型含油污泥的铺展系数变化情况。由图可知，经 28kHz 超声处理后，稠油型含油污泥的铺展系数更大，水滴在其表面更易于铺展开来。

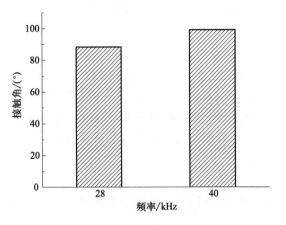

图 5-5　不同超声频率处理后稠油型含
油污泥的接触角变化情况

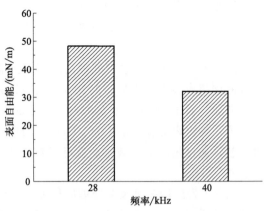

图 5-6　不同超声频率处理后稠油型含
油污泥的表面自由能变化情况

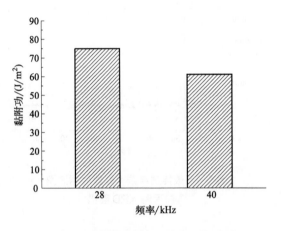

图 5-7　不同超声频率处理后稠油型含
油污泥的黏附功变化情况

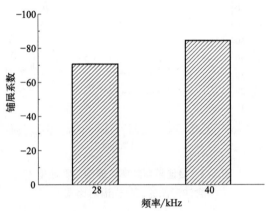

图 5-8　不同超声频率处理后稠油型
含油污泥的铺展系数变化情况

5.1.2　超声频率对化学驱含油污泥脱除效能的研究

5.1.2.1　除油效果

图 5-9 为不同超声频率对化学驱含油污泥的除油效果。从图中可以看出，28kHz 超声处理对化学驱含油污泥的除油率更高。

5.1.2.2　污泥粒径

图 5-10 为不同超声频率处理后化学驱含油污泥的粒径分布情况。可以看出，经 28kHz 和 40kHz 超声处理后化学驱含油污泥的粒径分布范围和粒径中值相差不大。

5.1.2.3　红外光谱

图 5-11 为最佳超声频率处理前后化学驱含油污泥的红外光谱图。可以看出，除 $1450cm^{-1}$、$1028cm^{-1}$、$775cm^{-1}$ 处的吸收峰外，其他吸收峰均有所增强。这说明超声的机械振动使得污泥分散开来，其中的长链物质发生断裂，使得吸收峰强度增强，而结构较为坚固的芳香族类及甲基类官能团则未受到较大影响。

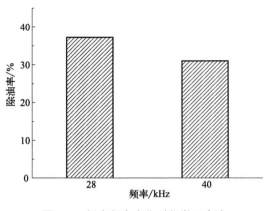

图 5-9　超声频率变化对化学驱含油
污泥除油率的影响

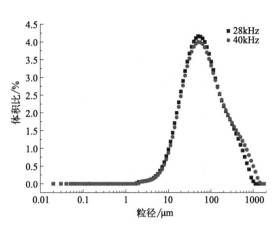

图 5-10　不同超声频率处理后化学驱含油
污泥的粒径分布

5.1.2.4　XRD

图 5-12 为最佳超声频率处理后化学驱含油污泥的 XRD 图谱。可以看出，超声处理并未对污泥的结晶相组成产生显著影响。经过处理，污泥的主要结晶相组成仍然保持不变，为 SiO_2 和 $BaSO_4$。

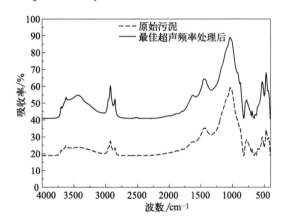

图 5-11　最佳超声频率处理前后化学驱含
油污泥的红外光谱对比图

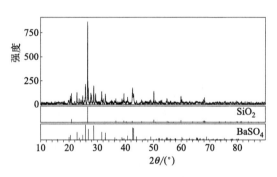

图 5-12　最佳超声频率处理后
化学驱含油污泥 XRD 图谱

5.1.2.5　污泥界面特性

（1）接触角

图 5-13 为不同超声频率处理后化学驱含油污泥的接触角变化情况。由图中数据分析可知，经 28kHz 超声处理后化学驱含油污泥的接触角更小，表现为亲水性。

（2）表面自由能

图 5-14 为不同超声频率处理后化学驱含油污泥的表面自由能变化情况。由图可知，经 28kHz 超声处理后化学驱含油污泥的表面自由能更大，污泥的润湿性更好。

（3）黏附功

图 5-15 为不同超声频率处理后化学驱含油污泥的黏附功变化情况。由图可知，经 28kHz 超声处理后化学驱含油污泥的黏附功更高，与水滴的结合能力更强。

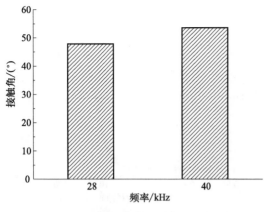

图 5-13 不同超声频率处理后化学驱含
油污泥的接触角变化情况

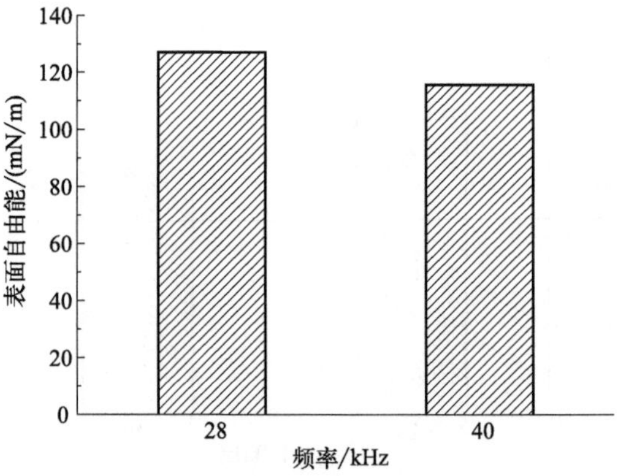

图 5-14 不同超声频率处理后化学驱含
油污泥的表面自由能变化情况

（4）铺展系数

图 5-16 为不同超声频率处理后化学驱含油污泥的铺展系数变化情况。由图可知，经 28kHz 超声处理后化学驱含油污泥的铺展系数更大，水滴更易在其表面铺展。

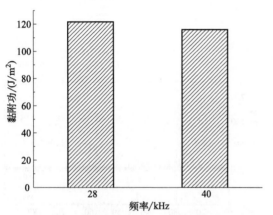

图 5-15 不同超声频率处理后化学驱含
油污泥的黏附功变化情况

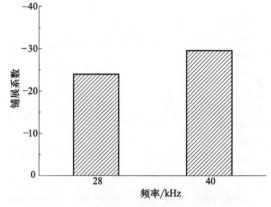

图 5-16 不同超声频率处理后化学驱含
油污泥的铺展系数变化情况

5.2 超声功率对含油污泥脱除效能的研究

为研究不同超声功率对含油污泥的除油效果，实验设置了 4 个梯度的超声功率，分别为 50W、100W、150W 和 200W。实验选取 50g 含油污泥放入烧杯中，按照蒸馏水与含油污泥质量比为 2∶1 的比例加入蒸馏水，超声时间为 5min，超声温度为 20℃，超声频率为 28kHz，分别对稠油型和化学驱含油污泥进行超声实验。

5.2.1 超声功率对稠油型含油污泥脱除效能的研究

5.2.1.1 除油效果

图 5-17 为不同超声功率处理对稠油型含油污泥的除油效果。由图可知，不同超声功率对稠油型含油污泥的除油效果产生了显著影响。从图中可以清晰地观察到，随着超声功率的

逐渐升高，超声除油率也呈现出明显的上升趋势。这一现象可归因于超声功率的提升导致了单位超声强度的增大，进而使得空化强度增加。随着空化强度的增加，空穴数量也相应增加，这些空穴在超声作用下能够有效地破碎污泥中的油滴，提高油滴与水的分离效率，从而提升了除油率。因此，选择 200W 作为稠油型含油污泥超声处理的最佳超声功率。

5.2.1.2　污泥粒径

图 5-18 为不同超声功率处理后稠油型含油污泥的粒径分布情况。由图可知，不同功率的超声处理对稠油型含油污泥的粒径分布产生了不同的影响。随着超声功率的增加，污泥粒径分布整体上向左偏移。

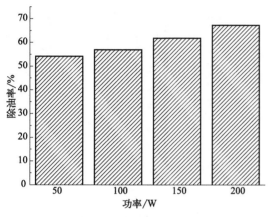

图 5-17　超声功率变化对稠油型含油
污泥除油率的影响

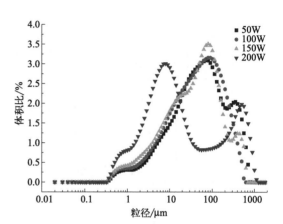

图 5-18　不同超声功率处理后稠油型
含油污泥的粒径分布

5.2.1.3　红外光谱

图 5-19 为最佳超声功率处理前后稠油型含油污泥的红外光谱图。从图中可以观察到，经过最佳超声功率处理后，污泥表面的醇类、酚类、烷烃类、芳香族类官能团的吸收峰均有较大幅度的增强，说明超声处理对稠油型含油污泥中的长链烷烃有较好的破坏作用。

5.2.1.4　XRD

图 5-20 为最佳超声功率处理后稠油型含油污泥的 XRD 图谱。可以看出，经过最佳超声功率处理后，稠油型含油污泥的结晶相主要为 SiO_2 和 $BaSO_4$。

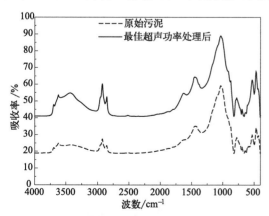

图 5-19　最佳超声功率处理前后稠油型含油
污泥的红外光谱对比图

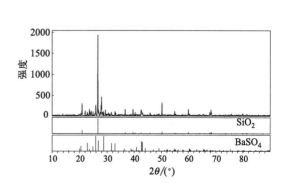

图 5-20　最佳超声功率处理后稠油
型含油污泥 XRD 图谱

5.2.1.5 污泥界面特性

（1）接触角

图 5-21 为不同超声功率处理后稠油型含油污泥的接触角变化情况。从图中数据分析可知，超声功率的提高对处理后稠油型含油污泥的接触角影响不大。

（2）表面自由能

图 5-22 为不同超声功率处理后稠油型含油污泥的表面自由能变化情况。从图中数据分析可知，超声功率的提高对处理后稠油型含油污泥的表面自由能影响不大。

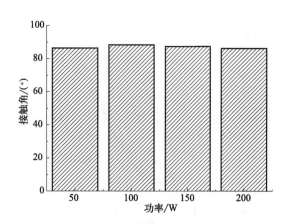

图 5-21　不同超声功率处理后稠油型含油
污泥的接触角变化情况

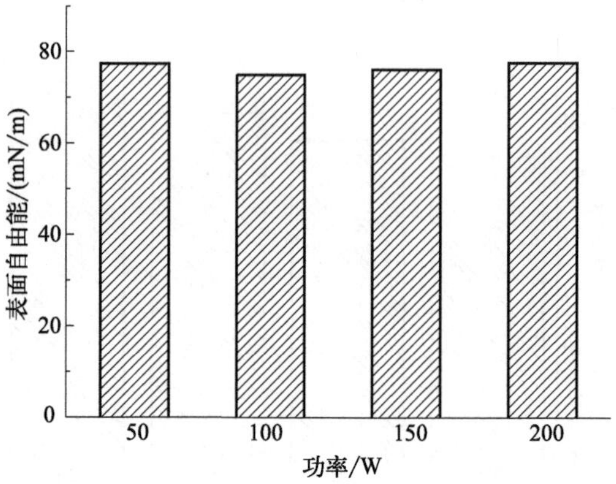

图 5-22　不同超声功率处理后稠油型含油污泥
的表面自由能变化情况

（3）黏附功

图 5-23 为不同超声功率处理后稠油型含油污泥的黏附功变化情况。从图中数据分析可知，超声功率的提高对处理后稠油型含油污泥的黏附功影响不大。

（4）铺展系数

图 5-24 为不同超声功率处理后稠油型含油污泥的铺展系数变化情况。从图中数据分析可知，超声功率的提高对处理后稠油型含油污泥的铺展系数影响不大。

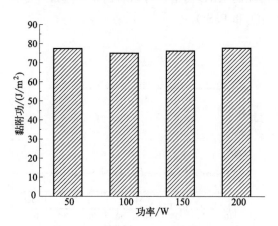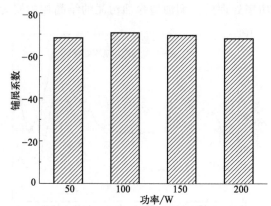

图 5-23　不同超声功率处理后稠油型含油
污泥的黏附功变化情况

图 5-24　不同超声功率处理后稠油型含油
污泥的铺展系数变化情况

5.2.2 超声功率对化学驱含油污泥脱除效能的研究

5.2.2.1 除油效果

图 5-25 为不同超声功率对化学驱含油污泥的除油效果。由图可知，随着超声功率的逐步增加，超声处理对含油污泥的除油效果明显增强。这是因为随着超声功率的上升，空化效应也随之增强。空化效应产生的微小气泡在超声作用下不断振动、膨胀和破裂，这一过程产生的强大冲击力能够有效地破坏污泥中的油滴与固体颗粒之间的结合，从而实现油、水、泥三相的高效分离。此外，空化效应还能产生局部高温和高压，有利于油滴的破碎和分散，从而进一步提高除油率。因此，在化学驱含油污泥的超声处理过程中，选择适当的超声功率是至关重要的。综合考虑除油效果和能耗等因素，选择 200W 作为化学驱含油污泥超声处理的最佳超声功率。

5.2.2.2 污泥粒径

图 5-26 为不同超声功率处理后化学驱含油污泥的粒径分布情况。由图可知，不同超声功率处理后化学驱含油污泥的粒径分布相差不大，但与原始化学驱含油污泥相比，粒径分布范围变小。这是由于在超声的作用下，固相颗粒表面的油相被有效地剥离和分散，从而实现了油相与泥相的有效分离。这一过程不仅使得含油污泥中的油分得以去除，还可使固相颗粒粒径减小以及分布集中。

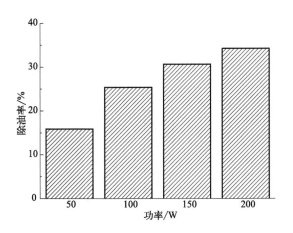

图 5-25 超声功率变化对化学驱含油
污泥除油率的影响

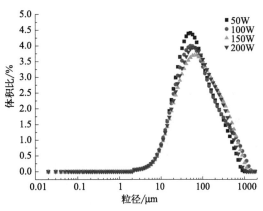

图 5-26 不同超声功率处理后化学驱含油
污泥的粒径分布

5.2.2.3 红外光谱

图 5-27 为最佳超声功率处理前后化学驱含油污泥的红外光谱图。由图可知，$1030cm^{-1}$、$2860cm^{-1}$、$2920cm^{-1}$ 处的吸收峰强度有所减弱，而 $3420cm^{-1}$ 处的吸收峰变宽，相对含量增加，这是由于超声所引起的机械振动使表面官能团发生脱氢等反应，从而引起对应官能团发生改变。

5.2.2.4 XRD

图 5-28 为经过最佳超声功率处理后化学驱含油污泥的 XRD 图谱。由图可知，经最佳超声功率处理后化学驱含油污泥的主要结晶相为 SiO_2 和 $BaSO_4$。

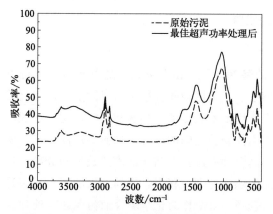

图 5-27 最佳超声功率处理前后化学驱含油
污泥的红外光谱对比图

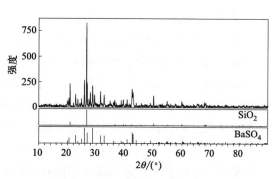

图 5-28 最佳超声功率处理后化学驱
含油污泥 XRD 图谱

5.2.2.5 污泥界面特性

（1）接触角

图 5-29 为不同超声功率处理后化学驱含油污泥的接触角变化情况。从图中数据分析可知，随着超声功率的提高，超声处理后化学驱含油污泥的接触角变小，超声功率为 200W 时接触角最小，表现为亲水性。

（2）表面自由能

图 5-30 为不同超声功率处理后化学驱含油污泥的表面自由能变化情况。由图可知，随着超声功率的提高，超声处理后化学驱含油污泥的表面自由能增加，污泥的润湿性变好。

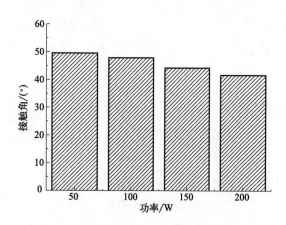

图 5-29 不同超声功率处理后化学驱含油污泥
的接触角变化情况

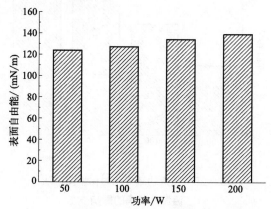

图 5-30 不同超声功率处理后化学驱含油污泥的
表面自由能变化情况

（3）黏附功

图 5-31 为不同超声功率处理后化学驱含油污泥的黏附功变化情况。由图可知，超声功率越大，超声处理后化学驱含油污泥的黏附功越大，与水滴的结合能力越强。

（4）铺展系数

图 5-32 为不同超声功率处理后化学驱含油污泥的铺展系数变化情况。由图可知，随着超声功率的提高，超声处理后化学驱含油污泥的铺展系数变大，水滴更易在其表面铺展开。

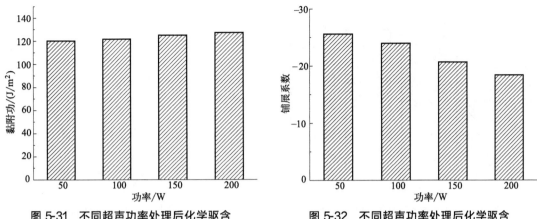

图 5-31　不同超声功率处理后化学驱含
油污泥的黏附功变化情况

图 5-32　不同超声功率处理后化学驱含
油污泥的铺展系数变化情况

5.3　超声温度对含油污泥脱除效能的研究

为研究不同超声温度对含油污泥的除油效果，实验设置了 4 个梯度的超声温度，分别为20℃、40℃、60℃和80℃。实验选取 50g 含油污泥放入烧杯中，按照蒸馏水与含油污泥质量比为 2∶1 的比例加入蒸馏水，超声时间为 5min，超声功率为 200W，超声频率为 28kHz，分别对稠油型和化学驱含油污泥进行超声实验。

5.3.1　超声温度对稠油型含油污泥脱除效能的研究

5.3.1.1　除油效果

图 5-33 为不同超声温度对稠油型含油污泥的除油效果。从图中数据分析可知，超声处理中温度的升高有助于提升稠油型含油污泥的除油率。然而当温度超过 40℃后，除油率的提升变得相对平缓。随着温度的升高，超声波的声能密度和波速都会相应增加。声能密度的提高意味着单位体积内超声波的能量增大，这有助于增强超声处理的效果。同时，波速的加快也使得超声波能够更快地传播，进一步提高了处理效率。但是，当温度过低时油泥之间的黏附力相对较强，超声波的空化作用难以有效破坏这种黏附力，从而导致油分不易从油泥中分离出来。因此，在超声处理过程中选择适当的温度至关重要。综合考虑除油效果和能耗等因素，最终确定稠油型含油污泥的超声温度为 40℃。在这一温度下，超声波能够充分发挥其处理效能，同时避免了过高的能耗和不必要的成本增加。

5.3.1.2　污泥粒径

图 5-34 为不同超声温度处理后稠油型含油污泥的粒径分布情况。由图可知，随着超声温度的提高，超声处理后稠油型含油污泥的粒径分布整体上向左偏移。

5.3.1.3　红外光谱

图 5-35 为最佳超声温度处理前后稠油型含油污泥的红外光谱图。从图中数据分析可知，经过最佳超声温度处理后，$3400\sim3600cm^{-1}$ 处 O—H 的伸缩振动、$1630cm^{-1}$ 处 C＝C 的伸缩振动、$1035cm^{-1}$ 处 C—H 的弯曲振动或芳环结构的吸收峰强度增加，而其他的表面官能团吸收峰则未出现明显变化，说明溶剂中存在的长链油类分子在经过最佳超声温度处理后，可能分解成具有以上变化官能团的小分子物质附着于污泥表面，降低了污泥黏稠度。

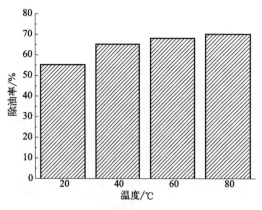

图 5-33　超声温度变化对稠油型含油
污泥除油率的影响

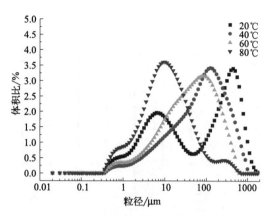

图 5-34　不同超声温度处理后稠油型
含油污泥的粒径分布

5.3.1.4　XRD

图 5-36 为最佳超声温度处理后稠油型含油污泥的 XRD 图谱。由图中数据可知，最佳超声温度处理后稠油型含油污泥的主要结晶相成分为 SiO_2。

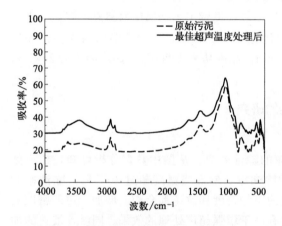

图 5-35　最佳超声温度处理前后稠油型含
油污泥的红外光谱对比图

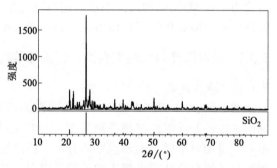

图 5-36　最佳超声温度处理后
稠油型含油污泥 XRD 图谱

5.3.1.5　污泥界面特性

（1）接触角

图 5-37 为不同超声温度处理后稠油型含油污泥的接触角变化情况。由图可知，随着超声温度的增加，超声处理后稠油型含油污泥的接触角变小，超声温度为 80℃时接触角最小，表现为亲水性。

（2）表面自由能

图 5-38 为不同超声温度处理后稠油型含油污泥的表面自由能变化情况。由图可知，随着超声温度的提高，稠油型含油污泥的表面自由能增大，润湿性变好。

（3）黏附功

图 5-39 为不同超声温度处理后稠油型含油污泥的黏附功变化情况。由图可知，随着超声温度的提高，稠油型含油污泥的黏附功增大，与水滴的结合能力变强。

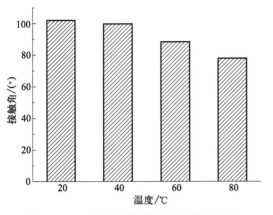

图 5-37 不同超声温度处理后稠油型含油
污泥的接触角变化情况

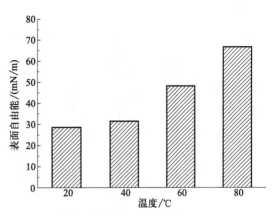

图 5-38 不同超声温度处理后稠油型含
油污泥的表面自由能变化情况

（4）铺展系数

图 5-40 为不同超声温度处理后稠油型含油污泥的铺展系数变化情况。由图可知，随着超声温度的提高，稠油型含油污泥的铺展系数变大，水滴更容易在其表面铺展。

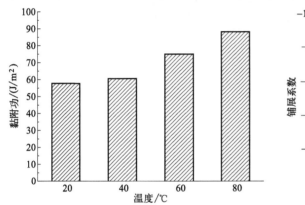

图 5-39 不同超声温度处理后稠油型含
油污泥的黏附功变化情况

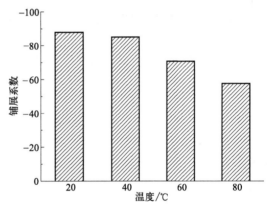

图 5-40 不同超声温度处理后稠油
型含油污泥的铺展系数变化情况

5.3.2 超声温度对化学驱含油污泥脱除效能的研究

5.3.2.1 除油效果

图 5-41 为不同超声温度对化学驱含油污泥的除油效果。由图可知，随着超声温度的提高，化学驱含油污泥的除油率增加。考虑到超声处理的效果以及能耗的因素，选择 60℃作为化学驱含油污泥超声处理的最佳温度。这一选择不仅能够保证较高的除油率，也避免了由于温度过高带来的能耗增加和设备负担加重的问题。

5.3.2.2 污泥粒径

图 5-42 为不同超声温度处理后化学驱含油污泥的粒径分布情况。由图可以看出，不同超声温度处理后化学驱含油污泥的粒径分布相差不大，但与原始化学驱含油污泥相比，含油污泥的粒径分布整体上向左偏移。

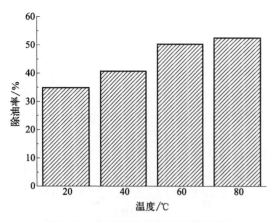

图 5-41 超声温度变化对化学驱含油
污泥除油率的影响

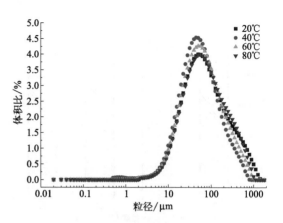

图 5-42 不同超声温度处理后化学驱
含油污泥的粒径分布

5.3.2.3 红外光谱

图 5-43 为最佳超声温度处理前后化学驱含油污泥的红外光谱图。可以看出，$3430 \sim$ $3630 cm^{-1}$ 处的吸收峰在处理后半峰宽变大，相应官能团相对含量增加，$2920 cm^{-1}$、$2850 cm^{-1}$ 处分别是 CH_2 的反对称伸缩振动、CH_2 的对称伸缩振动，经过处理后吸收峰强度减弱，同样强度减弱的还有 $1030 cm^{-1}$ 处的 C—H 弯曲振动或芳环类结构。

5.3.2.4 XRD

图 5-44 为最佳超声温度处理后化学驱含油污泥的 XRD 图谱。由图可知，经过最佳超声温度处理后化学驱含油污泥的主要结晶相组成为 SiO_2 和 $BaSO_4$。

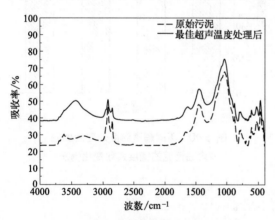

图 5-43 最佳超声温度处理前后化学驱
含油污泥的红外光谱对比图

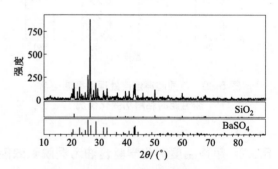

图 5-44 最佳超声温度处理后化学驱
含油污泥 XRD 图谱

5.3.2.5 污泥界面特性

（1）接触角

图 5-45 为不同超声温度处理后化学驱含油污泥的接触角变化情况。由图可知，随着超声温度的升高，化学驱含油污泥的接触角呈现下降的趋势，超声温度为 80℃时接触角最小，表现为亲水性。

（2）表面自由能

图 5-46 为不同超声温度处理后化学驱含油污泥的表面自由能变化情况。由图可知，随

着超声温度的升高，化学驱含油污泥的表面自由能变大，含油污泥的润湿性增强。

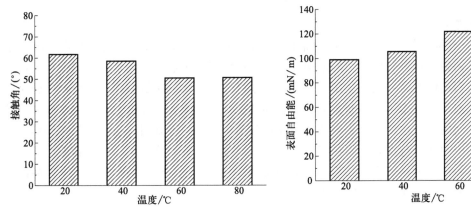

图 5-45　不同超声温度处理后化学驱含油
污泥的接触角变化情况

图 5-46　不同超声温度处理后化学驱含油污泥
的表面自由能变化情况

（3）黏附功

图 5-47 为不同超声温度处理后化学驱含油污泥的黏附功变化情况。由图可知，随着超声温度的提高，化学驱含油污泥的黏附功增大，与水滴的结合能力增强。

（4）铺展系数

图 5-48 为不同超声温度处理后化学驱含油污泥的铺展系数变化情况。由图可知，随着超声温度的提高，化学驱含油污泥的铺展系数增大，水滴在其表面的铺展性增强。

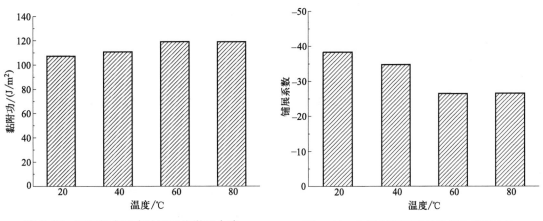

图 5-47　不同超声温度处理后化学驱含油
污泥的黏附功变化情况

图 5-48　不同超声温度处理后化学驱含油
污泥的铺展系数变化情况

5.4　超声时间对含油污泥脱除效能的研究

为研究不同超声时间对含油污泥的除油效果，实验设置了 4 个梯度的超声时间，分别为 1min、5min、10min 和 20min。实验选取 50g 含油污泥放入烧杯中，按照蒸馏水与含油污泥质量比为 2∶1 的比例加入蒸馏水，超声温度为 40℃（稠油型含油污泥）和 60℃（化学驱含油污泥），超声功率为 200W，超声频率为 28kHz，分别对稠油型和化学驱含油污泥进行超声实验。

5.4.1　超声时间对稠油型含油污泥脱除效能的研究

5.4.1.1　除油效果

图 5-49 为不同超声时间对稠油型含油污泥的除油效果。由图可知，随着超声时间的延长，除油效果增强。随着超声时间的增加，超声波在污泥中传播的时间延长，这使得超声波能够更好地与污泥中的油分相互作用。一方面，超声波的空化效应能够在污泥中产生微小的气泡，这些气泡在超声作用下不断振动、膨胀和破裂，产生强大的冲击力，有助于破坏油滴与污泥颗粒之间的结合，使油分更容易从污泥中分离出来。另一方面，超声波的振动作用还能够促进污泥中的油分与水分子的相互作用，加速油分的溶解和分散。因此，随着超声处理时间的延长，除油效果显著增强。综合考虑除油效果和经济效益，选择 20min 作为稠油型含油污泥超声处理的最佳超声时间。

5.4.1.2　污泥粒径

图 5-50 为不同超声时间处理后稠油型含油污泥的粒径分布情况。由图可知，与超声时间为 1min 相比，超声时间为 5min、10min 和 20min 处理后稠油型含油污泥的粒径分布向左偏移。

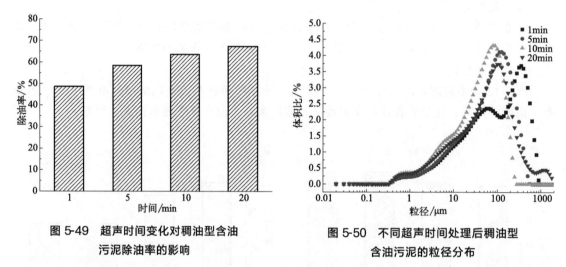

图 5-49　超声时间变化对稠油型含油　　　图 5-50　不同超声时间处理后稠油型
　　　　　　污泥除油率的影响　　　　　　　　　　　含油污泥的粒径分布

5.4.1.3　红外光谱

图 5-51 为最佳超声时间处理前后稠油型含油污泥的红外光谱图。由图可知，除 $3439cm^{-1}$ 处的吸收峰增强外，其他表面官能团的吸收峰强度均有所降低，说明最佳超声时间处理对稠油型含油污泥表面油分有较好的分离作用，官能团之间可能会发生反应，致使相关官能团含量降低，以及代表 O—H 伸缩振动吸收峰的强度增强。

5.4.1.4　XRD

图 5-52 为最佳超声时间处理后稠油型含油污泥的 XRD 图谱。由图可知，最佳超声时间处理后稠油型含油污泥的主要结晶相为 SiO_2。

5.4.1.5　污泥界面特性

（1）接触角

图 5-53 为不同超声时间处理后稠油型含油污泥的接触角变化情况。由图可知，随着超声时间的延长稠油型含油污泥的接触角变小，超声时间为 20min 时接触角最小，表现为亲水性。

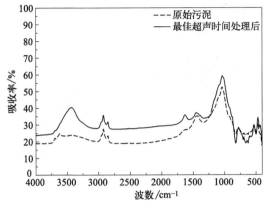

图 5-51　最佳超声时间处理前后稠油
型含油污泥的红外光谱对比图

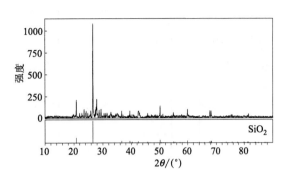

图 5-52　最佳超声时间处理后稠油
型含油污泥 XRD 图谱

（2）表面自由能

图 5-54 为不同超声时间处理后稠油型含油污泥的表面自由能变化情况。由图可知，随着超声时间的延长，稠油型含油污泥的表面自由能呈现升高的趋势，含油污泥的润湿性增强。

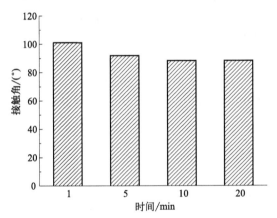

图 5-53　不同超声时间处理后稠油型
含油污泥的接触角变化情况

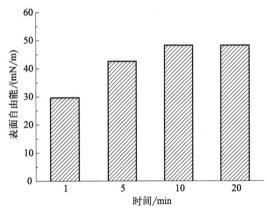

图 5-54　不同超声时间处理后稠油型含油
污泥的表面自由能变化情况

（3）黏附功

图 5-55 为不同超声时间处理后稠油型含油污泥的黏附功变化情况。由图可知，随着超声时间的延长，稠油型含油污泥的黏附功呈现升高的趋势，含油污泥与水滴的结合能力增强。

（4）铺展系数

图 5-56 为不同超声时间处理后稠油型含油污泥的铺展系数变化情况。由图可知，随着超声时间的延长，稠油型含油污泥的铺展系数呈现升高的趋势，水滴在其表面更容易铺展开。

5.4.2　超声时间对化学驱含油污泥脱除效能的研究

5.4.2.1　除油效果

图 5-57 为不同超声时间对化学驱含油污泥的除油效果。从图中可以观察到，随着超声

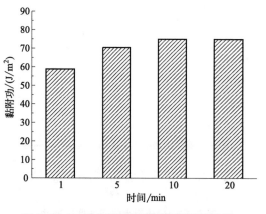

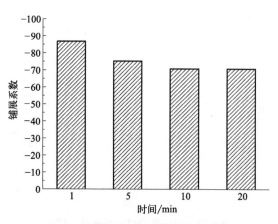

图 5-55　不同超声时间处理后稠油型含油
污泥的黏附功变化情况

图 5-56　不同超声时间处理后稠油型含
油污泥的铺展系数变化情况

时间的延长，化学驱含油污泥的除油效果呈现出逐渐增强的趋势。在超声处理的过程中，超声波产生的能量能够有效地作用于含油污泥，通过空化效应、振动作用等多种机制，破坏油滴与污泥颗粒之间的结合，促进油分的分离和去除。随着超声时间的延长，超声波在污泥中的传播和作用时间增加，从而提高了除油率。综合考虑除油效果、处理效率以及能耗等因素，确定 20min 为化学驱含油污泥超声处理的最佳超声时间。这一选择既能够保证较高的除油率，又能够避免过长的处理时间带来的能耗增加和成本上升。

5.4.2.2　污泥粒径

图 5-58 为不同超声时间处理后化学驱含油污泥的粒径分布情况。由图可知，与超声时间为 1min 相比，超声时间为 5min、10min 和 20min 处理后化学驱含油污泥粒径在 $100\sim 1000\mu m$ 范围内的占比更低。

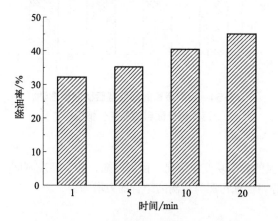

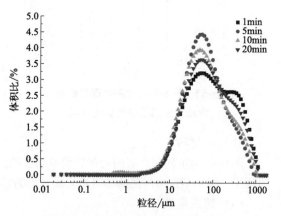

图 5-57　超声时间变化对化学驱含油污泥
除油率的影响

图 5-58　不同超声时间处理后化学
驱含油污泥的粒径分布

5.4.2.3　红外光谱

图 5-59 为最佳超声时间处理前后化学驱含油污泥的红外光谱图。从图中数据分析可知，经过最佳超声时间处理后，化学驱含油污泥在 $3400cm^{-1}$ 附近的羟基吸收峰峰形加宽、加深，这说明表面油性分子对超声带来的机械振动较为敏感，易暴露出更多断面。

5.4.2.4 XRD

图 5-60 为最佳超声时间处理后化学驱含油污泥的 XRD 图谱。由图可知，最佳超声时间处理后化学驱含油污泥的主要结晶相为 SiO_2 和 $BaSO_4$。

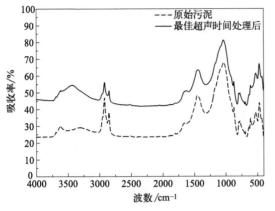

图 5-59　最佳超声时间处理前后化学驱含
油污泥的红外光谱对比图

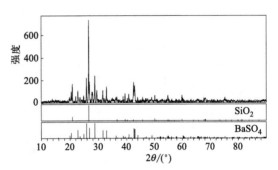

图 5-60　最佳超声时间处理后化学驱含
油污泥 XRD 图谱

5.4.2.5 污泥界面特性

（1）接触角

图 5-61 为不同超声时间处理后化学驱含油污泥的接触角变化情况。由图可知，随着超声时间的延长，化学驱含油污泥的接触角逐渐变小，表现得更为亲水。

（2）表面自由能

图 5-62 为不同超声时间处理后化学驱含油污泥的表面自由能变化情况。由图可知，随着超声时间的延长，化学驱含油污泥的表面自由能呈现升高的趋势，说明超声处理时间越长，污泥的润湿性越好。

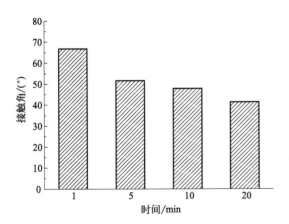

图 5-61　不同超声时间处理后化学驱含油污泥
的接触角变化情况

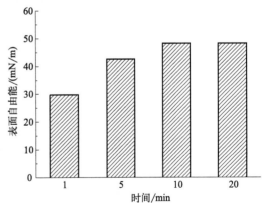

图 5-62　不同超声时间处理后化学驱含油污泥
的表面自由能变化情况

（3）黏附功

图 5-63 为不同超声时间处理后化学驱含油污泥的黏附功变化情况。由图可知，随着超声时间的延长，化学驱含油污泥的黏附功增大，与水的结合能力增强，亲和力增大。

（4）铺展系数

图 5-64 为不同超声时间处理后化学驱含油污泥的铺展系数变化情况。由图中数据分析可知，超声时间越长，化学驱含油污泥的铺展系数越大。

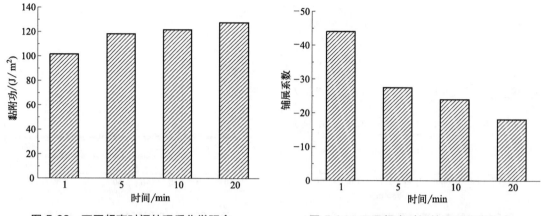

图 5-63 不同超声时间处理后化学驱含油污泥的黏附功变化情况

图 5-64 不同超声时间处理后化学驱含油污泥的铺展系数变化情况

5.5 清洗剂对含油污泥脱除效能的研究

为研究不同清洗剂对含油污泥超声处理的除油效果，实验选取了 5 种清洗剂，详见表 5-1。实验选取 50g 含油污泥放入烧杯中，按照蒸馏水与含油污泥质量比为 2：1 的比例加入蒸馏水，按含油污泥质量的 5% 分别投加清洗剂，搅拌均匀后进行超声处理。超声温度为 40℃（稠油型含油污泥）和 60℃（化学驱含油污泥），超声功率为 200W，超声频率为 28kHz，超声时间为 20min，分别对稠油型和化学驱含油污泥进行超声实验。

表 5-1 清洗剂类型

编号	名称
1	月桂醇醚磺基琥珀酸单酯二钠盐［MES-30（AEMES）］
2	6501
3	OP-10
4	聚羧酸盐分散剂 5040（Ecospert 5040）
5	脂肪醇聚氧乙烯醚硫酸钠（AES）

5.5.1 清洗剂对稠油型含油污泥脱除效能的研究

5.5.1.1 除油效果

图 5-65 为不同清洗剂超声处理下稠油型含油污泥的除油效果。从图中数据可知，不同清洗剂的投加均可提高稠油型含油污泥的超声处理除油率，其中清洗剂 2（6501）的提升效果最好。

5.5.1.2 污泥粒径

图 5-66 为不同清洗剂超声处理后稠油型含油污泥的粒径分布情况。由图可知，不同清洗剂超声处理后稠油型含油污泥的粒径分布不同，经清洗剂 2 和清洗剂 5 超声处理后，污泥粒径分布向 0～10μm 较小粒径范围集中，大粒径颗粒的比例减小，污泥的粒径分布更加均匀。

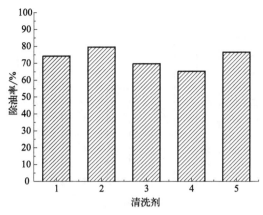

图 5-65　不同清洗剂超声处理下稠油型含
油污泥除油效果

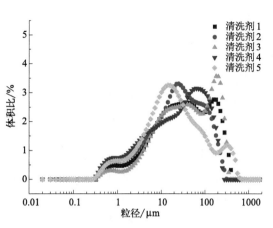

图 5-66　不同清洗剂超声处理后
稠油型含油污泥的粒径分布

5.5.1.3　红外光谱

图 5-67 为最佳清洗剂超声处理前后稠油型含油污泥的红外光谱图。从图中可以看出，在最佳清洗剂超声处理后，含油污泥中的污泥和油逐渐分散，使得含油污泥的官能团发生改变，从而表现为图谱中吸收峰强度的变化。

5.5.1.4　XRD

图 5-68 为最佳清洗剂超声处理后稠油型含油污泥的 XRD 图谱。可以看出，处理后污泥中的主要结晶相为 SiO_2 和 $BaSO_4$。

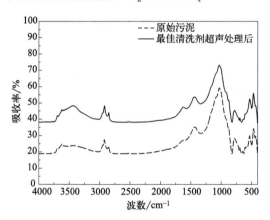

图 5-67　最佳清洗剂超声处理前后稠油型
含油污泥的红外光谱对比图

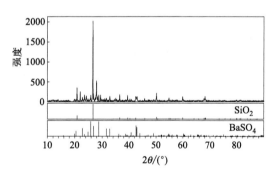

图 5-68　最佳清洗剂超声处理后稠油型
含油污泥 XRD 图谱

5.5.1.5　污泥界面特性

（1）接触角

图 5-69 为不同清洗剂超声处理下稠油型含油污泥的接触角变化情况。从图中可以看出，清洗剂的投加可以明显地改变含油污泥的润湿性，其中投加清洗剂 2 超声处理后稠油型含油污泥的接触角最小，表现出很好的亲水性。

（2）表面自由能

图 5-70 为不同清洗剂超声处理下稠油型含油污泥的表面自由能变化情况。从图中可以看出，投加清洗剂 2 超声处理后稠油型含油污泥的表面自由能最大，其润湿性最好，水相可

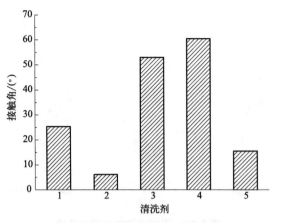

图 5-69　不同清洗剂超声处理下稠油型
含油污泥的接触角变化情况

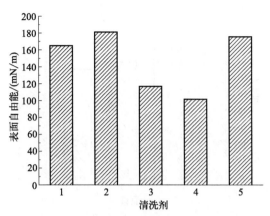

图 5-70　不同清洗剂超声处理下稠油型
含油污泥的表面自由能变化情况

更好地将其润湿。

（3）黏附功

图 5-71 为不同清洗剂超声处理下稠油型含油污泥的黏附功变化情况。由图可知，投加不同清洗剂超声处理后稠油型含油污泥的黏附功存在差异，其中投加清洗剂 2 超声处理后含油污泥的黏附功最大。

（4）铺展系数

图 5-72 为不同清洗剂超声处理下稠油型含油污泥的铺展系数变化情况。由图可知，投加清洗剂 2 超声处理后稠油型含油污泥的铺展系数最大，水滴更容易在其表面铺展。

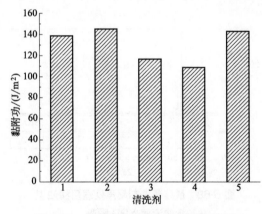

图 5-71　不同清洗剂超声处理下稠油型
含油污泥的黏附功变化情况

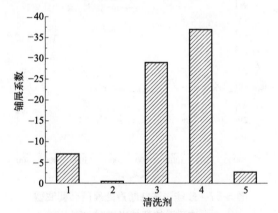

图 5-72　不同清洗剂超声处理下稠油型
含油污泥的铺展系数变化情况

5.5.2　清洗剂对化学驱含油污泥脱除效能的研究

5.5.2.1　除油效果

图 5-73 为不同清洗剂超声处理下化学驱含油污泥的除油效果。由图可知，不同清洗剂的投加均可提高超声处理化学驱含油污泥的除油效果，其中清洗剂 2（6501）的提升效果最好。

5.5.2.2 污泥粒径

图 5-74 为不同清洗剂超声处理后化学驱含油污泥的粒径分布情况。从图中数据可以看出，投加 5 种清洗剂超声处理后化学驱含油污泥的粒径分布情况相差不大。

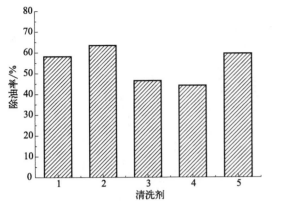

图 5-73　不同清洗剂超声处理下化学
驱含油污泥除油效果

图 5-74　不同清洗剂超声处理后化学驱
含油污泥的粒径分布

5.5.2.3 红外光谱

图 5-75 为最佳清洗剂超声处理前后化学驱含油污泥的红外光谱图。由图可知，在最佳清洗剂的作用下油粒得以更有效地乳化。在这一过程中，油粒中的大分子物质被分解为小分子，从而暴露出了更多的官能团结构。经乳化处理，污泥与油粒的分散度均显著提升。

5.5.2.4 XRD

图 5-76 为最佳清洗剂超声处理后化学驱含油污泥的 XRD 图谱。由图可知，最佳清洗剂超声处理后化学驱含油污泥的主要结晶相为 SiO_2 和 $BaSO_4$。

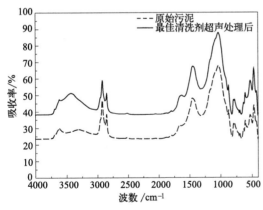
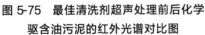

图 5-75　最佳清洗剂超声处理前后化学
驱含油污泥的红外光谱对比图

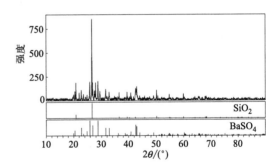

图 5-76　最佳清洗剂超声处理后
化学驱含油污泥 XRD 图谱

5.5.2.5 污泥界面特性

（1）接触角

图 5-77 为不同清洗剂超声处理下化学驱含油污泥的接触角变化情况。从图中可以看出，清洗剂的投加可以明显地改变含油污泥的润湿性，其中投加清洗剂 2 后含油污泥的接触角最小。

（2）表面自由能

图 5-78 为不同清洗剂超声处理下化学驱含油污泥的表面自由能变化情况。从图中可以看出，清洗剂 2 超声处理后化学驱含油污泥的表面自由能最大，污泥的润湿性最好。

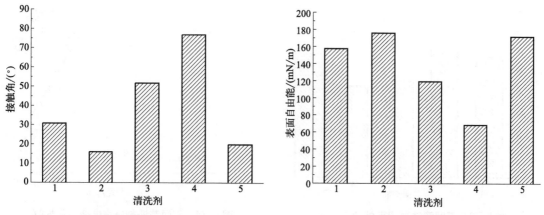

图 5-77　不同清洗剂超声处理下化学驱含油污泥的接触角变化情况

图 5-78　不同清洗剂超声处理下化学驱含油污泥的表面自由能变化情况

（3）黏附功

图 5-79 为不同清洗剂超声处理下化学驱含油污泥的黏附功变化情况。从图中可以看出，清洗剂 2 超声处理后化学驱含油污泥的黏附功最大，与水的结合能力最强。

（4）铺展系数

图 5-80 为不同清洗剂超声处理下化学驱含油污泥的铺展系数变化情况。由图可知，清洗剂 2 超声处理后化学驱含油污泥的铺展系数最大，水滴在其处理后的表面能够更好地铺展。

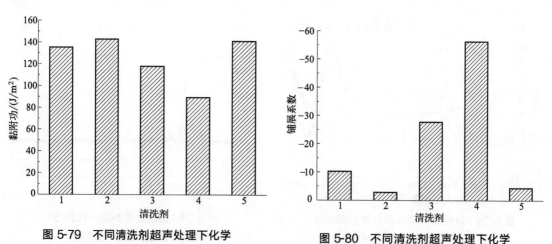

图 5-79　不同清洗剂超声处理下化学驱含油污泥的黏附功变化情况

图 5-80　不同清洗剂超声处理下化学驱含油污泥的铺展系数变化情况

5.6　超声强化臭氧技术对含油污泥脱除效能的研究

本部分研究在超声处理的基础上，进行超声＋臭氧处理实验，将单独超声处理与超声＋

臭氧处理含油污泥的效果做对比。实验设置超声处理和超声＋臭氧处理两组实验，分别选取50g含油污泥放入烧杯中，按照蒸馏水与含油污泥质量比为2：1的比例加入蒸馏水，超声功率为200W，超声温度为60℃，超声时间为20min，超声频率为28kHz，超声＋臭氧组同时进行臭氧处理10min，其余操作相同。

5.6.1 臭氧对稠油型含油污泥超声效能的研究

5.6.1.1 除油效果

图5-81为超声强化臭氧处理对稠油型含油污泥的除油效果。从图中可以看出，与单独的超声处理相比，超声＋臭氧处理对稠油型含油污泥的除油效果更好。

5.6.1.2 污泥粒径

图5-82为超声强化臭氧处理后稠油型含油污泥的粒径分布情况。由图可知，当超声处理与臭氧处理相结合时整体上看粒径分布的范围有所增大，但值得注意的是，体积占比最大的粒径值明显变小。这表明在超声与臭氧的联合作用下，一方面，污泥中的油分被有效地分离出来，使得污泥颗粒的粒径普遍减小；另一方面，由于超声的振荡作用和臭氧的强氧化性，污泥中的物质发生断裂，并可能重新聚集成一些较大的颗粒，导致部分污泥粒径增大。

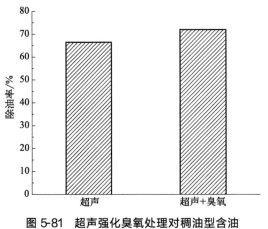

图5-81 超声强化臭氧处理对稠油型含油
污泥的除油效果

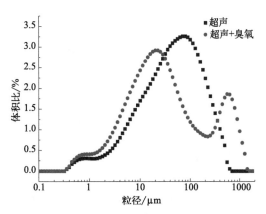

图5-82 超声强化臭氧处理后稠油型
含油污泥的粒径分布

5.6.1.3 红外光谱

图5-83为超声强化臭氧处理前后稠油型含油污泥的红外光谱图。由图可知，与其他处理方法相比这种协同处理方法使得污泥表面的官能团强度降低得最为显著。这一现象的产生可能归因于超声波的作用，它使得污泥颗粒达到了较高的均质化程度。同时，臭氧产生的自由基与这些均质化的含油污泥颗粒发生碰撞，从而有效地破坏了污泥表面的官能团结构，增强了除油效果。

5.6.1.4 XRD

图5-84为超声强化臭氧处理后稠油型含油污泥的XRD图谱。可以看出，超声＋臭氧处理后稠油型含油污泥的主要结晶相为SiO_2。

5.6.1.5 污泥界面特性

（1）接触角

图5-85为超声强化臭氧处理后稠油型含油污泥的接触角变化情况。从图中可以看出，超声＋

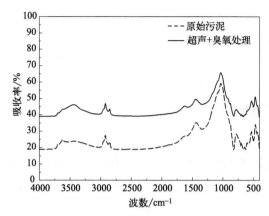

图 5-83 超声强化臭氧处理前后稠油型含油污泥的红外光谱对比图

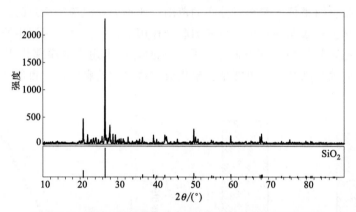

图 5-84 超声强化臭氧处理后稠油型含油污泥 XRD 图谱

臭氧处理后稠油型含油污泥的接触角比单独超声处理的接触角小,含油污泥的润湿性更好。

（2）表面自由能

图 5-86 为超声强化臭氧处理后稠油型含油污泥的表面自由能变化情况。从图中可以看出,与单独超声处理相比超声＋臭氧处理后稠油型含油污泥的表面自由能更大,含油污泥的润湿性更好。

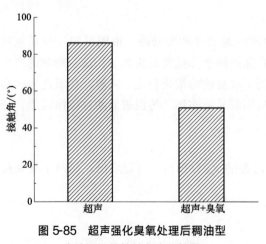

图 5-85 超声强化臭氧处理后稠油型
含油污泥的接触角变化情况

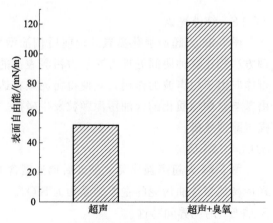

图 5-86 超声强化臭氧处理后稠油
型含油污泥的表面自由能变化情况

（3）黏附功

图 5-87 为超声强化臭氧处理后稠油型含油污泥的黏附功变化情况。从图中可以看出，与单独超声处理相比，超声＋臭氧处理后稠油型含油污泥的黏附功更大，与水滴的结合能力更强。

（4）铺展系数

图 5-88 为超声强化臭氧处理后稠油型含油污泥的铺展系数变化情况。可以看出，与单独超声处理相比，超声＋臭氧处理处理后稠油型含油污泥的铺展系数更大，水滴在其表面可以更好地铺展。

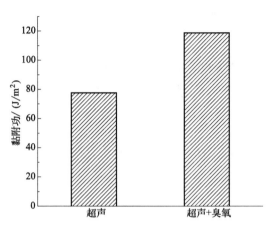 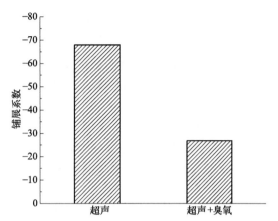

图 5-87　超声强化臭氧处理后稠油型含油污泥　　　图 5-88　超声强化臭氧处理后稠油型含油污泥
　　　　的黏附功变化情况　　　　　　　　　　　　　　　的铺展系数变化情况

5.6.2　臭氧对化学驱含油污泥超声效能的研究

5.6.2.1　除油效果

图 5-89 为超声强化臭氧处理对化学驱含油污泥的除油效果。从图中可以看出，与单独超声处理相比，超声＋臭氧处理对化学驱含油污泥的除油效果更好。

5.6.2.2　污泥粒径

图 5-90 为超声强化臭氧处理后化学驱含油污泥的粒径分布情况。从图中可以看出，当超声与臭氧处理相结合时，污泥的粒径分布发生了更为明显的变化，相较于单独超声处理，其粒径分布范围明显更为狭窄。这一现象的产生，一方面是因为超声的振荡作用能够有效地破碎较大的污泥颗粒，使其分散成更小的颗粒；另一方面，臭氧的强氧化性能够进一步加速污泥中有机物的分解，从而有助于污泥粒径的减小。同时，超声与臭氧的协同作用还能够促进污泥中油分的分离，进一步提高油泥分离的效率。

5.6.2.3　红外光谱

图 5-91 为超声强化臭氧处理前后化学驱含油污泥的红外光谱图。由图可知，污泥表面 OH、CH_2、C＝C 等官能团的强度有所增加。这一现象可能归因于臭氧产生的自由基与污泥中的长链烷烃或大分子物质发生了碰撞。这种碰撞作用导致长链烷烃或大分子物质被分解为更小的片段分子，从而使得更多的官能团暴露出来，表现为相应吸收峰强度的增加。

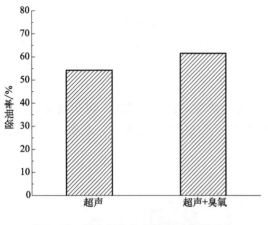

图 5-89 超声强化臭氧处理对化学驱含
油污泥的除油效果

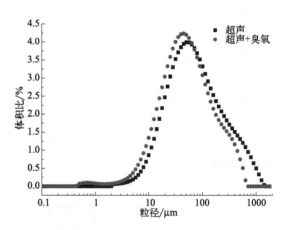

图 5-90 超声强化臭氧处理后化学驱含
油污泥的粒径分布

5.6.2.4 XRD

图 5-92 为超声强化臭氧处理后化学驱含油污泥的 XRD 图谱。可以看出，超声＋臭氧处理后化学驱含油污泥的主要结晶相为 SiO_2 和 $BaSO_4$。

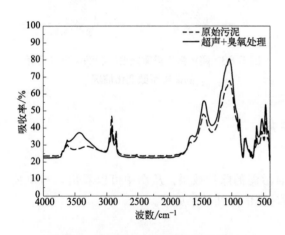

图 5-91 超声强化臭氧处理前后化学驱
含油污泥的红外光谱对比图

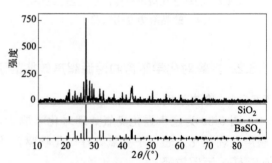

图 5-92 超声强化臭氧处理后化学驱
含油污泥 XRD 图谱

5.6.2.5 污泥界面特性

（1）接触角

图 5-93 为超声强化臭氧处理后化学驱含油污泥的接触角变化情况。从图中可以看出，超声＋臭氧处理后化学驱含油污泥的接触角比单独超声处理的接触角小，含油污泥的润湿性更好。

（2）表面自由能

图 5-94 为超声强化臭氧处理后化学驱含油污泥的表面自由能变化情况。从图中可以看出，与单独超声处理相比，超声＋臭氧处理后化学驱含油污泥的表面自由能更大，含油污泥的润湿性更好。

（3）黏附功

图 5-95 为超声强化臭氧处理后化学驱含油污泥的黏附功变化情况。从图中可以看出，与单独超声处理相比，超声＋臭氧处理后化学驱含油污泥的黏附功更大，与水滴的结合能力更强。

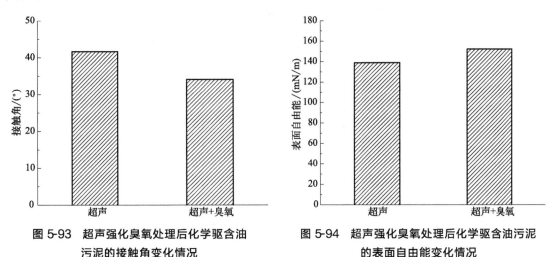

图 5-93　超声强化臭氧处理后化学驱含油
污泥的接触角变化情况

图 5-94　超声强化臭氧处理后化学驱含油污泥
的表面自由能变化情况

（4）铺展系数

图 5-96 为超声强化臭氧处理后化学驱含油污泥的铺展系数变化情况。从图中可以看出，与单独超声处理相比，超声＋臭氧处理后化学驱含油污泥的铺展系数更大，水滴更容易在其表面铺展开。

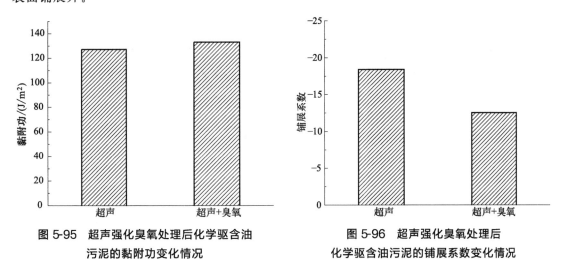

图 5-95　超声强化臭氧处理后化学驱含油
污泥的黏附功变化情况

图 5-96　超声强化臭氧处理后
化学驱含油污泥的铺展系数变化情况

5.7　超声强化热洗除油效能的研究

本部分研究在超声处理的基础上，进行超声＋热洗处理，在最佳超声条件下（不添加清洗剂）进行实验，再将超声处理后的含油污泥在最佳热洗条件下（不添加清洗剂）进行处理，对比单独超声与超声＋热洗处理对含油污泥的除油效果。

5.7.1 超声强化热洗处理稠油型含油污泥除油效能的研究

5.7.1.1 除油效果

图 5-97 为超声强化热洗处理对稠油型含油污泥的除油效果。由图中数据可知，与单独超声处理相比，超声＋热洗处理可以提高对稠油型含油污泥的处理能力，除油率更高。

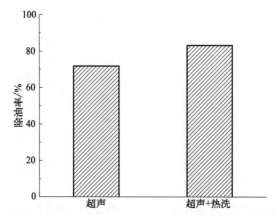

图 5-97　超声强化热洗处理对稠油型含油污泥的除油效果

5.7.1.2 污泥粒径

图 5-98 为超声处理、热洗处理与超声＋热洗处理下稠油型含油污泥的粒径分布情况。从图中可以看出，单独超声处理、单独热洗处理以及超声＋热洗的联合处理均能够在一定程度上减小稠油型含油污泥的粒径分布范围。这表明这些处理方法均能有效促进污泥中油分的分离，从而实现污泥的减量化处理。在这三种处理方式中，超声与热洗的联合处理表现出了更为显著的效果。经过超声与热洗联合处理的污泥，其粒径分布范围相较于单独超声处理和单独热洗处理更小，这意味着联合处理能够更彻底地破碎含油污泥颗粒，使其粒径分布更为均匀且细小。这种粒径分布的优化有助于进一步提高油泥分离的效率，降低后续处理的难度。

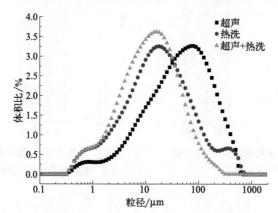

图 5-98　不同处理方式下稠油型含油污泥的粒径分布

5.7.2 超声强化热洗处理化学驱含油污泥除油效能的研究

5.7.2.1 除油效果

图 5-99 为超声强化热洗处理对化学驱含油污泥的除油效果。由图可知，与单独超声处

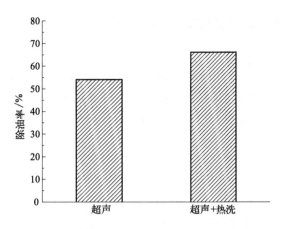

图 5-99　超声强化热洗处理对化学驱含油污泥的除油效果

理相比，超声＋热洗处理对化学驱含油污泥的除油效果更好。

5.7.2.2　污泥粒径

图 5-100 为超声处理、热洗处理与超声＋热洗处理下化学驱含油污泥的粒径分布情况。从图中可以看出，与单独超声、单独热洗处理相比，超声＋热洗处理后化学驱含油污泥的粒径分布范围更小，峰向左偏移。

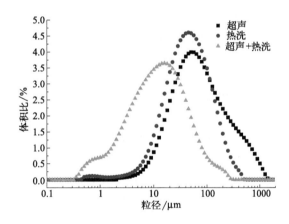

图 5-100　不同处理方式下化学驱含油污泥的粒径分布

5.8　超声协同生物菌剂对含油污泥脱除效能的研究

　　本部分研究在超声处理的基础上，进行超声＋生物处理实验，对比超声处理与超声＋生物处理对含油污泥的处理效果，生物处理采用投加生物菌剂的方法。为探究不同生物菌剂作用时间下超声＋生物处理对含油污泥处理效果的影响，实验设置了 5 个梯度的作用时间，分别为 1d、2d、3d、4d 和 5d。实验选取 50g 含油污泥放入烧杯中，按照蒸馏水与含油污泥质量比为 2∶1 的比例加入蒸馏水，超声频率为 28kHz，超声时间为 20min，超声温度为 60℃，超声功率为 200W，在生物菌剂处理后分别对稠油型和化学驱含油污泥进行超声实验。

5.8.1 生物菌剂作用时间对超声协同生物菌剂处理稠油型含油污泥脱除效能的研究

5.8.1.1 除油效果

图 5-101 为不同生物菌剂作用时间下超声＋生物处理对稠油型含油污泥的除油效果。由图可知，随着生物菌剂处理时间的延长，超声＋生物处理除油效果变好，但整体上差异不是很大，并且与超声＋臭氧和超声＋热洗处理相比，对于超声处理稠油型含油污泥处理效果的提升较低。

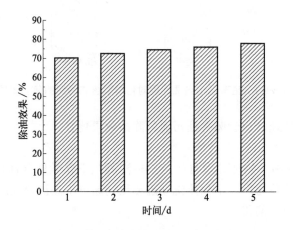

图 5-101　不同生物菌剂作用时间下超声+生物
处理对稠油型含油污泥的除油效果

5.8.1.2 污泥粒径

图 5-102 为不同生物菌剂作用时间下超声＋生物处理稠油型含油污泥的粒径分布情况。从图中可以看出，不同生物菌剂作用时间下超声＋生物处理对稠油型含油污泥的粒径分布影响相差不大。这一现象表明，在超声与生物菌剂联合处理过程中，生物菌剂的作用时间对污泥粒径分布的直接影响有限。这可能是因为生物菌剂主要作用于污泥中的有机物，促进油分的分解和去除，而对污泥颗粒本身的破碎和分散作用并不明显。因此，在处理过程中尽管生物菌剂的作用时间有所变化，但污泥的粒径分布并未发生显著改变。

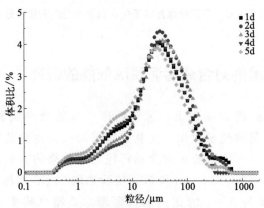

图 5-102　不同生物菌剂作用时间下超声+生物
处理稠油型含油污泥的粒径分布

5.8.1.3 污泥界面特性

（1）接触角

图 5-103 为不同生物菌剂作用时间下超声＋生物处理稠油型含油污泥的接触角变化情况。从图中可以看出，随着生物菌剂作用时间的延长，处理后含油污泥的接触角逐渐变小，表现得更为亲水。

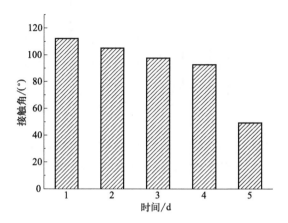

图 5-103　不同生物菌剂作用时间下超声＋生物
处理稠油型含油污泥的接触角变化情况

（2）表面自由能

图 5-104 为不同生物菌剂作用时间下超声＋生物处理稠油型含油污泥的表面自由能变化情况。从图中可以看出，随着处理时间的延长，处理后稠油型含油污泥的表面自由能增大，处理时间为 5d 时，稠油型含油污泥的表面自由能最大，润湿性最好。

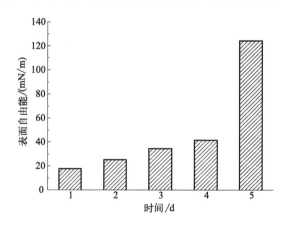

图 5-104　不同生物菌剂作用时间下超声＋生物
处理稠油型含油污泥的表面自由能变化情况

（3）黏附功

图 5-105 为不同生物菌剂作用时间下超声＋生物处理稠油型含油污泥的黏附功变化情况。从图中可以看出，随着生物菌剂作用时间的延长，超声＋生物处理后稠油型含油污泥的黏附功呈上升趋势。

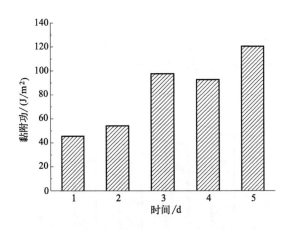

图 5-105　不同生物菌剂作用时间下超声+生物
处理稠油型含油污泥的黏附功变化情况

（4）铺展系数

图 5-106 为不同生物菌剂作用时间下超声＋生物处理稠油型含油污泥的铺展系数变化情况。从图中可以看出，随着生物菌剂处理时间的延长，超声＋生物处理后稠油型含油污泥的铺展系数变大。

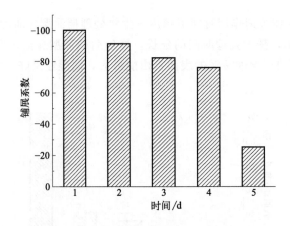

图 5-106　不同生物菌剂作用时间下超声+生物
处理稠油型含油污泥的铺展系数变化情况

5.8.2　生物菌剂作用时间对超声协同生物菌剂处理化学驱含油污泥脱除效能的研究

5.8.2.1　除油效果

图 5-107 为不同生物菌剂作用时间下超声＋生物处理对化学驱含油污泥的除油效果。由图可知，随着生物菌剂作用时间的延长，超声＋生物处理对化学驱含油污泥的处理效果增强，但整体变化不大，并且与超声＋臭氧和超声＋热洗处理相比，对于超声处理化学驱含油污泥处理效果的提升较低。

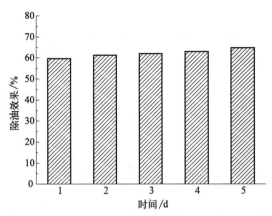

图 5-107　不同生物菌剂作用时间下超声+生物处理对化学驱含油污泥的除油效果

5.8.2.2　污泥粒径

图 5-108 为不同生物菌剂作用时间下超声＋生物处理化学驱含油污泥的粒径分布情况。从图中可以看出，生物菌剂作用时间对超声＋生物处理后化学驱含油污泥的粒径影响不是很大。

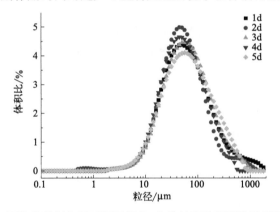

图 5-108　不同生物菌剂作用时间下超声+生物处理化学驱含油污泥的粒径分布

5.8.2.3　污泥界面特性

（1）接触角

图 5-109 为不同生物菌剂作用时间下超声＋生物处理化学驱含油污泥的接触角变化情况。由图可知，随着生物菌剂作用时间的延长，含油污泥的接触角变小。

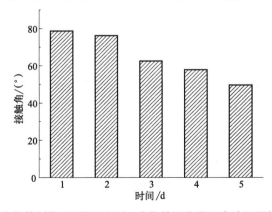

图 5-109　不同生物菌剂作用时间下超声+生物处理化学驱含油污泥的接触角变化情况

（2）表面自由能

图 5-110 为不同生物菌剂作用时间下超声＋生物处理化学驱含油污泥的表面自由能变化情况。从图中可以看出，随着处理时间的延长，处理后化学驱含油污泥的表面自由能增大，含油污泥的润湿性增强。

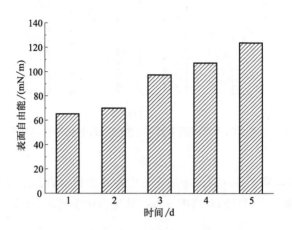

图 5-110　不同生物菌剂作用时间下超声+生物
处理化学驱含油污泥的表面自由能变化情况

（3）黏附功

图 5-111 为不同生物菌剂作用时间下超声＋生物处理化学驱含油污泥的黏附功变化情况。可以看出，随着生物菌剂作用时间的延长，超声＋生物处理后化学驱含油污泥的黏附功增加。

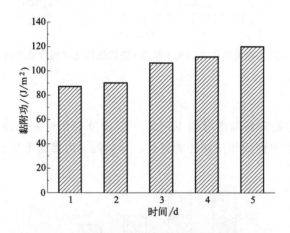

图 5-111　不同生物菌剂作用时间下超声+生物
处理化学驱含油污泥的黏附功变化情况

（4）铺展系数

图 5-112 为不同生物菌剂作用时间下超声＋生物处理化学驱含油污泥的铺展系数变化情况。从图中可以看出，随着生物菌剂作用时间的延长，超声＋生物处理后化学驱含油污泥的铺展系数变大。

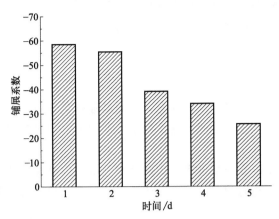

图 5-112　不同生物菌剂作用时间下超声+生物处理化学驱含油污泥的铺展系数变化情况

5.9　超声脱除机理及影响因素分析

5.9.1　脱除机理分析

超声波作为一种高频机械波，在含油污泥处理中发挥着独特的作用。其核心机理在于超声波与污泥中各组分的相互作用，特别是机械振动和空化效应。

（1）机械振动

当超声波在含油污泥中传播时会引起污泥颗粒和油滴的高频振动。这种振动不仅能在微观层面上加强颗粒间的相互碰撞，还能在宏观层面上增强污泥的流动性。由于污泥中的固体颗粒、水和油具有不同的密度和弹性，它们在超声波的作用下会以不同的方式响应。

具体来说，固体颗粒在超声波的作用下会发生位移和重新排列，这有助于打破颗粒间的团聚状态，使其更加分散。同时，油滴也会在振动的作用下发生变形和破裂，从而形成更小的油滴，增加了油滴的表面积，使其更容易与周围的介质发生相互作用。

（2）空化效应

空化是超声波在液体中传播时产生的一种独特现象。在含油污泥中，空化主要表现为气泡的形成、生长和崩溃。当超声波的能量足够高时，会在污泥中的局部区域产生负压，导致液体中的气体或蒸汽以气泡的形式析出。

这些气泡在超声波的继续作用下会经历剧烈的振荡和生长过程，直到它们达到足够的尺寸并突然崩溃。在气泡崩溃的瞬间会产生极高的温度和压力，这种极端的物理条件能够破坏污泥中的化学键及其界面张力，从而促进油水分离和固体颗粒的解聚。

超声处理含油污泥的技术相比传统处理方法具有多种优势，具体如下。

① 高效性。超声波能够在短时间内实现对含油污泥的高效处理，大大提高了含油污泥处理效率。

② 适用性广。超声处理技术可以处理不同来源和性质的含油污泥，具有较强的通用性。

③ 操作简便。超声设备的操作和维护相对简单，降低了含油污泥处理成本。

综上所述，含油污泥的超声处理机理主要是基于超声波的机械振动和空化效应。这两种作用相互协同，能够在微观和宏观层面上改变含油污泥的物理性质和化学性质，从而实现油水的高效分离和固体颗粒的解聚。超声处理技术因其高效、环保和广泛的适用性,在含油污泥处理领域具有巨大的应用潜力。

5.9.2 影响因素分析

（1）频率

高频超声波有助于产生更多的空化气泡,从而增强空化效应,提高除油效率。低频超声波则具有更强的穿透能力,能够更深入地作用于污泥内部,促进油水分离。

（2）功率

功率的增加会提高超声波的能量密度,从而增强机械振动和空化效应,有利于油水分离和固体颗粒的解聚,但过高的功率可能会导致污泥的过度加热和设备的损耗。

（3）温度

适当的温度可以提高污泥的流动性,降低油分的黏度,有利于油水分离。

（4）时间

处理时间的延长有助于更充分地发挥超声波的作用,提高除油效率,但过长的处理时间可能会增加能耗和设备磨损。

（5）清洗剂

加入合适的清洗剂可以降低油分与固体颗粒之间的黏附力,提高除油效率,应根据污泥的具体成分和处理目标进行清洗剂的选择。

通过本章内容的研究和分析,可以得出以下结论:

① 低超声频率、超声功率的增加、超声温度的提高、超声时间的延长、清洗剂的使用均可以增强含油污泥超声除油的效果。

② 超声协同臭氧、超声协同热洗、超声协同生物处理均可一定程度地增强超声除油效果,超声协同臭氧和超声协同热洗比超声协同生物处理的提升效果更好。

③ 通过粒径的数据分析可知,超声处理后整体上含油污泥的粒径分布范围变小。这一变化主要归因于超声处理过程中产生的空化效应和机械振动。超声波在含油污泥中传播时会产生高强度的振动和较大的压力变化,这些作用力能够破坏污泥颗粒的结构,使其破碎成更小的颗粒。同时,超声波还能够促进油分与污泥颗粒的分离,进一步减小了污泥的粒径。

④ 通过红外光谱数据分析可知,超声处理能够有效地促进含油污泥中固相表面的油相脱落,从而导致其官能团发生改变。而超声协同臭氧处理则通过臭氧产生的自由基与长链烷烃或大分子物质碰撞,使其分解为小片段分子,暴露出更多官能团,从而进一步增强处理效果。

⑤ 通过污泥界面特性数据分析可知,低超声频率、超声功率的增加、超声温度的提高、超声时间的延长、清洗剂的使用都可改变含油污泥界面特性。经过以上处理后,含油污泥的接触角变小,表面自由能、黏附功和铺展系数变大,污泥变得更加亲水,润湿性增强。

第<big>6</big>章

含油污泥热解脱附动力学及热解产物研究

6.1 热解反应机理

热解过程中的主要中间产物及其变化可以用图 6-1 做概括说明。

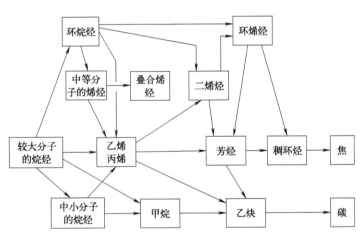

图 6-1 烃类热解过程中的一些主要产物变化示意图

按反应进行的先后顺序，反应划分为一次反应和二次反应。一次反应即由原料烃类热解生成乙烯和丙烯等低级烯烃的反应，二次反应主要是指由一次反应生成的低级烯烃进一步反应生成多种产物，直至最后生成焦或碳的反应。二次反应不仅降低了低级烯烃的收率，而且生成的焦或碳还会堵塞管路及设备，破坏热解操作的正常进行，因此二次反应在烃类热解中应设法加以控制。

（1）烷烃的热解

烷烃热解的一次反应包括脱氢反应和断链反应。不同烷烃脱氢和断链的难易，可以由分子结构中键能数值的大小来判断。一般规律是同碳原子数的烷烃，C—H 键能大于 C—C 键能，故断链比脱氢容易。烷烃的相对稳定性随碳链的增长而降低。因此，分子量大的烷烃比分子量小的容易热解，所需的热解温度也比较低。脱氢难易与烷烃的分子结构有关，叔氢最易脱去，仲氢次之，伯氢最难。带支链的 C—C 键或 C—H 键，比直链的键能小，因此支链烃容易断链或脱氢。热解是吸热反应,脱氢比断链需要更多的热量。脱氢为可逆反应,为使脱氢反应达到较高的平衡转化率,必须采用较高的温度。低分子烷烃的C—C键在分子两端断裂比在分子链中央断裂容易,而较大分子量的烷烃在中央断裂的可能性比在两端断裂的可能性大。

(2)环烷烃的热解

环烷烃热解时发生断链和脱氢反应,生成乙烯、丁烯、丁二烯和芳烃等烃类。带有侧链的环烷烃,首先进行脱烷基反应,长侧链先在侧链中央的C—C链断裂,一直进行到侧链全部与环断裂为止,残存的环再进一步热解,热解产物可以是烷烃,也可以是烯烃。五碳环比六碳环稳定,较难断裂。由于伴有脱氢反应,有些碳环部分转化为芳烃。因此,当热解原料中环烷烃含量增加时,乙烯收率会下降,丁二烯、芳烃的收率则会有所增加。

(3)芳烃热解

芳烃的热稳定性很高,在一般的热解温度下不易发生芳烃开环反应,但能进行芳烃脱氢缩合、脱氢烷基化和脱氢反应。

6.2 含油污泥热重分析(TG)实验

反应动力学分析就是研究化学过程的反应速率和反应机理,其中具有代表性的就是热重曲线。借助 TG/DTG 曲线,可以判断影响化学反应速率的因素,求取化学反应动力学参数。为了深入研究含油污泥的热解动力学反应及其机理,掌握含油污泥热解的动力学特性,对含油污泥动力学进行分析十分有必要。本节采用 TG/DTG 曲线对含油污泥进行动力学分析,为后期对含油污泥的分析提供依据。

研究实验采用一厂南一区和二厂两组含油污泥。使用型号为 Rigaku TG-DTA8122 的 TG 设备进行热重实验。在总结前人经验的基础上,选取最适合的条件参数:加热速率分别为 5℃/min、10℃/min 和 20℃/min,升温终点温度为 1000℃,油泥添加量约为 20mg,在氮气气氛下进行热解实验。

本实验的主要目的是研究含油污泥在氮气气氛下不同升温速率的热重曲线,从而绘制出含油污泥热解的 TG、DTG 曲线,并且采用不同的数学方法求解含油污泥热解的机理函数和含油污泥动力学参数(活化能 E 与指前因子 A)。

本实验采用动态法,通过 DTG 曲线可以清晰地看出样品在某一时刻反应的剧烈程度。因此,分析 TG、DTG 曲线的变化过程就能得到含油污泥的热解过程,得出含油污泥热解反应动力学参数及反应机理,从而分析含油污泥热解的影响因素。

通过热重实验可以得到含油污泥的热解状况,以在升温速率为 20℃/min 下测出的含油污泥的热重曲线,研究含油污泥热解过程中的变化情况。在 20℃/min 升温速率下各组含油污泥的 TG/DTG 曲线见图 6-2 和图 6-3。

选取具有代表性的一厂南一区离心后的含油污泥进行分析,离心后的含油污泥含水率较低,尽管含水率高低对残渣含油率、热解反应时间和热解过程无影响,但含油污泥含水率越高,其水分蒸发需要的热量就越大,消耗的燃料也就越多。在工业上尽量降低含油污泥原料的含水率是必要的,因此选取离心后的样品进行分析。

二厂离心后含油污泥热解的 TG/DTG 曲线见图 6-4。

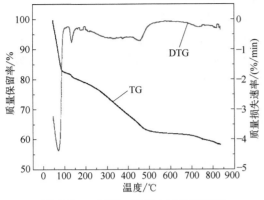

图 6-2　一厂南一区离心后含油污泥
热解的 TG/DTG 曲线

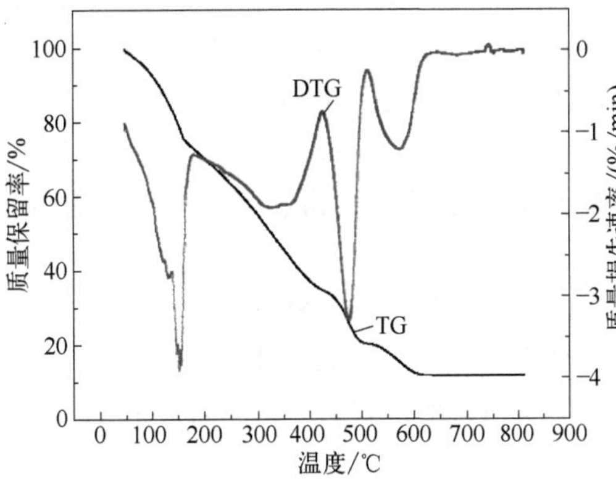

图 6-3　二厂离心前含油污泥热解的 TG/DTG 曲线

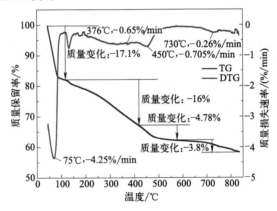

图 6-4　二厂离心后含油污泥热解的 TG/DTG 曲线

如图 6-4 所示，含油污泥热解过程可大概分为以下四个阶段。

（1）第一阶段：水分蒸发阶段（初始温度～115℃）

这个阶段为油泥吸热将自身表面水分蒸发的过程，进行较缓慢，没有化学反应发生，仅为水蒸气受热挥发的过程。TG 曲线从加热开始就呈现急剧下降的趋势，失重率为 17.1%，该阶段的质量损失速率较大，在 DTG 曲线上有一个明显的失重峰，在 75℃时失重最快，为 4.25%/min，峰的结束位置在 115℃，这是由此阶段油泥中的大量水分不断受热挥发造成的，其处于吸热状态消耗了大量的热量。

（2）第二阶段：快速（轻质油）热解阶段（115～410℃）

该阶段为油泥受热后其中轻质油组分挥发的过程，也包括一部分油包水中的水分蒸发的过程，由于温度较低没有达到深入反应的要求，此阶段的挥发过程仅仅发生在油泥的表层，油泥中沸点较低的组分受热挥发，随着温度的升高其中小部分不稳定的有机物发生分解反应，裂变为 CH_4、H_2 等小分子气体。在该温度段 TG 曲线相对第一阶段更加平缓，说明此阶段的质量损失相对缓慢一些。对应的 DTG 曲线也可以证明。在 376℃左右的失重最快，存在一个不太明显的小峰，峰值为 0.65%/min，远小于第一阶段。由于油泥中低沸点的轻质油组分较多，造成此阶段失重多，总质量损失为 16%。该阶段吸热量较少，为少部分的结合水和低沸点组分的挥发过程，是含油污泥热解的主要阶段。

（3）第三阶段：慢速（重质油）热解阶段（410～575℃）

此阶段为油泥中重质油组分的热解反应，在该温度段 TG 曲线比第二阶段还要平缓很多，说明此阶段的质量损失更加缓慢，对应的 DTG 曲线的峰值不太明显，在 450℃ 左右失重最快，峰值为 0.705%／min，质量损失为 4.78%。在此阶段的高温状态下，重质油发生热解生成小分子有机物和不凝气体，还存在一些聚合过程。此阶段反应较复杂，为吸热过程。

（4）第四阶段：最终热解阶段（575～850℃）

热解反应基本结束，质量损失为 3.8%，TG 曲线的下降趋势缓慢，DTG 在 730℃ 存在一个不太明显的峰值，为 0.26%／min，此阶段油泥中残留的少量重质油和无机物析出。

6.3 热解动力学模型构建

目前，热天平广泛用于含油污泥的热解动力学研究。由于含油污泥的成分相当复杂，多种反应同时发生，且机理尚不明确，所以利用动力学分析对含油污泥热解进行研究十分有效。一般来说，热解反应包括恒温法和升温法，由于主要研究含油污泥热解随热解温度的变化关系，所以采用动态升温法。采用 Coats-Redfern 模型来研究含油污泥的热解动力学，得到含油污泥反应的机理函数 $f(x)$，从而求出热解动力学参数活化能 E 和指前因子 A，得到热解动力学方程表达式，为后续实验条件的确定和机理的推断提供依据。

6.3.1 热解动力学方程

含油污泥热解反应是一种非定温反应，非定温条件下的热解反应的动力学方程可表达为：

$$\frac{d\alpha}{dt} = kf(\alpha) \tag{6-1a}$$

式中　t——反应时间，s；

　　α——反应物的转化率，%；

　　k——反应速率常数，s^{-1}；

$f(\alpha)$——反应机理函数。

反应机理函数的积分表达式为：

$$G(\alpha) = \int_0^\alpha \frac{1}{f(\alpha)} d\alpha \tag{6-1b}$$

反应速率常数 k 与反应温度 T（热力学温度）有非常密切的关系，19 世纪末 Arrhenius 和 Van't Hoff 等提出了多种反应速率常数表达式，其中最常用的便是 Arrhenius 通过模拟平衡常数-温度关系式的形式提出的 Arrhenius 方程。

$$k = A\exp\left(\frac{-E}{RT}\right) \tag{6-2}$$

式中　A——表观指前因子，min^{-1}；

　　E——表观活化能，kJ/mol；

　　R——气体常数，8.314×10^{-3} kJ/(mol·K)；

　　T——反应热力学温度，K。

采用等速升温，升温速率定义为：

$$\beta = \mathrm{d}T / \mathrm{d}t \tag{6-3}$$

式中　β——升温速率，K/min；

　　　T——热力学温度，K。

在等温动力学方程中进行 $\mathrm{d}t = \mathrm{d}T/\beta$ 的变换，就得到非等温条件下的动力学方程：

$$\frac{\mathrm{d}\alpha}{\mathrm{d}t} = \frac{1}{\beta}k(\alpha) \tag{6-4}$$

将反应速率常数方程代入动力学方程中便得到在定温和非定温条件下的两个常用的非均相体系的动力学方程：

等温

$$\frac{\mathrm{d}\alpha}{\mathrm{d}t} = A\exp\left(\frac{-E}{RT}\right)f(\alpha) \tag{6-5}$$

非等温

$$\frac{\mathrm{d}\alpha}{\mathrm{d}T} = \frac{1}{\beta}A\exp\left(\frac{-E}{RT}\right)f(\alpha) \tag{6-6}$$

热分析动力学的研究目的在于求解出描述某反应的动力学方程中的"动力学三因子"：A、E、$f(\alpha)$。

6.3.2　求解方法的选取

在对实验数据进行动力学分析时，热分析常采用的是非等温法，有关公式如下：

微分式

$$\frac{\mathrm{d}\alpha}{\mathrm{d}t} = \frac{A}{\beta}\exp\left(\frac{-E}{RT}\right)f(\alpha) \tag{6-7}$$

积分式

$$G(\alpha) = \int_0^\alpha \frac{1}{f(\alpha)}\mathrm{d}\alpha = \int_{T_0}^T \frac{A}{\beta}\exp\left(\frac{-E}{RT}\right)\mathrm{d}T \tag{6-8}$$

6.3.2.1　从数学分类

热分析动力学数据处理有多种方法，这些方法从数学上看就是源于微分法和积分法。微分法要求比较精确的实验数据，而积分法有许多近似的公式方法，但是这些公式都或多或少存在一定的误差。

6.3.2.2　从实验方法分类

从实验方法上看，热分析动力学数据处理方法可分成单个扫描速率法和多重扫描速率法两大类。

（1）单个扫描速率法

单个扫描速率法利用反应测得的一条非等温热分析曲线就能进行动力学分析，再进行线性回归拟合，根据拟合直线的相关度来选择最适合的模型函数，同时根据直线的斜率和截距等相关特征值来求取动力学参数 A 和 E。由于仅需一条热分析曲线就能进行分析，因此单个扫描速率法一直以来在动力学领域中都占据着主导地位。用该方法获得的动力学参数需要先选择反应机理函数 $f(\alpha)$，因此该方法又叫作模式函数法。

大多数微分法和积分法都是采用单个扫描速率法来进行的，将各种动力学模式函数代入微分法和积分法导出的线性方程中进行拟合，得到线性关系最好的模式函数。较普遍的单个扫描速率法有 Coats-Redfern 法、Agrawal 法、Madhudanan-Krishnan-Ninan 法等。但单个扫描速率法存在一定的缺陷，有时即便回归直线的相关度很高也并不等于所选的模型是合理的，甚至有时还会出现一组数据能匹配几种函数模型的情况，这就容易得出错误的结论，除非先确定好 $f(\alpha)$，否则得到的结果也是不确定的。另外，由于只对一条曲线进行分析，求得的活化能会随着升温速率变化而变化。因此，单个扫描速率法在理论上还需要进一步的探讨。

（2）多重扫描速率法

多重扫描速率法在不同的加热速率下测出多条热分析曲线，结合多条曲线进行动力学分析。该方法不受模式函数的影响，因此又叫作无模式函数法。另外，由于多重扫描速率法常用到多条热分析曲线上同一转化率处的数据，所以该方法又叫等转化率法，主要代表方法有 Friedman 法、Flynn-Wall-Ozawa 法等。在固相体系多步反应动力学中，采用多重扫描速率法较为有效，该方法揭示了一些反应表面简单而实际上往往是多步反应的复杂本质，采用该方法得到的 E 是 α 的函数，利用二者的关系就能得到较为准确的反应机理，且温度适应范围广。该方法也可用来对单个扫描速率法的结果进行验证。近年来，多重加热速率法越来越受到重视。

石油加工中原油的热解研究已相当成熟，原油热解动力学研究也有了一系列的体系。研究表明，当反应最终温度在 500℃左右时，原油中的烃类低温热解反应都服从一级反应规律或可按准一级反应进行动力学处理。实验表明，含油污泥的热解在 550℃左右基本结束，满足原油低温热解的条件，因此根据含油污泥的热解动力学机理函数，便可以假定是一级反应或准一级反应，继而可以采用单个扫描速率法来进行含油污泥的热解动力学分析。

选用计算过程简单且准确性较好的 Coats-Redfern 法进行数据处理。首先确定机理函数的反应级数，再得到反应活化能和指前因子从而确定反应动力学方程。最后将方程计算结果与实验结果进行比较，验证动力学方程的准确性。

6.3.3 热解 TG 模型

热解过程中，样品的反应转化率可用油品的质量变化来描述，即

$$\alpha = \frac{m_T - m_0}{m_f - m_0} \tag{6-9}$$

式中　m_0——反应阶段含油污泥的初始质量，kg；

　　m_f——各阶段反应终止时的含油污泥质量，kg；

　　m_T——温度为 T 时的含油污泥质量，kg。

式（6-9）中，m_0 对应 115℃和 410℃时的含油污泥质量；m_f 对应 410℃和 575℃时的含油污泥质量。

假设含油污泥的热解动力学反应满足简单的热解机理函数，则

$$f(\alpha) = (1-\alpha)^n \tag{6-10}$$

式中　n——反应级数。

将式（6-10）代入式（6-8）得到机理函数的积分表达式。

$$G(\alpha) = \int_0^\alpha \frac{1}{(1-\alpha)^n} \mathrm{d}\alpha = \int_{T_0}^T \frac{A}{E} \exp\left(\frac{-E}{RT}\right) \mathrm{d}T \tag{6-11}$$

式（6-11）的左侧是关于反应转化率 α 的积分函数：

当 $n=1$ 时

$$G(\alpha)=-\ln(1-\alpha) \tag{6-12}$$

当 $n \neq 1$ 时

$$G(\alpha)=\frac{(1-\alpha)^{1-n}-1}{n-1} \tag{6-13}$$

式（6-11）的右侧是关于反应时间 T 的积分函数，令

$$u=\frac{E}{RT}$$

由

$$T=\frac{E}{Ru}$$

知

$$\mathrm{d}T=-\frac{E}{Ru^2}\mathrm{d}u$$

则式（6-11）的右侧变为

$$G(\alpha)=\int_{T_0}^{T}\frac{A}{E}\exp\left(\frac{-E}{RT}\right)\mathrm{d}T \approx \int_0^T\frac{A}{E}\exp\left(\frac{-E}{RT}\right)\mathrm{d}T=\frac{AE}{\beta R}P(u) \tag{6-14}$$

式（6-14）中，$P(u)$ 为温度积分。

$$
\begin{aligned}
P(u)&=\int_{\infty}^{u}\left(-\frac{\mathrm{e}^{-u}}{u^2}\right)\mathrm{d}u=\int_{\infty}^{u}\left(\frac{1}{u^2}\right)\mathrm{d}\mathrm{e}^{-u}\\
&=\frac{\mathrm{e}^{-u}}{u^2}-\int_{\infty}^{u}\mathrm{e}^{-u}(-2)u^{-3}\mathrm{d}u\\
&=\frac{\mathrm{e}^{-u}}{u^2}\left(1-\frac{2!}{u}+\frac{3!}{u^2}-\frac{4!}{u^3}+\cdots\right)
\end{aligned}
\tag{6-15}
$$

将式（6-15）代入式（6-14），得

$$
\begin{aligned}
\int_0^T\frac{A}{E}\exp\left(-\frac{E}{RT}\right)\mathrm{d}T&=\frac{AE}{\beta R}P(u)\\
&=\frac{AE}{\beta R}\times\frac{\mathrm{e}^{-u}}{u^2}\times\left(1-\frac{2!}{u}+\frac{3!}{u^2}-\frac{4!}{u^3}+\cdots\right)
\end{aligned}
\tag{6-16}
$$

取式（6-16）右侧括号内前两项，得 Coats-Redfern 近似式：

$$
\begin{aligned}
\int_0^T\frac{A}{E}\exp\left(-\frac{E}{RT}\right)\mathrm{d}T&=\frac{AE}{\beta R}\times\frac{\mathrm{e}^{-u}}{u^2}\times\left(1-\frac{2!}{u}\right)\\
&=\frac{AE}{\beta R}\times\mathrm{e}^{-u}\times\frac{u-2}{u^2}\\
&=\frac{ART^2}{\beta E}\times\left(1-\frac{2RT}{E}\right)\exp\left(-\frac{E}{RT}\right)
\end{aligned}
\tag{6-17}
$$

将式（6-17）与式（6-12）和式（6-13）联立并取对数，得

当 $n=1$ 时，

$$\ln\left[-\frac{\ln(1-\alpha)}{T^2}\right]=\ln\left[\frac{AR}{\beta E}\times\left(1-\frac{2RT}{E}\right)\right]-\frac{E}{RT} \tag{6-18}$$

当 $n \neq 1$ 时，

$$\ln\left[-\frac{1-(1-\alpha)^{1-n}}{T^2(1-n)}\right] = \ln\left[\frac{AR}{\beta E}\times\left(1-\frac{2RT}{E}\right)\right] - \frac{E}{RT} \tag{6-19}$$

一般而言

$$\frac{E}{RT}\gg1, \left(1-\frac{2RT}{E}\right)\approx1$$

所以，$\ln\left[\dfrac{AR}{\beta E}\times\left(1-\dfrac{2RT}{E}\right)\right]$ 几乎是常数。将 $\ln\left[-\dfrac{\ln(1-\alpha)}{T^2}\right]$ 或 $\ln\left[-\dfrac{1-(1-\alpha)^{1-n}}{T^2(1-n)}\right]$ 与 $\left(-\dfrac{1}{T}\right)$ 拟合回归成一条直线，便可根据直线的截距求出反应的活化能 E，根据斜率求出指前因子 A。

由于 115℃之前为水分蒸发过程，是物理变化，故只对比较重要的两个阶段——115～410℃温度段内的轻质油快速热解和 410～575℃温度段内的重质油慢速热解进行动力学分析，将不同的反应级数 n 代入式（6-18）和式（6-19）计算，将得到的结果进行线性拟合后作图，见图 6-5（书后另见彩图）和图 6-6（书后另见彩图）。

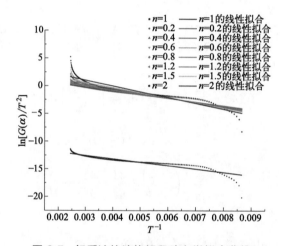

图 6-5　轻质油快速热解段动力学拟合曲线

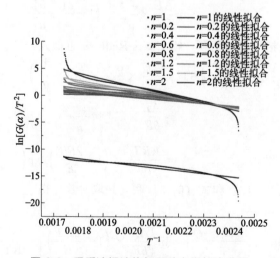

图 6-6　重质油慢速热解段动力学拟合曲线

不同反应级数下的热解动力学拟合曲线结果见表 6-1。由表 6-1 的结果可知，在 115～410℃温度段内的轻质油快速热解阶段，线性拟合度在反应级数 $n=0.8$ 时最好，相关系数为 0.9256，所以此阶段的反应级数为 0.8，动力学拟合方程为 $y=-768.58x+2.42$，由截距和斜率可得轻质油快速热解阶段的反应活化能 $E_2=6.39\text{kJ/mol}$，指前因子 $A_2=1.34\times10^7\text{s}^{-1}$。

表 6-1 不同阶段热解动力学拟合结果

热解阶段	反应级数	拟合直线方程	相关系数	$E/(\text{kJ/mol})$	A/s^{-1}
轻质油快速热解阶段	0.2	$y=-671.56x+1.78$	0.9151	5.58	3.84×10^5
	0.4	$y=-701.01x+1.97$	0.9214	5.83	7.08×10^5
	0.6	$y=-733.27x+2.19$	0.9251	6.10	1.68×10^6
	0.8	$y=-768.58x+2.42$	0.9256	6.39	1.34×10^7
	1	$y=-614.09x-10.71$	0.8776	5.11	7.83×10^{-1}
	1.2	$y=-849.03x+2.93$	0.9141	7.06	2.78×10^6
	1.5	$y=-917.90x+3.37$	0.8941	7.63	2.60×10^6
	2	$y=-1046.88x+4.19$	0.8453	8.70	4.00×10^6
重质油慢速热解阶段	0.2	$y=-3941.03x+7.61$	0.7055	6.86	2.37×10^7
	0.4	$y=-4336.74x+8.60$	0.7468	7.54	8.17×10^7
	0.6	$y=-4810.32x+9.68$	0.7905	8.37	3.52×10^8
	0.8	$y=-5378.63x+11.01$	0.8345	9.36	2.02×10^9
	1	$y=-5429.39x-1.97$	0.8455	9.44	4.81×10^3
	1.2	$y=-6832.53x+14.39$	0.9067	11.89	2.04×10^{11}
	1.5	$y=-8200.41x+17.55$	0.9353	14.27	9.30×10^{13}
	2	$y=-10880.30x+23.71$	0.9421	18.93	2.65×10^{15}

在 410～575℃温度段的重质油慢速热解阶段，线性拟合度在反应级数 $n=2$ 时最好，相关系数为 0.9421，所以此阶段的反应级数为 2。$n=2$ 时的动力学拟合方程为 $y=-10880.3x+23.71$，由截距和斜率求得重质油慢速热解阶段的反应活化能 $E_3=18.93\text{kJ/mol}$，指前因子 $A_3=2.65\times10^{15}\text{s}^{-1}$。

综合以上分析，样品污泥在轻质油热解段的反应级数为 0.8，活化能 $E_2=6.39\text{kJ/mol}$，指前因子 $A_2=1.34\times10^7\text{s}^{-1}$；重质油热解阶段的反应级数为 2，活化能 $E_3=18.93\text{kJ/mol}$，指前因子 $A_3=2.65\times10^{15}\text{s}^{-1}$，详细的动力学参数见表 6-2。

表 6-2 含油污泥热解动力学拟合参数

热解阶段	温度范围/℃	反应级数	$E/(\text{kJ/mol})$	A/s^{-1}
轻质油热解	115～410	0.8	6.39	1.34×10^7
重质油热解	410～575	2	18.93	2.65×10^{15}

由以上分析可知，两个重要阶段即轻质油和重质油热解阶段的含油污泥的热解动力学方程分别为：

轻质油热解阶段

$$\frac{d\alpha}{dt} = 176.42\exp\left(-\frac{6533.46}{T}\right)(1-\alpha) \tag{6-20}$$

重质油热解阶段

$$\frac{d\alpha}{dt} = 7.75\times10^7\exp\left(-\frac{17259.93}{T}\right)(1-\alpha) \tag{6-21}$$

6.3.4 热解 TG 模拟值与实验值的对比及误差分析

将这两个阶段选定的反应级数下的模拟结果与实验结果进行对比和误差分析。由于测试数据较多，有 1000 多行，详细数据不在这里列出。表 6-3 给出了 115～410℃温度段内的轻质油快速热解的前 50 行数据进行误差分析展示。可见，热解 TG 模型方程给出的模拟值和实验值的误差都小于 10%。

表 6-3　轻质油热解阶段模拟值与实验值误差分析

序号	实验值	模拟值	误差/%
1	−4.279988128	−4.24024	−0.93
2	−4.260157581	−4.23545	−0.58
3	−4.240711569	−4.23067	−0.24
4	−4.216922568	−4.22588	0.21
5	−4.193684747	−4.22109	0.65
6	−4.175474483	−4.21631	0.98
7	−4.153166908	−4.21152	1.41
8	−4.131344607	−4.20664	2.24
9	−4.109986881	−4.20185	2.64
10	−4.089074331	−4.19706	3.14
11	−4.064541342	−4.19228	3.53
12	−4.044545616	−4.18749	4.02
13	−4.021065051	−4.18270	4.39
14	−4.001909007	−4.17777	0.02
15	−3.972000022	−3.97298	1.00
16	−3.928743776	−3.96820	1.87
17	−3.890665546	−3.96341	2.54
18	−3.860550078	−3.95862	3.03
19	−3.837735753	−3.95384	3.42
20	−3.818584779	−3.94905	3.80
21	−3.799792105	−3.94426	4.27
22	−3.778302613	−3.93948	4.64
23	−3.760241957	−3.93469	4.55
24	−3.739573477	−3.90991	4.65
25	−3.722189824	−3.89512	4.57
26	−3.710765563	−3.88033	2.60

序号	实验值	模拟值	误差/%
27	−3.699469707	−3.79555	1.30
28	−3.682760447	−3.73076	1.16
29	−3.663611017	−3.70597	4.37
30	−3.642163512	−3.80119	2.15
31	−3.618569632	−3.69640	2.89
32	−3.587948355	−3.69162	3.83
33	−3.550938036	−3.68683	4.75
34	−3.515241250	−3.68204	2.77
35	−3.480767687	−3.57726	3.56
36	−3.449624135	−3.57247	4.27
37	−3.421543300	−3.56768	2.02
38	−3.394224503	−3.46290	1.08
39	−3.371673767	−3.40811	1.60
40	−3.349616938	−3.40333	2.12
41	−3.328032767	−3.39854	2.69
42	−3.305002108	−3.39375	3.19
43	−3.284343345	−3.38897	3.62
44	−3.265923210	−3.38418	4.11
45	−3.246042446	−3.37939	4.70
46	−3.223041556	−3.37461	5.29
47	−3.200553673	−3.36982	1.21
48	−3.176883919	−3.21529	1.90
49	−3.150495871	−3.21050	2.54
50	−3.126368581	−3.20571	3.21

6.4 含油污泥热解影响因素分析

6.4.1 热解终温对热解产物产率分布的影响

温度越高,剩余残渣越少。说明温度越高,热解越充分,但当温度高于 650℃时温度对残渣率的影响不大。

温度越高,单位质量含油污泥的产气量越大。说明温度的升高有利于含油污泥中有机质的热解,但温度低于 550℃及高于 650℃时,温度对产气率的影响不显著。由此可知:在温度为 550~650℃时热解反应的产气率较佳。

温度越高,热解残渣含油率越低,表明热解越充分,但温度高于 600℃时,含油率曲线趋向平缓,热解残渣含油率在 0.25% 以下。因此,若热解残渣含油率控制在 0.30% 以下,热解温度选择 600℃即可。

热解反应时间指从室温开始加热至实验指定温度,并在该温度下进行恒温热解反应直至无热解气排出的总时间,即从实验开始加热到热解停止的时间。温度越低热解时间越短。综合分析认为:尽管温度越低热解时间越短,反应结束越早,但热解反应不充分。可能是由部分有机物在实验温度下不能进行热解所致。如温度在550℃以下时热解残渣率和含油率较高,产气率较小,说明部分重质油未能热解。

6.4.2 升温速率对热解产物产率分布的影响

在600℃下,升温速率对产气率、残渣率和残渣含油率基本无影响,但对热解反应时间有影响。升温速率越快,热解反应的产气峰向前迁移,热解反应的时间缩短。因此,在工业应用中可通过提高进入处理装置物料的升温速率来缩短处理时间,从而提高热解处理效率。

不同升温速率下的 TG 曲线如图 6-7 所示(书后另见彩图)。

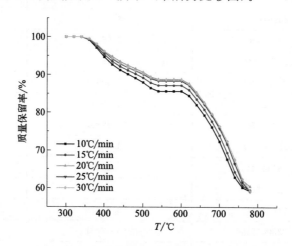

图 6-7 不同升温速率下的 TG 曲线

如图 6-7 所示,不同升温速率下的含油污泥 TG 曲线变化趋势一致,随着温度的升高,样品失重率逐渐增大直至达到稳定。不同的是,随着升温速率提高,TG 曲线向高温侧发生偏移,从图中可以看出,在相同温度下,升温速率越大,样品的失重率越低,若想达到相同的失重率则需要提高热解温度。由于热滞后效应,升温速率过快导致样品内部温度远低于环境温度,并没有达到设定的目标,反应缓慢,且反应时间的缩短,有机物的挥发量减少,造成了样品失重率的降低。

图 6-8 为含油污泥在升温速率分别为 10℃/min、15℃/min、20℃/min、25℃/min、30℃/min 时的 DTG 曲线(书后另见彩图)。由图可知,DTG 曲线作为 TG 曲线的微分形式,不同升温速率下的含油污泥的 DTG 曲线的变化趋势同样基本一致。从 DTG 曲线图可以得到,随着升温速率的提高,各阶段开始反应的温度向后推移,结束温度也同样向高温侧偏移。5 个不同升温速率下的 DTG 曲线在 400℃左右均出现了主峰,究其原因还是热具有滞后效应。同时明显看出,升温速率越大,峰值越大,即反应剧烈程度越大。值得注意的是,在 750℃附近出现了一个小峰,原因是热解过程中生成的还原性气体小分子在高温状态下加速了含油污泥中残存的少量无机物的挥发反应。最终,DTG 曲线达到一种平稳的状态,反应基本进行完全。

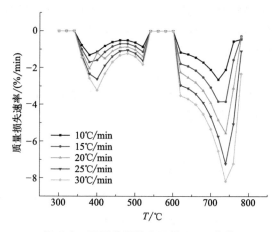

图 6-8 不同升温速率下的 DTG 曲线

分析可知,升温速率越大,达到某一指定温度的时间越短,油泥停留时间的缩短会导致反应未进行完全,热解油分减少。同时升温较快,会导致污泥表面温度远高于内部温度,内部反应温度过低会大大抑制热解反应的进行,反而较低的升温速率会使反应时间延长,热解液相(油和水)收率增大。但是,升温速率的改变只有在热解温度较低时才较为明显,超过一定温度后,升温速率对反应的影响几乎可以忽略。400℃以下升温速率的影响较为明显,温度超过 500℃ 后产物组成变化不大。故认为升温速率为 20℃/min 时最优。

6.4.3 含油污泥含水率对热解产物产率分布的影响

含油污泥含水率对产气率及残渣率有显著影响,但对残渣含油率和热解反应时间无影响。含水率越低,产气率及残渣率越高,这可能与含水率越低,含油污泥中有机质和固态无机质含量越高有关。不同含水率含油污泥样品的热解产气量随时间变化的曲线基本重合,曲线的特征相同,这说明无论含油污泥含水率高低,只要加热负荷和温度满足要求,其热解过程基本一致。尽管含水率高低对残渣含油率、热解反应时间和热解过程无影响,但含油污泥含水率越高,其水分蒸发需要的热量就越大,消耗的燃料也就越多,因此在工业上尽量降低含油污泥原料的含水率也是必要的。

6.4.4 反应时间对热解产物产率分布的影响

反应时间即反应物完成一个完整的反应,在反应器内的停留时间。物料尺寸、油泥特性、热解方式、反应炉内的温度等因素都决定了反应时间的长短,并且反应时间的不同会造成热解产物成分和总量的差异。

一般情况下,反应时间随着物料尺寸的减小而缩短,而物料分子结构复杂程度越高,反应时间越长,反应温度的升高也会导致反应时间缩短。热解方式对反应时间的影响较为明显,直接热解的热解时间明显比间接热解的时间长,当采用通过介质发生的间接热解方式时热解反应的时间与处理量有密切关系,而处理量的大小又由反应器的热平衡关系和设备的尺寸决定。

反应时间对热解产品种类和收率的影响,本质是由热解温度以及物料的分子结构特性决定的。如果其他条件相同,只改变反应时间,反应时间越长,热解生成的液态和气态产物就越多。然而为了充分回收物料中的有机物，尽可能多地脱出其挥发组分，物料应该在热解炉内停留足够的时间。随着停留时间的增加，液相产品的收率和反应转化率都会明显增加。但当反应时间超过某一定值时，反应时间对液相收率和反应转化率的影响开始减弱，这是因为热解反应是一个平行反应，并且很复杂，反应深度对产品产率的分配有很大的影响。反应速率降低，会使得一次反应的产物在热解反应器中的停留时间增加，加速了二次反应，热解生成的气相产物与缩合生成的固相产物都会增加，这就减弱了反应时间对液相收率和反应转化率的影响。

6.4.5　含油污泥热解处理过程的影响因素

热解技术是指在无氧或缺氧的条件下，油泥中的重质组分通过热解转化为轻质组分（如可燃气、焦油、半焦油等）并进行回收的过程。热解的产物主要取决于操作条件，可以是焦炭、液体或气体，并且它们可能具有比原始含油污泥更高的热值。

热解技术的影响因素如下。

① 温度：50～180℃为干燥脱气阶段，180～370℃为轻质油挥发阶段，370～500℃为重质油分解阶段，500～600℃为热解半焦化阶段，600℃以上为矿质分解阶段。不同温度下热解产物的组成见图 6-9。

② 加热速率：加热速率较高（100℃/min）时，会使一些不稳定的挥发性化合物立即从含油污泥中释放出来，极大地增加了气相收率。

③ 停留时间：停留时间不同，会导致含油污泥热解程度不同。停留时间对气体产物含量的影响见图 6-10。

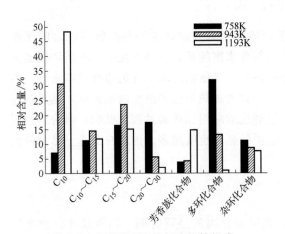

图 6-9　不同温度下热解产物的组成

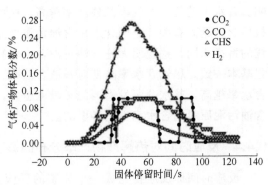

图 6-10　停留时间对气体产物含量的影响

6.5　含油污泥热重实验

6.5.1　热重分析

6.5.1.1　化学驱含油污泥热重分析

实验所用化学驱含油污泥的含油量等数据见表 6-4。

表 6-4　实验所用化学驱含油污泥样品参数

样品名称	含油量/(mg/kg)	含油率/%	含水率/%	含固率/%
化学驱含油污泥	210242.00	22.04	14.98	62.98

注：表中数据为多次检测后平均结果。

通过热重实验可以得到含油污泥的热解状况，以恒定升温速率为 20℃/min 下测出的含油污泥的热重曲线，研究含油污泥热解过程中的变化情况。图 6-11 为升温速率为 20℃/min 时化学驱含油污泥 TG（热重）及 DTG（微商热重）曲线图。

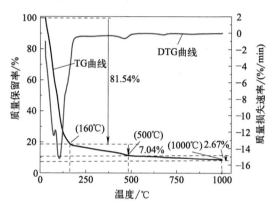

图 6-11　升温速率为 20℃/min 时化学驱含油污泥的 TG 及 DTG 曲线图

可知，含油污泥的热解可大概分为三个阶段。

（1）第一阶段

自开始加热起至 160℃，TG 曲线有一个急剧下降的趋势，说明该阶段质量损失速率较大，质量下降 81.54%，对应的 DTG 曲线上出现一个较大的峰，峰值在 103℃，这主要是由含油污泥中大量的水分和轻质部分不断蒸发引起的，水分蒸发过程消耗了大量的热量。

（2）第二阶段

160~500℃ 温度段的 TG 曲线比较平缓，说明该阶段质量损失比较缓慢，整个过程质量下降 7.04%，对应的 DTG 曲线也说明了这一点。DTG 曲线上的第二个峰并不太明显，这主要是由于该阶段是含油污泥中极少部分的化学结合水以及低沸点油类物质的挥发过程，吸热量较少。

（3）第三阶段

第三个质量变化阶段出现在 500~1000℃ 温度段，该阶段质量变化要明显慢于第二阶段，其质量损失约 2.67%。该阶段主要是重质油类的热解过程。一方面发生大分子变成小分子直至气体的热解过程，另一方面又发生小分子聚合成较大分子的聚合过程，反应较复杂，但整体表现为吸热过程。

6.5.1.2　稠油型含油污泥热重分析

实验所用稠油型含油污泥的含油量等数据见表 6-5。

表 6-5　实验所用稠油型含油污泥样品参数

样品名称	含油量/(mg/kg)	含油率/%	含水率/%	含固率/%
稠油型含油污泥	810143.08	80.79	10.15	9.06

注：表中数据为多次检测后的平均结果。

图 6-12 为升温速率为 20℃/min 时稠油型含油污泥的 TG 及 DTG 曲线图。由图可知，由于稠油型污泥中除含大量石油类物质外，还含有大量泥沙、植物根茎、砖瓦等杂质，虽然在预处理过程中去除了粒径较大的杂质，但粒径较小或与污泥包裹等形成的杂质无法去除，因此，导致了稠油型污泥在整个热重分析实验中污泥失去质量比例为 14.34%。该热解过程随着温度的升高大致分为四个阶段。

第一阶段：初始温度～246℃。主要发生的是污泥内游离水及部分结合水受到温度作用发生挥发，且在 52℃污泥质量失去较快，污泥内部水分挥发，此后污泥开始持续失重，在 100～246℃升温过程中污泥不断出现失重，此时污泥剩余结合水和部分轻质物在温度作用下挥发。

第二阶段：246～499℃。整个过程质量失去 6.27%，该过程热失重率峰值出现在 -0.50%/min 和 -0.88%/min，该过程主要发生的是污泥内部轻质物挥发。

第三阶段、第四阶段：499～999℃。整个过程质量失去 3.14%，且热失重率保持相对稳定，尤其是 721～999℃，呈现出持续性的失重。

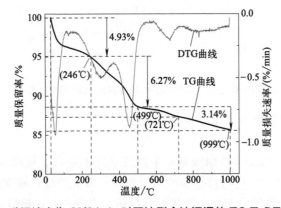

图 6-12　升温速率为 20℃/min 时稠油型含油污泥的 TG 及 DTG 曲线图

6.5.2　升温速率对污泥失重的影响

6.5.2.1　升温速率对化学驱含油污泥失重的影响

图 6-13 为不同升温速率下化学驱含油污泥的 TG 曲线图。不同升温速率下的化学驱含

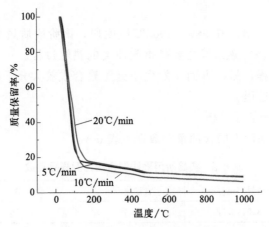

图 6-13　不同升温速率下化学驱含油污泥的 TG 曲线图

油污泥 TG 曲线变化趋势一致，随着温度的升高，样品失重率逐渐增大直至稳定。不同的是，随着升温速率的提高，TG 曲线向高温侧发生偏移，从中可以看出，在相同温度下，升温速率越大，样品的失重率越低，若想达到相同的失重率，则需要提高热解温度。发生这种现象的原因是，由于热滞后效应，升温速率过快导致样品内部温度远低于环境温度，并没有达到设定的目标，反应缓慢，且反应时间的缩短，有机物的挥发量减少，造成了样品失重率的降低。

图 6-14 为不同升温速率下化学驱含油污泥的 DTG 曲线图。由图可知，DTG 曲线作为 TG 曲线的微分形式，不同升温速率下的化学驱含油污泥的 DTG 曲线的变化趋势同样基本一致。从 DTG 曲线图可以看出，随着升温速率的提高，各阶段开始反应的温度向后推移，结束温度也同样向高温侧偏移。三个不同的升温速率下 DTG 曲线在 100℃ 左右均出现了主峰，究其原因还是因为热具有滞后效应，同时明显看出，升温速率越高，峰值越大，即反应剧烈程度越大。值得注意的是，在 450℃ 附近出现了一个小峰，原因是热解过程中生成的还原性气体小分子在高温状态下加速了化学驱含油污泥残存的少量无机物的挥发反应。最终，DTG 曲线达到一种平稳的状态，反应基本进行完全。

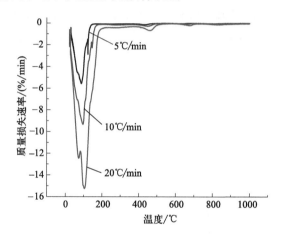

图 6-14　不同升温速率下化学驱含油污泥的 DTG 曲线图

分析可知，升温速率越大，达到某一指定温度的时间越短，油泥在此温度段的停留时间的缩短会导致反应未进行完全，热解油分减少。同时升温较快，会导致污泥表面温度远高于内部温度，内部反应温度的过低会大大抑制热解反应的进行，反而较低的升温速率会使反应时间延长，热解液相（油和水）收率增大。但是，升温速率的改变只有在热解温度较低时才较为明显，超过一定温度后升温速率对反应的影响几乎可以忽略。

6.5.2.2　升温速率对稠油型含油污泥失重的影响

图 6-15 为不同升温速率下稠油型含油污泥的 TG 曲线图。不同升温速率下的稠油型含油污泥的 TG 曲线变化趋势一致，随着温度的升高，样品失重率逐渐增大直至稳定。当升温速率为 5℃/min、10℃/min、20℃/min 时，整个过程稠油型污泥失重分别为 34%、28%、15%。由此可知，随着升温速率提高，污泥失重比例降低，表明稠油型污泥在热解过程中 5℃/min 的升温速率为最适升温速率，由此可知，污泥在 0～100℃ 过程中挥发结合水和轻质油需要更长的时间。

图 6-16 为不同升温速率下稠油型含油污泥的 DTG 曲线图。不同升温速率下稠油型含油

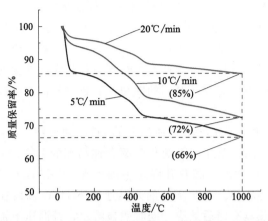

图 6-15 不同升温速率下稠油型含油污泥的 TG 曲线图

污泥的 DTG 曲线的变化趋势同样基本一致。从 DTG 曲线图可以看出，随着升温速率的提高，各阶段开始反应的温度向后推移，结束温度也同样向高温侧偏移。值得注意的是，在 450℃附近出现了一个小峰，原因是热解过程中生成的还原性气体小分子在高温状态下加速了稠油型含油污泥残存的少量无机物的挥发。最终，DTG 曲线达到一种平稳的状态，反应基本进行完全。

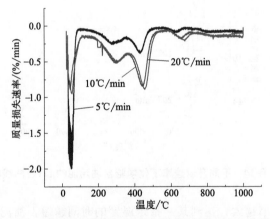

图 6-16 不同升温速率下稠油型含油污泥的 DTG 曲线图

6.6 热解过程中小分子产物分析

为进一步分析污泥热解过程中小分子产物分布情况，采用热重质谱联用仪（TG-MS）进行实验。

6.6.1 小质荷比（m/z）产物分析

6.6.1.1 化学驱污泥热解过程中小质荷比（m/z）产物分析

$m/z=2$ 时的峰表明热解过程出现氢气（H_2），说明在温度升高时发生芳香结构和氢化芳香结构的缩聚脱氢反应，氢气（H_2）的峰出现在 150～600℃，其中 150～200℃ 和 400～500℃离子流强度增大，这是由于 150～200℃时污泥中脂肪侧链和部分直链断裂产生的氢自由基，400～500℃时烷烃直链断裂、环化、芳香化以及芳香侧链断裂和芳香环结构断裂等发生缩聚脱氢反应。

质荷比（m/z）为 15～16 的峰可能是来自 CH_4 和 $\cdot CH_3^+$，由样品为含油污泥可知，在加热过程中会产生甲烷，含油污泥中的甲烷来自含有甲基官能团的脂肪族直链或长链、芳香侧链断键失去的甲基。CH_4 产物曲线主要以 3 个峰值为主。生成甲烷的温度区间分别为 150～400℃、400～600℃、600～700℃。

质荷比（m/z）为 17～20 的峰表明该阶段产生了 NH_3、H_2O 和 $\cdot OH$ 等，随着温度升高，含油污泥中的游离水、结合水等开始不断从污泥中分离出来。此外，由于含油污泥中存在含油聚合物等含 N 物质，出现的峰也来自 NH_3 的产生。

质荷比（m/z）为 25～27 的峰主要以 C_2H、C_2H_2、$\cdot C_2H_3$ 为主，这主要是由脂肪族链和芳香环的侧链受热分解产生，其中 $m/z=26～27$ 的峰以 C_2H_2、$\cdot C_2H_3$ 为主，整个过程中产生的气体中的 C_2 碳氢离子来自大分子热解或缩聚反应。

6.6.1.2 稠油型污泥热解过程中小质荷比（m/z）产物分析

质荷比（m/z）为 15～16 的峰可能是来自 CH_4 和 $\cdot CH_3^+$。由样品为含油污泥可知，在加热过程中会产生甲烷，含油污泥中的甲烷来自含有甲基官能团的脂肪族直链或长链、芳香侧链断键失去的甲基，此过程形成 CH_4 和 $\cdot CH_3^+$。CH_4 产物曲线主要以 3 个峰值为主。生成甲烷的温度区间分别为 50～200℃、400～700℃、1150～1300℃，其中主要峰出现在 400～700℃。

质荷比（m/z）为 17～20 的峰表明该阶段产生了 NH_3、H_2O 和 $\cdot OH$ 等，根据 $m/z=17$ 的峰发现，含油污泥中含有含 N 物质，出现的峰可能来自 NH_3。此外，$m/z=17$ 在 100℃ 左右出现峰，由于稠油型污泥中含有水分，因此，该处峰可能是 $\cdot OH$。根据 $m/z=18$ 可知有水生成，该水分来自污泥内游离水、结合水等。由此可知，$m/z=17～20$ 的峰应该是 NH_3、H_2O 和 $\cdot OH$ 等。

质荷比（m/z）为 25～29 的峰可能是 C_2H、C_2H_2、$\cdot OCH$、$\cdot CH_2CH_3$ 等，这主要是由脂肪族链和芳香环的侧链受热分解产生，其中 $m/z=26～29$ 的峰以 C_2H_2、$\cdot C_2H_3$ 为主，整个过程中产生的气体中的 $C_2～C_3$ 碳氢离子来自大分子热解或缩聚反应。

6.6.2 含硫产物分析

6.6.2.1 化学驱污泥热解过程中含硫产物分析

根据 S 元素及其化合物质荷比可知，$m/z=32$、33、34、47、48、64 可能是含硫化合物。该污泥样品中主要为 $m/z=33$、47、64。含油污泥样品中的硫主要来自无机硫和有机硫，$m/z=33$ 中呈现多峰，且分布较广，猜测可能是由于有机态硫化物在升温条件下热解产生的 HS 离子碎片被检测出。$m/z=47$ 的离子碎片主要来自 CH_3S 碎片，$m/z=64$ 的峰来自 SO_2。

6.6.2.2 稠油型污泥热解过程中含硫产物分析

根据 S 元素及其化合物质荷比可知，$m/z=32$、33、34、47、48、61、64 可能是含硫化合物。其根据硫分为有机硫和无机硫两种，其中有机硫包括脂肪族硫、芳香族硫、（亚）砜类硫、噻吩硫、硫醇硫、硫化物硫等，无机硫包括硫酸盐硫、金属硫化物硫等。根据检测结果质荷比 $m/z=33$、47、61 可知，样品中含硫化合物主要以硫醇、硫化物为主。

6.6.3 与烃类有关产物的分析

含油污泥中存在大量烃类化合物，其在热解过程中发生多种物理化学反应，检测其中的烃类化合物，根据烷烃（直链、支链、环烷烃）、烯烃、芳烃等不同质荷比进行分析。

烷烃：质荷比（m/z）包括 41、42、43、55、56、57、69、70、71、83、84、85、99、113 等。

烯烃：质荷比（m/z）包括 41、42、43、55、56、57、69、70、71、83、84、85、99、113 等。

芳烃：质荷比（m/z）包括 39、40、51、52、65、66、77、78、91、92 等。

6.6.3.1 化学驱污泥热解过程中烃类产物分析

整个热解过程中产生的烃类物质包括烷烃、烯烃、芳烃，烷烃以多烷烃为主，如 n-n-十六烷（$m/z=41$、43、57、99 等），烯烃包含 $CH_2 = CH—CH_2^+$（$m/z=41$）、$CH_2 = CH—CH_3^+$（$m/z=42$）等，烃类化合物主要出现的热解温度范围为 400～600℃，少量轻质烃出现在 200℃左右，部分烃类物质多在 600～1000℃出现明显峰。因此，污泥热解过程中烃类物质的产生多在 400～600℃发生。

6.6.3.2 稠油型污泥热解过程中烃类产物分析

整个热解过程中产生的烃类物质包含烷烃、烯烃、芳烃，烃类物质产生温度以 400～600℃为主。

6.7 含油污泥在不同温度下的热解情况

6.7.1 实验条件

本实验采用热解气质联用仪（Py-GCMS）进行检测分析，热解器是 EGA/PY-3030D，气质联机（GC-MS）型号为岛津 2010，色谱柱采用 5％苯基-甲基聚硅氧烷柱。

本实验主要在 350℃、550℃、750℃三个温度下对稠油型含油污泥和化学驱含油污泥进行热解，分析不同热解温度下污泥产生的有机物种类及比例，以明确稠油型含油污泥和化学驱含油污泥的热解特性。

实验污泥为稠油型含油污泥和化学驱含油污泥。

测试氛围为氮气。

6.7.2 稠油型污泥在不同温度下的热解产物

分别在 350℃、550℃、750℃三个温度下对稠油型含油污泥进行热解，然后分析不同温度下热解有机产物的情况。

6.7.2.1 350℃下稠油型污泥的热解产物

图 6-17 为 350℃下稠油型污泥热解产物的 GC-MS 图谱，350℃下污泥热解产生 68 个主要峰。

用峰号对应的峰面积所占比例来表示有机物所占比例，稠油型含油污泥在 350℃下热解产生有机物的峰主要有 1 号（10.04％）、62 号（4.61％）、57 号（4.37％）、60 号（3.96％）、55 号（3.60％），通过峰值对比以确定主要峰对应有机物的类型和结构。

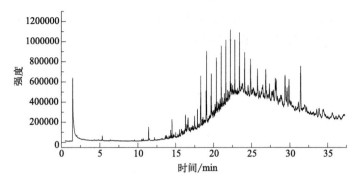

图 6-17　稠油型含油污泥在 350℃下热解产生有机物的 MS 图

（1）1 号峰分析（10.04%）

图 6-18 为 1 号峰的 MS 图，峰出现时间为 1.484min。

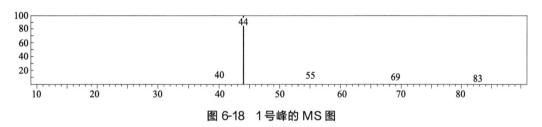

图 6-18　1 号峰的 MS 图

匹配谱图数据库，选取相似度（SI）前三的谱图，得到相似度分别为 100%、100%、100%的三个样品。

① 第 1 个相似度为 100% 的匹配样品，谱库为 NIST107. LIB，分子式为 $CH_6N_2O_2$，CAS 编号为 1111-78-0，分子量为 78，名称为 ammonium carbamate（氨基甲酸铵），MS 图谱及结构如图 6-19 所示。

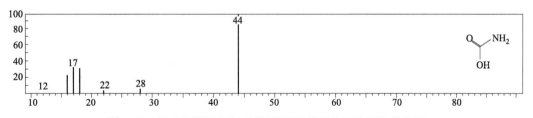

图 6-19　第 1 个相似度为 100%的匹配样品的 MS 图和结构图

② 第 2 个相似度为 100% 的匹配样品，谱库为 NIST107. LIB，分子式为 CO_2，CAS 编号为 124-38-9，分子量为 44，名称为 carbon dioxide（二氧化碳），MS 图谱及结构如图 6-20 所示。

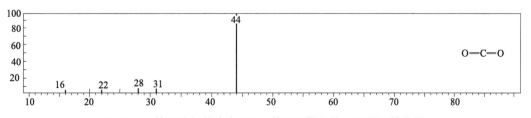

图 6-20　第 2 个相似度为 100%的匹配样品的 MS 图和结构图

③ 第 3 个相似度为 100％的匹配样品，谱库为 NIST107. LIB，分子式为 N_2O，CAS 编号为 10024-97-2，分子量为 44，名称为 nitrous oxide（一氧化二氮），MS 图谱及结构如图 6-21 所示。

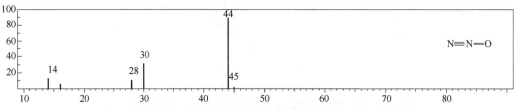

图 6-21　第 3 个相似度为 100％的匹配样品的 MS 图和结构图

（2）62 号峰分析（4.61％）

图 6-22 为 62 号峰的 MS 图，峰出现时间为 31.420min。

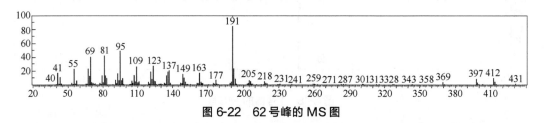

图 6-22　62 号峰的 MS 图

匹配谱图数据库，选取相似度（SI）前三的谱图，得到相似度分别为 84％、79％、79％的三个样品。

① 相似度为 84％的匹配样品，谱库为 NIST107. LIB，分子式为 $C_{24}H_{44}$，CAS 编号为 87953-47-7，分子量为 332，名称为 15-isobutyl-(13αH)-isocopalane，MS 图谱及结构如图 6-23 所示。

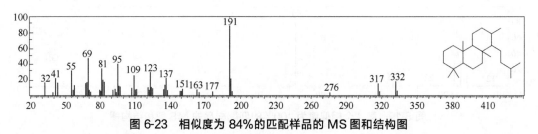

图 6-23　相似度为 84％的匹配样品的 MS 图和结构图

② 第 1 个相似度为 79％的匹配样品，谱库为 NIST14. LIB，分子式为 $C_{30}H_{52}$，CAS 编号为 26266-08-0，分子量为 412，名称为 2,6,10,15,19,23-hexamethyl-tetracosapentaene，MS 图谱及结构如图 6-24 所示。

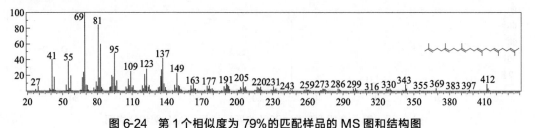

图 6-24　第 1 个相似度为 79％的匹配样品的 MS 图和结构图

③ 第2个相似度为79%的匹配样品，谱库为 NIST107. LIB，分子式为 $C_{30}H_{52}$，分子量为412，名称为 2,6,10,15,19,23-hexamethyltetracosa-2,6,10,14,18-pentaene，MS 图谱及结构如图 6-25 所示。

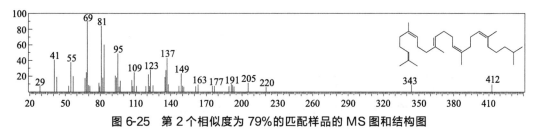

图 6-25 第 2 个相似度为 79% 的匹配样品的 MS 图和结构图

（3）57 号峰分析（4.37%）

图 6-26 为 57 号峰的 MS 图，峰出现时间为 28.815min。

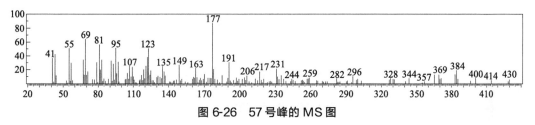

图 6-26 57 号峰的 MS 图

匹配谱图数据库，选取相似度（SI）前三的谱图，得到相似度分别为 75%、75%、74% 的三个样品。

① 第1个相似度为 75% 的匹配样品，谱库为 NIST107. LIB，分子式为 $C_{15}H_{26}$，CAS 编号为 74022-04-1，分子量为 206，名称为 2,4a,8,8-tetramethyl-decahydrocyclopropa[d]naphthalene，MS 图谱及结构如图 6-27 所示。

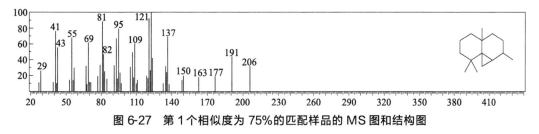

图 6-27 第 1 个相似度为 75% 的匹配样品的 MS 图和结构图

② 第2个相似度为 75% 的匹配样品，谱库为 NIST14. LIB，分子式为 $C_{20}H_{36}O_{2}$，CAS 编号为 515-03-7，分子量为 308，名称为 α-ethenyldecahydro-2-hydroxy-α,2,5,5,8a-penta-methyl-，(aR,1R,2R,4aS,8aS)-1-naphthalenepropanol（香紫苏醇），MS 图谱及结构如图 6-28 所示。

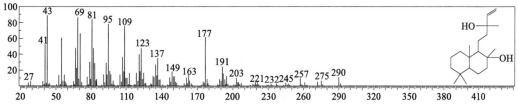

图 6-28 第 2 个相似度为 75% 的匹配样品的 MS 图和结构图

③ 相似度为 74% 的匹配样品，谱库为 NIST14. LIB，分子式为 $C_{28}H_{48}$，分子量为 384，名称为 $17\alpha,21\beta-28,30$-bisnorhopane，MS 图谱及结构如图 6-29 所示。

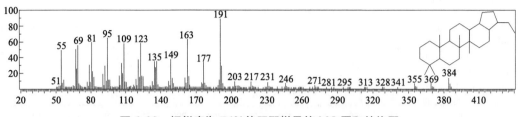

图 6-29 相似度为 74% 的匹配样品的 MS 图和结构图

（4）60 号峰分析（3.96%）

图 6-30 为 60 号峰的 MS 图，峰出现时间为 29.880min。

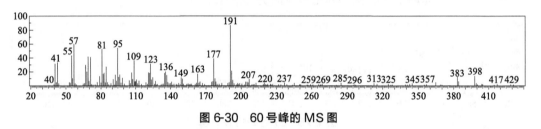

图 6-30 60 号峰的 MS 图

匹配谱图数据库，选取相似度（SI）前三的谱图，得到相似度为 82% 的一个样品。

相似度为 82% 的匹配样品，谱库为 NIST05. LIB，分子式为 $C_{17}H_{30}O_2$，分子量为 266，名称为 $4a,7,7,10a$-tetramethyl-dodecahydrobenzo［f］chromen-3-ol，MS 图谱及结构如图 6-31 所示。

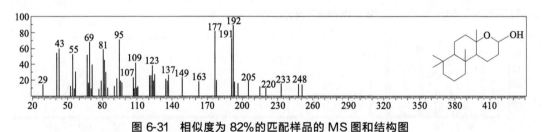

图 6-31 相似度为 82% 的匹配样品的 MS 图和结构图

（5）55 号峰分析（3.60%）

图 6-32 为 55 号峰的 MS 图，峰出现时间为 28.135min。

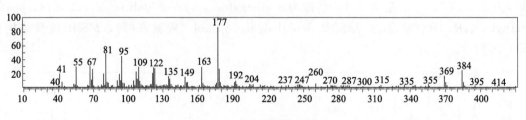

图 6-32 55 号峰的 MS 图

匹配谱图数据库，选取相似度（SI）前三的谱图，得到相似度分别为 78%、77%、75% 的三个样品。

① 相似度为 78% 的匹配样品，谱库为 NIST14. LIB，分子式为 $C_{13}H_{20}O$，CAS 编号为 35044-68-9，分子量为 332，名称为 1-(2,6,6-trimethyl-1-cyclohexen-1-yl)-2-buten-1-one，MS 图谱及结构如图 6-33 所示。

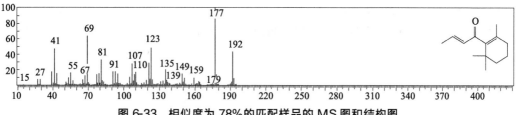

图 6-33 相似度为 78% 的匹配样品的 MS 图和结构图

② 相似度为 77% 的匹配样品，谱库为 NIST21. LIB，分子式为 $C_{13}H_{20}O$，CAS 编号为 85949-43-5，分子量为 192，名称为 4-[2,6,6-trimethyl-1(or 2)-cyclohexen-1-yl]-3-buten-1-one，MS 图谱及结构如图 6-34 所示。

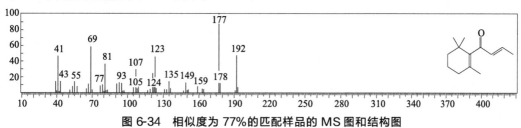

图 6-34 相似度为 77% 的匹配样品的 MS 图和结构图

③ 相似度为 75% 的匹配样品，谱库为 NIST107. LIB，分子式为 $C_{32}H_{54}O_2$，CAS 编号为 56588-24-0，分子量为 470，名称为 acetate，(7α)-2D：A-friedooleanan-7-ol，MS 图谱及结构如图 6-35 所示。

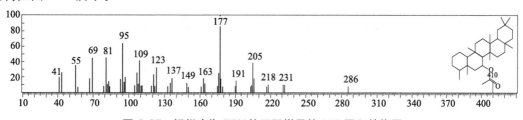

图 6-35 相似度为 75% 的匹配样品的 MS 图和结构图

6.7.2.2 550℃下稠油型污泥的热解产物

图 6-36 为 550℃下稠油型污泥热解产物的 GC-MS 图谱，550℃下污泥热解产生 93 个主要峰。

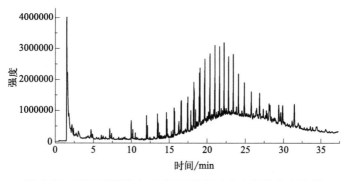

图 6-36 稠油型污泥在 550℃下热解产生有机物的 MS 图

由峰号对应的峰面积所占比例来表示有机物所占比例，稠油型污泥在550℃下热解产生有机物的峰主要有1号（21.78%）、82号（3.23%）、83号（2.66%）、79号（2.53%），通过峰值对比以确定主要峰对应有机物的类型和结构。

（1）1号峰分析（21.78%）

图6-37为1号峰的MS图，峰出现时间为1.500min。

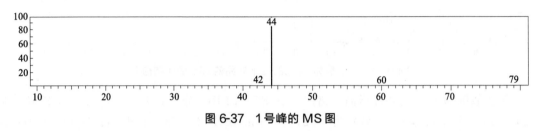

图6-37　1号峰的MS图

匹配谱图数据库，选取相似度（SI）前三的谱图，得到相似度分别为100%、100%、100%的3个样品。

① 第1个相似度为100%的匹配样品，谱库为NIST107.LIB，分子式为$CH_6N_2O_2$，CAS编号为1111-78-0，分子量为78，名称为ammonium carbamate（氨基甲酸铵），MS图谱及结构如图6-38所示。

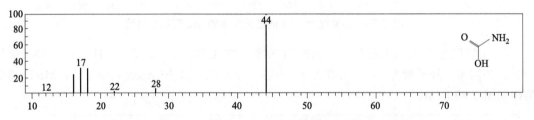

图6-38　第1个相似度为100%的匹配样品的MS图和结构图

② 第2个相似度为100%的匹配样品，谱库为NIST107.LIB，分子式为CO_2，CAS编号为124-38-9，分子量为44，名称为carbon dioxide（二氧化碳），MS图谱及结构如图6-39所示。

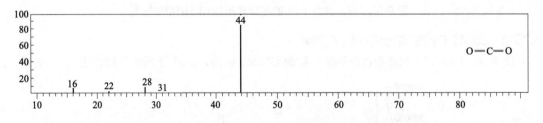

图6-39　第2个相似度为100%的匹配样品的MS图和结构图

③ 第3个相似度为100%的匹配样品，谱库为NIST107.LIB，分子式为N_2O，CAS编号为10024-97-2，分子量为44，名称为nitrous oxide（笑气），MS图谱及结构如图6-40所示。

（2）82号峰分析（3.23%）

图6-41为82号峰的MS图，峰出现时间为29.385min。

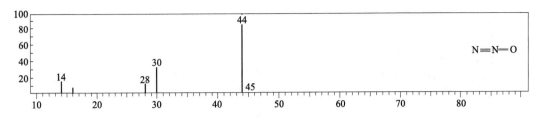

图6-40 第3个相似度为100%的匹配样品的MS图和结构图

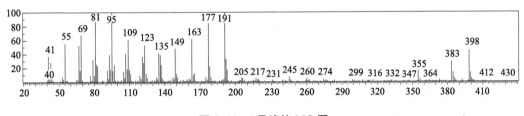

图6-41 1号峰的MS图

匹配谱图数据库，选取相似度（SI）前三的谱图，得到相似度分别为82%、81%的两个样品。

① 相似度为82%的匹配样品，谱库为NIST14.LIB，分子式为$C_{28}H_{48}$，分子量为384，名称为$17\alpha,21\beta$-28,30-bisnorhopane，MS图谱及结构如图6-42所示。

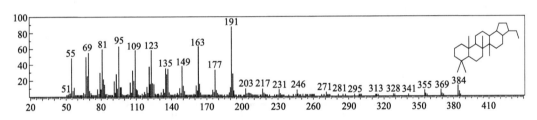

图6-42 相似度为82%的匹配样品的MS图和结构图

② 相似度为81%的匹配样品，谱库为NIST05.LIB，分子式为$C_{15}H_{26}$，分子量为206，名称为：dihydro-（一）-neoclovene-（Ⅱ），MS图谱及结构如图6-43所示。

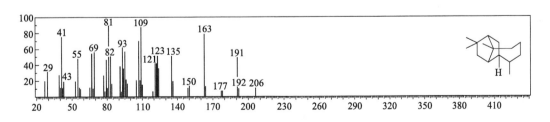

图6-43 相似度为81%的匹配样品的MS图和结构图

（3）83号峰分析（2.66%）

图6-44为83号峰的MS图，峰出现时间为29.890min。

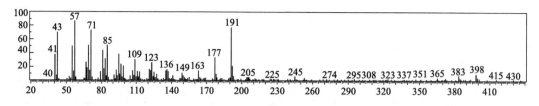

图 6-44　83 号峰的 MS 图

匹配谱图数据库，选取相似度（SI）前三的谱图，得到相似度为 79% 的样品。

相似度为 79% 的匹配样品，谱库为 NIST05.LIB，分子式为 $C_{17}H_{30}O_2$，分子量为 266，名称为 $4a,7,7,10a$-tetramethyl-dodecahydrobenzo[f]chromen-3-ol，MS 图谱及结构如图 6-45 所示。

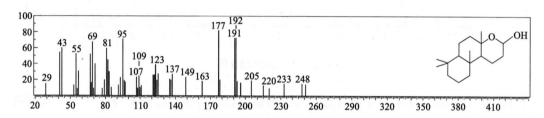

图 6-45　相似度为 79% 的匹配样品的 MS 图和结构图

（4）79 号峰分析（2.53%）

图 6-46 为 79 号峰的 MS 图，峰出现时间为 28.145min。

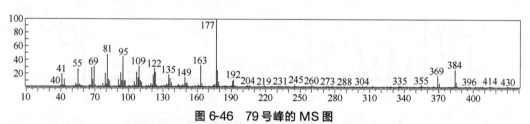

图 6-46　79 号峰的 MS 图

匹配谱图数据库，选取相似度（SI）前三的谱图，得到相似度分别为 77%、76%、76% 的三个样品。

① 相似度为 77% 的匹配样品，谱库为 NIST14.LIB，分子式为 $C_{13}H_{20}O$，CAS 编号为 035044-68-9，分子量为 192，名称为 1-(2,6,6-trimethyl-1-cyclohexen-1-yl)-2-buten-1-one，MS 图谱及结构如图 6-47 所示。

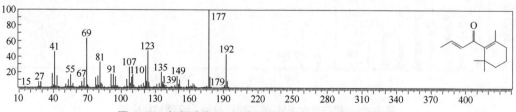

图 6-47　相似度为 77% 的匹配样品的 MS 图和结构图

② 第 1 个相似度为 76% 的匹配样品，谱库为 NIST05s.LIB，分子式为 $C_{13}H_{20}O$，CAS 编号为 85949-43-5，分子量为 192，名称为 4-[2,6,6-trimethyl-1(or 2)-cyclohexen-1-yl]-3-

buten-1-one，MS 图谱及结构如图 6-48 所示。

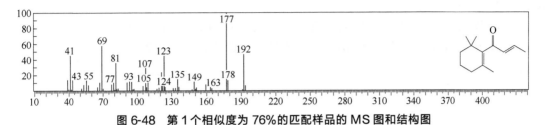

图 6-48　第 1 个相似度为 76% 的匹配样品的 MS 图和结构图

③ 第 2 个相似度为 76% 的匹配样品，谱库为 NIST05s. LIB，分子式为 $C_{13}H_{22}$，分子量为 178，名称为 1,10-dimethyl-2-methylene-trans-decalin，MS 图谱及结构如图 6-49 所示。

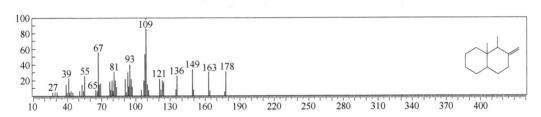

图 6-49　第 2 个相似度为 76% 的匹配样品的 MS 图和结构图

6.7.2.3　750℃下稠油型污泥的热解产物

图 6-50 为 750℃下稠油型污泥热解产物的 GC-MS 图谱，750℃下污泥热解产生 73 个主要峰。

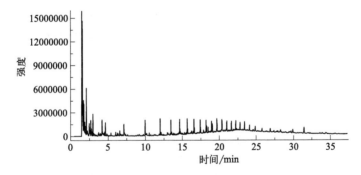

图 6-50　稠油型污泥在 750℃下热解产生有机物的 MS 图

由峰号对应的峰面积所占比例来表示有机物所占比例，稠油型污泥在 750℃下热解产生有机物的峰主要有 1 号（15.19%）、2 号（12.79%）、6 号（3.55%）、7 号（3.17%），通过峰值对比以确定主要峰对应有机物的类型和结构。

（1）1 号峰分析（15.19%）

图 6-51 为 1 号峰的 MS 图，峰出现时间为 1.515min。

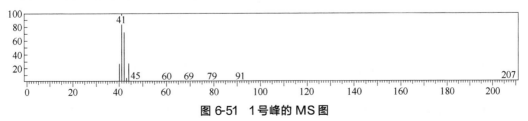

图 6-51　1 号峰的 MS 图

匹配谱图数据库，选取相似度（SI）前三的谱图，得到相似度分别为 96%、92%、87% 的 3 个样品。

① 相似度为 96% 的匹配样品，谱库为 NIST21.LIB，分子式为 C_3H_6，CAS 编号为 115-07-1，分子量为 42，名称为 propene（丙烯），MS 图谱及结构如图 6-52 所示。

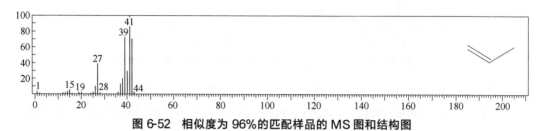

图 6-52　相似度为 96% 的匹配样品的 MS 图和结构图

② 相似度为 92% 的匹配样品，谱库为 NIST21.LIB，分子式为 C_3H_6，CAS 编号为 75-19-4，分子量为 42，名称为 cyclopropane（环丙烷），MS 图谱及结构如图 6-53 所示。

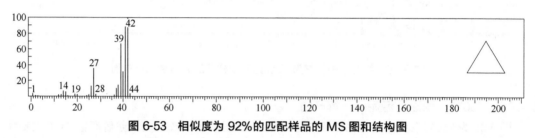

图 6-53　相似度为 92% 的匹配样品的 MS 图和结构图

③ 相似度为 87% 的匹配样品，谱库为 NIST107.LIB，分子式为 $C_4H_{11}B$，CAS 编号为 1113-22-0，分子量为 70，名称为 dimethyl-ethylborane，MS 图谱及结构如图 6-54 所示。

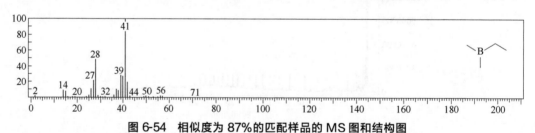

图 6-54　相似度为 87% 的匹配样品的 MS 图和结构图

（2）2 号峰分析（12.79%）

图 6-55 为 2 号峰的 MS 图，峰出现时间为 1.575min。

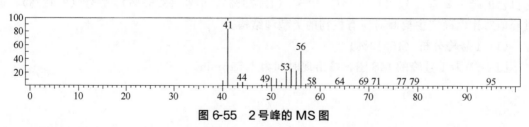

图 6-55　2 号峰的 MS 图

匹配谱图数据库，选取相似度（SI）前三的谱图，得到相似度分别为 93%、93%、92% 的 3 个样品。

① 第 1 个相似度为 93% 的匹配样品，谱库为 NIST14.LIB，分子式为 C_4H_8，CAS 编号

为 107-01-7，分子量为 56，名称为 2-butene（2-丁烯），MS 图谱及结构如图 6-56 所示。

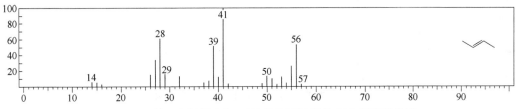

图 6-56 第 1 个相似度为 93% 的匹配样品的 MS 图和结构图

② 第 2 个相似度为 93% 的匹配样品，谱库为 NIST14s.LIB，分子式为 C_4H_8，CAS 编号为 590-18-1，分子量为 56，名称为 cis-2-butylene（顺 2-丁烯），MS 图谱及结构如图 6-57 所示。

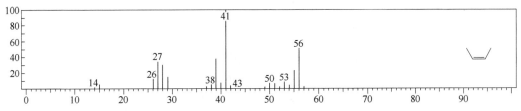

图 6-57 第 2 个相似度为 93% 的匹配样品的 MS 图和结构图

③ 相似度为 92% 的匹配样品，谱库为 NIST107.LIB，分子式为 C_4H_8，CAS 编号为 624-64-6，分子量为 56，名称为 (E)-2-butene（反 2-丁烯），MS 图谱及结构如图 6-58 所示。

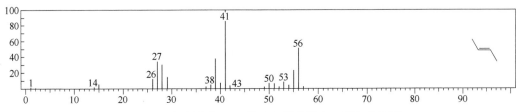

图 6-58 相似度为 92% 的匹配样品的 MS 图和结构图

（3）6 号峰分析（3.55%）

图 6-59 为 6 号峰的 MS 图，峰出现时间为 2.100min。

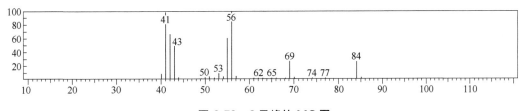

图 6-59 6 号峰的 MS 图

匹配谱图数据库，选取相似度（SI）前三的谱图，得到相似度分别为 98%、93%、93% 的 3 个样品。

① 相似度为 98% 的匹配样品，谱库为 NIST14.LIB，分子式为 C_6H_{12}，CAS 编号为 592-41-6，分子量为 84，名称为 1-hexene（1-己烯），MS 图谱及结构如图 6-60 所示。

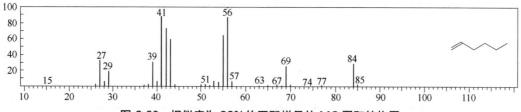

图 6-60　相似度为 98%的匹配样品的 MS 图和结构图

② 第 1 个相似度为 93%的匹配样品，谱库为 NIST107. LIB，分子式为 C_8H_{16}，CAS 编号为 13152-44-8，分子量为 112，名称为 *cis*-2-cyclobutane，（顺 2-丁烯），MS 图谱及结构如图 6-61 所示。

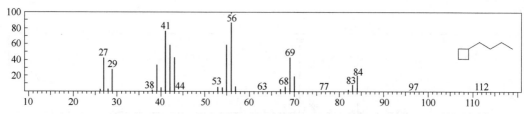

图 6-61　第 1 个相似度为 93%的匹配样品的 MS 图和结构图

③ 第 2 个相似度为 93%的匹配样品，谱库为 NIST107. LIB，分子式为 $C_6H_{13}Cl$，CAS 编号为 638-28-8，分子量为 120，名称为 2-chloro-hexane（2-氯己烷），MS 图谱及结构如图 6-62 所示。

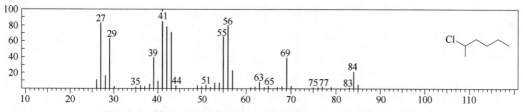

图 6-62　第 2 个相似度为 92%的匹配样品的 MS 图和结构图

（4）7 号峰分析（3.17%）

图 6-63 为 7 号峰的 MS 图，峰出现时间为 2.475min。

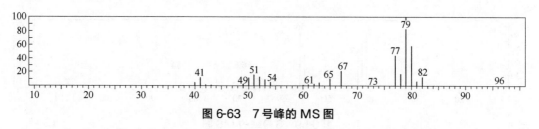

图 6-63　7 号峰的 MS 图

匹配谱图数据库，选取相似度（SI）前三的谱图，得到相似度分别为 94%、94%、93%的三个样品。

① 第 1 个相似度为 94%的匹配样品，谱库为 NIST14. LIB，分子式为 C_6H_8，CAS 编号为 592-57-4，分子量为 80，名称为 1,3-cyclohexadiene（1,3-环己二烯），MS 图谱及结构如图 6-64 所示。

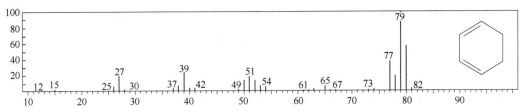

图 6-64　第 1 个相似度为 94% 的匹配样品的 MS 图和结构图

② 第 2 个相似度为 94% 的匹配样品，谱库为 NIST107. LIB，分子式为 C_8H_{16}，CAS 编号为 2612-46-6，分子量为 80，名称为 (Z)-1,3,5-hexatriene，MS 图谱及结构如图 6-65 所示。

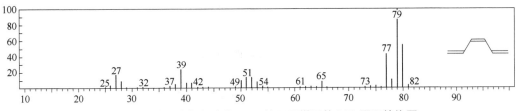

图 6-65　第 2 个相似度为 94% 的匹配样品的 MS 图和结构图

③ 相似度为 93% 的匹配样品，谱库为 NIST107. LIB，分子式为 C_6H_8，CAS 编号为 26519-91-5，分子量为 80，名称为 methyl-1,3-cyclopentadiene（甲基-1,3-环戊二烯），MS 图谱及结构如图 6-66 所示。

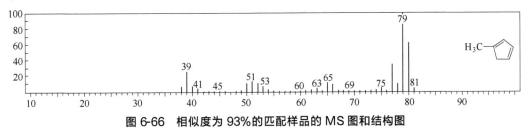

图 6-66　相似度为 93% 的匹配样品的 MS 图和结构图

6.7.3　化学驱污泥在不同温度下的热解产物

分别在 350℃、550℃、750℃ 三个温度下对化学驱含油污泥进行热解，然后分析不同温度下热解有机产物的情况。

6.7.3.1　350℃ 下化学驱污泥的热解产物

图 6-67 为 350℃ 下化学驱污泥热解产物的 GC-MS 图谱，350℃ 下污泥热解产生 60 个主要峰。

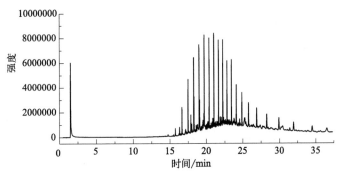

图 6-67　化学驱污泥在 350℃ 下热解产生有机物的 MS 图

由峰号对应的峰面积所占比例来表示有机物所占比例，化学驱污泥在 350℃ 下热解产生有机物的峰主要有 1 号（8.90%）、46 号（4.23%）、31 号（4.19%），通过峰值对比以确定主要峰对应有机物的类型和结构。

（1）1 号峰分析（4.09%）

图 6-68 为 1 号峰的 MS 图，峰出现时间为 1.485min。

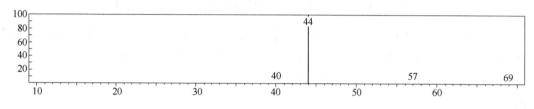

图 6-68　1号峰的 MS 图

匹配谱图数据库，选取相似度（SI）前三的谱图，得到相似度分别为 100%、100%、100% 的 3 个样品。

① 第 1 个相似度为 100% 的匹配样品，谱库为 NIST107.LIB，分子式为 $CH_6N_2O_2$，CAS 编号为 1111-78-0，分子量为 78，名称为 ammonium carbamate（氨基甲酸铵），MS 图谱及结构如图 6-69 所示。

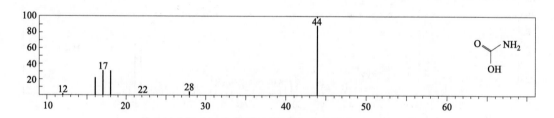

图 6-69　第 1 个相似度为 100% 的匹配样品的 MS 图和结构图

② 第 2 个相似度为 100% 的匹配样品，谱库为 NIST107.LIB，分子式为 CO_2，CAS 编号为 124-38-9，分子量为 44，名称为 carbon dioxide（二氧化碳），MS 图谱及结构如图 6-70 所示。

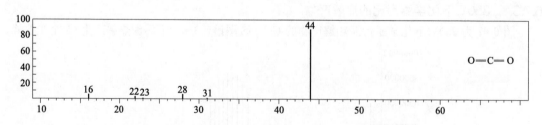

图 6-70　第 2 个相似度为 100% 的匹配样品的 MS 图和结构图

③ 第 3 个相似度为 100% 的匹配样品，谱库为 NIST107.LIB，分子式为 N_2O，CAS 编号为 10024-97-2，分子量为 44，名称为 nitrous oxide（一氧化二氮），MS 图谱及结构如图 6-71 所示。

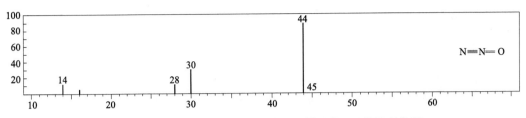

图6-71 第3个相似度为100%的匹配样品的MS图和结构图

（2）46号峰分析（4.23%）

图6-72为46号峰的MS图，峰出现时间为23.415min。

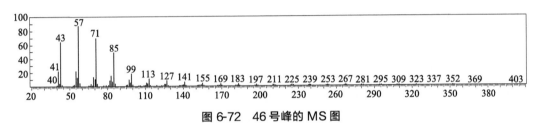

图6-72 46号峰的MS图

匹配谱图数据库，选取相似度（SI）前三的谱图，得到相似度分别为97%、97%、97%的3个样品。

① 第1个相似度为97%的匹配样品，谱库为NIST107.LIB，分子式为$C_{21}H_{44}$，CAS编号为629-94-7，分子量为296，名称为heneicosane（正二十一烷），MS图谱及结构如图6-73所示。

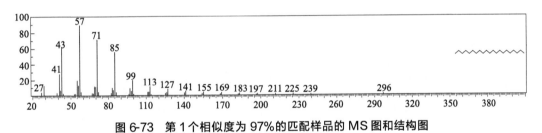

图6-73 第1个相似度为97%的匹配样品的MS图和结构图

② 第2个相似度为97%的匹配样品，谱库为NIST14s.LIB，分子式为$C_{26}H_{54}$，CAS编号为630-01-3，分子量为366，名称为hexacosane（正二十六烷），MS图谱及结构如图6-74所示。

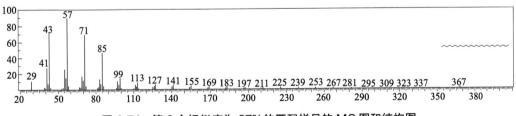

图6-74 第2个相似度为97%的匹配样品的MS图和结构图

③ 第3个相似度为97%的匹配样品，谱库为NIST21.LIB，分子式为$C_{29}H_{60}$，CAS编号为630-03-5，分子量为408，名称为nonacosane（正二十九烷），MS图谱及结构如图6-75所示。

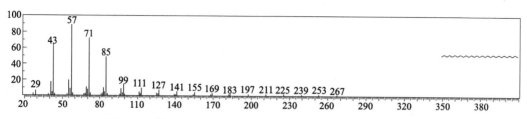

图 6-75　第 3 个相似度为 97% 的匹配样品的 MS 图和结构图

（3）31 号峰分析（4.19%）

图 6-76 为 31 号峰的 MS 图，峰出现时间为 20.380min。

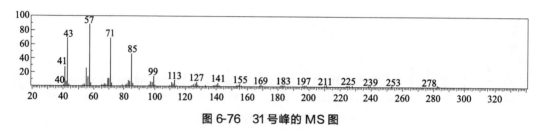

图 6-76　31 号峰的 MS 图

匹配谱图数据库，选取相似度（SI）前三的谱图，得到相似度分别为 98%、97%、97% 的 3 个样品。

① 相似度为 98% 的匹配样品，谱库为 NIST05s. LIB，分子式为 $C_{19}H_{40}$，CAS 编号为 629-92-5，分子量为 268，名称为 nonadecane（十九烷），MS 图谱及结构如图 6-77 所示。

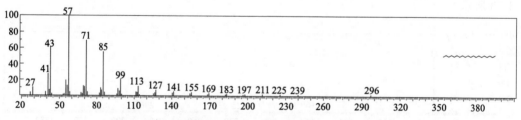

图 6-77　相似度为 98% 的匹配样品的 MS 图和结构图

② 第 1 个相似度为 97% 的匹配样品，谱库为 NIST14s. LIB，分子式为 $C_{21}H_{44}$，CAS 编号为 629-94-7，分子量为 296，名称为 heneicosane（正二十一烷），MS 图谱及结构如图 6-78 所示。

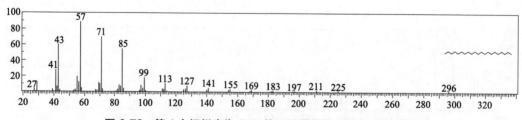

图 6-78　第 1 个相似度为 97% 的匹配样品的 MS 图和结构图

③ 第 2 个相似度为 97 的匹配样品，谱库为 NIST21. LIB，分子式为 $C_{21}H_{50}$，CAS 编号为 646-31-1，分子量为 338，名称为 tetracosane（正二十四烷），MS 图谱及结构如图 6-79 所示。

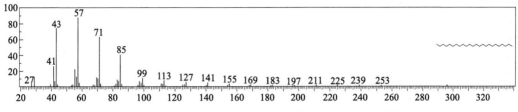

图 6-79 第 2 个相似度为 97%的匹配样品的 MS 图和结构图

6.7.3.2 550℃下化学驱污泥的热解产物

图 6-80 为 550℃下化学驱污泥热解产物的 GC-MS 图谱，550℃下污泥热解产生 54 个主要峰。

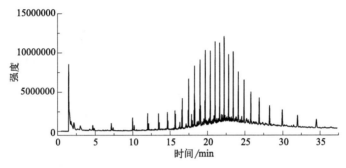

图 6-80 化学驱污泥在 550℃下热解产生有机物的 MS 图

由峰号对应的峰面积所占比例来表示有机物所占比例，化学驱污泥在 550℃下热解产生有机物的峰主要有 1 号（15.73%）、43 号（4.22%）、45 号（3.99%），通过峰值对比以确定主要峰对应有机物的类型和结构。

（1）1 号峰分析（15.73%）

图 6-81 为 1 号峰的 MS 图，峰出现时间为 1.480min。

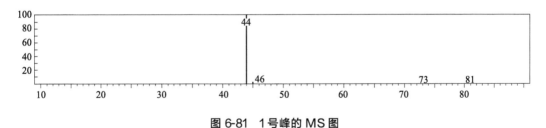

图 6-81 1 号峰的 MS 图

匹配谱图数据库，选取相似度（SI）前三的谱图，得到相似度分别为 100%、100%、100%的 3 个样品。

① 第 1 个相似度为 100%的匹配样品，谱库为 NIST107.LIB，分子式为 $CH_6N_2O_2$，CAS 编号为 1111-78-0，分子量为 78，名称为 ammonium carbamate（氨基甲酸铵），MS 图谱及结构如图 6-82 所示。

② 第 2 个相似度为 100%的匹配样品，谱库为 NIST107.LIB，分子式为 CO_2，CAS 编号为 124-38-9，分子量为 44，名称为 carbon dioxide（二氧化碳），MS 图谱及结构如图 6-83 所示。

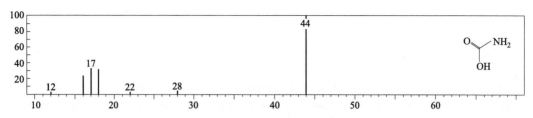

图 6-82 第 1 个相似度为 100% 的匹配样品的 MS 图和结构图

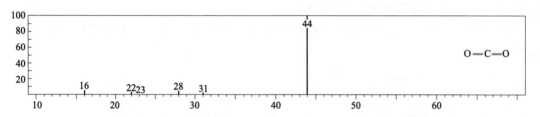

图 6-83 第 2 个相似度为 100% 的匹配样品的 MS 图和结构图

③ 第 3 个相似度为 100% 的匹配样品，谱库为 NIST107. LIB，分子式为 N_2O，CAS 编号为 10024-97-2，分子量为 44，名称为 nitrous oxide（一氧化二氮），MS 图谱及结构如图 6-84 所示。

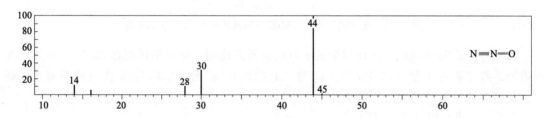

图 6-84 第 3 个相似度为 100% 的匹配样品的 MS 图和结构图

（2）43 号峰分析（4.22%）

图 6-85 为 43 号峰的 MS 图，峰出现时间为 22.230min。

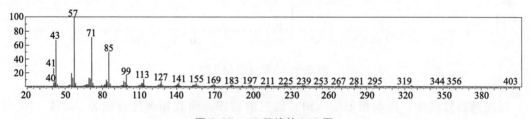

图 6-85 43 号峰的 MS 图

匹配谱图数据库，选取相似度（SI）前三的谱图，得到相似度分别为 95%、95%、95% 的 3 个样品。

① 第 1 个相似度为 95% 的匹配样品，谱库为 NIST107. LIB，分子式为 $C_{21}H_{44}$，CAS 编号为 629-94-7，分子量为 296，名称为 heneicosane（正二十一烷），MS 图谱及结构如图 6-86 所示。

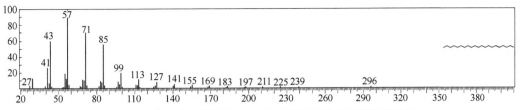

图 6-86 第 1 个相似度为 95% 的匹配样品的 MS 图和结构图

② 第 2 个相似度为 95% 的匹配样品，谱库为 NIST14s. LIB，分子式为 $C_{26}H_{54}$，CAS 编号为 630-01-3，分子量为 366，名称为 hexacosane（正二十六烷），MS 图谱及结构如图 6-87 所示。

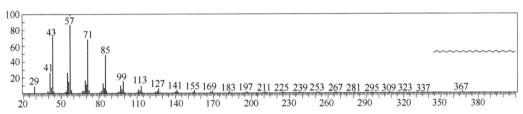

图 6-87 第 2 个相似度为 95% 的匹配样品的 MS 图和结构图

③ 第 3 个相似度为 95% 的匹配样品，谱库为 NIST21. LIB，分子式为 $C_{19}H_{40}$，CAS 编号为 629-92-5，分子量为 268，名称为 nonadecane（十九烷），MS 图谱及结构如图 6-88 所示。

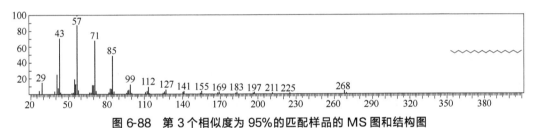

图 6-88 第 3 个相似度为 95% 的匹配样品的 MS 图和结构图

（3）45 号峰分析（3.99%）

图 6-89 为 45 号峰的 MS 图，峰出现时间为 23.415min。

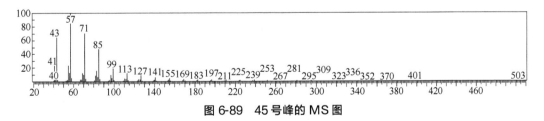

图 6-89 45 号峰的 MS 图

匹配谱图数据库，选取相似度（SI）前三的谱图，得到相似度分别为 97%、97%、97% 的三个样品。

① 第 1 个相似度为 97% 的匹配样品，谱库为 NIST107. LIB，分子式为 $C_{21}H_{44}$，CAS 编号为 629-94-7，分子量为 296，名称为 heneicosane（正二十一烷），MS 图谱及结构如图 6-90 所示。

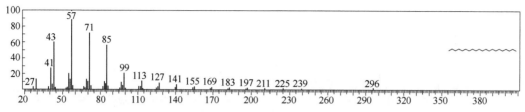

图 6-90　第 1 个相似度为 97% 的匹配样品的 MS 图和结构图

② 第 2 个相似度为 97% 的匹配样品，谱库为 NIST14s. LIB，分子式为 $C_{26}H_{54}$，CAS 编号为 630-01-3，分子量为 366，名称为 hexacosane（正二十六烷），MS 图谱及结构如图 6-91 所示。

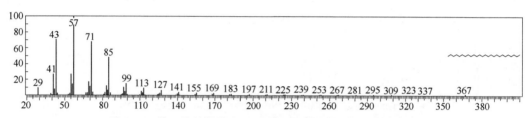

图 6-91　第 2 个相似度为 97% 的匹配样品的 MS 图和结构图

③ 第 3 个相似度为 97% 的匹配样品，谱库为 NIST14. LIB，分子式为 $C_{29}H_{60}$，分子量为 408，名称为 2-methyloctacosane，MS 图谱及结构如图 6-92 所示。

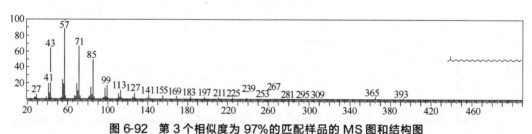

图 6-92　第 3 个相似度为 97% 的匹配样品的 MS 图和结构图

6.7.4　含油污泥的工业分析和元素分析

选用现场设备进行实验，污泥为限产污泥池内污泥，污泥属性见表 6-6。

表 6-6　含油污泥的工业分析和元素分析

项目	工业分析/%				元素分析/%				热值/(kJ/kg)
	水分	灰分	挥发分	固定碳	C	H	N	S	
含油污泥	0.65	51.88	46.17	1.30	35.91	5.99	0.65	0.41	15422.41

本章采用热重分析（TG）、热重质谱联用（TG-MS）、热解气质联用仪（Py-GC/MS）分别对稠油型和化学驱污泥进行实验，分析污泥在热解过程中的质量变化情况、热解产物组成及比例情况。此外，为深入分析热解过程，利用热解设备对实际含油污泥池内的污泥进行处理，污泥池内污泥种类复杂，以化学驱污泥为主，利用软件对污泥热解设备进行仿真模拟计算，进行参数优化和动力学方程拟合，进一步分析污泥热解机理和热解过程。

① 热重分析中发现，化学驱含油污泥的热解可大概分为初始温度～160℃、160～

500℃、500~1000℃三个阶段，失重率分别为81.54%（第一阶段）、7.04%（第二阶段）、2.67%（第三阶段），整个过程失重率高达91.25%。化学驱含油污泥的热解失重主要发生在第一阶段（初始温度~160℃）。稠油型污泥中除含大量石油类物质外，还含有大量泥沙、植物根茎、砖瓦等杂质，导致稠油型污泥在整个热重分析实验中污泥失去质量比例为14.34%，整个过程大致分为初始温度~246℃、246~499℃、499~720℃、720~999℃四个阶段，其中499~720℃、720~999℃可以看作一个大的失重阶段。

② 热重质谱联用（TG-MS）根据热解产物的质荷比（m/z）分析稠油型和化学驱污泥热解产物中小质荷比（m/z）物质、含硫产物、与烃类有关产物，以明确热解产物组成情况。利用热解气质联用仪（Py-GC/MS）在350℃、550℃、750℃三个温度下对稠油型含油污泥和化学驱含油污泥进行热解，分析不同热解温度下污泥产生的有机物种类及比例，以明确稠油型含油污泥和化学驱含油污泥的热解特性。

第**7**章

含油污泥热解处理工艺参数 数值仿真技术研究

在热解法中，含油污泥通过污泥中有机成分在高温下的热解气化和厌氧条件下的间接传热进行分离。热解气被冷凝成油并被回收，而剩余的固体杂质被碳化。在这个过程中，大分子烃被热解转化为低分子量的石油烃。实验采用热重分析仪（TG）、热重-质谱联用分析仪（TG-MS）、热解-色谱/质谱联用仪（Py-GC/MS）等设备研究污泥热解过程及变化情况，以此分析污泥热解过程中的物理化学过程，实验选取稠油型含油污泥和化学驱含油污泥作为研究对象。

本章取大庆油田一厂、二厂的含油污泥进行实验，并进行含油污泥热解处理工艺参数的数值模拟，同时针对现场的热解工艺进行相关的研究。

7.1 热解空间热流场模型构建

含油污泥的热解处理就是一个包括干燥脱水和烃类物质热转化的过程，是一个复杂的物理和化学变化的过程。含油污泥的热解与木材等生物质的热解过程相似，也包含了热传导、对流传热、反应热效应和热解产物挥发等过程。热解炉工作过程的仿真需要建立热解装置正常运行工况时的空间热流场物理模型，并建立能够合理、准确描述该物理场的数学模型（例如湍流模型），研究并确定数学模型求解方法，形成一整套热解处理工艺参数数值仿真技术。

7.1.1 控制方程

热传递和体流动都是物质运动形态的一种外在表现形式，必然遵循自然界中关于物质运动的某些普遍规律，如质量守恒原理、动量守恒定律（或牛顿第二定律）、能量守恒原理等。将这些普遍规律应用于流体运动这类物质现象，就可以得到联系诸流动参数之间的关系式，这些关系式就是流体动力学的基本方程（或控制方程），分别称为质量守恒方程（或称连续性方程）、动量守恒方程（简称动量方程）和能量守恒方程（简称能量方程）。

（1）控制方程的矢量表达式

描述黏性流体运动的方程包含连续性方程、动量方程、能量方程和状态方程，其中状态方程是为封闭方程组而添加的补充方程，方程组各项的物理意义、推导和演化可参考邹高万等编著的《粘性流体力学》（国防工业出版社）。

$$\begin{cases} \dfrac{\partial \rho}{\partial t} + \boldsymbol{\nabla} \cdot (\rho \boldsymbol{V}) = 0 \\[2mm] \dfrac{\partial (\rho \boldsymbol{V})}{\partial t} + \boldsymbol{\nabla} \cdot (\rho \boldsymbol{V} \boldsymbol{V}) = \rho \boldsymbol{f} - \boldsymbol{\nabla} p + \boldsymbol{\nabla} \cdot \boldsymbol{\tau} \\[2mm] c_p \left[\dfrac{\partial (\rho T)}{\partial t} + \boldsymbol{\nabla} \cdot (\rho \boldsymbol{V} T) \right] = \dfrac{\mathrm{d} p}{\mathrm{d} t} + \varPhi + \boldsymbol{\nabla} \cdot (k \boldsymbol{\nabla} T) + S \\[2mm] p = p(\rho, T) \end{cases} \tag{7-1}$$

其中

$$\varPhi = \boldsymbol{\nabla} \cdot (\boldsymbol{\tau} \cdot \boldsymbol{V}) - (\boldsymbol{\nabla} \cdot \boldsymbol{\tau}) \cdot \boldsymbol{V} \tag{7-2}$$

对于 Newton 流体，有

$$\boldsymbol{\tau} = -\frac{2}{3} \mu (\boldsymbol{\nabla} \cdot \boldsymbol{V}) \boldsymbol{I} + 2\mu \boldsymbol{S} \tag{7-3}$$

$$\boldsymbol{S} = \frac{1}{2} \left[(\boldsymbol{\nabla} \cdot \boldsymbol{V})_T + (\boldsymbol{\nabla} \cdot \boldsymbol{V}) \right] \tag{7-4}$$

式中 ρ——流体的密度，$\mathrm{kg/m^3}$；

     p——压强，Pa，对于完全气体有 $p = \rho R T$；

     T——温度，K；

     c_p——定压比热容，$\mathrm{J/(kg \cdot K)}$；

     k——热导率，$\mathrm{W/(m \cdot K)}$；

     μ——动力黏性系数，$\mathrm{Pa \cdot s}$；

     R——摩尔气体常数，$R = c_p - c_V$，$\mathrm{J/(kg \cdot K)}$；

     $\boldsymbol{V}$——流体的速度矢量，$\mathrm{m/s}$；

     $\boldsymbol{\tau}$——黏性应力张量，Pa；

     $\boldsymbol{f}$——体积力矢量，$\mathrm{m/s^2}$；

     S——体积源项，$\mathrm{W/m^3}$；

     $\varPhi$——耗散函数，$\mathrm{W/m^3}$；

     t——时间，s；

     $\boldsymbol{I}$——单位张量；

     $\boldsymbol{S}$——变形速率张量，$\mathrm{s^{-1}}$。

     式（7-1）是描述黏性流体运动和热传递的控制方程组，也常称为 N-S 方程组。式中待求解的未知量有 ρ、p、T、$\boldsymbol{V}$，未知量的个数和方程的个数相等，方程组在数学上是封闭的。

     在数值计算领域（计算流体力学或计算传热学）中，称该方程组为守恒型方程组。式（7-1）所表达的 N-S 方程组具有通用性，其是一组描述流动和传热问题的普适基本方程。其适用于任何坐标系中的定常或非定常、可压与不可压、常物性与非常物性、有源或无源的流动；方程组在推导的过程中并未涉及流动状态，因此对于层流和湍流都是适用的；另外，式（7-1）也适用于非牛顿流体，而本构关系式［式（7-3）］只适用于牛顿流体。

     式（7-1）所表达的 N-S 方程组是宏观的。方程组建立的基础条件是连续介质假设，连续介质假设中的流体质点本就是一个要求体现出宏观特性的概念。因为，流体质点的定义就是使流体具有宏观特性允许的最小体积中所包含流体分子的总和，也就是说一个流体质点中含有大量流体分子。

（2）控制方程的数值计算形式

描述黏性流体运动和热传递的基本控制方程可以写成多种形式。如果直接利用这些方程进行数值求解，则需要为每一个方程各自编写一套专用的计算程序，这不仅烦琐而且通用性很差。为了满足 NHT 或 CFD 数值计算的需要，必须将基本方程写成一些特殊形式（计算形式）才便于构造算法、进行分析和计算。

根据计算传热学（NHT）和计算流体力学（CFD）技术，控制方程被区分为守恒型和非守恒型。从理论流体力学数学分析的角度来看，这两种形式的方程是没有区别的，没有理由偏爱其中一种形式而不喜欢另一种形式；但在 NHT 和 CFD 的应用中，人们特别偏爱守恒型的方程。一方面，守恒型的控制方程为算法设计和编制程序提供了方便。守恒型的连续性方程、动量方程和能量方程可以用一个通用方程来表达，这有助于计算程序的简化和程序结构的组织；另一方面，守恒型的控制方程提高了间断问题（如激波）求解中数值解的准确性。

对式（7-1）中各式进行演化，就可以得到控制方程适合于数值计算的表达形式。

$$
\begin{cases}
\dfrac{\partial \rho}{\partial t} + \boldsymbol{\nabla} \cdot (\rho \boldsymbol{V}) = 0 \\[2mm]
\dfrac{\partial (\rho u)}{\partial t} + \boldsymbol{\nabla} \cdot (\rho \boldsymbol{V} u) = \boldsymbol{\nabla} \cdot (\mu \boldsymbol{\nabla} u) + S_u \\[2mm]
\dfrac{\partial (\rho v)}{\partial t} + \boldsymbol{\nabla} \cdot (\rho \boldsymbol{V} v) = \boldsymbol{\nabla} \cdot (\mu \boldsymbol{\nabla} v) + S_v \\[2mm]
\dfrac{\partial (\rho w)}{\partial t} + \boldsymbol{\nabla} \cdot (\rho \boldsymbol{V} w) = \boldsymbol{\nabla} \cdot (\mu \boldsymbol{\nabla} w) + S_w \\[2mm]
\dfrac{\partial (\rho T)}{\partial t} + \boldsymbol{\nabla} \cdot (\rho \boldsymbol{V} T) = \boldsymbol{\nabla} \cdot \left(\dfrac{k}{c_p} \boldsymbol{\nabla} T \right) + S_T \\[2mm]
p = p(\rho, T)
\end{cases}
\tag{7-5}
$$

其中

$$
S_u = \rho f_x - \frac{\partial p}{\partial x} + \frac{\partial}{\partial x}\left(-\frac{2}{3}\mu \, \boldsymbol{\nabla} \cdot \boldsymbol{V} \right) + \frac{\partial}{\partial x}\left(\mu \, \frac{\partial u}{\partial x} \right) + \frac{\partial}{\partial y}\left(\mu \, \frac{\partial v}{\partial x} \right) + \frac{\partial}{\partial z}\left(\mu \, \frac{\partial w}{\partial x} \right)
\tag{7-6a}
$$

$$
S_v = \rho f_y - \frac{\partial p}{\partial y} + \frac{\partial}{\partial y}\left(-\frac{2}{3}\mu \, \boldsymbol{\nabla} \cdot \boldsymbol{V} \right) + \frac{\partial}{\partial x}\left(\mu \, \frac{\partial u}{\partial y} \right) + \frac{\partial}{\partial y}\left(\mu \, \frac{\partial v}{\partial y} \right) + \frac{\partial}{\partial z}\left(\mu \, \frac{\partial w}{\partial y} \right)
\tag{7-6b}
$$

$$
S_w = \rho f_z - \frac{\partial p}{\partial z} + \frac{\partial}{\partial z}\left(-\frac{2}{3}\mu \, \boldsymbol{\nabla} \cdot \boldsymbol{V} \right) + \frac{\partial}{\partial x}\left(\mu \, \frac{\partial u}{\partial z} \right) + \frac{\partial}{\partial y}\left(\mu \, \frac{\partial v}{\partial z} \right) + \frac{\partial}{\partial z}\left(\mu \, \frac{\partial w}{\partial z} \right)
\tag{7-6c}
$$

$$
S_T = \frac{1}{c_p}\left(\frac{Dp}{Dt} + \Phi + S \right)
\tag{7-7}
$$

式（7-7）中的连续性方程、三个方向上的动量方程、能量方程均可以表示成一个通用的形式。

$$
\frac{\partial (\rho \varphi)}{\partial t} + \boldsymbol{\nabla} \cdot (\rho \boldsymbol{V} \varphi) = \boldsymbol{\nabla} \cdot (\Gamma_\varphi \, \boldsymbol{\nabla} \varphi) + S_\varphi
\tag{7-8}
$$

式中　φ——通用变量，其既可以是标量也可以是矢量；

$\quad\quad\Gamma_\varphi$——广义扩散系数；

$\quad\quad S_\varphi$——广义源项。

式（7-8）中，$\dfrac{\partial(\rho\varphi)}{\partial t}$为非稳态项，$\boldsymbol{\nabla}\cdot(\rho\boldsymbol{V}\varphi)$为对流项，$\boldsymbol{\nabla}\cdot(\varGamma_\varphi\boldsymbol{\nabla}\varphi)$为扩散项。不同参数的方程中，各参数的取值情况见表 7-1。式（7-8）写成直角坐标系中的展开式和笛卡尔张量的形式：

$$\frac{\partial(\rho\varphi)}{\partial t}+\frac{\partial(\rho u\varphi)}{\partial x}+\frac{\partial(\rho v\varphi)}{\partial y}+\frac{\partial(\rho w\varphi)}{\partial z}$$

$$=\frac{\partial}{\partial x}\left(\varGamma_\varphi\frac{\partial\varphi}{\partial x}\right)+\frac{\partial}{\partial y}\left(\varGamma_\varphi\frac{\partial\varphi}{\partial y}\right)+\frac{\partial}{\partial z}\left(\varGamma_\varphi\frac{\partial\varphi}{\partial z}\right)+S_\varphi \tag{7-9}$$

$$\frac{\partial(\rho\varphi)}{\partial t}+\frac{\partial(\rho u_j\varphi)}{\partial x_j}=\frac{\partial}{\partial x_j}\left(\varGamma_\varphi\frac{\partial\varphi}{\partial x_j}\right)+S_\varphi \tag{7-10}$$

表 7-1　通用方程参数项的取值情况

通用方程	φ	$\varGamma_\varphi$	S_φ
连续性方程	1	0	0
x 方向动量方程	u	μ	$S_u=\rho f_x-\dfrac{\partial p}{\partial x}+\dfrac{\partial}{\partial x}\left(-\dfrac{2}{3}\mu\,\boldsymbol{\nabla}\cdot\boldsymbol{V}\right)+\dfrac{\partial}{\partial x}\left(\mu\dfrac{\partial u}{\partial x}\right)$ $+\dfrac{\partial}{\partial y}\left(\mu\dfrac{\partial v}{\partial x}\right)+\dfrac{\partial}{\partial z}\left(\mu\dfrac{\partial w}{\partial x}\right)$
y 方向动量方程	v	μ	$S_v=\rho f_y-\dfrac{\partial p}{\partial y}+\dfrac{\partial}{\partial y}\left(-\dfrac{2}{3}\mu\,\boldsymbol{\nabla}\cdot\boldsymbol{V}\right)+\dfrac{\partial}{\partial x}\left(\mu\dfrac{\partial u}{\partial y}\right)$ $+\dfrac{\partial}{\partial y}\left(\mu\dfrac{\partial v}{\partial y}\right)+\dfrac{\partial}{\partial z}\left(\mu\dfrac{\partial w}{\partial y}\right)$
z 方向动量方程	w	μ	$S_w=\rho f_z-\dfrac{\partial p}{\partial z}+\dfrac{\partial}{\partial z}\left(-\dfrac{2}{3}\mu\,\boldsymbol{\nabla}\cdot\boldsymbol{V}\right)+\dfrac{\partial}{\partial x}\left(\mu\dfrac{\partial u}{\partial z}\right)$ $+\dfrac{\partial}{\partial y}\left(\mu\dfrac{\partial v}{\partial z}\right)+\dfrac{\partial}{\partial z}\left(\mu\dfrac{\partial w}{\partial z}\right)$
i 方向动量方程	u_i	μ	$S_{u_i}=\rho f_i-\dfrac{\partial p}{\partial x_i}+\dfrac{\partial}{\partial x_i}\left(-\dfrac{2}{3}\mu\,\boldsymbol{\nabla}\cdot\boldsymbol{V}\right)+\dfrac{\partial}{\partial x_j}\left(\mu\dfrac{\partial u_j}{\partial x_i}\right)$
能量方程	T	k/c	$S_T=\dfrac{1}{c_p}\left(\dfrac{Dp}{Dt}+\varPhi+S\right)$
K 方程	K	$\mu_{\mathrm{eff}}=\mu+\dfrac{\mu_t}{Pr_K}$	$S_K=P_K+G_b-\rho\varepsilon-Y_M$
ε 方程	ε	$\mu_{\mathrm{eff}}=\mu+\dfrac{\mu}{Pr_\varepsilon}$	$S_\varepsilon=C_{\varepsilon 1}\times\dfrac{\varepsilon}{K}(P_K+C_{\varepsilon 3}G_b)-C_{\varepsilon 2}\rho\times\dfrac{\varepsilon^2}{K}$
组分方程	Y_s	ρD_s	R_s

前面已经提到，在 CFD 和 NHT 的实际应用中，人们特别偏爱守恒型的方程。一方面原因是，守恒型的控制方程能够写为式（7-9）和式（7-10）那样的通用形式，这为算法设计和编制通用程序提供了方便；另一方面原因是，守恒型的控制方程提高了激波求解中数值解的质量。

7.1.2　湍流模型

黏性引起湍流，湍流给流体运动以很大的影响。自然界和工程问题中遇到的流体流动、对流传热传质和燃烧过程几乎全部是湍流过程，湍流的出现影响着流场的特性，影响着输运过程，也影响着燃烧速度。一百多年前人们就已经开始湍流问题的研究，这是一个古老而困难的问题。20 世纪，人们在许多的科学领域都取得了极其巨大的进展，但湍流依然是困扰着整个科学世界的一个重大难题。湍流是流体运动中的一个重大的世纪性的前沿课题，它不仅普遍存在于自然界，也普遍存在于工程界，它是基础科学中一个重大的前沿分支。

目前人们已经为湍流构造了 1000 种以上的模型，这一数字还在继续增加。但到目前为止，仍未能找到一个通用的求解湍流问题的方法。湍流一直是制约 CFD 精确计算的瓶颈之一。Rumsey 对 DLR-F6 整机阻力的计算进行了系统研究，发现湍流模型、转捩模型以及网格对 CFD 计算结果的影响位居前三位，分别占到约 15％、11％和 11％，可见湍流模拟的准确与否，极大地影响着 CFD 的精度。但由于湍流本身的复杂性，迄今为止有许多基本问题尚未解决。

7.1.2.1　湍流模型的必要性及分类

（1）湍流模型的必要性

湍流运动具有不规则和无序性，并且永远是一种非稳态流动现象。湍流运动并不引起流体黏性的改变；另外，湍流中最小尺度涡的尺寸也远远大于分子的平均自由程，仍然满足连续介质假设的要求。因此，湍流运动的瞬时规律仍然能够用黏性流的 N-S 方程组来描述，且这一观点已被广泛认可，这也是湍流统计理论和湍流数值模型的基础。

N-S 方程组是一组耦合的非线性偏微分方程组，用解析的办法来求其通用的解析解对目前的数学理论来说是不可能的，可行的办法是采用计算机求其数值解。不需要对湍流建立模型，对描述流动的 N-S 方程组直接采用计算机数值求解，称为直接模拟（direct numerical simulation，DNS）方法，它是一种理想和精确的方法。然而，即使用目前世界上运算速度最快的计算机进行计算，DNS 方法也仍只限于求解低雷诺数、简单几何外形情况的湍流运动，这远远不能满足实际工程计算的需求。计算机直接数值求解 N-S 方程组所面临的困难主要有以下几方面。

1）直接求解 N-S 方程组对计算机硬件能力需求大

湍流中湍流动能（单位质量的湍流动能为 K）的传递是一种级联过程（cascade process），由大涡传给小涡，再传递给更小的涡，这样逐级传递，直至最小涡。最小涡通过分子黏性把湍流动能耗散成热，这一耗散过程在极短的时间内完成，因此可以认为它不依赖于过程相对缓慢的大涡或平均流。当一个涡刚好能把从上一级涡传递给它的能量全部耗散成热时，这时的涡就是湍流中最小尺度的涡，这是 1941 年 Kolmogorov 泛平衡理论（universal equilibrium theory）的前提。因此最小涡有两个特征：耗散率刚好等于从上一级大涡接收到的动能，即 $\varepsilon = -\mathrm{d}K/\mathrm{d}t$；只依赖于流体的分子黏性，即运动黏性系数 ν。

运用量纲分析，ε 的量纲为 $L^2 T^{-3}$（$\mathrm{m}^2/\mathrm{s}^3$），$\nu$ 的量纲为 $L^2 T^{-1}$（m^2/s）。最小涡的长度尺度用 η 表示，速度尺度用 u_η 表示，时间尺度用 τ_η 表示，于是可以得到：

$$\eta = \left(\frac{\nu^3}{\varepsilon}\right)^{1/4} \tag{7-11}$$

$$u_\eta = (\nu\varepsilon)^{1/4} \tag{7-12}$$

$$\tau_\eta = \left(\frac{\nu}{\varepsilon}\right)^{1/2} \tag{7-13}$$

式中　η——Kolmogorov 长度尺度；

　　　u_η——Kolmogorov 速度尺度；

τ_η——Kolmogorov 时间尺度。

利用 Taylor 假设，能量耗散率 ε 具有的量级为：

$$\varepsilon \sim \frac{U^3}{L} \tag{7-14}$$

式中　U——湍流中最大涡的特征速度；

　　　L——湍流中最大涡的特征长度；

　　　ε——能量耗散率。

U 和 L 由流体的几何形状和尺寸决定。湍流中充满各种尺度的涡，湍流的谱响应具有广泛的波长和频率。如果想求解所有尺度的涡，那么在每一坐标方向上所需要的网格数目为：

$$N = \frac{L}{\eta} \sim L\left(\frac{U^3/L}{\nu^3}\right)^{1/4} = \left(\frac{UL}{\nu}\right)^{3/4} = Re^{3/4} \tag{7-15}$$

式 (7-15) 中 Re 为湍流运动中与最大尺度相关联的雷诺数，由下式给出：

$$Re = \frac{UL}{\nu} \tag{7-16}$$

湍流是紊乱的三维非稳态有旋流动。湍流的数值计算必然是三维的，则在空间上所需要的网格数量为 N^3。

$$N^3 \sim Re^{9/4} \tag{7-17}$$

在时间上至少需要考察大涡的一个运动周期。

$$T = L/U \tag{7-18}$$

则所需的时间节点（时间步骤）数至少为 N_t。

$$N_t = \frac{T}{\tau_\eta} \sim \frac{L/U}{(\nu/\varepsilon)^{1/2}} \sim \frac{L}{U}\left(\frac{U^3/L}{\nu}\right)^{1/2} = \left(\frac{UL}{\nu}\right)^{1/2} = Re^{1/2} \tag{7-19}$$

因此，通过计算机直接数值求解三维非稳态的 N-S 方程组来模拟湍流运动时，在时空上所需总的节点个数为：

$$N^3 N_t \sim Re^{11/4} \tag{7-20}$$

另外，计算时至少需要求解 4 个变量，即速度分量 u、v、w 和压力 p，则至少需要求解 4 个耦合的偏微分方程（连续性方程和三个方向上的动量方程），这就更增加了计算的工作量。

1991 年，Speziale 给出了一个经典的二维 DNS 算例，在高雷诺数下，一个 $0.1\text{m} \times 0.1\text{m}$ 的典型计算域中包含的涡的尺寸小到 $10 \sim 100\mu\text{m}$，而且这些小涡的频率一般会高达 10kHz，因此时间步长需要大约 $100\mu\text{s}$。为了直接捕捉到这些极小涡的特征，计算域中需要 $10^9 \sim 10^{12}$ 节点的计算网格。雷诺数越高，湍流中耗散结构的规模越小。表 7-2 给出了高雷诺数时 DNS 计算所需的计算成本。

表 7-2　DNS 计算所需的计算成本

雷诺数 Re	6600	20000	100000	106
节点数	2×10^6	40×10^6	3×10^8	15×10^{12}
花费时间(150Mflop/s)	37h	740h	6.5a	3000a
花费时间(1Tflop/s)	20s	400s	8.3h	4000h

由于湍流是多尺度不规则流动，如要获得所有尺度的流动信息，则对于空间和时间分辨率要求很高，因而计算量大，耗时多，对计算机硬件能力要求高。如果湍流的雷诺数 $Re=10^4$，那么用 DNS 方法计算时所需节点的总数量为 $4×10^{11}$。即使使用目前世界上的超级计算机也难以胜任这一计算工作。目前，直接数值模拟只能计算雷诺数较低的简单湍流运动，例如槽道或圆管湍流，难以用来预测复杂的湍流运动。因此，在将来很长时期内 DNS 方法难以在工程中实际应用。

2）湍流运动的边界条件难以精确给出

即使计算机的硬件条件能够达到 DNS 方法的要求，但要精确给出满足最小尺度量的合理的边界条件和初始条件是不可能的。因为大雷诺数湍流流动本身就不稳定，边界上任何小的扰动都会造成流场内新的小尺度涡（小尺度量）的生成或者原有小尺度涡的增大。

3）处理复杂几何问题较困难

为了减少耗散和色散，DNS 方法中常采用高阶离散格式（三阶及其以上的格式）。高阶方案在生成边界条件或处理具有复杂几何外形的流动时很困难。自 Reynolds 和 Boussinesq 开始，对 N-S 方程组进行时间或空间的平均化处理的方法被应用于工程实际。

（2）湍流模型的分类

1886 年雷诺把湍流运动分为平均运动和脉动（或涨落）两个部分，并于 1895 年得到著名的雷诺时均方程。但雷诺时均方程却带来了一个新的难题，即如何封闭雷诺应力（湍流应力）。而最早尝试用数学语言来描述湍流应力的却是 Boussinesq，1877 年他仿照分子热运动的梯度输运过程提出了著名的涡黏性（eddy viscosity）概念。19 世纪人们对黏性流体运动还不是很了解，因此雷诺和 Boussinesq 当时并未尝试从系统性的角度来解 N-S 方程组。

20 世纪中期计算机有了很大发展，使得数值解方法得以不断完善，吸引人们试图用求解湍流平均场参数的微分方程来解决各种湍流流动问题。因此，基于雷诺时均方程的模拟方法被广泛发展，该方法统称为雷诺平均湍流模型方法，简称 RANS（Reynolds-averaged Navier-Stokes equation）方法，有时也称为传统模式理论（conventional turbulence model，CTM）方法。

湍流模型研究早期，简单地模仿分子热运动中分子黏性应力的表达式，将雷诺应力与平均运动场中的速度梯度联系起来。1925 年 Prandtl 用分子热运动来比拟湍流脉动，参照分子平均自由程引入混合长度（mixing length）来计算涡黏性。混合长度和涡黏性在概念上是相近的。在混合长度理论的基础上，1930 年卡门提出了相似理论，1932 年 Taylor 提出了涡量转移理论。现在人们习惯于把这三个模型都归属于 RANS 方法中的零方程模型，又称为一阶封闭模型或代数模型。

早期提出的采用代数方程来确定湍流黏性系数的模型形式简单，但存在很大的局限性。后来人们在 Boussinesq 涡黏性假设基础上提出了更复杂的理论，把湍流黏性系数与表征湍流的特征量联系起来，而湍流的特征量用偏微分方程来描述。在平均运动偏微分方程的基础上，配合以湍流能量的偏微分方程；然后，为了减少所需的经验数据，又引进了关于湍流长度尺度的偏微分方程模型。1968 年，在 Stanford（斯坦福）举行了一次专门会议以评估常用的湍流附面层计算方法的精度。这次会议最引人注目的结果是确认了偏微分方程方法，其比最好的积分方法都更精确和更具通用性。

目前的湍流数值模拟方法可以分为直接数值模拟（DNS）方法和非直接数值模拟方法，图 7-1 给出了湍流数值模拟方法的分类。直接数值模拟方法是指用计算机直接求解三维瞬态

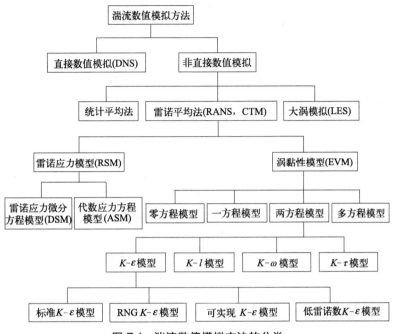

图 7-1 湍流数值模拟方法的分类

的 N-S 方程组。非直接数值模拟方法就是不直接求解湍流的脉动特性，而是设法对湍流做某种程度的近似和简化处理。DNS 方法是一种理想和精确的方法，其优点在于：首先方程是精确的，解的误差仅仅是由数值方法所引起的；其次它可以得到瞬时流场的所有信息，有些是迄今实验仍无法测量的量，这给分析流场和发展理论提供了依据；最后，数值分析中的流动条件是可控的，因此可以研究各种因素单独或相互间的作用。

受到计算机硬件能力的限制，DNS 方法中既要使网格小到能描绘湍流的 Kolmogorov 微尺度，又要使网格大到能覆盖与平均运动特征尺度相当的最大涡，这在一般情况下是不可能的。在工程实际中，人们感兴趣的是流动总效的、平均的影响，即需要对湍流统计量进行预测。这时可从雷诺时均方程出发，构建关于雷诺应力的封闭模型，这就是 RANS 方法，它在当前实际工程应用中扮演着重要角色。RANS 方法又可分为两类：一类是基于 Boussinesq 的涡黏性假设引入湍流黏性系数，把湍流脉动所造成的附加应力同层流运动应力那样可以与时均应变率关联起来，这类模型统称为涡黏性模型（eddy-viscosity model，EVM），如零方程模型、一方程模型（one-equation model）和两方程模型（two-equation model）；另一类是雷诺应力模型（Reynolds stress model，RSM），对雷诺应力建立方程，如果建立二阶脉动项的代数方程，则称为雷诺应力代数应力方程模型（algebraic stress model，ASM）；如果建立二阶脉动项的微分控制方程形成二阶矩封闭的模型，则称为雷诺应力微分方程模型（differential second-moment turbulence closure model，DSM）。

基于平均方程与湍流模型的模拟方法不能用于研究湍流脉动的结构和性质，为使湍流求解更加准确，更能反映不同尺度涡旋的运动，人们又发展了大涡模拟（large eddy simulation，LES）方法。由于湍流中动量、标量输运主要靠大尺度脉动，且大尺度脉动与边界条件密切相关，而小尺度脉动趋于各向同性，其运动具有共性，因此，只对大尺度量用控制方程直接计算，对小尺度量用湍流模型计算出对大尺度量的影响，这就是介于 DNS 方法和

RANS 方法之间的 LES 方法。LES 方法回避了 DNS 方法计算量大和 RANS 方法抹平细节的问题，并随着计算机硬件条件的快速提高，湍流研究对其寄予很大希望。三种湍流数值模拟方法的对比见图 7-2。

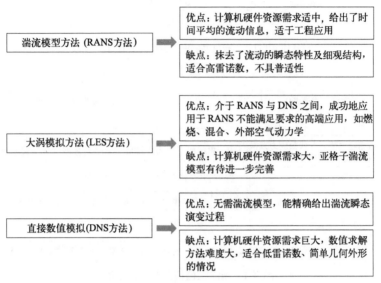

图 7-2　湍流数值模拟方法的对比

7.1.2.2　大涡模拟（LES）

从物理结构上说，可以把湍流看成是由各种不同尺度的涡旋叠合而成的流动。大尺度的涡主要由流动的边界条件所决定，其尺寸与流场相当，呈高度各向异性，对平均流动有强烈的影响，负责大部分的质量、动量和能量的输运；小尺度的涡主要是通过大涡之间的非线性相互作用间接产生的，主要由黏性力所决定，近似各向同性，对平均流动只有轻微的影响，主要起黏性耗散作用。将大小涡混在一起，不可能找到一种湍流模型能把对不同的流动有不同结构的大涡特征统一考虑进去。所以很多人相信根本不存在普适的湍流模型，小涡运动则有较大希望找到一种较普遍适用的模型。

大涡模拟（large eddy simulation，LES）方法是介于 DNS 方法和 RANS 方法之间的一种湍流数值模拟方法。LES 方法中负责质量、动量和能量输运的大涡被直接求解，小涡对大涡运动的影响则是通过一定的模型来模拟，其基本思想可以用图 7-3 来描述。LES 方法与 DNS 方法一样是对三维瞬态的 N-S 方程组进行求解，因此也需要相对细密的网格。LES 方法能求解高雷诺数的湍流运动，当网格足够细密时，LES 方法也就成为了 DNS 方法。

在雷诺平均方程方法中，湍流波动是均匀的，未能模拟大规模分离现象。大涡模拟中通常需要比雷诺平均 N-S 方程组更精密的网格，大尺度涡的运动通过控制方程直接求解，规模较小的旋涡被亚格子尺度模型模式化。大涡模拟（LES）是实现更高效湍流计算的一种可替代方法。LES 的性能和能力介于 DNS 和 RANS 之间。LES 分析有两个主要步骤：过滤和亚格子尺度模化（subgrid scale modeling）。过滤通过使用盒函数、高斯函数或者傅里叶截断函数执行，将比滤波宽度小的涡滤掉，从而分解出描述大涡运动的控制方程。亚格子尺度模化即将被滤掉的小涡对大涡运动的影响通过在描述大涡运动的控制方程中引入附加应力项来体现，这一附加的应力称为亚格子应力，建立的描述亚格子应力的模型就称为亚格子模型（subgrid scale model，SGS model），包括涡黏性模型、结构函数模型、动力模型、尺度相似

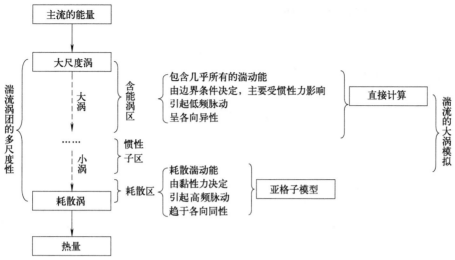

图 7-3　大涡模拟的基本思想

模型以及混合模型等。

（1）过滤

LES 方法的基本思想是直接计算大尺度脉动，实现大涡数值模拟的第一步就是将直接计算的大尺度脉动和其余的小尺度脉动分离。直接计算的大尺度脉动常称作可解尺度湍流；不直接计算的小尺度脉动常称作不可解尺度或亚格子尺度湍流。将流动的物理量分解为可解尺度量和不可解尺度量的过程称为过滤（filtering）。

$$\varphi(x,t)=\overline{\varphi}(x,t)+\varphi'(x,t) \tag{7-21}$$

流动变量 $\varphi(x,t)$ 的卷积型积分定义为变量的可解尺度量。

$$\overline{\varphi}(x,t)=\iint_{\Omega}G(x-x',\Delta)\varphi(x',t)\mathrm{d}x'\mathrm{d}y'\mathrm{d}z' \tag{7-22}$$

式中　$\varphi(x,t)$——流场中的任一流动变量；

　　　$\overline{\varphi}(x,t)$——可解尺度量（又常称为大尺度量）；

　　　$\varphi'(x,t)$——不可解尺度量（又常称为小尺度量）；

　$G(x-x',\Delta)$——为空间过滤函数，它取决于小尺度运动的尺寸和结构；

　　　　　Ω——计算区域；

　　　　　Δ——过滤尺度；

　$\mathrm{d}x'\mathrm{d}y'\mathrm{d}z'$——体积元。

物理空间上的过滤（或截断）既限制其空间分辨率，也限制了其时间上的分辨率。常用的过滤函数有高斯（Gauss）过滤、盒式过滤（又称顶盖过滤）和 Fourier 截断过滤三种。

高斯过滤函数为：

$$G_i(x_i-x_i',\Delta_i)=\left(\frac{6}{\pi\Delta_i^2}\right)^{1/2}\exp\left[-6\frac{(x_i-x_i')^2}{\Delta_i^2}\right] \tag{7-23}$$

盒式过滤函数为：

$$G_i(x_i-x_i',\Delta_i)=\begin{cases}\dfrac{1}{\Delta_i} & |x_i-x_i'|\leqslant\dfrac{\Delta_i}{2}\\[2mm] 0 & |x_i-x_i'|>\dfrac{\Delta_i}{2}\end{cases} \tag{7-24}$$

Fourier 截断过滤函数在物理空间的定义为：

$$G_i(x_i - x_i', \Delta_i) = \frac{2\sin[\pi(x_i - x_i')/\Delta_i]}{\pi(x_i - x_i')} \tag{7-25}$$

Fourier 截断过滤函数在傅里叶空间的定义为：

$$\hat{G}_i(k_i) = \begin{cases} 1 & k_i < k_{ci} \\ 0 & \text{其他} \end{cases} \tag{7-26}$$

式中　Δ_i——x_i 方向的过滤尺度；

$\hat{G}_i(k_i)$——Fourier 过滤函数 G_i 的系数；

k_{ci}——沿 x_i 方向的截断波数，其与过滤尺度的关系为 $k_{ci} = \pi/\Delta_i$。

以常黏性系数不可压缩流来讨论，对式（7-25）中的连续性方程和动量方程实施滤波运算得到：

$$\begin{cases} \dfrac{\partial \overline{u}_j}{\partial x_j} = 0 \\ \dfrac{\partial \overline{u}_i}{\partial t} + \dfrac{\partial(\overline{u}_i \overline{u}_j)}{\partial x_j} = \overline{f}_i - \dfrac{1}{\rho} \times \dfrac{\partial \overline{p}}{\partial x_i} + \dfrac{1}{\rho} \times \dfrac{\partial}{\partial x_j}[\overline{\tau}_{ji} - \rho(\overline{u_i u_j} - \overline{u}_i \overline{u}_j)] \end{cases} \tag{7-27}$$

其中

$$\overline{\tau}_{ij} = 2\mu \overline{S}_{ij} = \mu\left(\frac{\partial \overline{u}_i}{\partial x_j} + \frac{\partial \overline{u}_j}{\partial x_i}\right) \tag{7-28}$$

式中，$-\rho(\overline{u_i u_j} - \overline{u}_i \overline{u}_j)$ 为亚格子湍流应力。

$$\begin{aligned} \tau_{ij,\text{SGS}} &= -\rho(\overline{u_i u_j} - \overline{u}_i \overline{u}_j) \\ &= -\rho[\overline{(\overline{u}_i + u_i')(\overline{u}_j + u_j')} - \overline{u}_i \overline{u}_j] \\ &= -\rho[(\overline{\overline{u}_i \overline{u}_j} - \overline{u}_i \overline{u}_j) + (\overline{\overline{u}_i u_j'} + \overline{u_i' \overline{u}_j}) + \overline{u_i' u_j'}] \\ &= -\rho(L_{ij} + C_{ij} + R_{ij}) \end{aligned} \tag{7-29}$$

其中

$$L_{ij} = \overline{\overline{u}_i \overline{u}_j} - \overline{u}_i \overline{u}_j \tag{7-30a}$$

$$C_{ij} = \overline{\overline{u}_i u_j'} + \overline{u_i' \overline{u}_j} \tag{7-30b}$$

$$R_{ij} = \overline{u_i' u_j'} \tag{7-30c}$$

L_{ij} 是 Leonard 项，体现的是被直接求解的大尺度量之间的相互作用对亚格子量的贡献；C_{ij} 是交叉项，体现的是被直接求解的大尺度量与不直接求解的小尺度量之间的相互作用，该项描述了能量从小尺度量向大尺度量的传递，即能量的反向散射；R_{ij} 是亚格子雷诺（Reynolds）应力项，体现的是不直接求解的小尺度量之间的相互作用。

基于能谱分析，如果用 n 表示波数，则 $\lambda(\lambda = 2\pi/n)$ 为波长；$E(n)\mathrm{d}n$ 表示位于波数 n 和 $n+\mathrm{d}n$ 之间的湍流动能，称为能谱密度或能谱函数。则：

$$k = \frac{1}{2}\overline{u_i' u_i'} = \int_0^\infty E(n)\mathrm{d}n \tag{7-31}$$

如图 7-4 所示，能量谱 $E(n)$ 相对波数 n 的分布被分为含能量的大涡区（含能涡区）、惯性子区（inertial subrange）和能量耗散区三个区域。

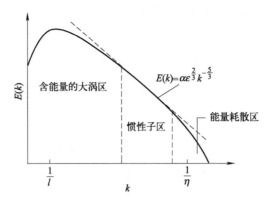

图 7-4　能量谱与波数关系（对数坐标）

波数 n 由能量接触长度尺度 l（积分尺度）以及微尺度 η 的倒数确定。

$$\frac{1}{l} \ll k \ll \frac{1}{\eta} \tag{7-32}$$

$$\eta = \left(\frac{\nu^3}{\varepsilon}\right)^{1/4} \tag{7-33}$$

惯性子区具有直线的特征，称为 Kolmogorov "$-5/3$ 幂次定律"。

$$E(n) = \alpha\varepsilon^{2/3}n^{-5/3} \tag{7-34}$$

其中 α 是一个常数。在这个区间内，涡很小而且在最小的尺度耗散变得非常重要。因此，过滤的目的是通过一个合适的滤波宽度确定这个区间。

（2）亚格子模型

过滤后的 N-S 方程组只确保求解大涡，而小涡仍然未求解。小涡或多或少是各向同性的，模化要比 RANS 的情况简单。大涡不断从主流获得能量，通过涡间的相互作用，能量逐渐向小尺度的涡传递。亚格子模型的任务在于确保大涡向小涡的能量传递过程被充分求解。实际湍流运动中，大小涡之间能量的传递过程是空间和时间的函数，既发生正向传递，甚至也发生逆向传递，即反向散射。理想的亚格子模型应该考虑能量传递过程对时间和空间坐标的依赖性。可以想象，如果网格足够细密，即使是一个粗糙的模型也能得到精确的结果。因此，想得到良好的预测结果有两种途径：一是改善亚格子模型；二是采用细密的网格。在网格非常细密时，LES 方法也就成为了 DNS 方法。网格所能达到的细密程度受计算机能力的限制。

发展 SGS 湍流应力模型有 3 种不同的方法。

① 涡黏性模型。其应用最广泛，考虑了 SGS 项的总效应，而忽略了与对流和扩散有关的局部能量活动。

② 尺度相似模型。假设最活跃的亚格子尺度是靠近截止波数的那些尺度，并且使用最小的求解的 SGS 应力。这种方法能解释局部能量活动不过多倾向于低估耗散的问题。

③ 动力亚格子模型。为了补偿涡黏性模型和尺度相似模型的缺点，Erlebacher 等提出了为尺度相似模型提供充分耗散的混合模型；Germano 提出了动态（依赖于流场）地计算 SGS 湍流应力张量中包含的闭合常数，称为动态模型；一些研究者对将 SGS 模化应用于能量方程的湍流扩散和黏性扩散进行了尝试。

大涡模拟中所用的亚格子应力模型几乎完全沿袭了 RANS 模式理论中的思想。绝大部分亚格子应力模型归属于涡黏性模型（EVM），即基于 Boussinesq 涡黏性假设计算涡黏性系数。

$$\tau_{ij,\text{SGS}} - \frac{1}{3}\tau_{kk,\text{SGS}}\delta_{ij} = 2\mu_{\text{SGS}}\overline{S}_{ij} \tag{7-35}$$

或

$$(\overline{u_i u_j} - \overline{u}_i \overline{u}_j) - \frac{1}{3}(\overline{u_k u_k} - \overline{u}_k \overline{u}_k)\delta_{ij} = -2\nu_{\text{SGS}}\overline{S}_{ij} \tag{7-36}$$

计算涡黏性系数 ν_{SGS}（或 μ_{SGS}）可以采用固定模型系数的 Smagorinsky 模型（Smagorinsky model）或动力模型（dynamic model）。动力模型中模型系数随流动而变化，计算过程中依据当地的流动特性确定。

1）Smagorinsky 亚格子模型

Smagorinsky 模型于 1963 年由 Smagorinsky 提出。由量纲分析可知：

$$\nu_{\text{SGS}} \propto lq_{\text{SGS}} \tag{7-37}$$

式中 l——未直接求解的小尺度运动的尺度；

q_{SGS}——未直接求解的小尺度运动相对应的速度尺度。

小尺度运动的尺度 l 是滤波宽度 Δ 的函数，$l = C_S\Delta$。依照 Prandtl 混合长度模型，小尺度运动速度尺度与大尺度运动速度 $\overline{u}_i$ 的梯度的关系为：

$$q_{\text{SGS}} = l|\overline{S}| = l\sqrt{2\overline{S}_{ij}\overline{S}_{ij}} \tag{7-38}$$

则涡黏性亚格子模型表示为：

$$\nu_{\text{SGS}} = (C_S\Delta)q_{\text{SGS}} = (C_S\Delta)[(C_S\Delta)\sqrt{2\overline{S}_{ij}\overline{S}_{ij}}] \tag{7-39a}$$

即

$$\nu_{\text{SGS}} = (C_S\Delta)^2|\overline{S}| \tag{7-39b}$$

于是式（7-35）写为

$$\tau_{ij,\text{SGS}} - \frac{1}{3}\tau_{kk,\text{SGS}}\delta_{ij} = 2\rho C_S^2\Delta^2|\overline{S}|\overline{S}_{ij} \tag{7-40}$$

其中

$$\overline{S} = \sqrt{2\overline{S}_{ij}\overline{S}_{ij}} \tag{7-41}$$

$$\overline{S}_{ij} = \frac{1}{2}\left(\frac{\partial\overline{u}_i}{\partial x_j} + \frac{\partial\overline{u}_j}{\partial x_i}\right) \tag{7-42}$$

式（7-42）为涡黏性模型的 Smagorinsky 模型。Smagorinsky 常数 C_S 的选取是 LES 方法中极为重要的问题。1986 年 Grotzbach 从理论上导得 $C_S = 0.2 \sim 0.3$，但由于数值扩散对物理上亚格子黏性的影响，实际应用时取较小的 C_S 一般能获得更好的结果。

2）涡张量模型

涡张量模型也是涡黏性系数模型中的一种，用涡张量

$$\overline{R}_{ij} = \frac{1}{2}\left(\frac{\partial\overline{u}_i}{\partial x_j} - \frac{\partial\overline{u}_j}{\partial x_i}\right) \tag{7-43}$$

来代替变形速率张量 $\overline{S}_{ij}$，即

$$\mu_{\text{SGS}} = \rho(B_S\Delta)^2|\overline{R}| \tag{7-44}$$

在近壁区

$$\mu_{SGS} = \rho (B_S D_S \Delta)^2 |\overline{R}| \tag{7-45}$$

其中

$$\overline{R} = \sqrt{2\overline{R}_{ij}\overline{R}_{ij}}$$

$$\overline{R}_{ij} = \frac{1}{2}\left(\frac{\partial \overline{u}_i}{\partial x_j} - \frac{\partial \overline{u}_j}{\partial x_i}\right)$$

LES 方法的计算结果与实验结果比较发现，$B_S = 1.5C_S^2$。1972 年 Tannekes 和 Lumley 指出 $\overline{S}_{ij}\overline{S}_{ij} \approx \overline{R}_{ij}\overline{R}_{ij}$，但是意外的是 $B_S \neq C_S$，这尚需进一步研究。

3）动态亚格子模型

Smagorinsky 模型的表达式［式（7-45）］是根据各向同性湍流的能量输运推导出的公式，在实际应用中会发现 Smagorinsky 模型的一个致命的缺陷就是耗散过大。动态 Smagorinsky 模型是基于减小固定系数 Smagorinsky 模型过大耗散的 Germano 等式而得来的，1991 年 Lilly 对其进行了改进。

Germano 提出的动态模型的基本思想是，通过两次过滤把湍流局部结构信息引入到亚格子应力中，进而在计算过程中动态确定亚网格模型的系数。以 Smagorinsky 模型为例，即 C_S 不再取常数，而是动态计算得到 $C_S = C_S(x, y, z, t)$。模型中实施两次滤波，一次是滤波宽度为 Δ 的滤波，称为 F 过滤；另一次是更大的滤波宽度 $\hat{\Delta}$ 的实验滤波，通常取 $\hat{\Delta} = 2\Delta$，称为 G 过滤。假设过滤是线性的，则做两次过滤时有 $\hat{\overline{\varphi}} = \hat{\varphi}$。下面以动量方程的对流项为例实施过滤运算，并给出过滤后的亚格子应力。

7.1.2.3 雷诺平均湍流模型（RANS）

（1）RANS 模型的思想

考虑无换热、常物性、不可压缩流，式（7-46）可化为

$$\begin{cases} \dfrac{\partial u_j}{\partial x_j} = 0 \\ \rho\left(\dfrac{\partial u_i}{\partial t} + u_j\dfrac{\partial u_i}{\partial x_j}\right) = \rho f_i - \dfrac{\partial p}{\partial x_i} + \dfrac{\partial \tau_{ji}}{\partial x_j} \end{cases} \tag{7-46}$$

1886 年雷诺把湍流运动分为平均运动和脉动（或涨落）两个部分，引进两种平均效应，一种是分子的平均效应，另一种是流体团的平均效应。分子平均效应产生压强和黏性应力，流体团平均效应产生表观的湍流雷诺应力。1895 年雷诺得到著名的雷诺时均方程。方程中出现的相关量 $-\rho\overline{u_i'u_j'}$ 称为雷诺应力，其使方程组变为不封闭。雷诺方程组的不封闭性导致了 20 世纪中期雷诺平均湍流模型（Reynolds-averaged Navier-Stokes equation，RANS）的出现。

引入时均值 $\overline{\varphi}(x, t)$ 和脉动值 $\varphi'(x, t)$ 后，流体物理量的瞬时值 $\varphi(x, t)$ 可分解为两个部分之和，即：

$$\varphi(x,t) = \overline{\varphi}(x,t) + \varphi'(x,t) \tag{7-47}$$

其中，

$$\overline{\varphi}(x,t) = \frac{1}{T}\int_t^{t+T}\varphi(x,t)\mathrm{d}t \tag{7-48}$$

对式（7-46）求时均得到

$$\begin{cases} \dfrac{\partial \overline{u}_j}{\partial x_j} = 0 \\ \dfrac{\partial \overline{u}_i}{\partial t} + \overline{u}_j \times \dfrac{\partial \overline{u}_i}{\partial x_j} = \overline{f}_i - \dfrac{1}{\rho} \times \dfrac{\partial \overline{p}}{\partial x_i} + \dfrac{1}{\rho} \times \dfrac{\partial}{\partial x_j} (\overline{\tau}_{ji} - \overline{\rho u_i' u_j'}) \end{cases} \tag{7-49}$$

雷诺应力$-\overline{\rho u_i' u_j'}$有9个分量（6个独立分量），组成一个二阶对称张量

$$\boldsymbol{\tau}_t = \begin{pmatrix} \boldsymbol{\tau}_{t,xx} & \boldsymbol{\tau}_{t,xy} & \boldsymbol{\tau}_{t,xz} \\ \boldsymbol{\tau}_{t,yx} & \boldsymbol{\tau}_{t,yy} & \boldsymbol{\tau}_{t,yz} \\ \boldsymbol{\tau}_{t,zx} & \boldsymbol{\tau}_{t,zy} & \boldsymbol{\tau}_{t,zz} \end{pmatrix} = \begin{pmatrix} -\rho\overline{u'u'} & -\rho\overline{u'v'} & -\rho\overline{u'w'} \\ -\rho\overline{v'u'} & -\rho\overline{v'v'} & -\rho\overline{v'w'} \\ -\rho\overline{w'u'} & -\rho\overline{w'v'} & -\rho\overline{w'w'} \end{pmatrix} \tag{7-50}$$

为封闭雷诺时均方程，必须对方程中的不封闭量（雷诺应力）进行处理。根据处理方式不同，目前常用的 RANS 湍流模型可以分为涡黏性模型和雷诺应力模型。

（2）涡黏性模型

涡黏性模型利用了 Boussinesq 在 1877 年提出的涡黏性假设：湍流脉动所造成的附加应力同层流运动应力那样可以与时均应变率关联。对于不可压缩流，其关系式为：

$$-\rho\overline{u_i' u_j'} = -\frac{2}{3}\rho k \delta_{ij} + 2\mu_t \overline{S}_{ij} \tag{7-51}$$

其中，

$$\overline{S}_{ij} = \frac{1}{2}\left(\frac{\partial \overline{u}_i}{\partial x_j} + \frac{\partial \overline{u}_j}{\partial x_i}\right), \quad k = \frac{1}{2}\overline{u_i' u_i'} \tag{7-52}$$

式中　μ_t——湍流动力黏性系数，Pa·s。

由大量数值分析可知，μ 比 μ_t 小很多。根据为确定湍流黏性系数 μ_t 所求解的输运方程数目的不同，涡黏性模型又可分为零方程模型（或称为代数模型）、一方程模型、两方程模型和多方程模型。在所有雷诺平均模型中 K-ε 两方程模型在工程计算中使用最为广泛。

1）标准 K-ε 模型

K-ε 模型是将湍流黏性系数 μ_t 表示成湍流动能 K 和耗散率 ε 的函数。

$$\mu_t = \rho C_\mu \times \frac{K^2}{\varepsilon} \tag{7-53}$$

尽管在负压力梯度较大时 K-ε 模型的表现不佳，但其仍是最常用的湍流模型。K-ε 模型使用两个输运方程表示流动的湍流特性，意味着其可以解释历史效应，例如湍流能量的对流和扩散。K-ε 模型中包含两个输运变量——湍流动能 K 及其耗散率 ε，前者确定湍流能量，后者确定湍流尺度。K-ε 模型的提出起初是为了改善混合长度模型以及找到代数表达中高度复杂流动中湍流长度尺度的替代方法。一般认为 K-ε 模型适用于压力梯度相对较小的无剪切层流动。同样的，在平均压力梯度较小时，壁面阻流和内部流动的计算结果也较好。但当压力梯度较大时，K-ε 模型的计算准确度降低。

K-ε 两方程模型又有不同的形式，如标准 K-ε 模型、RNG K-ε 模型、可实现 K-ε 模型、K-ω 模型。

通常把 Launder 和 Spalding 于 1974 年提出的 K-ε 模型称为标准 K-ε 模型。K 和 ε 的输运方程的标准形式分别为：

$$\frac{\partial(\rho K)}{\partial t} + \frac{\partial(\rho \overline{u}_j K)}{\partial x_j} = \frac{\partial}{\partial x_j}\left[\left(\mu + \frac{\mu_t}{Pr_K}\right) \times \frac{\partial K}{\partial x_j}\right] + P_K + G_b - \rho\varepsilon - Y_M + S_K \tag{7-54}$$

$$\frac{\partial(\rho\varepsilon)}{\partial t}+\frac{\partial(\rho\overline{u}_j\varepsilon)}{\partial x_j}=\frac{\partial}{\partial x_j}\left[\left(\mu+\frac{\mu_t}{Pr_\varepsilon}\right)\times\frac{\partial\varepsilon}{\partial x_j}\right]+C_{\varepsilon1}\times\frac{\varepsilon}{K}\times(P_K+C_{\varepsilon3}G_b)-C_{\varepsilon2}\rho\times\frac{\varepsilon^2}{K}+S_\varepsilon$$

$$(7\text{-}55)$$

其中

$$\mu_t=C_\mu\rho\frac{K^2}{\varepsilon}$$

$$P_K=\left(-\frac{2}{3}\rho K\delta_{ij}-\frac{2}{3}\mu_t\overline{S}_{kk}+2\mu_t\overline{S}_{ij}\right)\times\frac{\partial\overline{u}_i}{\partial x_j}$$

$$\overline{S}_{ij}=\frac{1}{2}\left(\frac{\partial\overline{u}_i}{\partial x_j}+\frac{\partial\overline{u}_j}{\partial x_i}\right)$$

$$G_b=\beta_T\rho g_i\times\frac{\mu_t}{\sigma_T}\times\frac{\partial\overline{T}}{\partial x_i}$$

$$Y_M=2\rho\varepsilon Ma_t^2$$

$$Ma_t=\sqrt{\frac{2K}{c^2}}$$

$$c=\sqrt{\gamma R\overline{T}}$$

式中，P_K 为由平均速度梯度引起的湍流动能 K 的生成项；G_b 为由浮力引起的湍流动能 K 的生成项，对于不可压流体 $G_b=0$；$-\rho\varepsilon$ 为耗散项；Y_M 为可压缩性修正项，是可压缩湍流中脉动扩张的贡献；$C_{\varepsilon1}\times\frac{\varepsilon}{K}\times P_K$ 为 ε 的生成项；$C_{\varepsilon1}\times\frac{\varepsilon}{K}\times C_{\varepsilon3}G_b$ 为浮力修正项；$-C_{\varepsilon2}\rho\times\frac{\varepsilon^2}{K}$ 为耗散项；S_K 和 S_ε 分别为 K 方程和 ε 方程的源项；c 为音速；β_T 为热膨胀系数，$\beta_T=-\frac{1}{\rho}\times\frac{\partial\rho}{\partial T}$。

标准 K-ε 模型中，经验常数的典型取值为 $C_\mu=0.09$，$Pr_K=1.0$，$Pr_\varepsilon=1.3$，$C_{\varepsilon1}=1.44$，$C_{\varepsilon2}=1.92$。$C_{\varepsilon3}$ 是可压流计算中与浮力相关的系数，当主流与重力方向平行时，$C_{\varepsilon3}=1.0$；当主流与重力方向垂直时，$C_{\varepsilon3}=0$。

① 模型中经验常数的适应性。模型中的经验常数主要是根据一些特殊条件下的实验结果确定的，不同的文献在讨论不同的问题时，这些值可能有出入，但总的来讲，取值结果还是比较一致的。但仍然不能对这些取值的适用性给予过高估计，需要在数值计算过程中针对特定问题，参考相关文献寻找更合理的取值。

② 标准 K-ε 模型适用于高雷诺数湍流。标准 K-ε 模型是针对湍流发展非常充分的湍流流动建立的，也就是说，它是一种针对高雷诺数湍流的计算模型。当雷诺数较低时，不适宜直接采用标准 K-ε 模型，而需进行特殊处理。例如在近壁区内的流动，湍流发展并不充分，湍流脉动的影响可能不如分子黏性的影响大，在更贴近壁面的底层，流动可能处于层流状态。在固体壁面附近的黏性底层中，流动与换热的计算通常采用低雷诺数 K-ε 模型或壁面函数法。

③ 标准 K-ε 模型适用于各向同性湍流。标准 K-ε 模型相比零方程模型和一方程模型有了很大改进，在工程实际中被广泛地检验和成功应用。但是，湍流应力公式把湍流应力与时均流场直接挂钩，无法正确描述时均流场速度梯度为零而湍流应力不为零的一类流动；由标

量函数构成的涡黏性系数无法体现湍流输运的各向异性。这两方面的弱点正是涡黏性模型本质上的缺陷。因此，K-ε 模型在分析强旋流、浮力流、重力分层流、曲壁附面层或大曲率流、低雷诺数流和圆射流时会遇到较大的问题，难以得到与实验一致的结果。为弥补标准 K-ε 模型的缺陷，许多研究者为改进此模型做了多方面的努力，著名的有 RNG K-ε 模型、realizable K-ε 模型和低雷诺数 K-ε 模型。

标准 K-ε 模型的优点是应用多、计算量合适、有较多数据积累和相当精度。缺点是对于流向有曲率变化，对于较强压力梯度有旋问题等复杂流动模拟效果欠缺。

2）RNG K-ε 模型

RNG K-ε 模型由 Yakhot 和 Orzag 在 1986 年提出，称为重整化群 K-ε 模型（re-normalization group K-ε model）。RNG K-ε 模型中，通过大尺度运动和修正后的黏度项体现小尺度的影响，使这些小尺度运动系统地从控制方程中去除。RNG K-ε 模型所得到的 K 方程和 ε 方程与标准 K-ε 模型相似：

$$\frac{\partial(\rho K)}{\partial t}+\frac{\partial(\rho \overline{u}_j K)}{\partial x_j}=\frac{\partial}{\partial x_j}\left[\alpha_K\left(\mu+\frac{\mu_t}{Pr_K}\right)\times\frac{\partial K}{\partial x_j}\right]+P_K+G_b-\rho\varepsilon-Y_M \tag{7-56}$$

$$\frac{\partial(\rho\varepsilon)}{\partial t}+\frac{\partial(\rho \overline{u}_j \varepsilon)}{\partial x_j}=\frac{\partial}{\partial x_j}\left[\alpha_\varepsilon\left(\mu+\frac{\mu_t}{Pr_\varepsilon}\right)\times\frac{\partial\varepsilon}{\partial x_j}\right]+C_{\varepsilon1}\times\frac{\varepsilon}{K}\times(P_K+C_{\varepsilon3}G_b)-C_{\varepsilon2}^*\rho\times\frac{\varepsilon^2}{K} \tag{7-57}$$

其中

$$\mu_t=C_\mu\rho\times\frac{K^2}{\varepsilon}$$

$$C_{\varepsilon2}^*=C_{\varepsilon2}+\frac{C_\mu\rho\eta^3(1-\eta/\eta_0)}{1+\beta\eta^3}$$

$$\eta=\frac{K}{\varepsilon}\overline{S}$$

$$\overline{S}=\sqrt{2\overline{S}_{ij}\overline{S}_{ij}}$$

$$\overline{S}_{ij}=\frac{1}{2}\left(\frac{\partial\overline{u}_i}{\partial x_j}+\frac{\partial\overline{u}_j}{\partial x_i}\right)$$

$$C_\mu=0.0845$$

$$\alpha_K=\alpha_\varepsilon=1.39$$

$$C_{\varepsilon1}=1.42$$

$$C_{\varepsilon2}=1.68$$

$$\eta_0=4.377$$

$$\beta=0.012$$

与标准的 K-ε 模型相比较，RNG K-ε 模型的主要变化有：

① 修正湍流动力黏性系数，考虑平均流动中的旋转及旋转流动情况，使模型对瞬变流和流线弯曲的影响能做出更好的反应。

② 在 ε 方程中增加了一项，从而反映了主流的时均应变率 $\overline{S}_{ij}$，这样，RNG K-ε 模型中的生成项不仅与流动情况有关，而且在同一问题中还是空间坐标的函数，有效地改善了 ε 方程的精度。

这些特点使得 RNG K-ε 模型比标准 K-ε 模型在更广泛的流动中有更高的可信度和精

度。但 RNG K-ε 模型仍然只是对充分发展湍流有效，是高雷诺数湍流模型，仍需进行特殊处理才能对低雷诺数的流动及近壁区内的流动有效。

3）Realizable K-ε 模型

Realizable K-ε 模型又称为可实现 K-ε 模型。标准 K-ε 模型在时均应变率特别大时，有可能导致负的正应力，这种情况是不可能实现的。为保证计算结果的可实现性（realizability），使流动符合湍流的物理定律，需要对正应力进行某种数学约束。为保证这种约束的实现，C_μ 不再视为常数，而与应变率联系起来。Realizable K-ε 模型中 K 方程和 ε 方程表示为：

$$\frac{\partial(\rho K)}{\partial t}+\frac{\partial(\rho \overline{u}_j K)}{\partial x_j}=\frac{\partial}{\partial x_j}\left[\left(\mu+\frac{\mu_t}{Pr_K}\right)\times\frac{\partial K}{\partial x_j}\right]+P_K+G_b-\rho\varepsilon-Y_M \tag{7-58}$$

$$\frac{\partial(\rho\varepsilon)}{\partial t}+\frac{\partial(\rho \overline{u}_j \varepsilon)}{\partial x_j}=\frac{\partial}{\partial x_j}\left[\left(\mu+\frac{\mu_t}{Pr_\varepsilon}\right)\times\frac{\partial\varepsilon}{\partial x_j}\right]+\rho C_1 \overline{S}\varepsilon-C_2\rho\times\frac{\varepsilon^2}{K+\sqrt{\nu\varepsilon}}+C_{\varepsilon 1}\times\frac{\varepsilon}{k}\times C_{\varepsilon 3}G_b \tag{7-59}$$

其中，

$$\mu_t=C_\mu\rho\times\frac{K^2}{\varepsilon}$$

$$A_S=\sqrt{6}\cos\varphi$$

$$C_\mu=\frac{1}{A_0+A_S\times\dfrac{U^* K}{\varepsilon}}$$

$$\varphi=\frac{1}{3}\arccos(\sqrt{6}W)$$

$$C_1=\max\left(0.43,\frac{\eta}{\eta+5}\right)$$

$$W=\frac{\overline{S}_{ij}\overline{S}_{jk}\overline{S}_{kj}}{\sqrt{\overline{S}_{ij}\overline{S}_{ij}}}$$

$$\eta=\frac{K}{\varepsilon}\times\overline{S}$$

$$\overline{S}=\sqrt{2\overline{S}_{ij}\overline{S}_{ij}}$$

$$\overline{R}_{ij}=\frac{1}{2}\left(\frac{\partial \overline{u}_i}{\partial x_j}-\frac{\partial \overline{u}_j}{\partial x_i}\right)$$

$$\overline{S}_{ij}=\frac{1}{2}\left(\frac{\partial \overline{u}_i}{\partial x_j}+\frac{\partial \overline{u}_j}{\partial x_i}\right)$$

$$U^*=\sqrt{\overline{S}_{ij}\overline{S}_{ij}+\widetilde{\Omega}_{ij}\widetilde{\Omega}_{ij}}$$

$$\widetilde{\Omega}_{ij}=\Omega_{ij}-2\varepsilon_{ijk}\omega_k$$

$$\Omega_{ij}=\overline{R}_{ij}-\varepsilon_{ijk}\omega_k$$

$$C_{\varepsilon 1}=1.44$$

$$C_2=1.9$$

$$Pr_K=1.0$$

$$Pr_\varepsilon = 1.2$$
$$A_0 = 4.04$$

对于流动速度与重力方向相同的剪切流动，$C_{\varepsilon 3} = 1$；对于流动方向与重力方向垂直的剪切流动，$C_{\varepsilon 3} = 0$。$\overline{R}_{ij}$ 是从角速度为 ω_k 的参考系中观察到的时均转动速率。对于无旋流场，U^* 计算式根号中的第二项为零，该项专门用于表示旋转的影响，也是本模型的特点之一。

与标准的 K-ε 模型项相比，Realizable K-ε 模型的主要变化有：a. 湍流动力黏性系数计算公式发生变化，引进了与旋转和曲率有关的内容；b. ε 方程发生了很大变化，方程中的生成项不再包含 K 方程中的生成项 P_K，现在的形式更好地表示了光谱的能量转换；c. ε 方程中的倒数第二项不具有任何奇异性，即使 K 很小或为零，分母也不会为零。这与标准 K-ε 模型和 RNG K-ε 模型有很大区别。

Realizable K-ε 模型适用于旋转流动、强逆压梯度的边界层流动、流动分离和二次流等，特别是对于射流曲率变化大的情况有很好的表现。

4）K-ω 模型

1942 年 Kolmogorov 提出 K-ω 模型时，把 ω 定义为特定耗散率（specific dissipation rate），单位为 s^{-1}。随后的 50 多年中不同的学者对 ω 又有不同的认识，1970 年 Saffman 将 ω 定义为湍流自我衰减过程中旋涡的特征频率；1972 年 Launder 和 Spalding，1972 年 Willcox、Alber 和 Robinson，1995 年 Harris 都认为 ω 是雷诺应力涨落的涡量；1980 年 Willcox 和 Robinson、1990 年 Speziale 认为 ω 是湍流动能 K 与湍流耗散率 ε 之比，即 $\omega = K/\varepsilon$。因此，在不同 K-ω 模型中，ω 的含义可能会有所不同。

① Wilcox-Traci K-ω^2 模型。K-ω 两方程模型中，第一个参量为 K，第二个参量有的用 ω^2，有的用 ω。1976 年 Wilcox 和 Traci 提出的 K-ω 模型中，用脉动涡量平方的平均值 $\omega^2 = \overline{\omega'^2}$ 作为第二个参量，模型的 K 方程和 ω^2 方程为

$$\frac{DK}{Dt} = \frac{\partial K}{\partial t} + \overline{u}_j \times \frac{\partial K}{\partial x_j} = \frac{\partial}{\partial x_j}\left[\left(\nu + \frac{\nu_t}{2}\right) \times \frac{\partial K}{\partial x_j}\right] + \overline{\tau}_{ij} \times \frac{\partial \overline{u}_i}{\partial x_j} - 0.09K\omega \tag{7-60}$$

$$\frac{D\omega^2}{Dt} = \frac{\partial \omega^2}{\partial t} + \overline{u}_j \times \frac{\partial \omega^2}{\partial x_j} = \frac{\partial}{\partial x_j}\left[\left(\nu + \frac{\nu_t}{2}\right) \times \frac{\partial \omega^2}{\partial x_j}\right] + \gamma \times \frac{\omega^2}{K} \times \overline{\tau}_{ij} \times \frac{\partial \overline{u}_i}{\partial x_j} - \left(0.15 + \frac{\partial L}{\partial x_j} \times \frac{\partial L}{\partial x_j}\right)\omega^3 \tag{7-61}$$

其中，

$$\overline{\tau}_{ij} = -\frac{2}{3}K\delta_{ij} + 2\nu_t \overline{S}_{ij} + \frac{8}{9} \times \frac{K}{0.09\omega^2 + 2\overline{S}_{mn}\overline{S}_{mn}} \times (\overline{S}_{im}\overline{\Omega}_{mj} + \overline{S}_{jm}\overline{\Omega}_{mi})$$

$$\nu_t = \gamma^* \times \frac{K}{\omega}$$

$$\gamma = \frac{\gamma_\infty}{\gamma^*} \times \left[1 - (1-\lambda^2)\exp\left(-\frac{R_T}{2}\right)\right]$$

$$\overline{S}_{ij} = \frac{1}{2}\left(\frac{\partial \overline{u}_i}{\partial x_j} + \frac{\partial \overline{u}_j}{\partial x_i}\right)$$

$$\overline{\Omega}_{ij} = \frac{\partial \overline{u}_i}{\partial x_j} - \frac{\partial \overline{u}_j}{\partial x_i}$$

$$\gamma^* = 1 - (1-\lambda^2)\exp(-R_T)$$

$$R_T = \frac{\rho K}{\mu \omega}$$

$$\lambda = \frac{1}{11}$$

$$\gamma_\infty = \frac{10}{9}$$

② Wilcox $K\text{-}\omega$ 模型。1988 年 Wilcox 提出的 $K\text{-}\omega$ 模型中用 ω 作为第二个参量，该模型也常称为标准 $K\text{-}\omega$ 模型。其是为考虑低雷诺数、可压缩性和剪切流传播而修改的。Wilcox $K\text{-}\omega$ 模型预测了自由剪切流传播速率，如尾流、混合流动、平板绕流、圆柱绕流和放射状喷射，因而可以应用于墙壁束缚流动和自由剪切流动。

$$\frac{DK}{Dt} = \frac{\partial K}{\partial t} + \overline{u}_j \times \frac{\partial K}{\partial x_j} = \frac{\partial}{\partial x_j}\left[(\nu + \sigma^* \nu_t) \times \frac{\partial K}{\partial x_j}\right] + \overline{\tau}_{ij} \times \frac{\partial \overline{u}_i}{\partial x_j} - \beta^* K\omega \tag{7-62}$$

$$\frac{D\omega}{Dt} = \frac{\partial \omega}{\partial t} + \overline{u}_j \times \frac{\partial \omega}{\partial x_j} = \frac{\partial}{\partial x_j}\left[(\nu + \sigma \nu_t) \times \frac{\partial \omega}{\partial x_j}\right] + \alpha \times \frac{\omega}{K} \times \overline{\tau}_{ij} \times \frac{\partial \overline{u}_i}{\partial x_j} - \beta \omega^2 \tag{7-63}$$

其中，

$$\omega = K^{1/2}/l$$

$$\nu_t = K/\omega$$

$$\beta = \beta_0 f_\beta$$

$$\beta^* = \beta_0^* f_{\beta^*}$$

$$f_\beta = \frac{1 + 70\chi_\omega}{1 + 80\chi_\omega}$$

$$f_{\beta^*} = \begin{cases} 1 & (\chi_K \leqslant 0) \\ \dfrac{1 + 680\chi_K^2}{1 + 400\chi_K^2} & (\chi_K > 0) \end{cases}$$

$$\chi_\omega \equiv \left| \frac{\overline{R}_{ij}\overline{R}_{jk}\overline{S}_{ki}}{(\beta_0^* \omega)^3} \right|$$

$$\chi_K \equiv \frac{1}{\omega^3} \times \frac{\partial K}{\partial x_j} \times \frac{\partial \omega}{\partial x_j}$$

$$\overline{R}_{ij} = \frac{1}{2}\left(\frac{\partial \overline{u}_i}{\partial x_j} - \frac{\partial \overline{u}_j}{\partial x_i}\right)$$

$$\overline{S}_{ij} = \frac{1}{2}\left(\frac{\partial \overline{u}_i}{\partial x_j} + \frac{\partial \overline{u}_j}{\partial x_i}\right)$$

$$\overline{\tau}_{ij} = -\frac{2}{3}K\delta_{ij} + 2\nu_t \overline{S}_{ij}$$

$$\varepsilon = \beta^* \omega K$$

$$l = K^{1/2}/\omega$$

模型中的常数取值为 $\alpha = \dfrac{13}{25}$，$\sigma = \dfrac{1}{2}$，$\sigma^* = \dfrac{1}{2}$，$\beta_0 = \dfrac{9}{125}$，$\beta_0^* = \dfrac{9}{100}$。

该模型计算量少，用该模型预测自由剪切流时与实验结果符合度高，对湍流边界层的预测也表现出色，因此是被广泛认可的一种 $K\text{-}\omega$ 模型。

③ SST $K\text{-}\omega$ 模型。SST $K\text{-}\omega$ 模型是 Wilcox $K\text{-}\omega$ 模型的一个变形，由 Menter 提出。其在广泛的领域中可以独立于 $K\text{-}\omega$ 模型，使得在近壁自由流中，$K\text{-}\omega$ 模型有广泛的应用范围和较高的精度。SST $K\text{-}\omega$ 模型和标准 $K\text{-}\omega$ 模型相似，但有以下改进：a. SST $K\text{-}\omega$ 模型是由标准的 $K\text{-}\omega$ 模型和变形的 $K\text{-}\varepsilon$ 模型分别乘上一个混合函数后相加得到的，在近壁面混合函数为 1 时启用标准 $K\text{-}\omega$ 模型，在远壁面混合函数为 0 时启用变形的 $K\text{-}\varepsilon$ 模型；b. SST $K\text{-}\omega$ 模型合并了来源于方程的交叉扩散；c. 湍流黏度考虑到了湍流剪应力的传播；d. 模型常量不同。

这些改进使得 SST $K\text{-}\omega$ 模型比标准 $K\text{-}\omega$ 模型在广泛的流动中有更高的精度和可信性。

$$\frac{\partial(\rho K)}{\partial t}+\frac{\partial(\rho \bar{u}_j K)}{\partial x_j}=\frac{\partial}{\partial x_j}\left(\Gamma_K \times \frac{\partial K}{\partial x_j}\right)+G_K-Y_K \tag{7-64}$$

$$\frac{\partial(\rho \omega)}{\partial t}+\frac{\partial(\rho \bar{u}_j \omega)}{\partial x_j}=\frac{\partial}{\partial x_j}\left(\Gamma_\omega \times \frac{\partial \omega}{\partial x_j}\right)+G_\omega-Y_\omega+D_\omega \tag{7-65}$$

式中　G_K——由层流速度梯度产生的湍流动能；

Γ_K，Γ_ω——K 和 ω 的扩散率；

Y_K，Y_ω——K 和 ω 的发散项；

D_ω——正交发散项。

（3）雷诺应力模型

实际上在不少湍流流动，甚至简单的湍流附面层流动中，湍流都是各向异性的，脉动往往在某一主导方向上最强，而在其他方向上较弱。因此涡黏性系数应是张量而非标量。有时甚至会出现湍流能量转变为平均运动能量，湍流生成为负值，造成雷诺应力与平均运动变形速率符号相反。例如，在同心环形通道的轴向流动中涡黏性系数应为负值。这种情况涡黏性概念是不适用的。为此，采用直接封闭和求解雷诺应力输运方程计算这些应力张量。这就是雷诺应力方程模型，也称为二阶封闭矩模型。虽然湍流理论中还有更高阶的封闭矩模型或更细致的大涡模型等。然而从工程应用来看，对预测复杂湍流而言，雷诺应力方程模型已是最复杂的模型了。

雷诺应力方程模型有两种：一种是雷诺应力微分方程模型（DSM）；另一种是雷诺应力代数方程模型（ASM）。

1）雷诺应力微分方程模型（DSM）

雷诺应力方程模型（Reynolds stress equation model，RSM），需要建立在雷诺应力的输运方程上，实质上是关于 $\overline{u'_i u'_j}$ 的方程。

$$\underbrace{\frac{\partial \overline{u'_i u'_j}}{\partial t}}_{L_{ij}}+\underbrace{\bar{u}_k \times \frac{\partial \overline{u'_i u'_j}}{\partial x_k}}_{C_{ij}}=\frac{\partial}{\partial x_k}\underbrace{\left[\underbrace{\overline{\frac{-p'}{\rho}\times(u'_i \delta_{jk}+u'_j \delta_{ik})}}_{D^p_{T,ij}}-\underbrace{\overline{u'_i u'_j u'_k}}_{D^t_{T,ij}}\right]}_{D_{T,ij}}$$

$$+\underbrace{\frac{\partial}{\partial x_k}\left(\nu \times \frac{\partial \overline{u'_i u'_j}}{\partial x_k}\right)}_{D_{L,ij}}-\underbrace{\left(\overline{u'_i u'_k}\times\frac{\partial \bar{u}_j}{\partial x_k}+\overline{u'_j u'_k}\times\frac{\partial \bar{u}_i}{\partial x_k}\right)}_{P_{ij}}+\underbrace{\left(\overline{f'_i u'_j}+\overline{f'_j u'_i}\right)}_{G_{ij}}+$$

$$\underbrace{\overline{\frac{p'}{\rho}\times\left(\frac{\partial u'_i}{\partial x_j}+\frac{\partial u'_j}{\partial x_i}\right)}}_{\Phi_{ij}}-\underbrace{2\nu\times\overline{\frac{\partial u'_i}{\partial x_k}\times\frac{\partial u'_j}{\partial x_k}}}_{E_{ij}}-\underbrace{2\Omega_k\left(\overline{u'_j u'_m}\varepsilon_{ikm}+\overline{u'_i u'_m}\varepsilon_{jkm}\right)}_{R_{ij}} \tag{7-66a}$$

上式也可写为

$$L_{ij}+C_{ij}=D_{T,ij}+D_{L,ij}+P_{ij}+G_{ij}+\Phi_{ij}+E_{ij}+R_{ij} \qquad (7\text{-}66b)$$

式中　　L_{ij}——非稳态项；

C_{ij}——对流项；

$D_{T,ij}$——湍流动能扩散项；

$D_{L,ij}$——分子黏性扩散项；

P_{ij}——切应力生成项；

G_{ij}——体积力导致的生成项；

Φ_{ij}——压力应变率项；

E_{ij}——黏性耗散项；

R_{ij}——系统旋转生成项；

ε_{ikm}，ε_{jkm}——置换符号；

Ω_k——系统转动角速度。

注意 Ω_k 不是流体微元的角速度 ω_i $\left[\omega_i=\varepsilon_{ijk}\overline{R}_{ij}，\overline{R}_{ij}=\dfrac{1}{2}\left(\dfrac{\partial\overline{u}_i}{\partial x_j}-\dfrac{\partial\overline{u}_j}{\partial x_i}\right)\right]$。

式（7-66）构成了精确的雷诺应力方程组。C_{ij}、$D_{L,ij}$、P_{ij}、R_{ij} 和 G_{ij} 中只包含二阶关联项，不必进行处理；$D_{T,ij}$、Φ_{ij} 和 E_{ij} 包含未知的关联项，需引进模型构造出其合理的表达式。

① 湍流动能扩散项 $D_{T,ij}$。

$$D_{T,ij}=C_s\times\dfrac{\partial}{\partial x_k}\left(\dfrac{K}{\varepsilon}\times\overline{u'_l u'_k}\times\dfrac{\partial\overline{u'_i u'_j}}{\partial x_l}\right) \qquad (7\text{-}67)$$

或

$$D_{T,ij}=\dfrac{\partial}{\partial x_k}\left(\dfrac{1}{\rho}\times\dfrac{\mu_t}{Pr_k}\times\dfrac{\partial\overline{u'_i u'_j}}{\partial x_k}\right) \qquad (7\text{-}68)$$

式中的湍流黏性系数 μ_t 按标准 K-ε 模型中给出的计算式 $\mu_t=\rho C_\mu\times\dfrac{K^2}{\varepsilon}$ 计算，系数 $Pr_K=0.82$。

② 压力应变率项 Φ_{ij}。

$$\Phi_{ij}=\overline{\dfrac{p'}{\rho}\times\left(\dfrac{\partial u'_i}{\partial x_j}+\dfrac{\partial u'_j}{\partial x_i}\right)}=\Phi_{ij,1}+\Phi_{ij,2}+\Phi_{ij,3}+(\Phi^W_{ij,1}+\Phi^W_{ij,2})$$

$$=\Phi_{ij,1}+\Phi_{ij,2}+\Phi_{ij,3}+\Phi^W_{ij} \qquad (7\text{-}69)$$

$$\Phi_{ij,1}=-C_1\times\dfrac{\varepsilon}{K}\times(\overline{u'_i u'_j}-\dfrac{2}{3}K\delta_{ij}) \qquad (7\text{-}70a)$$

$$\Phi_{ij,2}=-C_2\left(P_{ij}-\dfrac{1}{3}P_{nn}\delta_{ij}\right)=-C_2\left(P_{ij}-\dfrac{2}{3}P\delta_{ij}\right) \qquad (7\text{-}70b)$$

$$\Phi_{ij,3}=-C_3\left(G_{ij}-\dfrac{1}{3}G_{nn}\delta_{ij}\right)=-C_3\left(G_{ij}-\dfrac{2}{3}G\delta_{ij}\right) \qquad (7\text{-}70c)$$

$$\Phi^W_{ij,1}=C_{W1}\times\dfrac{\varepsilon}{K}\times\left(\overline{u'_k u'_m}n_k n_m\delta_{ij}-\dfrac{3}{2}\overline{u'_i u'_k}n_k n_j-\dfrac{3}{2}\overline{u'_k u'_j}n_k n_i\right)f_W \qquad (7\text{-}70d)$$

$$\Phi_{ij,2}^{W} = C_{W2}(\Phi_{km,2}^{W} n_k n_m \delta_{ij} - \frac{3}{2}\Phi_{ik,2}^{W} n_k n_j - \frac{3}{2}\Phi_{jk,2}^{W} n_k n_i)f_W \qquad (7\text{-}70\text{e})$$

其中，

$$P_{ij} = -\left(\overline{u_i' u_k'} \times \frac{\partial \overline{u}_j}{\partial x_k} + \overline{u_j' u_k'} \times \frac{\partial \overline{u}_i}{\partial x_k}\right)$$

$$P = \frac{1}{2}P_{nn} = -\overline{u_n' u_k'} \times \frac{\partial \overline{u}_n}{\partial x_k}$$

$$G_{ij} = \overline{f_i' u_j'} + \overline{f_j' u_i'}$$

$$G = \frac{1}{2}G_{nn} = \overline{f_n' u_n'}$$

$$f_W = \frac{K^{3/2}}{C_l \varepsilon d}$$

$$C_l = C_\mu^{3/4}/\kappa$$

式中　n_k——壁面法向矢量的分量；

　　　d——所研究位置距固壁的法向距离；

　　　κ——卡门常数。

压力应变项的物理含义反映了压强脉动造成的应变及应变生成项的再分配，因此模拟成相应的各向同性项与各向异性项之差。Φ_{ij} 项模拟中出现的常数的常用取值为 $C_s = 0.2$，$C_1 = 1.8$，$C_2 = 0.6$，$C_3 = 0.55$，$C_{W1} = 0.5$，$C_{W2} = 0.3$，$C_\mu = 0.09$，$\kappa = 0.4187$。

③ E_{ij} 为黏性耗散项。

$$E_{ij} = 2\nu \times \overline{\frac{\partial u_i'}{\partial x_k} \times \frac{\partial u_j'}{\partial x_k}} = \frac{2}{3}\varepsilon \delta_{ij} \qquad (7\text{-}71)$$

模型中出现了 K 和 ε，因此仍然需要补充 K 方程和 ε 方程。

$$\frac{\partial K}{\partial t} + \overline{u}_j \times \frac{\partial K}{\partial x_j} = \frac{\partial}{\partial x_j}\left[\left(\nu + \frac{\nu_t}{Pr_K}\right) \times \frac{\partial K}{\partial x_j}\right] - \overline{u_i' u_j'} \times \frac{\partial \overline{u}_i}{\partial x_j} + \overline{f_j' u_j'} - \varepsilon - 2\Omega_m \overline{u_i' u_j'} \varepsilon_{ijm} \quad (7\text{-}72)$$

$$\frac{\partial \varepsilon}{\partial t} + \overline{u}_j \times \frac{\partial \varepsilon}{\partial x_j} = \frac{\partial}{\partial x_j}\left(C_\varepsilon \overline{u_j' u_i'} \times \frac{K}{\varepsilon} \times \frac{\partial \varepsilon}{\partial x_i}\right) - C_{\varepsilon 2} \times \frac{\varepsilon^2}{K} + \frac{\varepsilon}{K} \times \left(C_{\varepsilon 1}P + C_{\varepsilon 3}G + C_{\varepsilon 4} \times \frac{\partial \overline{u}_j}{\partial x_j}\right)$$

$$\qquad (7\text{-}73)$$

模型中各常数的推荐取值为

$$C_\varepsilon = 0.18，C_{\varepsilon 1} = 1.44，C_{\varepsilon 2} = 1.92，C_{\varepsilon 3} = 1.44，C_{\varepsilon 4} = -0.373。$$

采用雷诺应力方程模型（RSM）时，对于三维流动，由连续性方程（1个微分方程）、动量方程（3个微分方程）、雷诺应力方程（6个微分方程）、K 方程（1个微分方程）和 ε 方程（1个微分方程）共 12 个微分方程构成时均流动的控制方程组；求解变量有 $\overline{u}$、$\overline{v}$、$\overline{w}$、$\overline{p}$、$\overline{u'u'}$、$\overline{v'v'}$、$\overline{w'w'}$、$\overline{u'v'}$、$\overline{u'w'}$、$\overline{v'w'}$、K、ε 共计 12 个，这样方程组是封闭的。与标准的 K-ε 模型方程相比，多求解 6 个微分方程（$\overline{u'u'}$、$\overline{v'v'}$、$\overline{w'w'}$、$\overline{u'v'}$、$\overline{u'w'}$、$\overline{v'w'}$）。另外，如果 $\overline{u_i' T'}$ 也采用输运方程进行计算，则计算工作量更大。雷诺应力方程模型属于高雷诺数湍流模型，对近壁区域内的流动需要采用壁面函数法或者低雷诺数的 RSM 方法进行处理。

雷诺应力微分方程模型的优点是可以正确地考虑各向异性效应。在计算突扩分离区大小、燃烧室及炉内的强旋及浮力流动以及湍流输运各向异性较强时，其能得到优于两方程模型的结果。将这种方法用于计算环形通道轴向流动，预测出了平均速度梯度为零与切应力为零不重合的真实情况。雷诺应力微分方程模型理论上有较高的适应性，但是用于壁面射流和圆自由射流的计算结果并不理想，对于一般的回流过程其预测结果也不一定都比两方程模型好。雷诺应力微分方程模型的特点是：其与两方程模型一样，不能精确地反映长度尺度的变化；压力应变率项的模拟论据尚不充分，有人认为不满足可实现性原则。此外，虽然引入了各向异性的概念，但总体上其精确性是否比两方程模型高还尚待探讨，且对于工程应用而言过于繁杂。

2）雷诺应力代数方程模型（ASM）

由于 RSM 过于复杂，且计算量大，因此并未在工程中得到广泛应用。许多学者从 RSM 出发，构建雷诺应力的代数方程，这就形成了雷诺应力代数方程模型（algebraic stress equation model，ASM）。

在对 RSM 中的雷诺应力方程进行简化时，重点集中在对流项和扩散项的处理上。其中较简单的一种简化是采用局部平衡假设，即雷诺应力的对流项和扩散项之差为零：

$$C_{ij}-(D_{T,ij}+D_{L,ij})=0 \tag{7-74}$$

1976 年 Rodi 提出的雷诺应力的代数表达式为

$$\overline{u_i'u_j'}=\frac{2}{3}K\delta_{ij}+\frac{K}{\varepsilon}\times\frac{1-C_2}{P/\varepsilon+C_1-1}\times\left(P_{ij}-\frac{2}{3}P\delta_{ij}\right) \tag{7-75}$$

该式忽略了体积力项，常数可取 $C_1=1.5$，$C_2=0.6$。

为了更好地考虑曲率流线的影响，Shih 提出一个三次代数关系式来描述应力和应变之间的关系，称为立方涡黏性模型（cubic eddy-viscosity model）。

$$-\rho\overline{u_i'u_j'}=-\frac{2}{3}\rho K\delta_{ij}-\frac{2}{3}\mu_t\times\frac{\partial\overline{u}_k}{\partial x_k}\times\delta_{ij}+\mu_t\left(\frac{\partial\overline{u}_i}{\partial x_j}+\frac{\partial\overline{u}_j}{\partial x_i}\right)+A_3\times\frac{\rho K^3}{2\varepsilon^2}\times\left(\frac{\partial\overline{u}_k}{\partial x_i}\times\frac{\partial\overline{u}_k}{\partial x_j}-\frac{\partial\overline{u}_i}{\partial x_k}\times\frac{\partial\overline{u}_j}{\partial x_k}\right)$$

$$+A_5\times\frac{\rho K^4}{\varepsilon^3}\left[\left(\frac{\partial\overline{u}_k}{\partial x_i}\times\frac{\partial\overline{u}_k}{\partial x_p}\times\frac{\partial\overline{u}_p}{\partial x_j}+\frac{\partial\overline{u}_k}{\partial x_j}\times\frac{\partial\overline{u}_k}{\partial x_p}\times\frac{\partial\overline{u}_p}{\partial x_i}-\frac{2}{3}\Pi_3\delta_{ij}\right)\right.$$

$$-\frac{1}{2}\times\frac{\partial\overline{u}_l}{\partial x_l}\times\left(\frac{\partial\overline{u}_i}{\partial x_k}\times\frac{\partial\overline{u}_k}{\partial x_j}+\frac{\partial\overline{u}_j}{\partial x_k}\times\frac{\partial\overline{u}_k}{\partial x_i}-\frac{2}{3}\Pi_1\delta_{ij}\right)$$

$$\left.-\frac{1}{2}\times\frac{\partial\overline{u}_l}{\partial x_l}\times\left(\frac{\partial\overline{u}_k}{\partial x_i}\times\frac{\partial\overline{u}_k}{\partial x_j}+\frac{\partial\overline{u}_i}{\partial x_k}\times\frac{\partial\overline{u}_j}{\partial x_k}-\frac{2}{3}\Pi_2\delta_{ij}\right)\right] \tag{7-76}$$

对于不可压缩流

$$\frac{\partial\overline{u}_i}{\partial x_i}=0$$

$$\Pi_1=\frac{\partial\overline{u}_i}{\partial x_j}\times\frac{\partial\overline{u}_j}{\partial x_i}$$

$$\Pi_2=\frac{\partial\overline{u}_i}{\partial x_j}\times\frac{\partial\overline{u}_i}{\partial x_j}$$

$$S=\sqrt{2S_{ij}S_{ij}}$$

$$\Pi_3=\frac{\partial\overline{u}_i}{\partial x_k}\times\frac{\partial\overline{u}_i}{\partial x_p}\times\frac{\partial\overline{u}_p}{\partial x_k}$$

$$A_3 = \frac{\sqrt{1 - \frac{9}{2}C_\mu^2 \left(\frac{K}{\varepsilon} \times S\right)^2}}{\frac{1}{2} + \frac{3K^2}{2\varepsilon^2}\Omega S}$$

$$A_5 = \frac{1.6\mu_t}{\frac{\rho K^4}{\varepsilon^3} \times \frac{7S^2 + \Omega^2}{8}}$$

$$S_{ij} = \frac{1}{2}\left(\frac{\partial \overline{u}_i}{\partial x_j} + \frac{\partial \overline{u}_j}{\partial x_i}\right)$$

$$\Omega = \sqrt{2\overline{R}_{ij}\overline{R}_{ij}}$$

$$\overline{R}_{ij} = \frac{1}{2}\left(\frac{\partial \overline{u}_i}{\partial x_j} - \frac{\partial \overline{u}_j}{\partial x_i}\right)$$

ASM 中含有 K 和 ε，因此仍需给出 K 方程和 ε 方程。ASM 仍是高雷诺数湍流模型，对于近壁区的流动计算，仍需采用壁面函数法或其他方式来处理。ASM 比 RSM 计算经济，但比 K-ε 模型多解 6 个代数方程组，因此其计算量远远大于 K-ε 模型。所以，ASM 也没有 K-ε 模型在工程中应用广泛。对于 K-ε 模型不能满足要求的场合，如方形管道和三角形管道内的扭曲以及二次流的模拟，由于流动特征是由雷诺正应力的各向异性造成的，因此使用标准 K-ε 模型得不到理想的结果，这时使用 ASM 非常有效。

雷诺应力代数方程模型在不增加微分方程个数的前提下，在一定程度上考虑了湍流输运各向异性的影响，这是其优于两方程模型之处，拓宽了其适用范围。然而，总的来说，雷诺应力代数方程模型仅适用于不太偏离局部平衡条件的湍流过程，无法计算出反梯度扩散效应。同时，其在三维计算的收敛性方面有较大的困难。因此，目前在解决各向异性的复杂流动时，往往推荐应用雷诺应力微分方程模型而不是雷诺应力代数方程模型。

（4）RANS 湍流模型的对比

1）标准 K-ε 模型

标准 K-ε 模型适用范围广、经济、精度合理，包括边界层流动、管内流动、剪切流动、浮力、燃烧等子模型。但它是个半经验公式，是从实验现象中总结出来的，有一定的局限性：

① 模型中的有关系数，主要是根据一些特殊条件下的实验结果确定的，不同的文献在讨论不同的问题时，这些值可能有出入。

② 标准 K-ε 模型相比零方程模型和一方程模型有了很大改进，但是对于强漩涡、浮力流、重力分层流、曲壁边界层、低 Re 流动以及圆射流，会产生一定失真。原因是在标准 K-ε 模型中，对于雷诺应力的各个分量，假定黏度系数 μ_t 是相同的，即假定 μ_t 是各向同性的。而在弯曲流线的情况下，湍流是明显各向异性的，μ_t 应该是各向异性的。

③ 标准 K-ε 模型，是针对发展非常充分的湍流流动建立的。假设分子黏性的影响可以忽略，其是一种针对高 Re 的湍流计算模型，而当 Re 较低时，例如在近壁区内的流动湍流发展并不充分，湍流的脉动影响可能不如分子黏性的影响大，在更贴近壁面的底层内流动可能处于层流状态。因此，Re 较低的流动使用上面建立的 K-ε 模型进行计算，就会出现问题。这时，必须采用特殊的处理方式，以解决近壁区内的流动计算及低 Re 时的流动问题。常用解决方法有壁面函数法和低 Re 的 K-ε 模型。虽然 K-ε 模型的计算量大于代数涡黏模式，但

随着计算机的发展这一点已不是障碍。如果能克服标准 $K\text{-}\varepsilon$ 模型的这些缺点，其将有更好的预测结果。

2）RNG $K\text{-}\varepsilon$ 模型

RNG $K\text{-}\varepsilon$ 模型相比标准 $K\text{-}\varepsilon$ 模型在更广泛的流动中有更高的可信度和精度，对更复杂的剪切流动如高应变率、漩涡和分离的流动有较好的效果。

重整化群 $K\text{-}\varepsilon$ 模型是一种理性的模式，原则上，其不需要经验常数，但实践结果发现重整化群理论得到的系数 $C_{\varepsilon 1}=1.063$，会在湍动能耗散方程中产生奇异性。具体来说，在均匀剪切湍流中会导致湍动能增长率过大以及负的正应力。因此，RNG $K\text{-}\varepsilon$ 模型还需要进一步研究。

3）Realizable $K\text{-}\varepsilon$ 模型

Realizable $K\text{-}\varepsilon$ 模型已被有效地用于各种不同类型的流动模拟，其能更加准确地预测平板绕流、圆柱射流的发散率，对旋转流动、逆压梯度的边界层流动、流动分离以及复杂的二次流都可以取得较好的计算效果。

Realizable $K\text{-}\varepsilon$ 模型对以上流动的计算结果都比标准模型好，特别是在模型对圆口射流和平板过程模拟射流的模拟中，能给出较好的射流扩张角。不足之处在于，其在计算旋转和静态流动区域时不能提供自然的湍流黏度，且受限于各向同性涡黏度假设。

4）DSM

DSM 相比一方程和两方程模型更加严格地考虑了流线型弯曲、漩涡、旋转和张力的快速变化，其对于复杂流动有更高的精度预测潜力。但是这种预测仅仅限于与雷诺压力有关的方程。要考虑雷诺压力的各向异性时，必须用 RSM，例如飓风流动、燃烧室高速旋转流、管道中二次流。尽管 DSM 比 $K\text{-}\varepsilon$ 模型应用范围更广，包含更多的物理机理，但其仍有很多缺陷。

① 与标准 $K\text{-}\varepsilon$ 模型一样，DSM 也属于高 Re 的湍流计算模型，在固体壁面附近，由于分子黏性的作用，湍流脉动受到阻尼，Re 很小，其计算方程不再适用。因此，必须采用壁面函数法，或低 Re 的 DSM 来处理近壁面区的流动计算问题。

② 计算实践表明，DSM 虽能考虑一些各向异性效应，但并不一定比其他模型效果更好，在计算突扩流动分离区和计算湍流输运各向异性较强的流动时，RSM 优于两方程模型，对于一般的回流流动，DSM 的结果不一定比 $K\text{-}\varepsilon$ 模型要好。

③ DSM 模型摒弃了湍流各向同性假设，因此其计算结果比基于"有效黏度"的两方程模型更为准确。但由于该模型相对复杂、方程多、需确定的常数多，故计算量大。对于三维问题，其有 16 个变量（5 个时均变量、6 个应力、3 个热流密度、K 和 ε），共 16 个方程组。

5）ASM

ASM 是将各向异性的影响合并到雷诺应力中进行计算的一种经济算法，当然，因其要解 9 个代数方程组，其计算量还是远大于 $K\text{-}\varepsilon$ 模型。ASM 虽然不如 $K\text{-}\varepsilon$ 模型应用广泛，但可用于 $K\text{-}\varepsilon$ 模型不能满足要求的场合以及不同的传输假定对计算精度影响不是十分明显的场合。例如，对于方形管道和三角形管道内的扭曲和二次流的模拟，由于流动特征是由雷诺正应力的各向异性造成的，因此使用标准 $K\text{-}\varepsilon$ 模型得不到理想的结果，而使用 ASM 就非常有效。

与 DSM 相比，该模型大大减少了计算量，对初始条件和边界条件的要求也不像 DSM 那么严格。但在模拟旋流数很高的强旋流动中，由于该模型忽略了应力对流的作用，因而会引起显著的误差。对于近壁面区的流动计算，仍需要采用壁面函数法或其他方法来处理。

各种 RANS 湍流模型优缺点的对比列于表 7-3 中。

表 7-3　RANS 湍流模型优缺点的对比

模型名称		优点	缺点
涡黏性 模型	零方程模型	计算简单,不增加附加的方程。对无固体边界的射流或混合层及一般平直表面的湍流边界层类型问题,能得到很好的结果。已成功应用于方形管道内发展的三维流动问题	简化较多,工程适用范围小,忽略了湍流的对流与扩散,不适于有回流的复杂流动,无法处理表面曲率的影响、来流湍流度影响等问题。只适合高 Re、近壁区的处理
	一方程模型	考虑了脉动的生成、传递和耗散,适用范围优于零方程,计算结果和实验结果符合度高	特征长度的数值很难由实验确定。目前已较少单独使用。只适合高 Re、近壁区的处理
	两方程模型	形式简单、计算量不太大,真正使湍流运动微分方程组完全封闭,能较好地反映大多数工程实际,在工程应用中最为广泛	不能模拟强旋流动,K-ε 模型的前提假设是湍流各向同性
雷诺应力模型	雷诺应力微分模型（DSM）	抛弃了各向同性和雷诺应力与时均值间的线性关系假设,对于各向异性和不均匀的湍流更能显示出其优越性。比一方程和两方程模型更加严格地考虑了流线型弯曲、漩涡、旋转和张力的快速变化,对于复杂流动有更高的精度预测潜力	模型较为复杂,计算量大,而且缺乏健全的理论基础和物理基础,不便于工程应用。只适合高 Re、近壁区的处理
	代数应力方程模型（ASM）	削减了计算工作量,大大节省了计算容量和时间,又保持了各向异性的基本特点,无需分别给出各应力及通量分量的入口及边界条件	在三维计算中的收敛性方面有相当大的困难,仅适用于不太偏离局部平衡条件的流动过程。只适合高 Re、近壁区的处理

7.2　热解仿真计算方法研究

计算流体力学（computational fluid dynamics，CFD）和计算传热学（numerical heat transfer，NHT）是 20 世纪 60 年代起伴随计算机技术的发展而迅速崛起的学科,其成熟的标志是各种通用的 CFD 和 NHT 商品软件的出现,且为工业界广泛接受,它们的性能日趋完善,应用范围也不断扩大。CFD 和 NHT 在 20 世纪 70 年代以来的成就,显示出其在人类深入研究各种流动现象以及在工业和工程应用方面的强大生命力。

计算机的大量使用和大型通用 CFD 和 NHT 商品软件的成熟,彻底改变了人们在工程和工业产品实验设计中的传统观念。通过数值模拟对工作过程细节的了解,工程装置的优化设计现在已经作为一种新的设计手段。数值模拟可以做到预报真实的流体机械、换热与燃烧装置、工业炉、大气污染等现象的全过程,可以得到设计所需的各种定量数据,又能把实验所需的人力、物力及财力降到最低限度,实现了真正意义上的设计革命。计算机软件的发展使数值仿真技术成为与实体实验同样有效的手段。

7.2.1　控制方程的离散化

含油污泥热解炉的运行过程是一个复杂的物理和化学变化过程,描述这一复杂现象的控制方程是一组二阶非线性耦合的偏微分方程组。偏微分方程定解问题的数值求解方法可分为三步:第一步,用网格线将连续的定解域划分为有限离散点（节点）集,称为计算区域离散化或网格生成；第二步，选取适当的途径将微分方程及其定界条件转化为网格节点上相应的代数方程，即建立离散方程组，称为方程离散化；第三步，在计算机上求解离散化的方程组，得到节点上的离散近似解。这样，应用变量的离散分布近似解代替了定解问题准确解的连续数据，这种方法称为离散近似。这里讨论的控制方程的离散化，即把连续的微分方程化为代数方程。

7.2.1.1 微分方程离散化方法的选择

（1）离散化的概念

离散化包括计算区域离散化和控制方程离散化两部分内容。

1）计算区域离散化

计算区域离散化（domain discretization）也称为计算网格划分或网格生成，对空间上连续的计算区域进行划分，将其划分成许多个子区域，并确定每个区域中的节点，从而生成计算网格。区域离散化的实质就是用一组有限个离散的点来代替原来连续的空间。网格是离散化的基础，网格节点是离散化的物理量的存储位置，网格在离散过程中起着关键的作用。网格的形式和疏密等，对数值计算结果有着重要的影响。

2）控制方程离散化

控制方程离散化即通过适当的途径将微分形式的控制方程及其定解条件转化为网格节点上的变量值相应的代数方程组。节点之间的近似解，一般认为光滑变化，原则上可以用插值方法确定，从而得到定解问题在整个定解区域上的近似解。

（2）微分方程离散化方法

一般来说，对于给定的微分方程，可以用多种方法得到它的离散化方程。由于因变量在节点之间的分布假设及推导离散化方程的方法不同，就形成了千姿百态、纷繁复杂的离散化方法，其中最常用的有：加权余量法、有限元法、有限差分法、有限体积法或谱方法等。

1）加权余量法

加权余量法（weighted residual method，WRM），是一种可用于求线性和非线性微分方程近似解的方法，其实质是利用微分方程的余量在某种加权函数的子空间上正交投影的概念。

2）谱方法

谱方法（spectral method，SM）始于20世纪70年代末。其基本思想是：将近似解代入控制方程（设控制方程中所有的项均移到了等号右侧），再乘以近似解级数中的一个项，称为权函数，然后对整个求解区域作积分，并要求该积分式等于零，就得到一个关于待定系数的代数方程。这样以系数解中的每一个含有待定系数的项作权函数，就可以得到总数与待定系数相等的代数方程组。求解该方程组，就得出了被求函数的近似解。谱方法中被求解的函数采用有限项的级数展开来表示，例如有限项的傅里叶展开、多项式展开等。

3）有限元法

有限元法（finite element method，FEM）是 Courant 于 1943 年首先提出的，20世纪50年代由美国的航空结构设计师发展，被成功应用于当时的美国军用飞机的结构设计计算，随后逐渐扩展到土木结构等领域。20世纪60年代后期，在越来越多的工程领域中得到广泛应用。由于流体力学问题的复杂性，有限元法应用于流体力学领域是始于20世纪70年代。

有限元法的基本求解思想是：把计算域划分为有限个互不重叠的单元（二维情况下，单元多为三角形或四边形），在每个单元内，选择一些合适的节点作为求解函数的插值点，将微分方程中的变量改写成由各变量或其导数的节点值与所选用的插值函数组成的线性表达式，借助变分原理或加权余量法，将微分方程离散求解。采用不同的权函数和插值函数形式，便构成不同的有限元方法。

4）有限差分法

有限差分法（finite difference method，FDM）是历史上最早采用的计算机数值模拟方法，至今仍被广泛运用。有限差分法的基本思想是：将求解区域划分为差分网格，用有限个网格节点代替连续的求解域，在每个节点上，将控制方程的导数用相应的差分表达式来代替，从而在每个节点上形成一个代数方程，每个方程中包含了本节点及其附近一些节点上的未知值，求解代数方程从而获得所需的数值解。由于各阶导数的差分表达式可以从泰勒（Taylor）级数展开式导出，该方法又称为建立离散方程的泰勒展开法。该方法是一种直接将微分问题变为代数问题的近似数值解法，数学概念直观，表达简单，是发展较早且比较成熟的数值方法。

5）有限体积法

有限体积法（finite volume method，FVM）又称为有限容积法或控制容积法（control volume method，CVM）。有限体积法的基本思想是：将计算区域分成许多互不重叠的子区域（控制容积），使每一个节点都被一个控制容积所包围；用守恒型的控制方程对每个控制容积积分，从而得出一组离散方程。其中的未知数是网格点上的因变量的数值。为求出控制容积的积分，需对界面上的值的变化规律及其一阶导数的构成做出假设。

（3）方程离散化方法的选择

1）有限元法与有限差分法的区别

有限差分法是点近似，用离散的网格节点上的值来近似连续函数；有限元法是分段近似（片、块近似），即在一分片内用一近似函数表达微分方程的解，在单元内近似解是连续解析的，在单元间近似解是连续的。有限元法得到的是一个充分光滑的近似解，在单元内导数存在，在单元之间的边界上解满足相容性条件；有限差分法一般不能保证解的光滑性，但不能因此说差分解是不好的近似。

有限差分法的收敛性定义是，当步长趋于零时，域内任一节点处的差分解趋近于偏微分方程在该点的准确解，称解是收敛的。有限元法的收敛性是根据误差的权积分的收敛来定义的，而不是根据点定义的。有限元法对于求解区域的单元剖分没有特别的限制，剖分灵活，特别适用于处理具有复杂边界的实际问题。可根据问题的物理性质，合理安排单元网格的疏密，比较容易处理未知的自由边界和不同介质的交界面。

2）有限体积法与有限差分法、有限元法的区别

就离散化方法而言，有限体积法（FVM）可视为有限元法（FEM）和有限差分法（FDM）的中间物。有限元法必须假定 φ 在网格点之间的变化规律（即插值函数）并将其作为近似解。有限差分法只考虑网格点上 φ 的数值而不考虑 φ 在网格点之间如何变化。有限体积法只寻求 φ 的节点值，这与有限差分法类似；但有限体积法在寻求控制容积的积分时，必须假定 φ 在网格点之间的分布，这又与有限单元法类似。在有限体积法中，插值函数只用于计算控制容积的积分，得出离散方程后便可以舍弃插值函数。如果需要的话，可以对微分方程中的不同项采用不同的插值函数。

有限差分法简便易行，格式和离散方案丰富多彩，求解变量设置随意，但其对求解的几何域的适应性很差。有限元法基于弱解和变分形式，采用单元上的插值逼近。单元剖分的灵活性一定程度上保证了对解域的适应性问题，但是其对间断问题的处理能力受到限制，远没有达到有限差分法的灵活和效能。

有限体积法在一定程度上吸收了以上两类方法的长处，同时又克服了它们的弱点。首先，其一般从积分守恒形式出发，采用单元剖分，选择控制元离散，保证了守恒特性；其次，其一般在控制元上取为常数逼近，形成间断解的黎曼（Riemann）问题。这样既保证了对复杂几何解域的适应性，又能直接和充分地利用有限差分法的许多格式和概念，尤其是间断解的计算和模拟。对于许多复杂的几何域的实际问题的数值计算和数值模拟，有限体积法显示了它独特的效果和魅力。20 世纪 80 年代以来，由于自适应网格、结构网格技术的发展，有限体积法得到了更长足的进步。有限体积法不仅在方法的设计和构造上，在处理大变形、激波和各种复杂流体动力学问题的能力，以及在方法的精度和收敛性的理论研究方面等，都开创了前所未有的光明前景。

3）方程离散化方法的选择

由以上分析可见：a. 有限体积法的积分守恒对任意一组控制容积都满足，对整个计算区域也满足；b. 离散方程的系数物理意义明确；c. 对计算区域几何形状的适应性比有限差分法好。

积分守恒是有限体积法最吸引人的优点，即使在粗网格情况下也显示出准确的积分守恒，而有限差分法仅当网格极其细密时离散方程才满足积分守恒，因此目前大多数通用计算流体力学和计算传热学商品软件都采用有限体积法。

本研究采用有限体积法（也称为控制容积法）对控制方程进行离散。

7.2.1.2　直角坐标系中网格划分

有限体积法区域离散的实施过程是，先把计算区域分成许多互不重叠的子区域，称为控制容积（或控制体），即进行计算网格（grid）划分；然后，确定每个子区域中节点的位置以及该节点所代表的控制容积，使每一个节点都由一个控制容积所包围。区域离散化过程结束后，可以得到 4 种几何要素。

① 节点（node）：需要求解的未知物理量的几何位置、离散化的物理量的存储位置。
② 控制容积（control volume）：又称为控制体，是应用控制方程的最小几何单位。
③ 界面（face）：规定了与各节点相对应的控制容积的分界面位置，通常用细虚线表示。
④ 网格线（grid line）：联结相邻两节点而形成的曲线簇，通常用细实线表示。

下面给出直角坐标系中的网格及其几何要素。一般把节点看成是控制容积的代表。在离散过程中，将一个控制容积上的物理量定义并存储在该节点处。图 7-5 给出了一维问题的有限体积法的计算网格，其中图 7-5（a）的节点和界面编号表达方式常用于方程离散化的推导过程，图 7-5（b）的编号表达方式常用于离散方程的特性分析。在图 7-5（a）中，用大写字母表示节点，小写字母表示界面，x 方向两几何要素间的距离用 δx 表示，网格在 x 方向的宽度用 Δx 表示；当前所研究的节点用 P 表示，节点 P 右侧相邻节点为 E，左侧相邻节

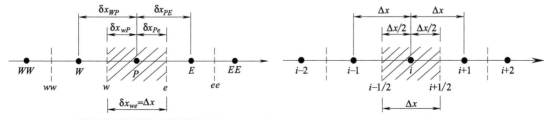

(a) 常用于方程离散化推导的编号表达　　　(b) 常用于离散方程特性分析的编号表达

图 7-5　一维问题有限体积法的计算网格

点为 W；节点 W 的左侧相邻节点为 WW；节点 E 的右侧相邻节点为 EE；节点 P 所在控制容积的右侧界面为 e，左侧界面为 w；节点 W 和节点 P 之间的距离为 δx_{WP}；界面 w 和界面 e 之间的距离为 δx_{we}，其等于控制容积在 x 方向的宽度 Δx；图中阴影部分为节点 P 的控制容积。

7.2.1.3 控制方程的离散

（1）有限体积法控制方程离散的基本思想

含油污泥热解炉的运行过程是一个复杂的物理和化学变化过程，在 7.1 部分已经建立起包含基本控制方程、湍流模型、燃烧模型、辐射模型、热传递模型等复杂数值仿真的数学模型来描述这一现象。这些方程都可以表示为一个通用的形式：

$$\frac{\partial(\rho\varphi)}{\partial t}+\boldsymbol{\nabla}\cdot(\rho\boldsymbol{V}\varphi)=\boldsymbol{\nabla}\cdot(\varGamma_\varphi\,\boldsymbol{\nabla}\varphi)+S_\varphi \tag{7-77}$$

采用有限体积法对式（7-77）进行离散时，不仅需要用控制方程对控制容积作空间积分，还需要对时间作积分，即

$$\iint_{V_{CV}}\left[\int_t^{t+\Delta t}\frac{\partial(\rho\varphi)}{\partial t}\mathrm{d}t\right]\mathrm{d}V+\int_t^{t+\Delta t}\left[\iiint_{V_{CV}}\boldsymbol{\nabla}\cdot(\rho\boldsymbol{V}\varphi)\mathrm{d}V\right]\mathrm{d}t$$
$$=\int_t^{t+\Delta t}\left[\iiint_{V_{CV}}\boldsymbol{\nabla}\cdot(\varGamma\,\boldsymbol{\nabla}\varphi)\mathrm{d}V\right]\mathrm{d}t+\int_t^{t+\Delta t}\left[\iint_{V_{CV}}S_\varphi\mathrm{d}V\right]\mathrm{d}t \tag{7-78}$$

如果为稳态问题，则式（7-77）化为

$$\boldsymbol{\nabla}\cdot(\rho\boldsymbol{V}\varphi)=\boldsymbol{\nabla}\cdot(\varGamma_\varphi\,\boldsymbol{\nabla}\varphi)+S_\varphi \tag{7-79}$$

这是有源的稳态对流-扩散问题的微分方程。为简便起见，把 $\varGamma_\varphi$ 表示为 $\varGamma$，把 S_φ 表示为 S。式（7-79）化为：

$$\iint_{V_{CV}}\boldsymbol{\nabla}\cdot(\rho\boldsymbol{V}\varphi)\mathrm{d}V=\iint_{V_{CV}}\boldsymbol{\nabla}\cdot(\varGamma\,\boldsymbol{\nabla}\varphi)\mathrm{d}V+\iint_{V_{CV}}S\mathrm{d}V \tag{7-80}$$

这个方程代表整个控制容积中的通量平衡。方程左边给出了控制容积表面上的净对流通量，方程右边给出了控制容积表面上的净扩散通量和整个控制容积内 φ 的生成或消失。

（2）一维问题的离散

为简单起见，以一维非稳态对流-扩散问题的微分方程为例进行方程离散的讨论。

$$\frac{\partial(\rho\varphi)}{\partial t}+\frac{\partial(\rho u\varphi)}{\partial x}=\frac{\partial}{\partial x}\left(\varGamma\times\frac{\partial\varphi}{\partial x}\right)+S \tag{7-81}$$

按照有限体积法的基本思想，在时间和空间的控制容积内对控制方程式（7-81）进行积分：

$$\int_w^e\left[\int_t^{t+\Delta t}\frac{\partial(\rho\varphi)}{\partial t}\mathrm{d}t\right]\mathrm{d}x+\int_t^{t+\Delta t}\left[\int_w^e\frac{\partial(\rho u\varphi)}{\partial x}\mathrm{d}x\right]\mathrm{d}t$$
$$=\int_t^{t+\Delta t}\left[\int_w^e\frac{\partial}{\partial x}\left(\varGamma\,\frac{\partial\varphi}{\partial x}\right)\mathrm{d}x\right]\mathrm{d}t+\int_t^{t+\Delta t}\left(\int_w^e S\mathrm{d}x\right)\mathrm{d}t$$

即

$$\int_w^e\left[\int_t^{t+\Delta t}\frac{\partial(\rho\varphi)}{\partial t}\mathrm{d}t\right]\mathrm{d}x+\int_t^{t+\Delta t}\left\{\int_w^e\left[\frac{\partial(\rho u\varphi)}{\partial x}-\frac{\partial}{\partial x}\left(\varGamma\,\frac{\partial\varphi}{\partial x}\right)-S\right]\mathrm{d}x\right\}\mathrm{d}t=0 \tag{7-82}$$

先考虑非稳态项的积分

$$\int_w^e \left[\frac{\partial(\rho u \varphi)}{\partial x} - \frac{\partial}{\partial x}\left(\Gamma \frac{\partial \varphi}{\partial x}\right) - S \right] \mathrm{d}x$$

$$= \left[(\rho u \varphi)_e - (\rho u \varphi)_w\right] - \left[\left(\Gamma \frac{\partial \varphi}{\partial x}\right)_e - \left(\Gamma \frac{\partial \varphi}{\partial x}\right)_w\right] - \overline{S}\,|_P \Delta x$$

$$= (F_e \varphi_e - F_w \varphi_w) - \left[D_e(\varphi_E - \varphi_P) + D_w(\varphi_P - \varphi_W) - (S_C + S_P T_P)\Delta x\right]$$

(7-83)

当对流项的离散采用中心差分格式时，式（7-83）化为：

$$\frac{1}{2}F_e(\varphi_P + \varphi_E) - \frac{1}{2}F_w(\varphi_W + \varphi_P) - \left[D_e(\varphi_E - \varphi_P) + D_w(\varphi_P - \varphi_W) - (S_C + S_P \varphi_P)\Delta x\right]$$

$$= \left[\left(D_w + \frac{1}{2}F_w\right) + \left(D_e - \frac{1}{2}F_e\right) + (F_e - F_w) - S_P \Delta x\right]\varphi_P -$$

$$\left[\left(D_w + \frac{1}{2}F_w\right)\varphi_W + \left(D_e - \frac{1}{2}F_e\right)\varphi_E + S_C \Delta x\right]$$

$$= a_P \varphi_P - (a_W \varphi_W + a_E \varphi_E + b) = a_P \varphi_P - \sum a_{nb}\varphi_{nb} - b$$

(7-84)

其中

$$\begin{cases} a_W = D_w + \dfrac{1}{2}F_w \\[2mm] a_E = D_e - \dfrac{1}{2}F_e \\[2mm] a_P = a_W + a_E + (F_e - F_w) - S_P \Delta x \\[2mm] b = S_C \Delta x \\[2mm] D_w = \dfrac{\Gamma_w}{\delta x_{WP}} \\[2mm] D_e = \dfrac{\Gamma_e}{\delta x_{PE}} \\[2mm] F_w = (\rho u)_w \\[2mm] F_e = (\rho u)_e \end{cases}$$

(7-85)

将式（7-85）代入式（7-84），可得：

$$\int_w^e \left[\int_t^{t+\Delta t} \frac{\partial(\rho \varphi)}{\partial t}\mathrm{d}t\right]\mathrm{d}x + \int_t^{t+\Delta t}\left[a_P \varphi_P - (a_W \varphi_W + a_E \varphi_E + b)\right]\mathrm{d}t = 0 \qquad (7-86)$$

利用式（7-86）进行时间积分，可得：

$$(\rho \varphi_P - \rho \varphi_P^0)\Delta x + f\left[a_P \varphi_P - (a_W \varphi_W + a_E \varphi_E + b)\right]\Delta t +$$

$$(1-f)\left[a_P \varphi_P^0 - (a_W \varphi_W^0 + a_E \varphi_E^0 + b)\right]\Delta t = 0$$

整理后得到：

$$\left(\rho \frac{\Delta x}{\Delta t} + f a_P\right)\phi_P = f(a_W \phi_W + a_E \phi_E) + (1-f)(a_W \phi_W^0 + a_E \phi_E^0) +$$

$$b + \left[\rho \frac{\Delta x}{\Delta t} - (1-f)a_P\right]\phi_P^0$$

(7-87)

将式（7-86）中的系数代入式（7-87），整理得到：

$$a_P\phi_P = f(a_W\phi_W + a_E\phi_E) + (1-f)(a_W\phi_W^0 + a_E\phi_E^0) + \\ [a_P^0 - (1-f)(\phi_W + \phi_E - S_P\Delta x)]\phi_P^0 + b \tag{7-88}$$

其中

$$\begin{cases} a_P = a_P^0 + f[a_W + a_E + (F_e - F_w) - S_P\Delta x] \\ b = S_C\Delta x \\ a_P^0 = \rho\dfrac{\Delta x}{\Delta t} \\ a_W = D_w + \dfrac{1}{2}F_w \\ a_E = D_e + \dfrac{1}{2}F_e \end{cases} \tag{7-89}$$

式（7-89）中对流项的离散采用了中心差分格式，当然也可以采用其他的离散格式。离散得到的稳态对流-扩散问题离散方程的通用表达式为：

$$\begin{cases} a_P\varphi_P = \sum a_{nb}\varphi_{nb} + b \\ a_P = \sum a_{nb} + \Delta F - S_P\Delta V \\ b = S_C\Delta V \end{cases} \tag{7-90}$$

将式（7-89）代入式（7-88），可得：

$$\int_w^e\left[\int_t^{t+\Delta t}\frac{\partial(\rho\varphi)}{\partial t}\mathrm{d}t\right]\mathrm{d}x + \int_t^{t+\Delta t}(a_P\varphi_P - \sum a_{nb}\varphi_{nb} - b)\mathrm{d}t$$

$$= (\rho\varphi_P - \rho\varphi_P^0)\Delta x + f(a_P\varphi_P - \sum a_{nb}\varphi_{nb} - b)\Delta t + (1-f)(a_P\varphi_P^0 - \sum a_{nb}\varphi_{nb}^0 - b)\Delta t = 0$$

整理得：

$$\left(\rho\frac{\Delta x}{\Delta t} + fa_P\right)\varphi_P = f\sum a_{nb}\varphi_{nb} + (1-f)\sum a_{nb}\varphi_{nb}^0 + b + \left[\rho\frac{\Delta x}{\Delta t} - (1-f)a_P\right]\varphi_P^0$$

即

$$\left[\rho\frac{\Delta x}{\Delta t} + f(\sum a_{nb} + \Delta F - S_P\Delta V)\right]\varphi_P = f\sum a_{nb}\varphi_{nb} + (1-f)\sum a_{nb}\varphi_{nb}^0 + b + \\ \left[\rho\frac{\Delta x}{\Delta t} - (1-f)(\sum a_{nb} + \Delta F - S_P\Delta V)\right]\varphi_P^0$$

将上式表达为更一般的形式：

$$\left[\rho\frac{\Delta V}{\Delta t} + f(\sum a_{nb} + \Delta F - S_P\Delta V)\right]\varphi_P = f\sum a_{nb}\varphi_{nb} + (1-f)\sum a_{nb}\varphi_{nb}^0 + b + \\ \left[\rho\frac{\Delta V}{\Delta t} - (1-f)(\sum a_{nb} + \Delta F - S_P\Delta V)\right]\varphi_P^0 \tag{7-91}$$

将式（7-91）写为离散方程的通用形式：

$$a_P\phi_P = f\sum a_{nb}\phi_{nb} + (1-f)\sum a_{nb}\phi_{nb}^0 + b + \\ [a_P^0 - (1-f)(\sum a_{nb} + \Delta F - S_P\Delta V)]\phi_P^0 \tag{7-92}$$

其中

$$\begin{cases} a_P = a_P^0 + f(\sum a_{nb} + \Delta F - S_P \Delta V) \\ b = S_C \Delta V \\ a_P^0 = \rho \times \dfrac{\Delta V}{\Delta t} \end{cases} \tag{7-93}$$

式（7-92）和式（7-93）是非稳态对流-扩散问题离散方程的一般形式，既适用于一维、二维和三维问题，也适用于对流项离散的三点格式（例如中心差分格式、一阶上风格式、混合格式、指数格式、乘方格式）和对流项离散的五点格式（例如二阶上风格式、QUICK 格式）。

当 $f = 0$ 时为显式格式：

$$\begin{cases} a_P \phi_P = \sum a_{nb} \phi_{nb}^0 + b + [a_P^0 - (\sum a_{nb} + \Delta F - S_P \Delta V)] \phi_P^0 \\ a_P = a_P^0 \\ b = S_C \Delta V \\ a_P^0 = \rho \dfrac{\Delta V}{\Delta t} \end{cases} \tag{7-94}$$

当 $f = 1$ 时为隐式格式：

$$\begin{cases} a_P \phi_P = \sum a_{nb} \phi_{nb} + b + a_P^0 \phi_P^0 \\ a_P = a_P^0 + (\sum a_{nb} + \Delta F - S_P \Delta V) \\ b = S_C \Delta V \\ a_P^0 = \rho \dfrac{\Delta V}{\Delta t} \end{cases} \tag{7-95}$$

7.2.2 N-S 方程组求解的压力修正算法

7.2.2.1 压力-速度耦合问题方程求解的难点

描述传热与流体流动的控制方程组中的待求量有 V、p、ρ、T 四个量，方程的个数也为四个（连续性方程、动量方程、能量方程和状态方程），因此方程组自身是封闭的。虽然连续性方程、动量方程和能量方程中都包含有速度 V，但是动量方程应是速度 V 的主要约束方程；而流体的温度 T 主要由能量方程来约束。速度 V 虽主要由动量方程来约束，但同时还必须满足连续性方程。动量方程和连续性方程就构成了计算速度场的完整方程组。求无换热、常物性、不可压缩流体的流动问题时，通常情况下 $\rho = \text{const}$，控制方程组中只需要考虑连续性方程和动量方程。

$$\begin{cases} \boldsymbol{\nabla} \cdot \boldsymbol{V} = 0 \\ \dfrac{\partial \boldsymbol{V}}{\partial t} + \boldsymbol{V} \cdot \boldsymbol{\nabla} \boldsymbol{V} = \nu \boldsymbol{\nabla}^2 \boldsymbol{V} + f - \dfrac{1}{\rho} \boldsymbol{\nabla} p \end{cases} \tag{7-96}$$

方程组（7-96）中的待求量为 V 和 p，方程组是封闭的。由式（7-96）可以看出，速度 V 由动量方程直接约束；压力（以下所说的压力均为压强，这是一种习惯上的称谓）梯度 $\boldsymbol{\nabla} p$ 出现在了动量方程中，压力没有独立的约束方程，而是通过连续性方程间接受到控制。在可压缩流体的流动中［见式（7-96）］，压力与密度间的关系可由状态方程规定。在求解速度场之前，压力场 p 是未知的，即 p 没有明显的约束方程，被隐含到了连续性方程中，间接地通过连续性方程被规定。也就是说，正确的压力场 p 代入动量方程时，所得到的速度场应能满足连续性方程。

7.2.2.2 交错网格技术

为解决压力梯度项离散时造成的不合理压力场的检测问题，1965 年美国科学家 Harlow 和 Welch 提出了交错网格（staggered grid）的思想。

① 把标量（p、ρ、μ、k、c、T 等参数）存储于主网格节点上，对标量控制方程的离散在主控制容积内进行。

② 把矢量的分量（如 u、v、w）存储于主网格的界面上，而节点上的值用插值计算得到；对矢量分量控制方程的离散在其对应的控制容积内进行。

采用交错网格时，对于二维问题有三套不同的网格系统，分别用于存储（p、ρ、T、μ、k、c）、u 和 v；对于三维问题有 4 套网格系统，分别用于存储（p、ρ、T、μ、k、c）、u、v 和 w。

图 7-6 给出了二维问题计算的交错网格系统示意图。速度 u 在主控制容积的界面 e 和界面 w 上定义和存储；速度 v 在主控制容积的界面 n 和界面 s 上定义和存储。主节点的控制容积与 u 和 v 的控制容积有半个步长的错位。交错网格这一名称由此而来。

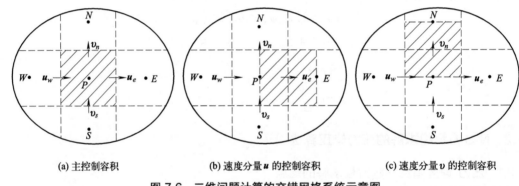

(a) 主控制容积   (b) 速度分量 u 的控制容积   (c) 速度分量 v 的控制容积

图 7-6　二维问题计算的交错网格系统示意图

7.2.2.3 压力修正算法

压力修正算法有时也称为预测-校正算法，其实质是采用迭代的方式。在迭代求解的任一层次上，先给出一个假设的压力场，代入动量方程的离散方程得到一个对应的速度场。假设的压力场合理，那么求得的速度场应该能满足连续性方程。否则，利用连续性方程来改进压力场，进行新一轮次的求解，如此反复，直至得到满足精度要求的近似解。压力修正算法的基本思路是：

① 假定一个压力场 p^*；

② 利用假定的 p^* 代入动量方程的离散方程，求解得到相应的速度场 V^*；

③ 利用速度场 V^* 求解连续性方程的离散方程，使压力场得到修正；

④ 根据需要，求解湍流方程及其他标量方程；

⑤ 判断在当前迭代步上是否收敛，若不收敛，返回第②步，重复上述步骤，直至收敛。

（1）SIMPLE 算法

① 假定一个初场 V^0、p^0 和 φ^0，用以计算动量方程的离散方程的系数 a 及常数项 b。

② 赋值 $p^* \leftarrow p^0$，即一个假定的压力场 p^*，利用 p^* 依次求解动量方程的离散方程，得到与 p^* 相对应的速度场 V^*。

$$\begin{cases} a_e u_e^* = \sum a_{nb} u_{nb}^* + b + A_e(p_P^* - p_E^*) \\ a_n v_n^* = \sum a_{nb} v_{nb}^* + b + A_n(p_P^* - p_N^*) \\ a_t w_t^* = \sum a_{nb} w_{nb}^* + b + A_t(p_P^* - p_T^*) \end{cases}$$

③ 利用 $\boldsymbol{V}^*$，求解由连续性方程的离散方程导出的压力修正方程，得 p'。

$$\begin{cases} a_P p_P' = a_W p_W' + a_E p_E' + a_S p_S' + a_N p_N' + a_B p_B' + a_T p_T' + b' \\ a_W = \rho_w d_w \Delta y \Delta z \\ a_E = \rho_e d_e \Delta y \Delta z \\ a_S = \rho_s d_s \Delta x \Delta z \\ a_N = \rho_n d_n \Delta x \Delta z \\ a_B = \rho_b d_b \Delta x \Delta y \\ a_T = \rho_t d_t \Delta x \Delta y \\ a_P = a_W + a_E + a_S + a_N + a_B + a_T \\ b' = [(\rho u^*)_w - (\rho u^*)_e]\Delta y \Delta z + [(\rho v^*)_s - (\rho v^*)_n]\Delta x \Delta z + [(\rho w^*)_b - (\rho w^*)_t]\Delta x \Delta y \end{cases}$$

④ 利用压力的修正量 p' 改进压力和速度，得改进后的 p 和 $\boldsymbol{V}$。

$$p = p^* + p'$$
$$u_e = u_e^* + u_e' = u_e^* + d_e(p_P' - p_E')$$
$$v_n = v_n^* + v_n' = v_n^* + d_n(p_P' - p_N')$$
$$w_t = w_t^* + w_t' = w_t^* + d_t(p_P' - p_T')$$

⑤ 用改进后的速度 $\boldsymbol{V}$ 求解通过源项、物性等与速度场耦合的其他物理量 φ，如果 φ 不影响流场，应在速度场收敛以后再进行求解。

⑥ 利用改进后的 $\boldsymbol{V}$（以及 φ）重新计算动量方程的离散方程的系数，把新的 p（$p = p^* + p'$）作为新的 p^0 重复步骤①，进行下一层次迭代，直到获得收敛的解。

（2）SIMPLER 算法

① 假定一个速度场 $\boldsymbol{V}^0$（是否需要假定 φ^0 视情况而定），计算动量方程的离散方程的系数和常数。

② 利用已知的速度 $\boldsymbol{V}^0$，计算假定速度 $\hat{\boldsymbol{V}}$。

$$\hat{u}_e = \frac{\sum a_{nb} u_{nb}^0 + b^0}{a_e}, \quad \hat{v}_n = \frac{\sum a_{nb} v_{nb}^0 + b^0}{a_n}, \quad \hat{w}_t = \frac{\sum a_{nb} w_{nb}^0 + b^0}{a_t}$$

③ 求解由连续性方程导出的压力计算方程，求得 p^*。

$$\begin{cases} a_P p_P^* = a_W p_W^* + a_E p_E^* + a_S p_S^* + a_N p_N^* + a_B p_B^* + a_T p_T^* + b^* \\ a_W = \rho_w d_w \Delta y \Delta z \\ a_E = \rho_e d_e \Delta y \Delta z \\ a_S = \rho_s d_s \Delta x \Delta z \\ a_N = \rho_n d_n \Delta x \Delta z \\ a_B = \rho_b d_b \Delta x \Delta y \\ a_T = \rho_t d_t \Delta x \Delta y \\ a_P = a_W + a_E + a_S + a_N + a_B + a_T \\ b^* = [(\rho \hat{u})_w - (\rho \hat{u})_e]\Delta y \Delta z + [(\rho \hat{v})_s - (\rho \hat{v})_n]\Delta x \Delta z + [(\rho \hat{w})_b - (\rho \hat{w})_t]\Delta x \Delta y \end{cases}$$

④ 利用 p^* 求解动量方程的离散方程，得与 p^* 相对应的速度场 $\boldsymbol{V}^*$。

$$\begin{cases} a_e u_e^* = \sum a_{nb} u_{nb}^* + b + A_e(p_P^* - p_E^*) \\ a_n v_n^* = \sum a_{nb} v_{nb}^* + b + A_n(p_P^* - p_N^*) \\ a_t w_t^* = \sum a_{nb} w_{nb}^* + b + A_t(p_P^* - p_T^*) \end{cases}$$

⑤ 利用 $\boldsymbol{V}^*$ 计算 b'，然后求解由连续性方程导出的压力修正方程，得 p'。

$$\begin{cases} a_P p_P' = a_W p_W' + a_E p_E' + a_S p_S' + a_N p_N' + a_B p_B' + a_T p_T' + b' \\ a_W = \rho_w d_w \Delta y \Delta z \\ a_E = \rho_e d_e \Delta y \Delta z \\ a_S = \rho_s d_s \Delta x \Delta z \\ a_N = \rho_n d_n \Delta x \Delta z \\ a_B = \rho_b d_b \Delta x \Delta y \\ a_T = \rho_t d_t \Delta x \Delta y \\ a_P = a_W + a_E + a_S + a_N + a_B + a_T \\ b' = [(\rho u^*)_w - (\rho u^*)_e]\Delta y \Delta z + [(\rho v^*)_s - (\rho v^*)_n]\Delta x \Delta z + [(\rho w^*)_b - (\rho w^*)_t]\Delta x \Delta y \end{cases}$$

⑥ 利用压力的修正量 p' 修正速度，但不修正压力。

$$\begin{cases} u_e = u_e^* + u_e' = u_e^* + \dfrac{A_e}{a_e} \times (p_P' - p_E') = u_e^* + d_e(p_P' - p_E') \\ v_n = v_n^* + v_n' = v_n^* + \dfrac{A_n}{a_n} \times (p_P' - p_N') = v_n^* + d_n(p_P' - p_N') \\ w_t = w_t^* + w_t' = w_t^* + \dfrac{A_t}{a_t} \times (p_P' - p_T') = w_t^* + d_t(p_P' - p_T') \end{cases}$$

⑦ 用改进后的速度（u，v，w）求解通过源项、物性等与速度场耦合的其他物理量 φ，如果 φ 不影响流场，应在速度场收敛以后再求解。

⑧ 利用改进的速度 $\boldsymbol{V}$，计算动量方程的系数，重复第②～⑦步，直到收敛。

（3）PISO 算法

① 假定一个速度场 $\boldsymbol{V}^0$（是否需要假定 φ^0 视情况而定），以此计算动量方程的离散方程的系数及常数项。

② 假定一个压力场 p^0。

③ 赋值 $p^* \leftarrow p^0$，利用 p^* 求解动量方程的离散方程，得到 $\boldsymbol{V}^*$。

$$\begin{cases} a_e u_e^* = \sum a_{nb} u_{nb}^* + b + A_e(p_P^* - p_E^*) \\ a_n v_n^* = \sum a_{nb} v_{nb}^* + b + A_n(p_P^* - p_N^*) \\ a_t w_t^* = \sum a_{nb} w_{nb}^* + b + A_t(p_P^* - p_T^*) \end{cases}$$

④ 利用已知的速度 $\boldsymbol{V}^*$ 代入由离散的连续性方程导出的压力修正方程，得第一次压力修正量 p'。

$$
\begin{cases}
a_P p'_P = a_W p'_W + a_E p'_E + a_S p'_S + a_N p'_N + a_B p'_B + a_T p'_T + b' \\
a_W = \rho_w d_w \Delta y \Delta z \\
a_E = \rho_e d_e \Delta y \Delta z \\
a_S = \rho_s d_s \Delta x \Delta z \\
a_N = \rho_n d_n \Delta x \Delta z \\
a_B = \rho_b d_b \Delta x \Delta y \\
a_T = \rho_t d_t \Delta x \Delta y \\
a_P = a_W + a_E + a_S + a_N + a_B + a_T \\
b' = [(\rho u^*)_w - (\rho u^*)_e] \Delta y \Delta z + [(\rho v^*)_s - (\rho v^*)_n] \Delta x \Delta z + [(\rho w^*)_b - (\rho w^*)_t] \Delta x \Delta y
\end{cases}
$$

⑤ 利用 p' 修正速度（不修正压力），得第一次改进后的速度场 $\boldsymbol{V}^{**}$。

$$
u_e^{**} = u_e^* + u_e' = u_e^* + \frac{A_e}{a_e}(p'_P - p'_E) = u_e^* + d_e(p'_P - p'_E)
$$

$$
v_n^{**} = v_n^* + v_n' = v_n^* + \frac{A_n}{a_n}(p'_P - p'_N) = v_n^* + d_n(p'_P - p'_N)
$$

$$
w_t^{**} = w_t^* + w_t' = w_t^* + \frac{A_t}{a_t}(p'_P - p'_T) = w_t^* + d_t(p'_P - p'_T)
$$

⑥ 用第一次改进后的速度场 $\boldsymbol{V}^{**}$ 求解第二次压力修正方程，得 p''。

$$
\begin{cases}
a_P p''_P = a_W p''_W + a_E p''_E + a_S p''_S + a_N p''_N + a_B p''_B + a_T p''_T + b'' \\
a_W = \rho_w d_w \Delta y \Delta z \\
a_E = \rho_e d_e \Delta y \Delta z \\
a_S = \rho_s d_s \Delta x \Delta z \\
a_N = \rho_n d_n \Delta x \Delta z \\
a_B = \rho_b d_b \Delta x \Delta y \\
a_T = \rho_t d_t \Delta x \Delta y \\
a_P = a_W + a_E + a_S + a_N + a_B + a_T
\end{cases}
$$

$$
\begin{aligned}
b'' = & \left\{ \rho_w \left[u^{**} + \frac{\sum a_{nb}(u_{nb}^{**} - u_{nb}^*)}{a} \right]_w - \rho_e \left[u^{**} + \frac{\sum a_{nb}(u_{nb}^{**} - u_{nb}^*)}{a} \right]_e \right\} \Delta y \Delta z + \\
& \left\{ \rho_s \left[v^{**} + \frac{\sum a_{nb}(v_{nb}^{**} - v_{nb}^*)}{a} \right]_s - \rho_n \left[v^{**} + \frac{\sum a_{nb}(v_{nb}^{**} - v_{nb}^*)}{a} \right]_n \right\} \Delta x \Delta z + \\
& \left\{ \rho_b \left[w^{**} + \frac{\sum a_{nb}(w_{nb}^{**} - w_{nb}^*)}{a} \right]_b - \rho_t \left[w^{**} + \frac{\sum a_{nb}(w_{nb}^{**} - w_{nb}^*)}{a} \right]_t \right\} \Delta x \Delta y
\end{aligned}
$$

⑦ 根据 p'' 第二次修正速度，同时修正压力，得到 p^{***} 和 $\boldsymbol{V}^{***}$。

$$
p^{***} = p^{**} + p'' = p^* + p' + p''
$$

$$
u_e^{***} = u_e^{**} + \frac{\sum a_{nb}(u_{nb}^{**} - u_{nb}^*)}{a_e} + d_e(p''_P - p''_E)
$$

$$
v_n^{***} = v_n^{**} + \frac{\sum a_{nb}(v_{nb}^{**} - v_{nb}^*)}{a_n} + d_n(p''_P - p''_N)
$$

$$w_t^{***} = w_t^{**} + \frac{\sum a_{nb}(w_{nb}^{**} - w_{nb}^*)}{a_t} + d_w(p_P'' - p_T'')$$

⑧ 求解通过源项、物性等与速度场耦合的其他物理量 φ，如果 φ 不影响流场，应在速度场收敛以后再求解。

⑨ 利用改进后的 V 重新计算动量方程的离散方程的系数，把新的 p（$p = p^{***}$）作为新的 p^0 重复步骤②，进行下一层次迭代，直到获得收敛的解。

7.3 室内小型含油污泥热解设备流体模拟研究

7.3.1 含油污泥热解室内实验

7.3.1.1 实验目的

通过室内模拟实验的方法，用热解室内实验装置模拟间歇式热解炉的运行，通过研究热解温度、热解时间对含油污泥热解效果的影响，最终确定热解后含油污泥达标的主要参数。热解后泥中含油量≤0.3%，使污泥热解后满足《农用污泥污染物控制标准》（GB 4284—2018）的要求。

7.3.1.2 室内实验装置设计

（1）热解室内实验装置构成

小型室内实验用热解装置模拟目前处理含油污泥时常见的回转式热解炉。该装置需实现含油污泥隔氧加热、热解气体冷凝回收、尾气处理等功能，主要构成如下。

① 热解炉：用于含油污泥隔氧热解，能够精准控制热解温度、升温速度、热解时间等。

② 操作平台及收集器：收集热解产生的气态物质，隔热保温。

③ 冷凝器及冷凝机：冷凝热解过程中产生的混合气体。

④ 尾气净化器：净化含油污泥热解所产生的尾气，以免造成二次污染。

热解室内实验装置工艺流程如图 7-7 所示，含油污泥热解室内实验装置加工图纸及构成见图 7-8。

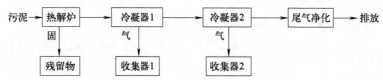

图 7-7 热解室内实验装置工艺流程

（2）热解室内实验装置设备参数

① 处理规模为：5L。

② 总功率：9kW。

③ 设备尺寸：3000mm×2000mm×1700mm。

④ 热解温度：室温～900℃。

热解室内实验装置设备照片见图 7-9。

（3）实验方法及流程

取已建含油污泥处理站离心后含油污泥为原泥进行实验，每次装料 1000g，设定热解室内实验装置热解温度为 300℃、400℃、500℃、600℃、700℃、800℃和 900℃，热解时间为

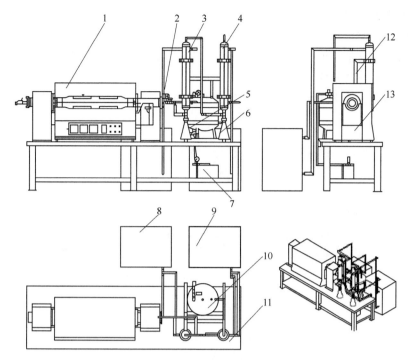

图 7-8　含油污泥热解室内实验装置加工图纸及构成

1—管式炉体；2—旋转导出卡套；3—冷凝器 1；4—冷凝器 2；5—收集器 1；6—收集器 2；7—真空泵；
8—冷凝机组 1；9—冷凝机组 2；10—尾气净化器；11—操作平台；12—支架；13—隔热保护罩

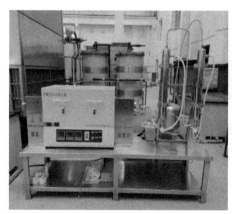

图 7-9　热解室内实验装置设备

30min、60min 和 90min，进行室内正交实验，停止加热自然冷却后取热解后的污泥分析含油量。

实验流程：将含油污泥装入热解炉内，密封隔氧后通入氮气，将炉内氧气置换排出，启动热解炉，按设定温度加热炉内污泥，在热解过程中不停翻转炉内的污泥，保证污泥受热均匀；热解时产生的挥发气体经导气管引出到冷凝管中，经过两级冷凝后收集冷凝的挥发物质；经冷凝收集后残余气体进入尾气净化器，净化后排出；热解后的残留物从热解炉中排出，冷凝后的凝析油排到收集器中供分析使用。

已建站离心后的含油污泥→设备装料→通氮气→开机设定温度进行热解→冷却后关机取

样→检测污泥中含油量。

（4）实验结果与分析

热解实验用的含油污泥来自采油一厂南一区污泥站和北一区污泥站离心处理后的含油污泥，经晾晒后，进行热解实验。

热解产物图片及数据见图 7-10（书后另见彩图）、图 7-11（书后另见彩图）和表 7-4、表 7-5。

图 7-10　热解后含油污泥样品

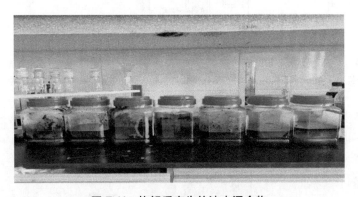

图 7-11　热解后产生的油水混合物

表 7-4　热解前含油污泥的组分分析

序号	含油率/%	含水率/%	固含率/%	备注
1	3.49	26.6	69.91	南一区
2	7.49	7.8	84.68	北一区
3	8.15	38.7	53.20	北一区
4	4.78	14.8	80.5	北一区
平均	5.98	21.9	72.1	—

表 7-5　热解室内实验热解后的污泥含油率

热解时间 /min	不同热解条件下的含油率/%						
	300℃	400℃	500℃	600℃	700℃	800℃	900℃
30	1.4795	1.7505	0.0579	0.0340	0.0224	0.0291	0.0431
60	1.9912	2.5916	0.0435	0.0245	0.0223	0.0101	0.0226
90	1.6783	1.7847	0.0348	0.0222	0.0243	0.0196	0.0198

如图 7-10 所示，随着热解温度的升高，热解后的污泥颜色逐渐加深，由灰褐色变为黑色。与图 7-11 中热解后的油水混合外观并无明显变化。

由表 7-5 可见，热解温度对油泥含油率的影响很大。当热解温度由 400℃升至 500℃时，含油率大幅下降，当热解温度达到 500℃以及更高温度时，热解后污泥含油率均在 0.3% 以下。在相同热解温度下，热解时间在 30min、60min、90min 时，热解后含油率并无明显变化，仅由于热解前油泥含油量差异存在少许波动。所以热解时间不是影响最终污泥热解含油率的关键因素，热解效果的主要影响因素为热解反应温度。

通过室内实验数据初步确定热解工艺达标参数为热解温度≥500℃，时间≥30min，可使含油污泥含油率降到 0.3% 以下。但为了得到更加经济合理的热解参数，进行了更精确的室内热解温度实验，实验结果见表 7-6。

表 7-6　热解室内实验污泥含油率

热解时间 /min	不同热解温度下的含油率/%				
	410℃	430℃	450℃	470℃	490℃
30	1.6948	1.6137	0.0873	0.0713	0.0612

在热解温度为 450℃以上，热解时间为 30min 时，热解处理后的污泥含油率达标。

分析热解前后含油污泥中的污染物含量，对比黑龙江省地方标准《油田含油污泥综合利用污染控制标准》（DB23/T 1413—2010）中垫井场和农用指标，以及国标《农用污泥污染物控制标准》（GB 4284—2018），由表 7-7 可见，由于大庆油田含油污泥中铜含量较高，热解前后的含油污泥铜含量不符合黑龙江省地方标准《油田含油污泥综合利用污染控制标准》中铺垫井场和农用的污染控制指标，但符合国标《农用污泥污染物控制标准》中 B 级污泥产物污染限值要求。

表 7-7　含油污泥热解前后石油类及金属元素含量对比表

编号	项目	热解前含量 /(mg/kg)	热解后含量 /(mg/kg)	标准类别			备注
				省标（垫井场） DB23/T 1413— 2010	省标（农用） DB23/T 1413— 2010	国标（B 级） GB 4284— 2018	
1	石油类	$1.02×10^5$	1368	≤20000	≤3000	<3000	热解后合格
2	砷 As	3.6	7.7	—	≤75	<75	合格
3	汞 Hg	0.145	0.563	0.8	≤15	<15	合格
4	铬 Cr	142	176	—	≤1000	<1000	合格
5	铜 Cu	541	724	150	≤500	<1500	符合国标 B 级
6	锌 Zn	216	368	600	≤1000	<3000	合格
7	镍 Ni	66	76.1	150	≤200	<200	合格
8	铅 Pb	73.7	142	≤375	≤1000	<1000	合格
9	镉 Cd	0.7	1.9	≤3	≤20	<15	合格
10	pH 值	8	9.07	≥6	土壤 pH≥6.5	—	合格
11	含水率/%	1.88	0.724	≤40%	—	—	合格

通过室内热解实验可以得出含油污泥热解达标的主要影响因素为热解温度，在热解温度为 450℃以上，热解时间为 30min 以上时，热解处理后污泥含油率达标。达标的最佳热解参数为 450℃，热解温度为 30min。

7.3.2 实验装置及模型

热解装置模型如图 7-12 所示。

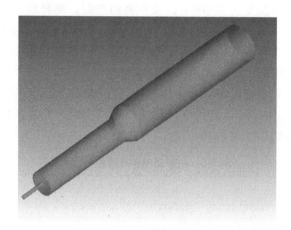

图 7-12 热解设备模型

为了保证计算的准确性，并且尽量地节省地计算量，对三维热解反应器模型网格划分时采用 5 种网格，综合考虑选用网格数为 74 万的结构化网格模型进行后续计算，其模型如图 7-13 所示。

7.3.3 CFD 模型的建立

（1）控制方程

描述流体运动的方法主要有两种，分别为拉格朗日法和欧拉法。式（7-97）为欧拉方法中可压缩流体的连续性方程：

$$\frac{\partial \rho}{\partial t}+\frac{\partial (\rho u)}{\partial x}+\frac{\partial (\rho v)}{\partial y}+\frac{\partial (\rho w)}{\partial z}=0 \tag{7-97}$$

式中　ρ——流体密度，kg/m^3；

　　　t——时间，s；

u、v、w——x、y、z 方向的速度，m/s。

流体的动量方程 x 方向的表达式为：

$$\frac{\partial (\rho u)}{\partial t}+\frac{\partial (\rho u^2)}{\partial x}+\frac{\partial (\rho u v)}{\partial y}+\frac{\partial (\rho u w)}{\partial z}=F_x-\frac{\partial p}{\partial x}+\frac{\partial}{\partial x}\left[\mu\left(2\,\frac{\partial u}{\partial x}-\frac{2}{3}(\boldsymbol{\nabla} v)\right)\right]+$$

$$\frac{\partial}{\partial y}\left[\mu\left(\frac{\partial u}{\partial y}+\frac{\partial v}{\partial x}\right)\right]+\frac{\partial}{\partial z}\left[\mu\left(\frac{\partial w}{\partial x}+\frac{\partial u}{\partial z}\right)\right]\frac{\partial (\rho v)}{\partial t}+\frac{\partial (\rho v u)}{\partial x}+\frac{\partial (\rho v^2)}{\partial y}+\frac{\partial (\rho v w)}{\partial z} \tag{7-98}$$

式中　μ——流体的黏度，Pa·s；

　　　F_x——x 轴方向的质量力，N；

　　　$\boldsymbol{\nabla}$——那勃勒算子。

流体的能量方程为：

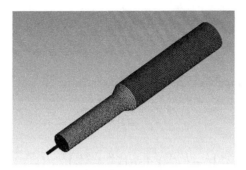

(a) 三维视图网格分布

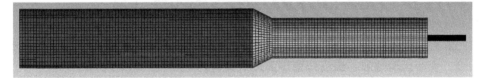

(b) yOz 平面网格分布

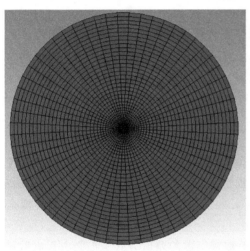

(c) 壁面网格分布

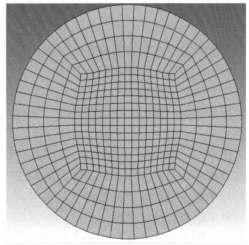

(d) 出口界面网格分布

图 7-13　网格模型

$$\frac{\partial(\rho i)}{\partial t}+\mathrm{div}(\rho i\vec{U})=\mathrm{div}(k\cdot\mathrm{grad}T)-p\cdot\mathrm{div}(\vec{U})+\mu\left\{2\left[\left(\frac{\partial u}{\partial x}\right)^2+\left(\frac{\partial v}{\partial y}\right)^2+\left(\frac{\partial w}{\partial z}\right)^2\right]+\right.$$

$$\left.\left(\frac{\partial u}{\partial y}+\frac{\partial v}{\partial x}\right)^2+\left(\frac{\partial u}{\partial z}+\frac{\partial w}{\partial x}\right)^2+\left(\frac{\partial v}{\partial z}+\frac{\partial w}{\partial y}\right)^2+\lambda(\mathrm{div}\vec{U})^2+S_i\right.$$

$$(7\text{-}99)$$

式中　i——流体内能，J；

　　　$\vec{U}$——速度矢量，m/s；

　　　T——温度，K；

　　　S_i——热源；

　　　P——流体压力，Pa。

湍动能 K 方程：

$$\frac{\partial(\rho K)}{\partial t} + \mathrm{div}(\rho K \vec{U}) = \mathrm{div}\left[\left(\mu + \frac{\mu_t}{\sigma_k}\right)\mathrm{grad}\ K\right] - \rho\varepsilon + \mu_t P_G \tag{7-100}$$

湍动耗散率 ε 方程：

$$\frac{\partial(\rho\varepsilon)}{\partial t} + \mathrm{div}(\rho\varepsilon\vec{U}) = \mathrm{div}\left[\left(\mu + \frac{\mu_t}{\sigma_\varepsilon}\right)\mathrm{grad}\ \varepsilon\right] - \rho C_2 \frac{\varepsilon^2}{K} + \mu_t C_1 \frac{\varepsilon}{K} P_G \tag{7-101}$$

$$\mu_t = \rho C_\mu \frac{K^2}{\varepsilon} \tag{7-102}$$

$$P_G = 2\left[\left(\frac{\partial u}{\partial x}\right)^2 + \left(\frac{\partial v}{\partial y}\right)^2 + \left(\frac{\partial w}{\partial z}\right)^2\right] + \left(\frac{\partial u}{\partial y} + \frac{\partial v}{\partial x}\right)^2 + \left(\frac{\partial u}{\partial z} + \frac{\partial w}{\partial x}\right)^2 + \left(\frac{\partial v}{\partial z} + \frac{\partial w}{\partial y}\right)^2 \tag{7-103}$$

式中，C_μ、σ_k、σ_ε、C_1、C_2 分别为 0.09、1.00、1.30、1.44、1.92。

（2）计算模型设置

该计算模型涉及能量方程、DO 辐射模型、RNG K-ε 湍流模型、组分输运模型、壁面反应模型。含油污泥热解一级反应模型的反应式为：

$$\text{含油污泥} \longrightarrow a\ \text{焦油} + b\text{CH}_4 + c\text{C}_2\text{H}_6 + d\text{CO} + e\text{CO}_2 + f\text{H}_2 + g\ \text{焦}$$

（3）模拟设置

热解炉内充满氮气，使用氮气作为惰性气体保持无氧环境，故需要设置氮气（N_2）的特性。热解实验所用的原料为含油污泥，假设含油污泥由 3 种物质组成，水∶正辛烷∶正十六烷＝60%∶20%∶20%。

热解炉油泥处理量为 1kg。由于一次性进料，故无入口，出口采用压力出口边界条件，设置表压为 0Pa，热解段为加热壁面，温度为 873K，其余壁面为绝热壁面，转动速度为 10r/min。

采用 Phase Coupled SIMPLE 算法进行迭代。在迭代中引入松弛因子来控制迭代的速率，适当减小松弛因子可以提高各个参数的收敛稳定性。压力、动量、体积分数、湍动能、湍流扩散率等重要参数的松弛因子取值分别为 0.3、0.7、0.2、0.8 和 0.8，该模拟全域初始化后对问题进行计算求解。

在有限体积法中，节点控制体积周围界面上被求函数的差值方式是控制方程离散过程中比较重要的步骤，在处理控制方程中的对流项和扩散项时使用的差值方法会有所不同，处理稳态和非稳态时也有所不同，离散格式可以分为一阶、二阶等，中间差分、向前差分、向后差分等，全隐式、半隐式、显式等。其中，动量方程采用二阶迎风格式，体积分数方程、湍动能方程和湍流耗散率方程采用一阶迎风格式进行离散。

7.3.4　炉内温度模拟的结果与讨论

模拟了温度为 773K、873K、973K、1073K、1173K 时热解炉内的温度分布情况，其温度云图如图 7-14 所示（书后另见彩图），由上至下分别是温度为 773K、873K、973K、1073K、1173K。热解温度为 773K 时，温度在 553～774K 范围内；热解温度为 873K 时，温度在 629～875K 范围内；热解温度为 973K 时，温度在 707～975K 范围内；热解温度为 1073K 时，温度在 783～1075K 范围内；热解温度为 1173K 时，温度在 865～1177K 范围内。不同热解温度条件下，随着加热时间的变化，温度变化如图 7-15 所示。随着温度的升高，床层内的传热增强。随着加热温度的升高，热解炉壁面、内部的温度也在逐渐升高，其内部温度的分布趋势很相似。

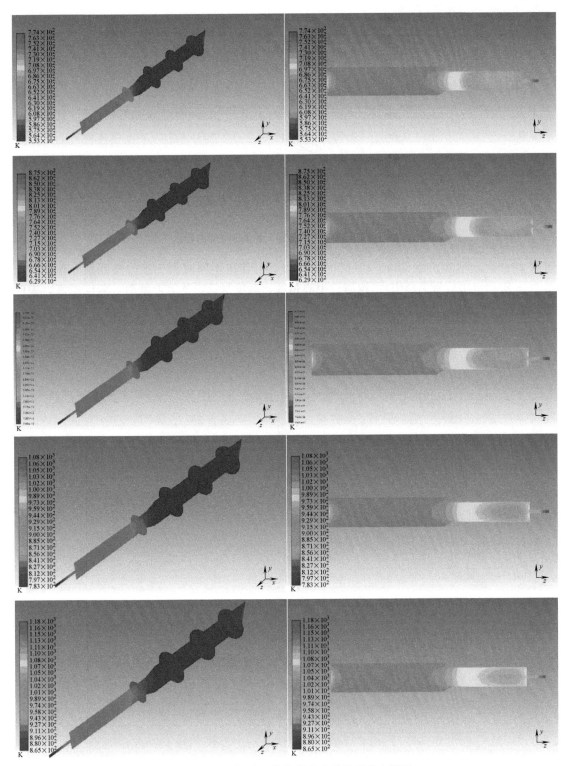

图 7-14 不同温度下热解设备内的温度分布情况

选取热解炉为研究对象,研究炉内不同位置的温度场分布,在 873K 热解温度条件下进行迭代计算,在 Fluent 结果后处理中每隔 200mm 选取一点讨论不同长度截面的温度分布,

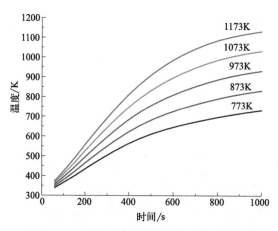

图 7-15 不同热解温度下温度随时间的变化

选取 $x=0$、$z=100$、$z=300$、$z=500$ 和 $z=700$，作出不同时刻三维的温度场分布图，如图 7-16 所示（书后另见彩图）。越靠近中心位置，温度越低，越靠近壁面，温度越高，表明传热需要一个过程。

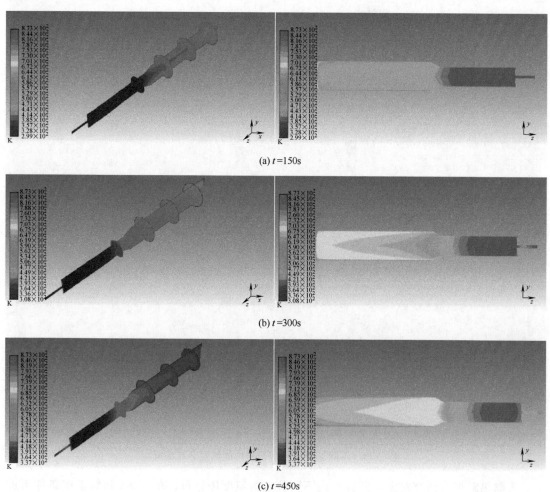

(a) $t=150$s

(b) $t=300$s

(c) $t=450$s

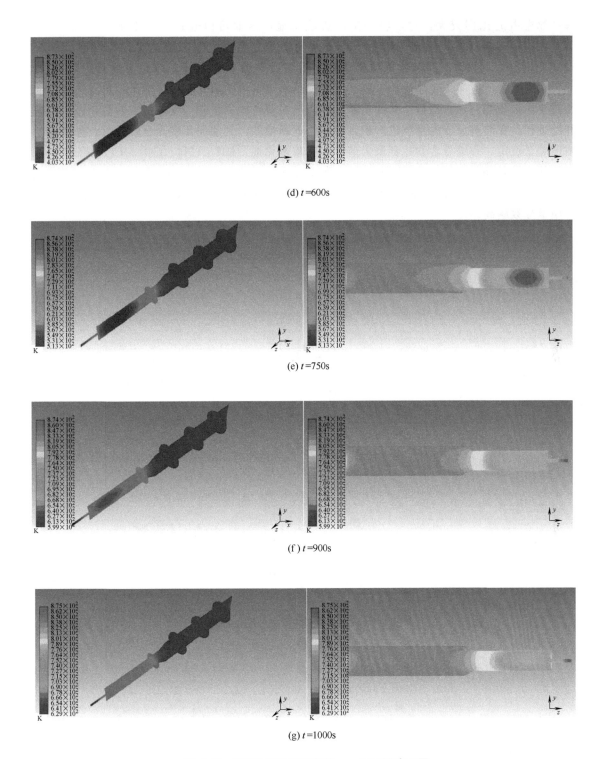

(d) $t=600s$

(e) $t=750s$

(f) $t=900s$

(g) $t=1000s$

图 7-16　873K 时热解设备的 y-z 平面温度云图

　　随着热解炉被加热，含油污泥温度逐渐升高，水分蒸发完全后，温度进一步升高，含油污泥发生热解生成热解油、热解气（CH_4、H_2、CO_2、CO、C_2H_6）和热解残渣。含油污泥热解过程主要考虑的产气有 5 种（CH_4、H_2、CO_2、CO、C_2H_6），而热解油和碳在油泥热解产物中占的比例较大，对产物的浓度影响明显，因此可以通过分析 CH_4、H_2、CO_2、CO、C_2H_6 五种气相产物和热解焦油以及碳的质量分布来大致了解热解过程的浓度场分布和变化过程，热解三相产物的质量分数如图 7-17～图 7-23 所示（书后另见彩图）。

由于热解反应属于吸热反应，刚开始时，热解设备内的原料获得的热量不足以达到反应所需要的活化能。随着辐射传热的不断进行，油泥获得的热量到达反应所需的活化能，反应开始进行。在热解反应的持续进行中，各产物不断增加，到油泥几乎完全转化时，各产物的浓度趋于稳定，各组分含量达到最大值，反应基本完成。CH_4、H_2、CO_2、CO 和 C_2H_6 五种气体以及热解残渣和热解油的质量分数最大分别为 0.0016、0.0001、0.0089、0.0019、0.002、0.007、0.007。如图 7-17 所示，热解主要发生在靠近壁面附近，越靠近壁面，产物的质量分数越高。

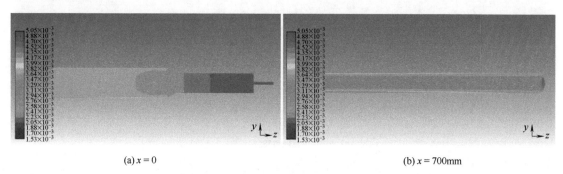

(a) $x = 0$ (b) $x = 700mm$

图 7-17 C_2H_6 组分的质量分数分布图

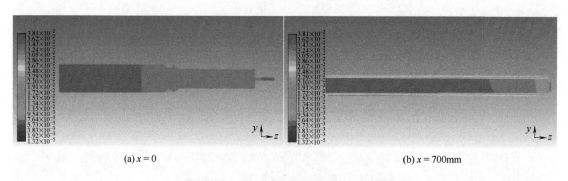

(a) $x = 0$ (b) $x = 700mm$

图 7-18 CH_4 组分的质量分数分布图

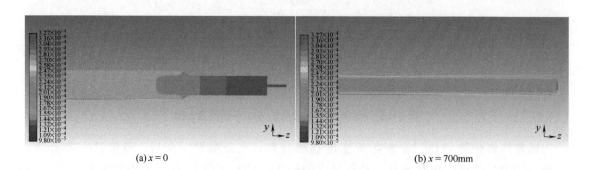

(a) $x = 0$ (b) $x = 700mm$

图 7-19 H_2 组分的质量分数分布图

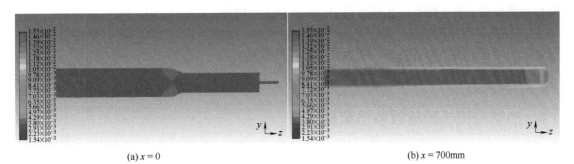

(a) $x = 0$ (b) $x = 700mm$

图 7-20　CO 组分的质量分数分布图

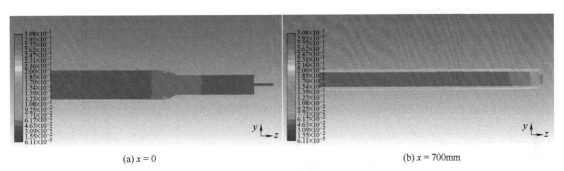

(a) $x = 0$ (b) $x = 700mm$

图 7-21　CO_2 组分的质量分数分布图

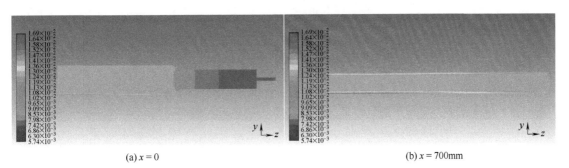

(a) $x = 0$ (b) $x = 700mm$

图 7-22　热解残渣的质量分数分布图

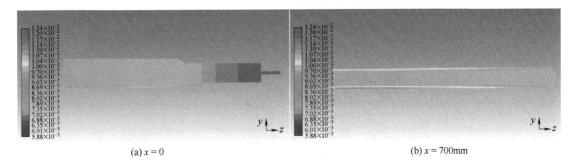

(a) $x = 0$ (b) $x = 700mm$

图 7-23　热解油的质量分数分布图

通过 AutoCAD 创建三维几何模型，通过 ICEM CFD 创建三维网格模型，通过 ANSYS FLUENT 模拟油泥热解反应的过程，主要结论如下：

① 传热是一个逐渐变化的过程，从壁面到中心，温度逐渐降低；随着加热的持续进行，

中心温度逐渐上升，最后，从壁面到中心保持同一个温度。

② 加热温度影响热解炉温度的分布范围和大小。随着加热温度的升高，热解炉壁面和内部的温度也升高，两者内部温度的分布趋势很相似。

③ 越靠近壁面，产物的质量分数越高。

7.4 热解空间热流场数值仿真研究

7.4.1 热解几何模型构建与网格生成

7.4.1.1 热解几何模型构建

（1）含油污泥热解炉的几何参数

图 7-24 为大庆油田含油污泥热解炉在现场的实际运行情况。

(a) 设备进料区

(b) 热解主体设备

(c) 热解炉

(d) 热解油气过滤部分

 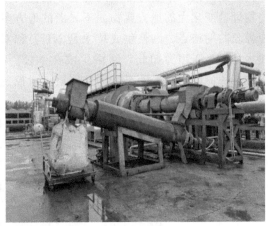

(e) 冷凝设备及油水分离部分　　　　　　　　　　　　　　(f) 出料设备

图 7-24　含油污泥热解炉在现场的实际运行情况

（2）含油污泥热解炉几何模型的数字化

含油污泥热解炉进行计算机数字化的模型如图 7-25 所示。

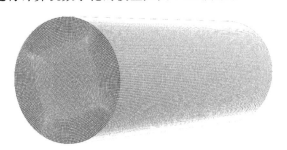

图 7-25　含油污泥热解炉的数字化模型

7.4.1.2　网格生成技术

网格生成是计算流体力学（CFD）的基础，建立高质量的计算网格对于 CFD 的计算精度和计算效率有重要影响，甚至影响数值计算的成败。加热炉是复杂的 CFD 问题，网格生成极为耗时，且容易出错，生成网格所需要的时间常常大于 CFD 计算时间。首先，将热解炉的几何结构进行数字化；然后研究几何形体的特点，寻找适合的网格生成技术，划分出计算网格。

（1）网格生成质量的重要性

数值求解是在一组离散的网格点上进行，这些分布在整个求解区域内的离散点称为网格。传热与流体流动定解问题的微分方程和定解条件确定以后，进行数值计算的第一步便是生成网格，即要对空间上连续的计算区域进行剖分，把它划分成许多子区域，并确定每个子区域中的节点。由于工程上所遇到的传热与流体流动问题大多数发生在复杂区域，因此不规则区域内网格的生成是 NHT 和 CFD 中十分重要的研究领域。

在目前的 NHT 和 CFD 工作周期中，网格生成所需人力时间约占一个计算任务全部人力时间的 60%。网格质量的好坏直接影响数值结果的精度，甚至影响数值计算的成败。计算空间的网格点与实际物理区域是否保持一致直接关系到离散的初始条件给计算结果精度造成的影响。因此，对于复杂的物理边界形状，生成网格时，首先要考虑的问题是如何让两者保持一致，第二个要考虑的问题是如何使网格点在计算空间中的分布密度合适，即在所计算的物理量变化大的地方或物面不光滑的地方多布置网格点，而在变化比较平缓的地方布置较为稀疏的网格点。网格生成技术是 NHT 和 CFD 作为工程应用的有效工具需要解决的关键技术之一。正因为如此，网格生成在 NHT 和 CFD 中已成为一个独立的部分。也就是说，生成合适的网格是一回事，而在网格上对控制方程进行求解则是另外一回事。

（2）热解炉的网格生成

如图 7-26 所示（书后另见彩图），使用 ICEM CFD 生成网格，根据已有热解炉尺寸（直径为 200mm，长度为 800mm），采用 O 形块划分结构化网格，划分节点 875600 个，网格总数为 897800 个，其中最小网格体积为 $1.558235 \times 10^{-8} \mathrm{m}^3$，最大网格体积为 $4.620449 \times 10^{-8} \mathrm{m}^3$，网格空间总体积为 $2.508713 \times 10^{-2} \mathrm{m}^3$。

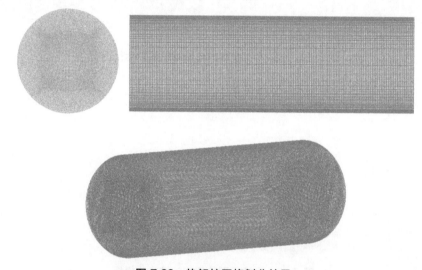

图 7-26　热解炉网格划分结果

完成网格划分并建立几何模型后，再初步设定边界类型和区域类型。按照已有实验设备要求指定边界类型，进口为速度进口，出口为压力出口，其余壁面指定为受热壁面。

7.4.2　模拟仿真条件的设置

（1）选择求解器及运行环境

将建立好的模型导入后，首先选择求解器及运行环境。含油污泥热解炉简化为三维圆柱体，是普通的三维轴对称问题，求解此类温度场分布的问题，一般采用稳态的三维处理方法。压力使用默认的标准大气压。模型在重力环境下运行，设定 x 方向和 y 方向的操作重力加速度为 $0\mathrm{m/s}^2$，z 方向为 $-9.8\mathrm{m/s}^2$。

自然环境和工程装置中的流动往往是湍流流动，CFD 中建立了完备的湍流模型体系，提供了 7 种黏性模型，分别为 inviscid、laminar、Spalart-Allmaras（1eqn）、K-ε 湍流模型、K-ω 模型、Reynolds 应力和大涡模拟模型。湍流的数值模拟方法分为直接法和非直接法。采用的 K-ε 模型属于非直接法中的雷诺平均法，其是由实验总结出来的半经验公式，可以较好地描述湍流特性。其中标准 K-ε 模型是一种高雷诺数的模型，而 RNG K-ε 模型对其做了改进，为湍流普朗特数提供了一个解析公式替代标准 K-ε 模型中由用户给定的常数，提供了一个考虑低雷诺数流动黏性的解析公式，它相比标准 K-ε 模型在模拟强流线弯曲、漩涡和旋转时有更好的精度,因此选用 RNG K-ε 模型,如式(7-104)~式(7-110)所示,包括湍动能输运方程和耗散率方程。

$$\frac{\partial(\rho K)}{\partial t}+\frac{\partial(\rho K V_i)}{\partial x_i}=\frac{\partial}{\partial x_j}\left(\alpha_k \mu_{\mathrm{eff}} \frac{\partial K}{\partial x_j}\right)+G_k+\rho\varepsilon \tag{7-104}$$

$$\frac{\partial(\rho\varepsilon)}{\partial t}+\frac{\partial(\rho\varepsilon V_i)}{\partial x_i}=\frac{\partial}{\partial x_j}\left(\alpha_\varepsilon \mu_{\mathrm{eff}} \frac{\partial\varepsilon}{\partial x_j}\right)+C_{1\varepsilon}\frac{\varepsilon}{K}G_k+C_{2\varepsilon}\rho\frac{\varepsilon^2}{K} \tag{7-105}$$

$$\mu_{\mathrm{eff}}=\mu+\mu_t \tag{7-106}$$

$$\mu_t=\rho C_\mu \frac{K^2}{\varepsilon} \tag{7-107}$$

$$C_{1\varepsilon}=C_{1\varepsilon}-\frac{\eta(1-\eta/\eta_0)}{1+\beta\eta^3} \tag{7-108}$$

$$\eta=(2E_{ij}E_{ij})^{0.5}\frac{K}{\varepsilon} \tag{7-109}$$

$$E_{ij}=\frac{1}{2}\left(\frac{\partial V_i}{\partial x_j}+\frac{\partial V_j}{\partial x_i}\right) \tag{7-110}$$

式中,G_k 是由平均速度梯度引起的湍动能产生的;C_μ、$C_{1\varepsilon}$、$C_{2\varepsilon}$、β、η_0、α_k、α_ε 为经验常数,采用 FLUENT 中默认的值,$C_\mu=0.0845$,$C_{1\varepsilon}=1.42$,$C_{2\varepsilon}=1.68$,$\beta=0.012$,$\eta_0=4.38$,$\alpha_k=\alpha_\varepsilon=1.39$。

(2)定义材料和边界条件

实验中热解炉内充满氮气,使用氮气作为惰性气体来维持无氧的操作环境,因此需要设定氮气的特性。软件数据库内含有氮气,可以直接导入氮气的数据,同时金属壁面直接导入钢材(steel)的数据。

实验所用油泥主要组分为水、油和泥沙,油分组成十分复杂,为了模拟油泥组分,忽略油泥中含量较少的泥沙和重质油。假设含油污泥由 60% 的水、20% 的辛烷以及 20% 的正十六烷组成。由于已有水和辛烷的物性,没有正十六烷的物性,需要自己设定正十六烷的物性,其物性参数包括密度 ρ、比热容 C_p、热导率 λ 和动力黏度 ν,分别由以下几个公式确定。

$$\rho=1182.53-2.28T+4.0542\times10^{-3}T^2-3.4437\times10^{-6}T^3 \tag{7-111}$$

$$C_p=1642.47+5.27265T-0.00666826T^2+6.60334031\times10^{-6}T^3 \tag{7-112}$$

$$\lambda=1.7593-2.3\times10^{-7}T+2.203\times10^{-10}T^2-2.4947\times10^{-13}T^3 \tag{7-113}$$

$$\mu=0.04590394-2.8491\times10^{-4}T+5.9\times10^{-7}T^2-4.1423\times10^{-10}T^3 \tag{7-114}$$

将三种组分的物性设定好后,建立组分输运模型,建立混合流动流体,其名称定义为 mixture-template,将三种组分按比例加入混合流体中。材料属性设定好后,设定边界条件。热解炉模型包括进口、出口以及壁面等边界,在 ICEM CFD 里已初步设定,在 FLUENT 中需要进一步设定。

进口条件:速度进口,进口速度初步设为 0.03m/s,湍流项设置水力直径为 0.19m,湍流强度按照式(7-115)和式(7-116)计算。

$$I=0.16\times Re^{-1/8} \tag{7-115}$$

$$Re=\frac{\rho vd}{\mu} \tag{7-116}$$

式中　*I*——湍流强度；

　　Re——雷诺数；

　　ρ——流体密度，kg/m³；

　　v——流体速度，m/s；

　　d——特征长度（对管道来说即当量直径），m。

经计算 *I* ＝10％，设置入口温度为 300K。

出口条件：压力出口，设置表压为 0Pa，其他参数不变，湍流强度和水力直径为 10％和 0.19m。

壁面：改变不同的加热功率，加热温度分别为 1073K、1173K、1273K。

（3）求解器设置

求解选用 FLUENT 3D 单精度，基于压力的求解器，稳态求解，保证收敛的稳定性。打开能量方程，湍流方程用 RNG *K*-ε 模型，壁面附近的流动和传热用标准壁面函数法，空间离散化梯度差值选择基于单体的最小二乘插值（least-quares cell based）。压力基求解器允许使用分离或耦合的方式求解流动问题，耦合解法求解单相稳态流动问题比分离方法更加稳健。由于是单相稳态流动问题，因此压力和速度解耦选择 coupled 算法。压力、动量、能量以及湍流参量的求解选择二阶迎风格式，其他保持默认设置。

（4）设定求解控制参数

在求解过程中，通过检查变量的残差、统计值、力、面积分和体积分等，用户可以动态地监视计算的收敛性和当前计算结果。对于非稳态流动，还可以监视时间进程。在计算时监视连续性方程、*x* 方向速度、*y* 方向速度、*z* 方向速度及能量方程的标准残差，其收敛判据均为 10^{-6}。将输出监视界面（window）个数设为 1。

设好残差收敛参数后，接着初始化流场。FLUENT 中有两种方法可用来初始化流场的解：一是用相同的场变量值初始化整个流场中的所有单元；二是在选定的单元区域内给选择的流场变量设定一个值或函数。采用第二种方法，初始化入口边界，使其速度及温度为恒定值，其他参数采用默认设置。根据实际情况设置入口温度为 300K。

（5）迭代求解

完成上述各项设置后，开始迭代计算，迭代计算后可得出各种情况下的温度场分布，保存 case ＆ data 文件。在此基础上对各种计算结果进行分析。

7.4.3　几何参数对热解空间热流场分布的数值仿真及其结果分析

（1）热解炉长度的影响

如图 7-27 所示（书后另见彩图），选取长度为 800mm、直径为 200mm 的热解炉为模拟对象，研究炉内不同位置的温度场分布。在 1273K 壁面温度条件下迭代计算平面温度场分布。

为了研究管内不同长度位置上的温度分布，在 FLUENT 结果后处理中每隔 200mm 选取一点讨论不同长度截面的温度分布，选取 *z* ＝200、*z* ＝400 和 *z* ＝600 做出 *z* 截面的温度场分布图（图 7-28，书后另见彩图）。

如图 7-28 所示，不同截面处的温度有较大差别，随着炉长的增加，截面中心温度快速上升，进口中心温度为 300K，200mm 截面上中心温度为 309K 左右，400mm 截面上中心温度为 368K 左右，而 600mm 截面上中心温度为 455K 左右，随着炉管长度的增加，中心温

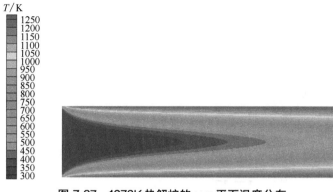

图 7-27　1273K 热解炉的 y-z 平面温度分布

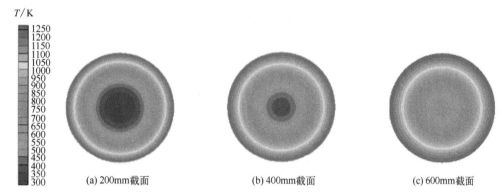

(a) 200mm截面　　　　　(b) 400mm截面　　　　　(c) 600mm截面

图 7-28　1273K 下 200mm、 400mm 和 600mm 截面的温度分布

度不断升高。

同一截面同中心距离的不同，温度也有差别。在同一截面上，离中心位置越近，温度越低，这是因为传热需要一个过程。为了进一步研究加热炉管长度对温度场的影响，使用 FLUENT 导出不同截面中心温度随炉管长度的变化见表 7-8 和图 7-29。

表 7-8　中心温度随炉管长度变化表

炉管长度 L/mm	中心温度 T/K
0	300
100	301
200	310
300	333
400	368
500	410
600	456
700	503
800	550

如图 7-29 所示，随着炉管长度的增加，中心温度上升趋势渐缓，温度平稳上升，至管长 200mm 处，中心温度迅速上升，出口温度为 550K。

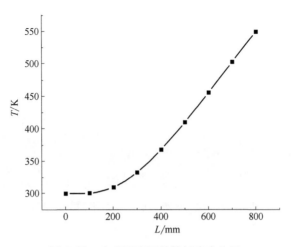

图 7-29　中心温度沿炉管长度变化图

（2）热解炉直径的影响

实验用热解炉直径为 200mm，为了研究热解炉直径对温度场的影响，选取 180mm 和 220mm 作为另外两个热解炉的直径。将三个不同直径的热解炉在壁面温度 1173K 下迭代求解，炉内温度分布如图 7-30 所示（书后另见彩图）。

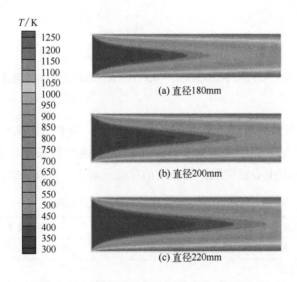

图 7-30　直径 180mm、200mm 和 220mm
的热解炉在 1173K 下的温度场分布

如图 7-31 所示（书后另见彩图），在 180mm 热解炉内，中间截面 $z=400$mm 的中心温度为 398K 左右，与进口中心温度相比温度升高了 98K；在 200mm 热解炉内，中心温度为 363K，温度升高了 63K；在 220mm 热解炉内，中心温度为 338K，温度升高了 38K，温度变化很小，即热量刚刚传递到炉中心。热解炉直径越大，炉中心温度越低，整个热解炉温度分布范围越大。这是因为直径越大，内部经氮气传热所需要的路径越长，加热到相同温度需要的时间也就越长。通过对比发现，直径为 180mm 的热解炉炉内升温太快，而直径为 220mm 的热解炉升温太慢，因此直径为 200mm 的热解炉较为合适。

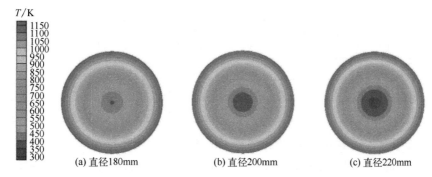

图 7-31 直径 180mm、200mm 和 220mm 的热解炉在 1173K 下的中间截面温度

7.4.4 非几何参数对热解空间热流场分布的数值仿真及其结果分析

选取直径 200mm 的热解炉为模拟对象，研究加热温度对炉内温度场的影响。改变加热功率，加热温度分别为 1073K、1173K 和 1273K，温度场分布如图 7-32 所示（书后另见彩图）。

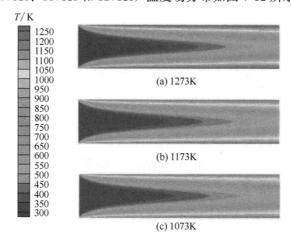

图 7-32 1273K、1173K 和 1073K 壁面温度下的温度场分布

如图 7-32 所示，随着加热温度的变化，热解炉内温度场分布大体相同，但在某一截面上的温度仍有较大差别，如 $z=400$mm 处截面中心位置 1073K、1173K、1273K 下的温度分别为 357K、362K、368K 左右，可见随着加热功率的上升，中心温度也逐渐上升。同时可以看出加热温度上升 100K 时，中心温度只上升了 5K 和 6K。为了进一步研究加热温度对温度场的影响，使用 FLUENT 导出不同截面中心位置随加热温度变化表（表 7-9）和温度变化图（图 7-33）。

表 7-9　中心温度随加热温度变化

炉管长度 L/mm	中心温度 T （壁面温度 1073K）/K	中心温度 T （壁面温度 1173K）/K	中心温度 T （壁面温度 1273K）/K
0	300	300	300
100	300.5	300.8	301
200	307	308	310
300	327	330	333
400	357	362	368
500	393	401	410

炉管长度 L/mm	中心温度 T (壁面温度 1073K)/K	中心温度 T (壁面温度 1173K)/K	中心温度 T (壁面温度 1273K)/K
600	431	444	456
700	471	487	503
800	511	531	550

如图 7-33 所示，随着加热温度的变化，3 条曲线趋势大致相同，在 1073K、1173K、1273K 下热解炉的出口温度分别为 511K、531K、550K，可以看出随着加热温度的上升，管壁温度与中心温度差缩小，能较好地反映实验条件下的热解炉温度场分布。通过对比发现壁面温度为 1173K 时，热解炉内温度最符合实验要求，因此选定壁面温度为 1173K。

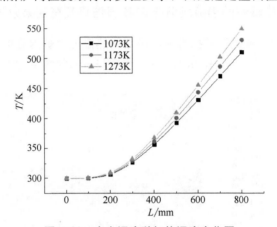

图 7-33　中心温度随加热温度变化图

7.5　热解结焦数值仿真研究

7.5.1　结焦黏附模型构建

在含油污泥热解过程中，烃类化合物热解脱氢形成的固体沉积物颗粒与壁面碰撞后黏附到壁面上形成结焦。当然并非所有的含碳颗粒都可黏附到壁面上，只有颗粒黏度满足一定的条件时才可黏附到壁面上，因此需要建立结焦颗粒黏附模型。

7.5.1.1　结焦的概念及影响因素

结焦与结渣是两个密切关联，但又有所区别的概念。焦是指碳的特性，渣是指灰的特性。焦中可燃成分（固定碳）的含量高，渣中的可燃成分含量低。在实际生产中，结渣也俗称为结焦。

7.5.1.2　结焦形成的过程

结渣与结焦是热解炉运行中比较常见的问题。一般情况下，随着烟气一起运动的灰渣颗粒，由于炉膛水冷壁受热面的吸热而同烟气一起被冷却，如果液态的渣粒在接近水冷壁或炉墙前，已经由于温度降低而凝固，当附着在受热面管壁上时，将形成一层疏松的灰层，运行中通过吹灰很容易去除。当炉膛内温度较高时，一部分灰颗粒已经达到熔融或半熔融状态，若这部分灰颗粒在到达受热面前未得到足够冷却，达不到凝固状态，具有较高的黏结能力，就容易黏附在受烟气冲刷的受热面或炉墙上，甚至达到熔化状态，黏附熔融或半熔融状态的灰颗粒和未燃尽的焦炭使结焦不断发展。在燃烧过程中，煤粉颗粒中所含的易熔或易气化的物质迅速挥发，成气态进入烟气中，当温度降低时凝结，或者黏附在受烟气冲刷的受热面或炉墙上，或者凝聚在飞灰颗粒表面，成为熔融的碱化物膜，然后黏附在受热面上形成初始结焦层，成为结焦发展的条件。

结渣是个复杂的物理、化学过程，其对热解炉的运行效率和运行安全都有重要的影响。至今没有完全成熟的理论能够解释结渣过程，但是经过国内外学者的不断研究，已经大体上把结渣的形成分成了三个阶段，建立了初步的结渣理论。在此结渣理论的基础上，采用数值模拟的方法，通过建立结渣模型，对结渣过程进行数值模拟，可以很好地预测结渣发生的位置、结渣量、结渣量随时间的变化、结渣对换热的影响等，进而提出有效的措施避免或减少结渣。

结渣过程受多种因素影响，和炉膛结构、燃烧器布置、炉内空气动力场、温度水平和热负荷以及运行工况等都密切相关，其中油泥特性，即其中的矿物组分在炉膛环境下发生复杂的物理化学变化是决定热解炉结渣特性的主要因素。灰分是由各种矿物质在高温作用下组成的混合物，其变化过程较复杂。除各矿物组分熔融外，各组分之间还会发生反应生成新的矿物，并且各矿物之间也会发生共熔现象，结渣特性在很大程度上取决于煤中矿物质在炉内高温热力环境中的行为。通常，结渣的形成包括以下 3 个过程。

(1) 初始沉积层的形成

炉管上灰沉积物迅速聚结的基本条件是存在一个黏性表面，黏性表面一般由硫酸钠、硫酸钙或钠、钙与硫酸盐的共晶体等基本物质组成。黏性沉积物处于熔融或半熔融态，对金属或耐火材料具有润湿作用，并且灰成分一般也能相互润湿，这样由于黏附作用而形成初始沉积层。

(2) 一次沉积层的形成

随着初始沉积层的加厚，烟温升高，沉积速率加快，沉积物与沉积物之间以及沉积物与受热面之间的黏结强度增加，沉积层表面温度升高，直至沉积到沉积层的熔融或半熔融颗粒基本不再发生凝固而形成黏性流体层，即捕捉表面。

(3) 二次沉积层的形成

捕捉表面形成后，无论灰粒的黏度、速度及碰撞角度如何，只要接触沉积层的颗粒一般均会被捕捉，使沉积层快速增加，被捕捉的固体颗粒溶解在沉积面上，使熔点或黏度升高，从而发生凝固形成新的捕捉表面，直到沉积表面温度达到重力作用下的极限黏度值时的温度，使沉积层的形成不再加厚，撞击上的灰粒沿管壁表面向下流动。结焦速度取决于一次沉积层的形成过程，各沉积层的形成均以惯性沉积为主，是否结焦以及结焦的程度与油泥特性、炉温、空气动力场等有关。

7.5.1.3　烃类燃料的结焦及影响因素

(1) 烃类热裂解反应的一般规律

烃类的裂解反应大体有如下的规律。

1) 烷烃

正构烷烃的裂解反应主要有断链反应和脱氢反应，一般认为脱氢反应是可逆反应，断链反应是不可逆反应。从热力学角度看，断链反应更有优势，随着烷烃分子量的增大，断链反应的优势更加显著。在裂解温度下，C—C 键断裂在分子两端的优势比断裂在分子中央要大，随着烷烃分子量的增大，C—C 键断裂在两端的优势逐渐减弱，断裂在分子中央的可能性有所增大。断链生成的小分子通常为饱和烃，较大分子是不饱和烃，生成 CH_4 最易，生成 C_2H_4 最难，乙烯是由多次断链和脱氢生成的。分子量较大的正构烷烃裂解的烯烃总产率较低，异构烷烃的裂解有利于生成丙烯，且烯烃总产率低于同碳原子数的正构烷烃，随着分子量的增大，这种差别逐渐减小。

2）烯烃

大分子烯烃裂解为两个小分子烯烃。链烯烃一般比链烷烃更容易热分解。烯烃能脱氢生成炔烃、二烯烃，二烯烃可与烯烃反应生成环烯烃。环烯烃一般比链烯烃稳定，其更倾向于生成环二烯或芳烃等化合物。

3）环烷烃

环烷烃比链烷烃要稳定一些，在通常裂解条件下，环烷烃生成芳烃的反应优先于生成单烯烃的反应。带侧链的环状烃在热分解中容易发生侧链断裂反应。环烷烃可脱氢变成环烯烃或芳烃，也可发生断裂而变成链烯烃。相对于正构烷烃来说，环烷烃裂解时丁二烯、芳烃的收率较高，而乙烯的收率较低。

4）芳烃

苯环在一般情况下不会断裂，无烷基的芳烃不易裂解为烯烃和炔烃，其更倾向于脱氢缩合成多环结构或稠环结构的化合物，也会进一步缩合成高碳氢比的焦炭性物质。有烷基的芳烃，主要是烷基发生断链和脱氢反应，而芳环保持不变。

（2）烃类燃料热裂解结焦

在不同温度下，结焦原理不同，其结焦产物也不同。温度低于 260℃ 时主要是热氧化沉积结焦；400℃ 以上则以热裂解结焦为主要，结焦速率与温度成正比，温度越高，结焦越快；260～400℃ 为过渡状态，其结焦特点与燃料的自身性能有很大关系。

1）热氧化沉积结焦

燃料中的溶解氧与燃料分子发生反应，生成烷基过氧化物。烷基过氧化物不稳定，容易生成自由基，通过夺氢反应和支链反应，自由基可转化为酮或醛等产物，它们沉积在壁面最终可产生胶质。在热氧化沉积的过程中，溶解氧被认为是罪魁祸首。

2）裂解结焦

结焦大体可分为非催化结焦和催化结焦两大类。

催化结焦是指结焦前驱物与活性表面发生化学吸附，在催化作用下发生脱氢，产生结焦的过程，产物主要是 C_3 和 C_4 烃类化合物，一般呈纤维状或棒状，见图 7-34（a）。

非催化结焦是指裂解产物中的结焦前驱物扩散到壁面，在高温下经聚合、环化、稠环化和深度脱氢等反应形成结焦的过程。结焦形成的过程没有受到催化剂的作用，产物主要是 C_2 和 C_3 烃类化合物，结焦一般是由颗粒状碳重叠而成的块状焦，表面粗糙度很大，见图 7-34（b）。结焦前驱物通常是带有 π 键结构的化合物，如烯烃、炔烃和芳烃等。因此，经常以焦样中是否含有纤维状和棒状的焦来判断是否发生催化结焦。

（3）结焦的有关影响因素

1）温度的影响

通过温度对结焦速率的影响发现，随着温度的升高，结焦速率增大，结焦速率与温度关系符合阿累尼乌斯方程。

2）裂解深度的影响

动力学裂解深度（KSF）为裂解速率常数与停留时间的乘积，主要对结焦速率产生影

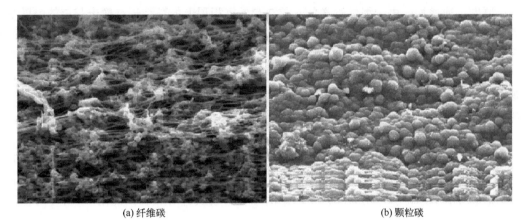

(a) 纤维碳   (b) 颗粒碳

图 7-34　裂解焦炭典型形态图

响。裂解原料不同，KSF 的作用结果也不同。例如，对于轻柴油裂解，当 KSF＜1.3 时，结焦速率随 KSF 增加而缓慢降低；1.3≤KSF＜2.5 时，结焦速率随 KSF 增大缓慢增加；高裂解深度范围内（KSF≥2.5）结焦速率随 KSF 增加而急剧提高。对于石脑油，在低裂解深度时，同轻柴油相同，随着 KSF 的增加结焦速率下降，这表明原料中芳烃是主要结焦母体，而产物烯烃、双烯和炔烃是次要结焦母体；石脑油在 KSF＜1 时，结焦速率随 KSF 增加迅速下降，与轻柴油相比差异显著。

3）表面效应的影响

表面效应指壁面的物理和化学性质影响结焦的过程，即表面粗糙度和表面化学组成对结焦的影响。研究表明，壁面越粗糙，结焦越严重。燃料在金属表面发生结焦时，经常会伴有渗碳现象，即在结焦的过程中碳原子向金属内部扩散，占据了金属颗粒的位置，金属颗粒被迫脱离金属表面而进入焦样中。金属的渗碳现象不仅会加剧结焦的发生，还会导致裂解装置的机械强度下降，使用寿命缩短。

7.5.2　结焦的数值模型

飞灰颗粒的输运与煤粉颗粒的输运过程相同，因此同煤粉颗粒一样选择随机轨道模型来模拟飞灰颗粒的运动。

（1）飞灰颗粒的碰撞模型

颗粒的输运机理主要有 3 类。

① 粒径＜1μm 的灰粒和气相灰分等挥发性灰的气相扩散；

② 粒径＜10μm 的灰粒的热迁移（热迁移是由于炉内温度梯度的存在而使小粒子从高温区向低温区运动的现象），热迁移是造成灰分沉积的重要因素之一；

③ 粒径＞10μm 的灰粒的惯性迁移，惯性力是造成灰粒向水冷壁面输运的重要因素。

当含灰气流转向时，具有较大惯性动量的灰粒离开气流撞击到冷壁面上，使灰渣在壁上黏结和结聚长大。灰渣在壁上沉积存在两个不同的过程：一个为初始沉积层的形成过程，对于具有潜在结焦性的油泥，初始沉积层主要是由挥发性灰在冷壁上冷凝而形成的，对于潜在结渣性差的煤，初始沉积层由挥发性灰分的冷凝和微小颗粒的热迁移沉积共同作用而形成。初始沉积层具有良好的绝热性，能使壁外表面温度升高；另一个沉积过程为较大灰粒在惯性力作用下冲击到壁的初始沉积层上，当初始沉积层具有黏性时，其捕获惯性力输运的灰粒并使渣层厚度迅速增加。由于惯性输送的灰粒在初始沉积层上的黏结还与撞击灰粒的温度水平有关，当撞击灰粒的温度很高且呈熔融状液态时，很容易发生黏结使结渣过程加剧，对设备的安全运行构成威胁。

颗粒输运模型只负责把颗粒计算到低流速边界层，颗粒是否可以穿越边界层到达壁面，还需要进行判断。引进预定义位移厚度临界速度的概念来处理飞灰颗粒在边界层的运动，即当颗粒到达距离壁面一定距离，且速度大于临界速度时，颗粒就可穿越边界层与壁面发生碰撞。

（2）飞灰颗粒黏附模型

颗粒与壁面碰撞之后并非所有颗粒均可黏附到壁面上，颗粒黏度只有满足一定条件时才可黏附到壁面上，黏附到壁面上的比例即为黏附率，计算黏附率时要同时考虑颗粒黏度和渣层表面的黏度，选用综合考虑以上两个因素的 Walsh 公式计算颗粒的黏附率（$f_{i\text{dep}}$），见式（7-117）：

$$f_{i\text{dep}} = p_i T_{i\text{PS}} + (1 - p_i T_{i\text{PS}}) p_{i\text{sur}} T_{i\text{sur}} - (1 - p_i T_{i\text{PS}})(1 - p_{i\text{sur}} T_{i\text{PS}}) \qquad (7\text{-}117)$$

式中　i——颗粒群；

　　p_i——颗粒黏附率；

　$p_{i\text{sur}}$——壁面黏附率；

　$T_{i\text{PS}}$——飞灰颗粒温度；

　$T_{i\text{sur}}$——颗粒所黏附壁面的温度。

第三项是非黏性颗粒对沉积层的侵蚀，在煤粉炉中可忽略。

（3）飞灰颗粒黏度计算模型

选用由 Senior & Srinivasachar 提出的温度分区法来计算飞灰颗粒的黏度，高温区和低温区采用不同的计算方程，然后选取两者中的较大黏度作为飞灰颗粒的黏度，此模型适用于黏度范围在 $10^5 \sim 10^9$ Pa·s 之间的颗粒，临界黏度选择 10^5 Pa·s，在此范围内。

（4）结渣生长模型

结渣生长模拟主要包括结渣量和结渣厚度的增长。

结渣厚度主要通过累积飞灰质量以及多孔率进行计算。多孔率的计算公式见式（7-118），而计算焦层厚度的方程见式（7-119）：

$$\varphi^{\text{dk}} = 1 - \left[(1 - \varphi_0^{\text{dk}}) + \frac{V_1}{V_s} \times (1 - \varphi_0^{\text{dk}}) \right] \qquad (7\text{-}118)$$

式中　V_1，V_s——液、气相体积分数；

　　φ_0^{dk}——原生质多孔率，一般取 0.6。

$$l_i = \frac{m_i}{A_i \rho (1 - \varphi_i^{\text{dk}})} \qquad (7\text{-}119)$$

式中　m_i——渣层质量，kg；

　　A_i——渣层覆盖面积，m^2；

　　ρ——渣层密度，kg/m^3；

　　φ_i^{dk}——渣层多孔率。

7.5.3　计算方法

模拟计算采用控制容积法求解守恒方程，对气相流场采用非交错网格的 SLMPLE 方法来求解，压力离散方程采用可防止伪扩散的 PRESTO 格式，其他离散方程均采用一阶迎风格式，壁面的颗粒黏附统计采用 FLUENT 自定义函数功能 UDF 来进行定义，FLUENT 为 UDF 提供了一系列宏函数［这些宏函数可被用来定义边界条件、材料属性、提供流体源项、制定自定义模型参数（DPM 和多相流等的源项）、计算的初始化以及增加后处理功能］，在进行编程时，可根据模型的要求选择相关的宏函数。

　　虽然 FLUENT 的应用很广，功能强大，但是 FLUENT 的自带功能并不能满足所有用户的要求，对于一些用户的特殊要求，FLUENT 提供了自定义功能，用户可根据自己的要求编写特定的 UDF 程序，然后将 UDF 程序动态加载到 FLUENT 中，来达到自己的目的。因此需调用 UDF 中的宏函数 DEFINE_DPM_BC 编写结渣程序。

　　所研究的飞灰样品取自实际研究中热解炉的空气预热器，测得的该飞灰的氧化物组成见表 7-10。飞灰粒径同煤粉粒径一样遵循 Rosin-Rammler 分布，同样由 BT-9300HT 型激光粒度分布仪测得。如图 7-35 所示，粒径分布中飞灰样品的最小粒径为 $0.1\mu m$，最大粒径为 $500\mu m$，平均粒径为 $62\mu m$。

表 7-10　飞灰氧化物组成

组分	SiO_2	Al_2O_3	Fe_2O_3	MgO	CaO	Na_2O	K_2O	其他
含量/%	49.12	35.16	4.23	0.97	3.96	0.38	0.53	5.65

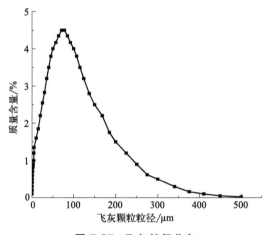

图 7-35　飞灰粒径分布

　　在燃烧模拟收敛的基础上，结渣模拟采用颗粒黏附模型求解黏附到壁面上的飞灰颗粒数目，并以此来判断结渣程度，基于飞灰射流属性的设定和网格的划分，结渣模拟时飞灰颗粒的总数目为 192000，采用随机轨道模型将飞灰颗粒计算到边界层。在判断颗粒是否会冲过边界层到达壁面时，引入临界速度和定义位移厚度的概念，即当飞灰颗粒与壁面的距离为定义位移厚度，且飞灰颗粒速度不小于临界速度时，颗粒可冲过边界层，到达壁面并与壁面发生碰撞，进而计算出颗粒的碰撞率。要计算出颗粒的结渣率，还需计算出颗粒的黏附率。计算颗粒的黏附率时需计算颗粒的黏度，颗粒黏度根据飞灰成分及此时飞灰颗粒的温度进行计算，计算颗粒黏度见式（7-120）：

$$\begin{cases} P_i(T_{ps}) = \dfrac{\mu_{ref}}{\mu} \times \mu > \mu_{ref} \\ P_i(T_{ps}) = \mu \leqslant \mu_{ref} \end{cases} \tag{7-120}$$

式中　　μ_{ref}——临界黏度，Pa·s；

　　　　P_i——具有平均黏度 μ 的颗粒群 i 黏附于壁面的概率；

　　　　T_{ps}——颗粒群温度，K。

若颗粒黏度不大于临界黏度，颗粒的黏附概率为1，此时颗粒黏附，且统计的黏附颗粒数目为1；若颗粒黏度大于临界黏度，则颗粒黏附概率为颗粒黏度与临界黏度之比。图 7-36 为结焦模拟的程序流程。

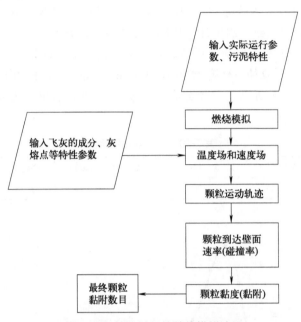

图 7-36　结焦过程的数值模拟流程

7.5.4　热解结焦数值仿真结果及分析

炉筒壁面温度分布、烟气和油泥流动特征是影响结焦的重要因素。此处主要分析 100% 燃料量工况。

(1) 筒体壁面温度

图 7-37 给出了炉筒烟气侧（外侧）温度分布（书后另见彩图）。炉筒表面温度可达 2200K，但高温区域主要在燃烧器高温烟气直接冲刷炉筒附近，炉筒表面大部分区域温度为 1000~1400K，远离燃烧器一侧温度较高。炉筒烟气侧最低温度出现在入口端和出口端，其温度仅为 700~800K。结合图 7-38 可发现，在出口端局部位置炉筒内测温度甚至高于炉筒外侧壁面温度，此时会形成炉筒内油泥向炉筒外烟气传热的现象，这也是 100% 工况时出口端温度降低的原因。

图 7-38 为炉筒油泥侧壁面（内侧）温度分布（书后另见彩图）。虽然炉筒底部外侧壁面靠近燃烧器，温度较高，但炉内油泥比热容较大，且热导率高，因此炉筒内侧底部温度较低且均匀。炉筒内壁面上部温度较高，可达 1200K。炉筒内壁面出口处温度较低，这为部分蒸发气体凝结提供了可能。

(2) 炉内速度分布

炉内的绝对速度分布如图 7-39 所示（书后另见彩图），图 7-40（书后另见彩图）为炉筒

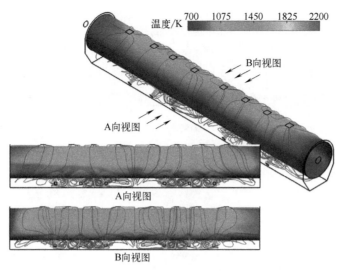

图 7-37　炉筒壁面烟气侧温度分布

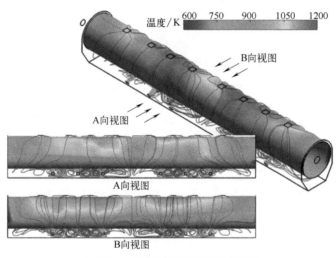

图 7-38　炉筒壁面油泥侧温度分布

内的相对速度分布。炉筒处于滚动状态时,炉筒内最大绝对速度可达 1m/s。但炉内相对速度较小,气相区域最大速度在油泥和油气交界面附近,可达 0.5m/s。油泥相内,最大流速仅为 0.03m/s,油泥与壁面接触面附近速度小于 0.01m/s。

（3）结焦分析

基于上述分析可发现,当前结构条件下出口附近炉筒内侧和外侧均存在温度低于其他位置的情况。这导致在烟气、油泥和油气流动路径上,存在由高温区域流向低温区域的情况,可能导致融化/气化组分的二次凝结。此外,炉筒内部相对速度较小,使得局部油泥和壁面接触时间较长,增加吸附可能。

7.5.5　结焦模拟结果与讨论

在燃烧模拟收敛的基础上,将结焦程序载入 FLUENT 中,进行结渣模拟。由模拟结果可知飞灰颗粒自喷口喷出后呈顺时针方向旋转,部分颗粒与壁面发生碰撞,使用颗粒黏附模

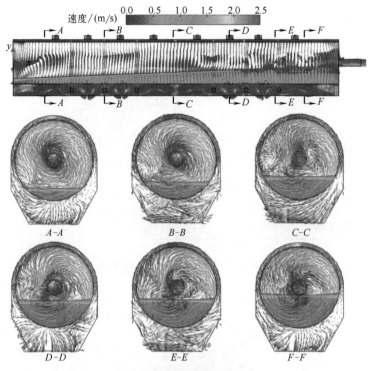

图 7-39　炉内绝对速度分布

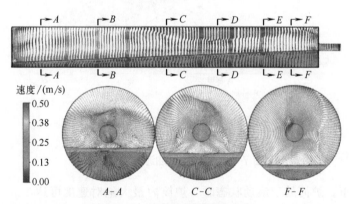

图 7-40　炉筒内相对速度分布

型判断该颗粒是否与壁面发生黏附，并统计颗粒在壁面的黏附情况。黏附颗粒集中在炉子燃烧器区域的燃烧器喷口附近，这是由于此处动量小、温度高、氧浓度低。结焦模拟结果与分析速度场、温度场以及氧浓度场后得到的结果是一致的。

　　统计了各个区域的颗粒黏附情况，炉膛各区域的颗粒黏附数目分布，如图 7-41 所示。从图中可以看出，192000 个飞灰颗粒中黏附到水冷壁面上的颗粒总数目为 3207 个，占总飞灰颗粒数目的 1.67%，燃烧器区域为 2900 个，燃尽区域为 140 个。由模拟计算结果可以看出，黏附颗粒数目只占总飞灰颗粒数目很小的一部分，其中燃烧器区域的颗粒黏附数目最多，占颗粒总黏附数目的 90.4%，即燃烧器区域是结焦的严重区域，这与实际燃烧中出现的结焦区域是一致的。

　　图 7-42 为燃烧器各区域黏附颗粒数目所占比例。燃烧器的燃烧器喷口附近的颗粒黏附

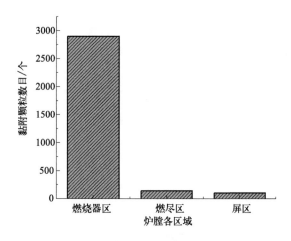

图 7-41　炉膛各区域的颗粒黏附数目分布

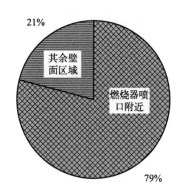

图 7-42　燃烧器各区域黏附颗粒数目比例

数目占燃烧器区域黏附颗粒数目的 79%，燃烧器其余区域只占 21%，燃烧器的燃烧器喷口附近所占面积与燃烧器区域其余壁面区域相比很小，且处于拐角区域，黏附颗粒不易清除，因此燃烧器的燃烧器喷口附近是整个炉膛中最容易结焦且结焦最严重的位置，这与前文得到的结焦位置是一致的，再一次证明了燃烧器喷口附近为易结焦处。

7.6　热解炉最优运行参数仿真分析

对单个油泥颗粒热解过程开展数值研究工作，本节针对热解炉的最优运行参数开展数值研究。数值模拟软件采用 FLUENT 19.0。

7.6.1　数值仿真的输入参数及边界条件

根据甲方提供的热解炉设计图纸，该热解炉炉筒直径为 1.9m，长度为 15.4m。入料口和出料口均为螺杆输送。炉膛底部设有 6 个圆形燃烧器孔，顶部设有 8 个燃气出口。为方便网格绘制，将圆形燃烧气孔和燃气出口均简化为等面积正方形孔。炉膛内其余支撑结构对流场影响较小，均简化，结果如图 7-43 所示。

设计图未给定热解炉倾斜度，模拟中倾斜度选用 3%。热解炉炉筒旋转速度未知，模拟

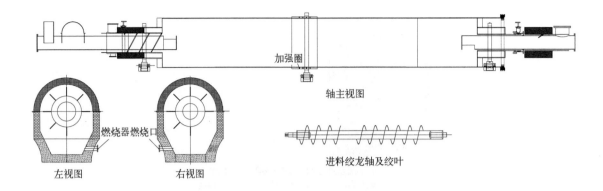

(a) 热解炉的几何结构

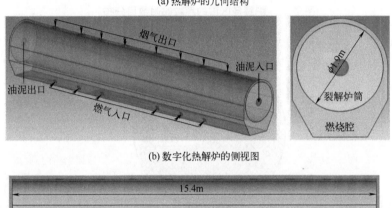

(b) 数字化热解炉的侧视图

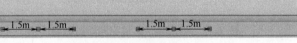

(c) 数字化热解炉的正视图

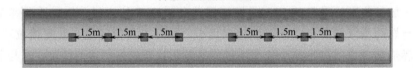

(d) 数字化热解炉的俯视图

图 7-43　热解炉几何模型的数字化

中选择 3r/min。

　　网格采用全六面体结构化网格。采用移动网格（moving mesh）技术，将炉膛和滚筒分别生成网格，中间采用界面（interface）连接，并设置为耦合传热壁面。网格划分结果如图 7-44 和图 7-45 所示（书后另见彩图）。

7.6.1.1　基本输入参数

　　甲方现场热解设备为处理量 24t/d 的连续式燃气热解炉。热解污泥来自采油一厂南一区污泥处理站离心机出料油泥，污泥含水率不大于 60%～70%，经晾晒后进入热解设备，含水率为 30%～40%，含油量为 5%～10%，颗粒粒径不大于 50mm。图 7-46 为热解前物料及热解进料现场照片。

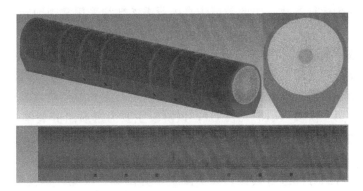

图 7-44 热解炉网格划分

(a) 几何模型

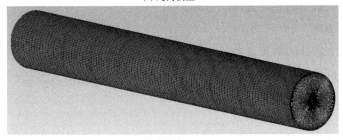

(b) 网格划分

图 7-45 炉筒几何模型及网格划分

(a) 热解前物料

(b) 热解进料现场

图 7-46 热解前物料及热解进料现场

甲方未提供其余运行参数，因此数值仿真中所需参数均采用常规回转窑设计参数及类似实验测量值。

（1）重质油数学模型

该热解炉主要处理重质油污泥。根据吸放热特点和产物特点，重质油污泥热解过程可以分为三个阶段：第一阶段（$<410℃$），该阶段油质稳定，主要为轻质组分蒸发，吸热体现为油品的热容效应；第二阶段（$410\sim575℃$），该阶段主要为重质组分裂解，吸热体现为油品热容效应和裂解热效应，这一阶段总体质量损失达到峰值；第三阶段（$>575℃$），该阶段质量损失非常小，热解已接近终止。

对油泥的每一种组分都进行模拟，在实践上十分困难。因此，本模拟中采用50℃为温度步长，将油泥可蒸发和裂解部分采用9种组分替代，各组分质量分数依据实验值确定，参数见表7-11。

表 7-11 油泥的各组分质量分数

组分	1	2	3	4	5	6	7	8	9
临界温度/℃	350	400	450	500	550	600	650	700	750
质量分数/%	4	4	3	3	5	5	6	9	6

当油泥温度达到某组分蒸发/裂解临界温度时，其蒸发/裂解速率为：

$$r_i = R_{freq}\omega_i\rho_{oil}\varphi_{oil}/M_i \tag{7-121}$$

式中　r_i——第 i 个组分的反应速率，$kmol/(m^3 \cdot s)$；

R_{freq}——蒸发频率，s^{-1}；

ω_i——第 i 个组分的质量分数；

ρ_{oil}——油的密度，kg/m^3；

φ_{oil}——油泥的体积分数；

M_i——第 i 个组分的摩尔质量。

实际油泥组分复杂，随温度变化表现为连续质量损失。为考虑该部分差异，当油泥温度低于某组分蒸发/裂解临界温度时，认为其蒸发/裂解过程缓慢进行，速率规定为

$$r_{i.below} = \frac{e^{(T_c - T)/\Delta T} - 1}{e - 1} \times r_i \tag{7-122}$$

重质油蒸发/裂解速率如图7-47所示。

如图7-48所示，虚曲线为按照上述方法建立的数值模型的质量损失率曲线，和实验结果基本吻合。

质量损失率的UDF见附录。通过UDF可以控制油泥热解的质量损失率，本模拟将从两部分进行：一是无UDF的计算，即让油泥的热解反应按照温度进行质量损失；二是有UDF的计算，即让油泥热解反应的质量损失速率按照UDF的设置进行。其中UDF的编写数据基于甲方所给数据，得出的模拟结果更有针对性。汽油分馏段和柴油分馏段，主要考虑其蒸发潜热，分别采用典型的汽油和柴油蒸发潜热物性参数，即$-335kJ/kg$和$-251kJ/kg$。柴油分馏段，需考虑蒸发潜热和裂解热，采用实验均值，即$-873kJ/kg$。实际模拟中采用了质量转换模型，因此将上述吸热量转化为物质的标准生成焓，分别对应为$10.46\times10^7 J/kmol$、$6.48\times10^7 J/kmol$和$2.25\times10^8 J/kmol$（该值对应的泥土和蒸发气

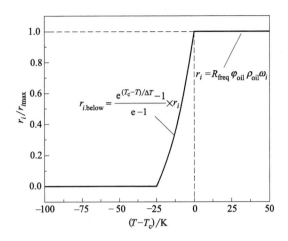

图 7-47 重质油蒸发/裂解速率模型

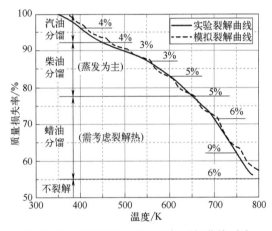

图 7-48 实验裂解曲线与模拟裂解曲线对比

体标准生成焓为 0)。

（2）油泥数学模型

油泥以混合物（mixture）形式定义，分为 10 个组分，即干泥土和重质油（9 个组分）。重质油的质量分数为 45%，干泥土质量分数为 55%。油泥的物性参数见表 7-12。

表 7-12　油泥的物性参数

参数	干泥土	重质油
密度/(kg/m³)	1300	1300
比热容/[J/(kg·K)]	840	1880
热导率/[W/(m·K)]	0.89	0.12
黏度/[kg/(m·s)]	0.048	0.048

（3）热解炉基本运行参数

甲方提供数据中未给定天然气供应量。模拟中假设热解炉综合热效率为 50%，油泥初始温度为室温，假设终温为 1000℃，以此推测热解炉的加热功率及燃气量。相关计算参数如表 7-13 和表 7-14 所列。

表 7-13　热解炉加热功率估算

参数	值	参数	值
物料入口温度/℃	27	蜡油质量分数/%	21
物料出口温度/℃	1000	蜡油综合潜热/(kJ/kg)	873
重质油比热容/[kJ/(kg·K)]	1.88	干泥土比热容/[kJ/(kg·K)]	0.84
汽油质量分数/%	16	干泥土质量分数/%	55
汽油蒸发潜热/(kJ/kg)	335	综合热效率/%	50
柴油质量分数/%	13	加热功率/kW	523.622
柴油蒸发潜热/(kJ/kg)	251		

表 7-14　热解炉燃气量估算

参数	值	参数	值
加热功率/kW	523.622	燃空混合比/%	9.5
燃料密度/(kg/m³)	0.717	空气过量系数	1.1
燃料燃烧热/(MJ/m³)	35.9	空气体积流量/(m³/s)	0.169
燃料燃烧热/(MJ/kg)	50.2	燃气质量流量/(kg/s)	0.010
燃料体积流量/(m³/s)	0.014	总质量流量/(kg/s)	0.180

7.6.1.2　边界条件设置

（1）油泥入口

油泥入口采用速度入口边界条件，将油泥质量流量转换为相对应的入口速度。入口温度为 300K。入口参数按照表 7-15 设置。

表 7-15　油泥入口参数设置

参数	值	参数	值
质量流量/(t/d)	24	入口面积/m²	0.104
质量流量/(kg/s)	0.278	入口速度/(m/s)	0.0022
体积流量/(m³/s)	0.000214		

（2）油泥出口

油泥出口采用压力出口边界条件，出口表压为 0Pa。

（3）燃料入口

燃料入口的参数设置如表 7-16 所列，采用速度入口，入口温度为 300K。

表 7-16　燃料入口参数设置

参数	值	参数	值
燃料体积流量/(m³/s)	0.015	空气体积流量/(m³/s)	0.169
燃空混合比/%	9.5	入口面积/m²	0.155
空气过量系数	1.1	入口流速/(m/s)	1.094

（4）烟气出口

烟气出口设置为压力出口。

（5）炉膛外表面

炉膛外表面有几十厘米厚的保温层，在计算中近似假设为绝热壁面。

（6）炉筒壁面

炉筒壁面设置为移动壁面（moving wall），转动速度为 3r/min。依据设计图，炉筒设置为耦合传热壁面，材质为 1.6cm 厚钢材。

（7）炉筒内流场

整个计算过程先采用稳态计算，流场基本稳定后，改为瞬态计算。炉筒内旋转过程采用移动网格（moving mesh）方法，旋转速度为 3r/min。

7.6.2 无 UDF 热解炉数值仿真结果及分析

含油污泥热解过程中一般产生气、液、固三相物质，而这三种物质由于反应条件的不同产生的比例也会发生变化，热解产物分布是评价含油污泥热解特性的最基本的指标。含油污泥热解产物的分布直观反映了热解反应情况，也为含油污泥热解的工业化应用提供了必要的依据。为了深入研究热解炉内的反应情况，以热解温度、炉筒转速、入口速度、燃料入口速度和炉筒尺寸为变量，在炉筒内温度分布、气液相产物分布和速度分布规律等方面研究上述变量对炉内流场的影响，从而得到最优的参数，模拟依据单一变量原则，工况设置见表 7-17。

表 7-17　数值仿真工况设置

温度变化	热解终温/℃	600	700	800	900	1000
	污泥入口速度/(m/s)	0.002	0.002	0.002	0.002	0.002
	转速/(r/min)	3	3	3	3	3
	燃料入口速度/(m/s)	1.2	1.2	1.2	1.2	1.2
转速变化	热解终温/℃	1000	1000	1000	1000	1000
	污泥入口速度/(m/s)	0.002	0.002	0.002	0.002	0.002
	转速/(r/min)	2	3	4	5	6
	燃料入口速度/(m/s)	1.2	1.2	1.2	1.2	1.2
污泥入口速度	热解终温/℃	1000	1000	1000	1000	1000
	污泥入口速度/(m/s)	0.002	0.0025	0.003	0.0035	0.004
	转速/(r/min)	3	3	3	3	3
	燃料入口速度/(m/s)	1.2	1.2	1.2	1.2	1.2
燃料入口速度	热解终温/℃	1000	1000	1000	1000	1000
	污泥入口速度/(m/s)	0.002	0.002	0.002	0.002	0.002
	转速/(r/min)	3	3	3	3	3
	燃料入口速度/(m/s)	0.8	1	1.2	1.5	2

（1）不同温度下热解反应情况模拟结果分析

温度为 600℃、700℃、800℃、900℃、1000℃时热解炉内的温度分布情况、气相产物和液相产物的体积分数分布图、固相组分体积分数分布图和速度云图，如图 7-49～图 7-53 所示（书后另见彩图），由上至下温度分别为 600℃、700℃、800℃、900℃、1000℃。

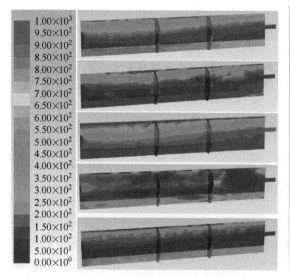

图 7-49　不同温度下炉筒内温度分布图

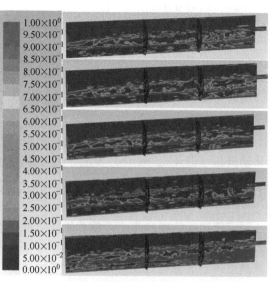

图 7-50　不同温度下气相产物分布图

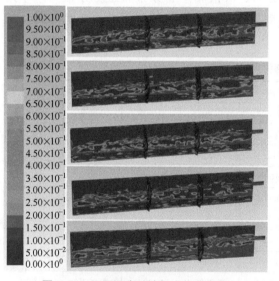

图 7-51　不同温度下液相产物分布图

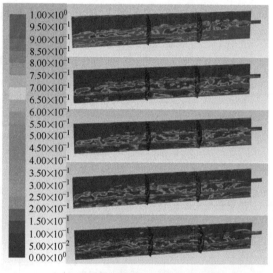

图 7-52　不同温度下固相组分分布图

如图 7-49～图 7-53 所示，温度从 600℃升高到 800℃时，炉内的温度升高较明显，且炉内温度分布更加均匀，但随着温度进一步升高，达到 900℃和 1000℃时，炉内温度分布没有明显变化且温度分布不均匀。随着温度的升高，蒸发组分和裂解组分含量都是先少量减少后又明显提升，污泥的含量有明显下降，即热解终温对产物的分布有较大的影响。随着热解终温升高，挥发物析出的一次反应进行得更为彻底，即固体残渣含量降低。同时，高温时污泥中的矿物油更多地直接断裂为气体或生成的热解油二次热解转化为气相，从而使得热解液体出现先升后降的趋势，当温度为 800℃时反应已经进行得较彻底。

（2）不同转速下热解反应情况模拟结果分析

研究了转速对热解反应情况的影响，结果如图 7-54～图 7-58 所示（书后另见彩图），由上至下转速分别为 3r/min、4r/min、5r/min、6r/min 和 7r/min。

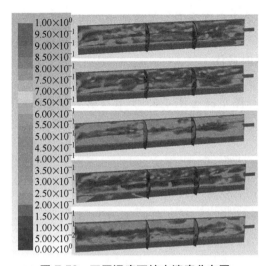

图 7-53　不同温度下炉内速度分布图

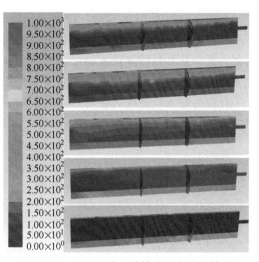

图 7-54　不同转速下炉筒内温度分布情况

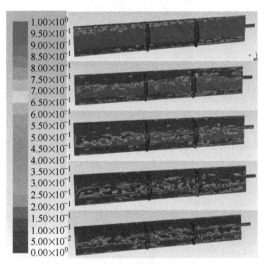

图 7-55　不同转速下气相产物分布图

图 7-56　不同转速下液相产物分布图

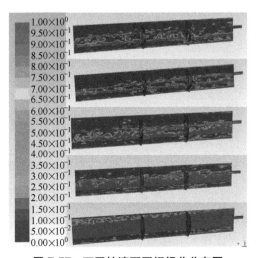

图 7-57　不同转速下固相组分分布图

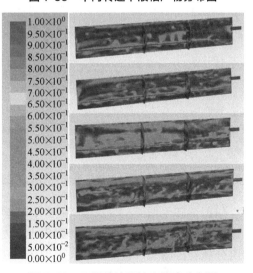

图 7-58　不同转速下炉内速度分布图

如图 7-54～图 7-58 所示，随着转速的升高，炉内温度降低，气液两相产物也随着降低，反之，固相组分增多，这说明随着炉筒转速的升高，炉内的油泥由于转速过大反应越来越不完全，所以并不是转速越大越好，转速为 3r/min 时最优。

（3）不同污泥入口速度下热解反应情况模拟结果分析

分析污泥入口速度对热解反应的影响，结果如图 7-59～图 7-63 所示（书后另见彩图），图中由上至下速度分别为 0.002m/s、0.0025m/s、0.003m/s、0.0035m/s 和 0.004m/s。

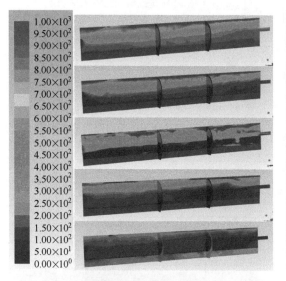

图 7-59　不同污泥入口速度下炉筒内温度分布图

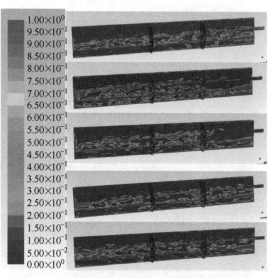

图 7-60　不同污泥入口速度下气相产物分布图

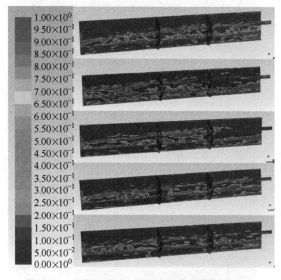

图 7-61　不同污泥入口速度下液相产物分布图

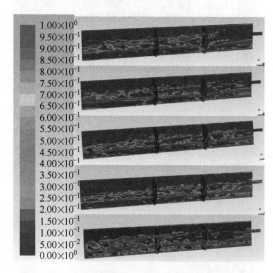

图 7-62　不同污泥入口速度下固相组分分布图

如图 7-59～图 7-63 所示，污泥入口速度对炉内温度分布的影响不太明显，随着污泥入口速度的增大，炉内温度分布降幅很小，对气液两相产物以及速度分布也没有明显影响，固相组分随着污泥入口速度的增大而增多，污泥入口速度增大意味着日处理量加大，且入口速度增大对反应影响不明显，故认为污泥入口速度为 0.002m/s 时最优。

（4）不同燃料入口速度下热解反应情况模拟结果分析

分析燃料入口速度对热解反应的影响，结果如图 7-64～图 7-68 所示（书后另见彩图），由上至下速度分别为 0.8m/s、1m/s、1.2m/s、1.5m/s 和 2m/s。

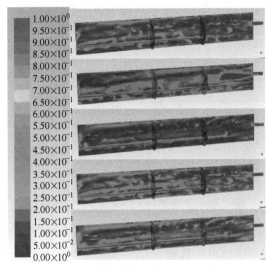

图 7-63　不同污泥入口速度下的速度云图

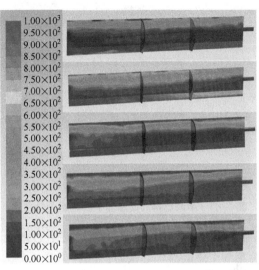

图 7-64　不同燃料入口速度下炉筒内温度分布图

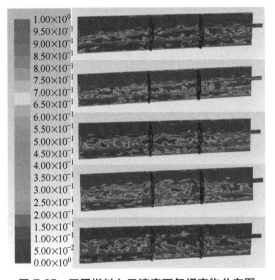

图 7-65　不同燃料入口速度下气相产物分布图

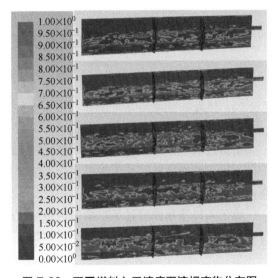

图 7-66　不同燃料入口速度下液相产物分布图

如图 7-64～图 7-68 所示，燃料入口的速度从 0.8m/s 增大到 1.2m/s 时变化较明显，当燃料入口速度为 1.2m/s 时，温度分布情况较好，速度继续增大到 1.5m/s 和 2m/s 时，对炉内温度分布几乎没有影响，随着燃料入口速度的增大，对气液两相产物以及速度分布也没有明显影响，固相组分随着燃料入口速度的增大也没有明显变化，故认为燃料入口速度最优为 1.2m/s。

7.6.3　有 UDF 热解炉数值仿真结果及分析

图 7-69 为后处理主要展示截面位置。$A\text{-}A$ 为进口和第 1 个燃烧器中心截面，$B\text{-}B$ 为第

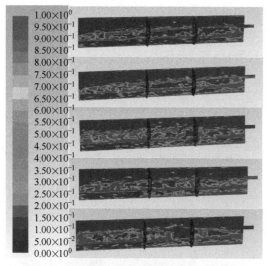

图 7-67　不同燃料入口速度下固相组分分布图　　　图 7-68　不同燃料入口速度下的速度云图

2 个燃烧器中心截面，C-C 为炉筒中心截面，D-D 为第 4 和第 5 个燃烧器中心截面，E-E 为第 6 个燃烧器中心截面；F-F 为第 6 个燃烧器和出口中心截面。

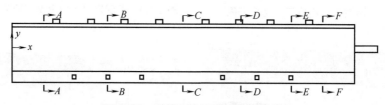

图 7-69　后处理主要截面位置示意

7.6.3.1　热解炉空间热流场分析

（1）炉内油泥体积分布

仿真过程，炉体采用 3% 倾斜度，炉筒旋转速度为 3r/min。受炉筒旋转影响，油泥表面在壁面附近略微随壁面发生变形。由于旋转速度较小，油泥表面整体基本处于水平位置。炉筒内油泥总质量约为 12.5t。

由于入口质量流量过小，虽然网格尺寸已小于 1cm，但是仍无法解析入口处油泥的下落过程。不同燃料比例下炉内温度分布如图 7-70 所示（书后另见彩图）。

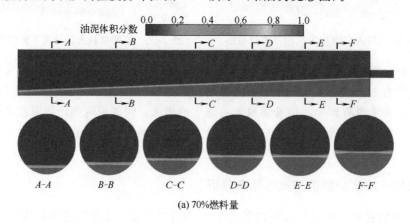

(a) 70%燃料量

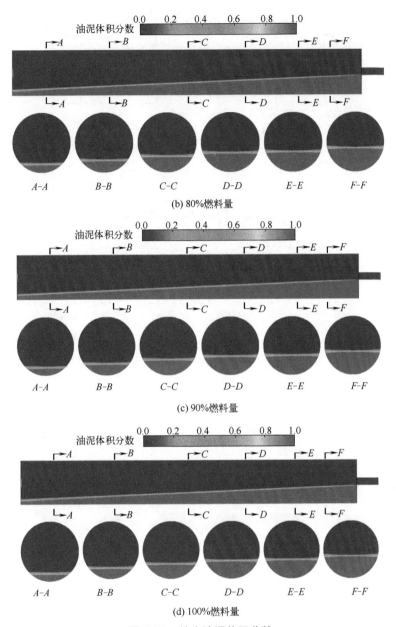

(b) 80%燃料量

(c) 90%燃料量

(d) 100%燃料量

图 7-70 炉内油泥体积分数

（2）炉膛温度分布

炉内整体温度分布如图 7-71 所示（书后另见彩图）。燃烧产物温度在 2400K 左右，高温区域主要集中于燃烧器附近，炉内温度出现典型的区域集中。两组燃烧器中，中间燃烧器热量损失较少，温度略高于两侧燃烧器。高温烟气向斜上方喷射，直接冲击炉筒底部。热烟气主要流向远离燃烧器一侧的空腔内，因此远离燃烧器的空腔内温度要高于燃烧器一侧空腔内的温度。炉膛中段设置转动设备区域，未设置燃烧器，这一区段温度较低。炉膛两端远离燃烧器及烟气出口，高温烟气不易流动至两端，炉膛两端温度较低。入口端油泥温度低，炉膛和滚筒温差大，热流密度大，入口端温度较低，随着燃料量的增加，炉膛内温度整体升高。

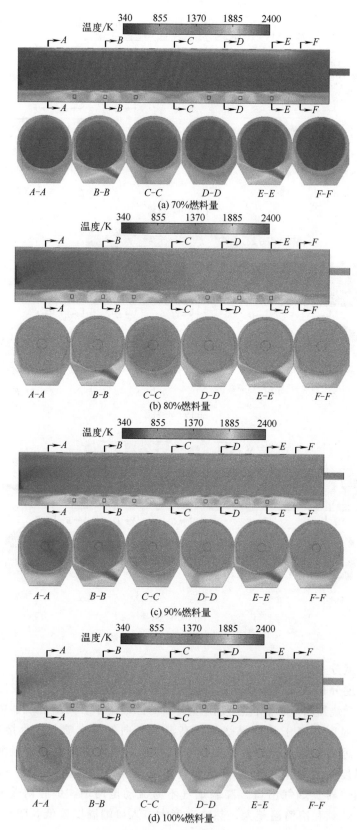

图 7-71 炉膛温度分布

（3）炉筒内温度分布

炉筒内部温度分布如图 7-72（书后另见彩图）和图 7-73 所示。

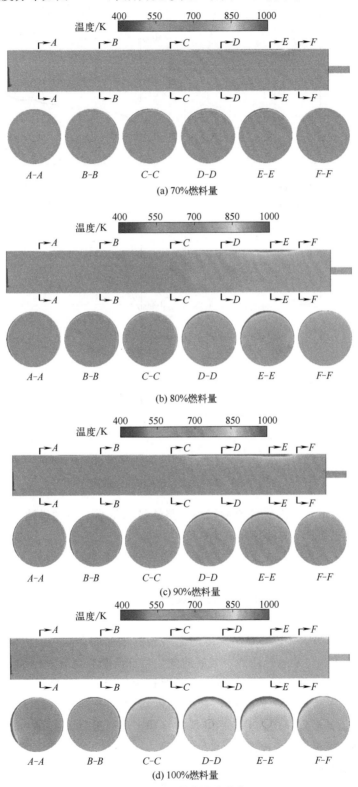

图 7-72　炉筒内温度分布

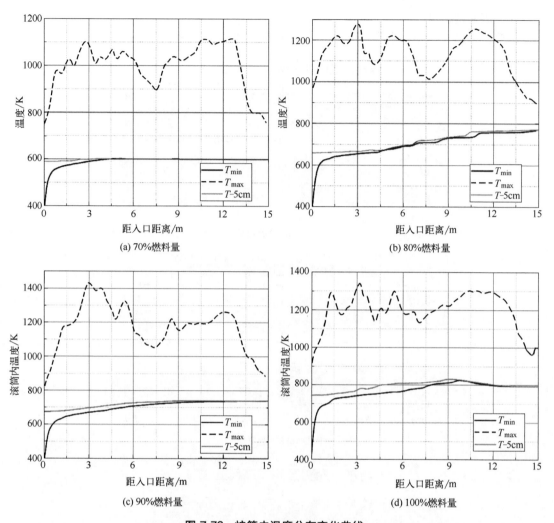

(a) 70%燃料量

(b) 80%燃料量

(c) 90%燃料量

(d) 100%燃料量

图 7-73　炉筒内温度分布变化曲线

入口油泥温度较低，但因质量流量较小，整体吸热量小，温度迅速升高。如图 7-72 所示，模拟中各工况在 1.5m 内已完成迅速升高阶段。

由中心截面看，高温区域主要在炉筒上方，C-C～F-F 截面之间的区域，即靠近出口的三个燃烧器附近。但从第三个燃烧器到出口段，温度降低。高温区域主要在气相部分，从壁面到滚筒中心形成明显的温度梯度。油泥区域因油泥流动及其较高的热导率，温度较为均匀。随着燃料量增加，炉筒内整体温度上升。

如图 7-73 所示，炉内各位置最高温度随燃料量的增加而升高。炉筒两端和中段位置温度较低。最低温度在入口端迅速增加，其后的变化特征与燃料量有关。70%燃料量时，最低温度最高约为600K，且在 6～15m 范围内，温度较为稳定；80%燃料量时，最低温度持续升高，有阶梯状特征；90%燃料量时，最低温度缓慢上升，12～15m 时温度较为平稳；100%燃料量时，最低温度呈现先升高后降低的特征，最高温位于9～10m（第 4 个燃烧器附近），其后温度逐渐降低至 800K 左右。

（4）重质油热解速率

图 7-74 展示了各组分在距离入口不同位置截面处的最大热解速率（书后另见彩

图）。结果显示在不同燃料量条件下，热解速率呈现出较大差异。组分1～5的热解临界温度为350～550K。模拟中各工况条件下，油泥温度均能迅速达到550K。此5种组分在入口段开始热解，在约3m处热解完毕。组分6在2～5m范围内热解，峰值位于第一燃烧器处。

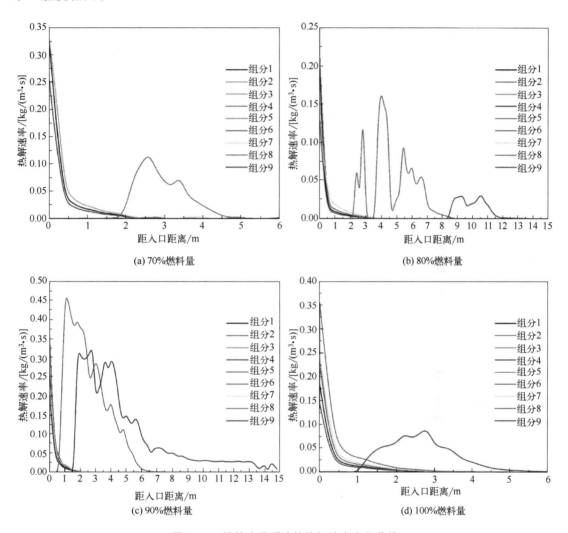

图 7-74　炉筒内重质油的热解速率变化曲线

70％工况条件下，炉筒内油泥最高温度约600K，因此组分8和组分9未热解。随着油泥温度的上升，组分7开始热解，主要在2～5m范围内（第一到第三个燃烧器之间）。80％工况条件下，入口段温度迅速上升到650K，组分1～7在3m范围内热解。组分8呈现三个峰值，分别位于第一、第二和第三个燃烧器处。组分9主要在8～12m范围内热解，即在第四个燃烧器和第六个燃烧器之间，两个峰值分别位于第四和第五个燃烧器处。90％工况条件下，组分1～7在3m内迅速热解，组分8和组分9主要在第一到第三个燃烧器范围内热解，热解速率呈现波动特征。100％工况条件下，组分1～8在3m内迅速热解，组分9仅有一个峰值，位于第一个燃烧器附近。

各组分热解属于吸热反应，在燃烧器附近，局部温度上升，因此当油泥温度处于各组分临界热解温度附近时，热解速率呈现波动特征。80％燃料量时，前三个燃烧器位置的油泥温度处于组分8的临界温度附近，且组分8质量分数较大，吸热量大，导致温度曲线出现阶梯上升的特征。随着燃料量的增大，炉内整体温度上升，主要热解区域向入口方向偏移。

（5）重质油质量分数

图 7-75 为各组分在不同位置的最大质量分数（书后另见彩图）。

需要注意的是，组分 6～9 在 0～1m 范围内，虽然未发生热解，但质量分数仍有下降。此现象主要是因为入口质量流量过小，网格尺寸虽已＜1cm 但仍无法解析油泥在入口处的贴壁流动。70％燃料量时，组分 1～5 的质量分数在入口段迅速降低，组分 6 在第一个燃烧器处开始下降；80％燃料量时，组分 1～7 的质量分数在入口段迅速降低，组分 8 和 9 在第一、第二和第三个燃烧器处明显下降，燃烧器之间下降量较小；90％和 100％工况下，组分8 和组分 9 质量分数下降较为平稳，无台阶状特征。

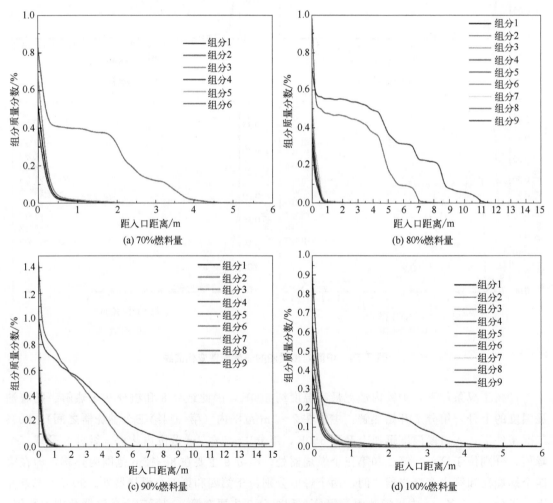

(a) 70％燃料量

(b) 80％燃料量

(c) 90％燃料量

(d) 100％燃料量

图 7-75 炉筒内不同位置的最大重质油质量分数变化曲线

图 7-76 为炉内重质油质量分数变化曲线（书后另见彩图）。

70％燃料量时，由于达不到组分 7～9 的热解温度，此三种组分未热解，其合计质量分数为21%。重质油质量分数下降主要有两段,第一段(0~2m)为组分1~5热解,第二段(2~4m)为组分6热解。80%~100%燃料量时,重质油质量分数均可降低到0左右。80%燃料量时,曲线呈现阶梯状特征。

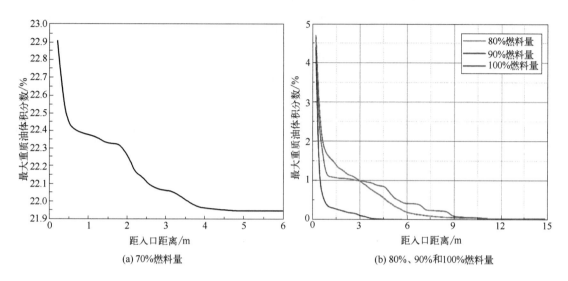

(a) 70%燃料量   (b) 80%、90%和100%燃料量

图 7-76　炉筒内重质油质量分数变化曲线

7.6.3.2　炉筒恒温壁面数值仿真结果及分析

炉筒壁面设置为恒温壁面,壁面温度为700K、750K、800K、900K、1000K和1100K。图 7-77 为炉筒内温度分布(书后另见彩图),与整体仿真相比,在该工况下,壁面温度均匀,因此炉筒内温度相对均匀。图 7-78 为各组分热解速率(书后另见彩图)。因为是恒温壁面,各组分的热解速率曲线均只有一个峰值。随着壁面温度升高,热解速率曲线向入口端移动,热解速率峰值降低。这主要是因为温度上升较快,各组分进入炉筒内即开始蒸发,聚集时间较短。图 7-79 为炉筒内重质油组分的总质量。随着炉筒壁面温度升高,热解速率曲线整体向入口端移动,各组分在炉筒内的保留时间减少,因此总质量逐渐减少。

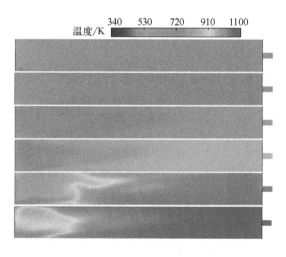

图 7-77　炉筒温度分布

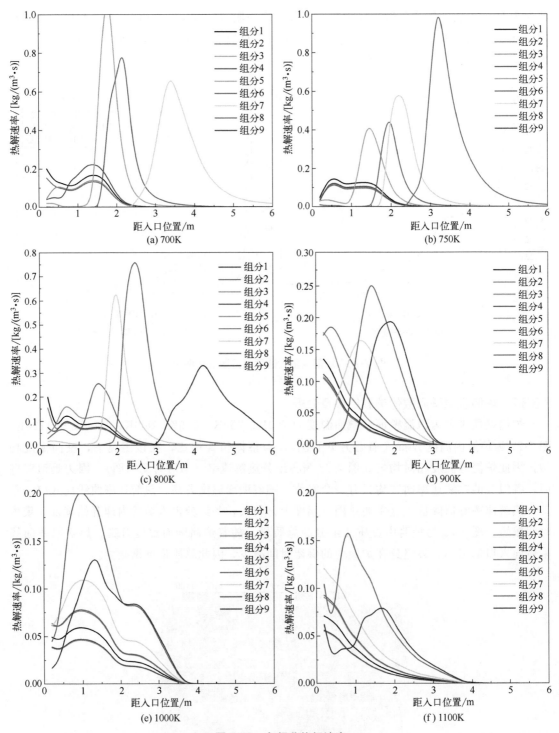

图 7-78　各组分热解速率

　　初步对热解炉进行了数值仿真模拟，研究了热解炉内的反应情况。以热解温度、炉筒转速、污泥入口速度、燃料入口速度为变量，在炉筒内温度分布、气液相产物分布和速度分布规律等方面研究上述变量对炉内流场的影响，结合前文分析研究，得出污泥热解的最优参数为：加热温度为 800℃、升温速率为 20℃/min、炉体转速为 3r/min、污泥入口速度为

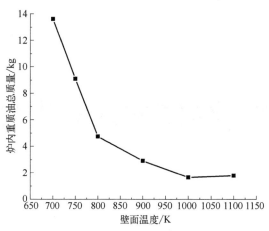

图 7-79　炉内重质油总质量

0.002m/s、燃料入口速度为 1.2m/s。尽量使用干燥脱水后含水率较低的油泥，在此最优参数下热解反应效率最高，热解油产率最大。

温度和含氧量分布是影响炉子结焦的重要外部因素，通过增加周界风，可以达到降低易结焦处温度和提高该处含氧量的目的。将燃烧器改为水平浓淡分离燃烧器，也能达到降低易结焦处烟气温度和提高氧气含量的目的，从而降低设备的结焦程度。改为水平浓淡分离燃烧器后，浓侧布置在向火侧，淡侧布置在背火侧即靠近水冷壁处，此处处于贫燃料燃烧区，消耗的氧气量少，燃烧放出的二氧化碳量也就较少，由此引起的烟气升温也较低，可以很好地防止结焦。也可将极易结焦的污泥通过入炉前的脱水干燥等处理变为不易结焦的污泥，减少易结焦污泥的入炉量。

随着燃料量的增大，炉内整体温度上升，主要热解区域向入口方向偏移。所以 100% 燃料量时热解进行得最完全，产物产率最高。炉筒壁面为恒温壁面时，随着壁面温度升高，热解速率曲线向入口端移动，各组分在炉筒内的保留时间减少，因此总质量逐渐减少，反应更加充分。最佳温度为 1100K，炉内温度大于 500℃，满足热解充分的条件。对大庆油田油泥样品的实验数据进行分析拟合，依据得到的数据进行动力学研究，UDF 仅对热解过程中的热解速率进行了限制，对反应过程和热解产物都没有影响，且模拟值与实验值的误差远小于 10%，因此得出的结论具有普适性、科学性，对提高其他热解炉的效率同样具有参考意义。

第**8**章

热解脱附技术在国内外油田中的应用案例

8.1 国外含油污泥热解技术

8.1.1 美国

　　美国在热化学领域主要的研究包括：a. 以产生热、蒸汽、电力为目的的燃烧技术；b. 以制造中低热值燃料气、燃料油和炭黑为目的的热解技术；c. 以制造中低热值燃料气或 NH_3、CH_3OH 等化学物质为目的的气化热解技术；d. 以制造重质油、煤油、汽油为目的的液化热解技术；e. 以回收贮存能源（燃料气、燃料油和炭黑）为目的；f. 成分复杂时需要配套前处理设备，防止低熔点物质和有害物质的混入。

　　美国 RLC 公司的回转窑热解炉工程案例如下。

　　美国 RLC 公司生产的热解炉主要应用于含油污泥、钻井岩屑、有机有害废物的处理和污染土壤的修复。如图 8-1（书后另见彩图）和图 8-2 所示，该热解炉由进料系统、间接加

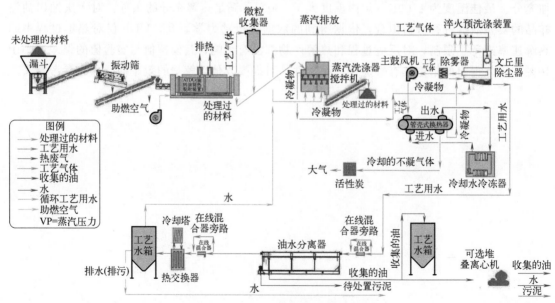

图 8-1　RLC 公司热解炉工艺流程

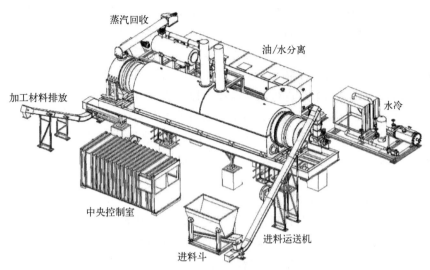

图 8-2　RLC 公司热解设备三维图

热回转窑、经过处理的固体冷却装置、蒸汽回收装置、由油水分离器组成的一次水处理装置和中控系统几个系统组成。

（1）进料系统

典型的进料系统的主要组成部分包括用于废料贮存的单料料斗或双料料斗。料斗底部装有变速螺杆系统，用于排出难以输送的物料，这种排出机制也被称为活底设计。每个料斗的顶部都有一个行走平台，用于清洁和维护料斗上方的灰筛。灰筛用于筛除进入料斗/热解炉的大颗粒。进料料斗可采用前端用装载机或吊车操作的抓斗进行装料。料斗可加装盖板，以控制装载间挥发性有机物的排放，当物料从料斗中卸出时，其通过单或双密封的传送带运输，然后到达热解炉的入口。在运输途中，物料通过皮带秤传送到热解炉的进料率被实时监控，并根据需要进行调整。当所有其他输送元件均在恒速运行时，通过调节料斗底部螺旋钻系统的旋转速度来控制热解炉的进给速度。在某些项目中，可能需要进行材料准备和预处理，以确保良好的材料输送和热处理，对于游离液（油和水）含量高的含油废物，应在进行热处理之前进行物理液体分离，钻井液含量高的污泥可能需要进行预处理，以确保在进行热处理之前有足够的稠度，材料预处理是热处理作业成功与否的重要因素之一，也是经常被忽视的一个方面。

（2）间接加热回转窑

间接加热回转窑的主要作用是使进入的废物或固体中的烃类污染物和水分蒸发。间接加热滚筒是系统的核心，其由耐高温、耐腐蚀的低镍合金制造，服务温度范围在 800～1200℃。从外部加热转鼓，固定炉内有几个燃烧器提供必要的过程热量。当转鼓壳体受热时，能量通过传导传递到转鼓内的污染进料中。内部的材料也通过来自转鼓内部壳体表面的辐射加热。转鼓壳体材料和设计的炉膛燃烧器容量可使物料的温度升高到 500～600℃。由于燃烧器位于炉内，因此转鼓内的污染物不会与燃烧器的燃烧产物接触。滚筒的进料和出料通过两个气闸来控制，最大限度地减少空气（氧气）泄漏到滚筒内。转鼓的进口和出口端装有特制的密封装置，防止漏气。污染物料通过转鼓的时间是由机组的坡度、内部升降机的数量和位置以及转鼓的转速来控制的。一般情况下，滚筒的倾斜度和升降机的位置和数量是固定的，转鼓转速是控制污染物料在转鼓内停留时间的关键参数。转鼓内所需要的停留时间高度依赖于废弃物料的含水率，固体的物理特性如粒度分布、废物中有机及无机化合物的种类和烃类化合物的蒸气压。在处理过程中，当含油污泥或钻屑通过转鼓时，烃类化合物和水蒸发（解吸），同时产生非常干燥和无污染的固体流。经过处理的固体非常热，它们被输送到冷却装置中与水混合以冷却，然后被排放。在转鼓的进口和出口处设置热电偶对物料的温度进行连续监测。沿转鼓壳体长度设置几个点进行温度监控，以防壳体过热。对炉体烟气排放温度进行密切监测。烟囱排气的出口温度、热解炉的出口物料温度和壳体温度决定了工况运行期间的燃料消耗率。在工况的排风机（ID）下，转鼓内的气氛持续保持负压。热解的蒸气从转鼓输送到系统的蒸气回收单元（VRU）。热解炉配有检修门以及便于检查、清洗和维护转鼓内的升降机。

（3）经过处理的固体冷却装置

从转鼓排出的经过热解处理的固体被输送到双轴冷却装置进行冷却。每根轴都装有搅拌桨。在冷却装置内部，进入的热解固体在从冷却装置排出之前，不断地与水混合进行冷却和粉尘控制。当热材料与冷却水接触时就会产生蒸气，蒸气与尘埃颗粒夹带在一起。蒸气洗涤器被放置在冷却装置顶部，使蒸气凝结，将灰尘洗净，并回到冷却室。冷却装置配置了检修门，便于检查、清洗、维护和更换/调整桨头。冷却装置在出口处可以有效地用于非烃类材料与各种添加剂（如石灰或波特兰水泥）的选择性混合，以稳定处置前的残余金属（如果需要）。这些添加剂可以贮存在冷却装置旁的就地储存筒仓中。

（4）蒸气回收装置

蒸气回收装置（VRU）的主要功能是浓缩和回收转鼓气流中的热解烃类、水蒸气和固体颗粒。VRU的标准材料是耐高温、耐腐蚀的304不锈钢。VRU主要由干式除尘器、急冷段、文丘里洗涤器、分离器、除雾段、引风机、冷凝器等组成。干式除尘器（旋风除尘器）从气流中去除粗颗粒，尽量减少系统中VRU和水处理单元的固体负荷。气体一旦离开旋风分离器，就进入急冷段，通过多个喷嘴与雾化良好的水滴直接接触而冷却。这种喷水系统还有助于清除气流中额外的固体。当气体温度开始下降时，大部分烃类化合物在气体离开急冷段时开始凝结。VRU配备了一个集成的文丘里洗涤器，用于去除随气流进入VRU系统的细小固体颗粒。充满灰尘的气流和过程中的水发生碰撞，将液体分散成液滴，这些液滴受到颗粒的撞击，并被困在其中。气流中这些含有细小固体颗粒的液滴在文丘里管下游的水平旋风分离器中被除去。文丘里洗涤器设计了一个可调节的管道，以保证通过管道所需的压降随气体体积变化。该特性保证了在系统运行参数变化时，仍能保持相同的颗粒去除效率。从旋风分离器排出的气体经过两个除雾器，在到达系统ID风机之前除去夹带的水滴。除雾器为线形，串联放置。其在进行定期的维护清洁时很容易被移动。过程中的ID风机配备了变速控制驱动器，以满足整个系统风向的牵伸作用，不断地让蒸气通过转鼓、旋风分离器、分离器和文丘里洗涤器，再让这些蒸气通过冷凝器、阻火器和活性炭床。一旦气体到达冷凝器（间接热交换器），它的温度降至10℃以下，有助于从气流中除去残留的烃类蒸气（较轻的烃类）。热交换器的冷却介质是水和乙二醇的混合物，通过氟利昂制冷系统进行连续冷却，以达到最佳的冷却效果和最小的空间要求。一旦气体离开冷凝器，其通过阻火器，被排放到活性炭床上，在排放到大气之前进行最后的处理。这种热交换器的设计便于维护和定期清理。在VRU阀体内配置了几个检修门，便于检查、定期维护、维修和清理。

（5）API油、水、泥三相分离器

VRU内部收集的冷凝物、剩余的细粒或沉积物和水，在地面API油、水、泥三相分离器中进行处理。根据热解炉处理的材料，分离器产生的水中沉积物和油的浓度为 $50 \sim 200mg/L$。API 分离器是一种根据斯托克斯定律制作的重力分离装置，斯托克斯定律根据油粒子的密度和大小来定义油粒子的上升速度。油滴浮在分离罐的顶部，沉积物沉淀在分离罐的底部。回收的油是用固定的撇油器收集的。收集的油被不断地泵入地面上的贮油罐。油在用作燃料之前，可以通过过滤或离心以除去沉积物和水分。其可重复使用，可用于钻泥配浆，也可通过精制工艺进行回用，无需大量预处理。回收的沉积物或污泥通过气动泵从分离器中抽出，再通过循环回到热解炉的流程中。一旦石油和悬浮固体从 API 分离器的进水中除去，中间阶段的水就被泵出到现场的贮罐中进行循环利用。回收的部分水被泵入板框式换热器进行冷却，并作为 VRU 机组的冷却水重新使用。板框式换热器的冷却介质为水，水在冷却塔内不断冷却。冷却塔可配置进气过滤系统，减少进入机组的固体和颗粒，从而降低水循环系统的设备故障率和减少补水措施。冷却塔出口可加装除雾器，进一步减少失水。该 API 分离器含有一个固定装置，用于控制挥发性有机物的排放。为了尽量减少与油液乳化液有关的问题，在某些项目中进行适当的相分离、添加某些添加剂和化学处理可能是必要的。

（6）中控系统

整个热解炉系统使用传统的基于微处理器的组件进行集中控制，或使用可编程逻辑控制器（PLC）、分布式控制系统（DCS）自定义基于 PC Windows 的过程控制软件。公司通过集成人机界面软件（HMI）和图形屏幕提供 PLC 或 DCS 控制，通过标准的键盘和鼠标进行有效的系统控制、监控、联锁和数据存储。基于计算机的过程控制提供对所有关键工况参数的实时访问。该功能是为了使操作员能够提高系统容量，优化燃油消耗，并保护热解炉设备免受意外故障的影响。由工厂的技术人员进行现场培训，使工厂操作员熟悉系统的所有操作和维护。每个系统都配有电气开关设备、电机控制中心或电源面板，全部布线并在工厂中进行测试。过程控制、仪表和电气开关设备必须放置在配有空调系统的洁净室内，以保证其使用寿命和正常的运行。

关键的系统组件及尺寸如表 8-1 所列。

表 8-1 关键的系统组件及尺寸

系统名称	主要组件	尺寸(长×宽×高)/m	质量/kg	示意图
ATDU 热解炉	ATDU 转鼓、加热炉、主传动、进给料输送和卸料罩	18.0×3.3×3.5	40400	
蒸气回收装置	拦截器、工艺鼓风机、管壳加热交换器、冷水机和隔膜泵	11.0×2.3×2.7	8150	
冷却塔	二级冷却塔、冷却水泵和板框式换热器	11.0×2.3×2.7	8150	

系统名称	主要组件	尺寸(长×宽×高)/m	质量/kg	示意图
油水分离器	—	8.1×2.3×2.3	5670	
物料进料斗	给料斗、格筛、排气螺丝、传动装置和减速器	5.8×2.3×3.2	4500	
控制室	主控制面板、PLC、电机控制中心、操作电脑	6.1×2.6×2.6	5200	

8.1.2 法国

Spirajoule®热解炉（如图 8-3 所示）技术采用低压电流加热蜗杆螺旋输送机。由于焦耳效应，螺杆的温度保持不变。处理后的产品温度通过调节螺杆温度来精确控制。处理后的物料停留时间由螺杆转速来调节。Spirajoule®技术是一种简单、经济的工艺，可在 800℃以下的大范围温度下对进料进行准确、高效的热处理。

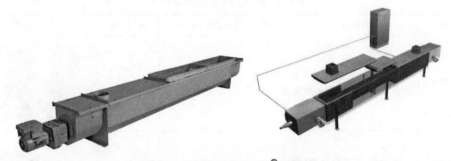

图 8-3　法国 Spirajoule®热解炉

Spirajoule®热解炉内部零件如图 8-4 所示。其大体的工艺流程：经过处理的物料进入热解室后，沿反应器进行高效的输送，并在热解室中随温度转化。处理条件可连续监测且完全由操作员调整。在稳定的电力供应条件下，整个热解室的工艺条件可以精确维持，以确保物料的均匀转化。设备操作参数易调整，可根据物料性能设置最佳的处理条件。Spirajoule®热解装置见图 8-5。

该设备的技术参数见表 8-2。

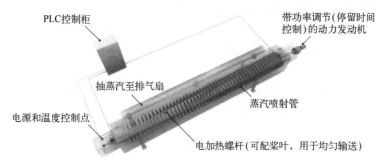

图 8-4　Spirajoule®热解炉内部零件示意

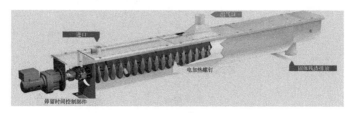

图 8-5　Spirajoule®热解装置示意

表 8-2　Spirajoule®热解炉技术参数

序号	名称	技术参数
1	设备型号	SPJ HT 130L2
2	进料量	6～60L/h
3	能耗功率	20kW
4	最高温度	800℃
5	循环时间	5～50min
6	运行模式	连续处理
7	运行时间	24h

8.2　大庆油田的热解工艺

8.2.1　热解工艺介绍

8.2.1.1　工程概况

2020 年大庆油田的十个采油厂，共产生清淤污泥 4.63×10^5 t，落地及作业污泥 9.96×10^4 t，共 5.626×10^5 t。2021 年各类污泥的产生量与 2020 年相近，总体呈缓慢上升趋势，但波动不大，会因油田清罐周期而有所不同。2018 年起处理标准提高，要求含油污泥处理后污泥中的石油类物质含量小于 0.3%，以热解吸为核心的无害化处理技术在油田中推广应用。

水务公司、中国蓝星（集团）股份有限公司和大庆昆仑环境工程有限公司在油田一共建设了 12 座热解处理站，设计处理能力合计 7.33×10^5 t/a。受布局限制，个别采油厂仍然存在缺口，但其热解吸无害化处理能力基本满足需求。热解处理站的处理能力 7.33×10^5 t/a，是按照处理含水、含油率较低的存量含油污泥进行核算的。而实际处理能力会因含水率、含油率的不同发生变化，含水率、含油率越高，实际处理能力越小。

2018年，水务公司新建含油污泥热解处理站6座，热解装置40套，实现年处理能力$3.0×10^5$t，服务采油一、二、六、七、八厂，占油田市场份额的50%。累计处理含油污泥$8.66×10^4$t，其中，历史遗留含油污泥6.91t，新增污泥1.75t，外输重质油、轻质油等混合油$2.0×10^4m^3$。热解处理装置工艺流程见图8-6。

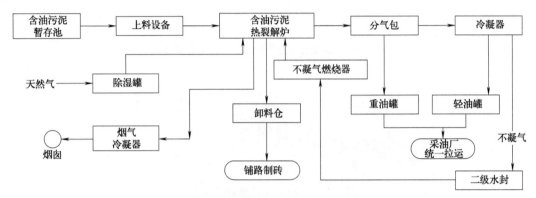

图 8-6　热解处理装置工艺流程

8.2.1.2　主体工艺描述

含油污泥经密闭式旋转热解炉加热到350～400℃，水分、轻质油组分、聚合物、重质油组分、大分子有机物等随温度的升高渐次蒸发热解，之后将石油气、水蒸气冷凝回收，不凝气回收再利用，同时对燃烧后的尾气进行处理，最后处理后的固态残渣满足含油率≤0.3%的要求。

整体的工艺主要分为以下几步。

（1）油泥热解炉热解

首先用小铲车从储油池拉运油泥至热解车间，并根据每台炉的运行情况，在每台炉炉门前进行装填。启动燃烧器并观察火焰，调整燃烧器的工作状态以保证天然气稳定燃烧。然后观察热解炉及分气包温度并记录。过滤后的不凝气会在炉膛内燃烧，这时可逐步关闭天然气进气阀门，减少天然气进气量，让过滤后的剩余蒸馏气替代部分天然气进行燃烧加温，直至这部分气体全部燃尽。热解完成后，让炉体处于自然降温的状态，当炉内温度低于100℃时才能进行出料作业。自动出料后，使用吨袋进行装填，转运至临时存放棚或铺设井场道路。热解炉进料设备见图8-7。

图 8-7　热解炉进料设备

（2）油水冷凝回收

在温度升高后炉内开始产生蒸馏气并进入分气包，重质油会存入下方的重油罐，而剩余的蒸馏气进入到冷却水箱进行冷却，产生之后的轻质油会流入混合油罐中。分气包、重油罐、冷凝水池见图 8-8。

（3）烟气及不凝气净化

在温度升高后炉内开始产生蒸馏气并进入分气包，不凝气则通过二级水封后，再通过不凝气管线，利用不凝气燃烧枪在炉膛内进行重复燃烧。燃烧器、不凝气管线见图 8-9。

图 8-8　分气包、重油罐、冷凝水池　　　　　图 8-9　燃烧器、不凝气管线

8.2.1.3　含油污泥暂存池

（1）功能

该池主要用来收集由采油厂送来的含油污泥和一些砖瓦、石块、杂草、棍棒和塑料等杂物。配套的挖掘机、装载机可以对池内含油污泥进行作业。例如，采用挖掘机可以对暂存池内的含油污泥进行均质，并可辅助装载机进行含油污泥的上料工作。

（2）技术参数

含油污泥暂存池为玻璃钢结构，满足含油污泥的防渗等级要求。考虑到污泥处理站的设计规模为 15t/炉，每天工作 24h，因此为保证处理站连续运行和避免夜间收泥，以及考虑到雨天和周末等因素，设计污泥收集池有效容积为 $500m^3$，这样最多可以满足处理站 1 周的进料要求。该池的现场实景见图 8-10。

图 8-10　含油污泥暂存池

8.2.1.4　上料设备

（1）功能

在含油污泥暂存池边的装载机负责含油污泥的上料操作，由人工操作，将暂存池内的含油污泥进行简单的均质后，装运至需要填料的热解炉内进行处理。

（2）技术参数

装载机每斗可运送油泥约 0.65t，每台热解炉需运送 23～30 车共 15～20t 含油污泥。

8.2.1.5　油水冷凝回收装置

（1）功能

热解炉温度升高后，炉内开始产生蒸馏气并进入分气包，重质油会存入下方的重油罐，而剩余的蒸馏气进入到冷却水箱，进行冷却，液化后的轻油和水的混合物进入到混合油罐中。

（2）技术参数

一套油水冷凝回收装置包括分气包 1 座，规格 $\phi 0.9m \times 2.1m$；冷凝器 1 套；循环水池 1 座，规格 $5.0m \times 2.5m \times 1.3m$；重油罐 1 个，规格 $\phi 0.7m \times 1.5m$；配套重油泵流量 $5m^3/h$，$H=5m$；轻油罐 1 个，总容积 $36m^3$；轻油泵流量 $15m^3/h$，$H=5m$，功率为 5.5kW；油水回收率达到 75% 左右。

8.2.1.6　烟气及不凝气净化装置

（1）功能

油泥热解产生的蒸馏气中，不能冷凝的气体通过二级水封进行过滤，过滤后的不凝气会通过不凝气管线，利用不凝气燃烧枪在炉膛内进行燃烧，这时可以逐步关闭天然气进气阀门，减少天然气进气量，让过滤后的剩余蒸馏气替代部分天然气进行燃烧加温，直至这部分气体全部燃烧殆尽。

（2）技术参数

雾化塔 1 套，$\phi 1m \times 3m$；雾化塔水泵 YB2100L，功率为 3kW；引风机 LSFO，流量为 2000～5000m^3/h；水封系统 2 套，规格 $\phi 0.6m \times 1.5m$。排放烟气中的 SO_2、NO_x、烟尘均满足大气污染物综合排放标准。

8.2.1.7　工程案例介绍

大庆油田第六采油厂的含油污泥无害化处理站，将 VPT 减压蒸馏耦合高温热分解技术成功用于油田污油泥无害化处理，实现热分解后的固体产物含油率低于 3000mg/kg。该处理站处理规模为 80000t/a，处理的含油污泥主要是含聚合物的液态污泥、减量化后的污泥、落地污泥和历史遗留污泥等。工艺路线见图 8-11。

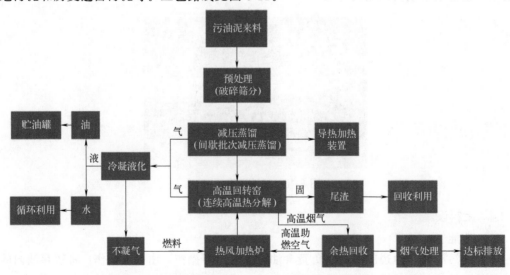

图 8-11　大庆油田第六采油厂含油污泥无害化处理站的工艺路线

含油污泥中除了污油成分外，还含有大量水分，物料性质变化较大，为了适应不同含水率的污泥，VPT减压蒸馏耦合高温热分解技术将含油污泥的热分解过程分为减压蒸馏和高温热分解两阶段。减压蒸馏工序第一阶段为干燥段（50～150℃），第二阶段为轻质油组分挥发段（150～380℃），通过减压蒸馏实现油、水分离，为热分解（碳化）工序提供稳定的原料。热分解（碳化）工序第一阶段为重质油组分裂解段（380～500℃），第二阶段为半碳化段（500～600℃），第三阶段为矿物质反应段（>600℃）。从固相分解出来的气相物质中的轻质油组分由冷凝（冷却）单元回收，未冷凝的不凝气回收后作为燃料气。减压蒸馏耦合高温热分解技术温度控制原理如图8-12所示。

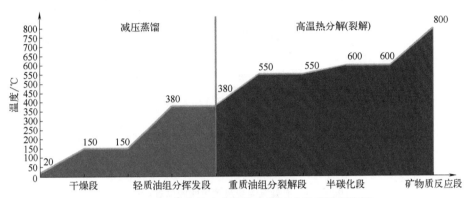

图8-12　减压蒸馏耦合高温热分解技术温度控制原理

热分解工艺处理污油泥过程中，产生一定量的不凝气。不凝气（炼厂气）不同于油田的天然气，不凝气主要是由丙烷、丁烷和烯烃、炔烃等构成。为了解决不凝气排放污染问题，设计了专用热风炉，采用天然气伴烧不凝气的方法。热风炉内部采用主火焰＋长明火，增设二燃室和出口配风调节系统。

《国家鼓励发展的重大环保技术装备目录（2017年版）》中要求：污油泥处理后固体产物含油率<0.05%，余热利用率>90%。含油污泥在热解处理过中，会产生大量的余热，如高温烟气。VPT减压蒸馏耦合高温热分解技术设计了高温烟气余热回收系统，通过换热设备将高温烟气与空气的热传递形成高温助燃风，以助燃风为载体将烟气余热转移到热风炉系统中，提高了助燃风的起始燃烧温度，降低了加热所需能耗，减少了燃料消耗。热风炉内置燃烧室和混合室，燃烧室前端及尾部设置调温风口（掺冷风口），具有自动识别不凝气并优先处理的功能。产生的不凝气通过管道通入炉膛，根据温度调整天然气消耗量使热风炉温度输出满足加热需求。不凝气伴烧及余热回收原理见图8-13，减压蒸馏耦合高温热分解技术工艺原理见图8-14。

VPT减压蒸馏耦合高温热分解技术于2019年4月通过了中国环境科学学会组织的技术成果鉴定，认为"该成果整体达到国际先进，其中热气密、防结焦技术处于国际领先水平，一致同意通过鉴定。并建议加快成果的推广应用"。

大庆油田第六、第九、第三采油厂含油污泥无害化处理项目现场设备见图8-15～图8-17。

8.2.2　采油九厂含油污泥热解处理站工艺方案

8.2.2.1　处理规模

根据大庆地区冬季冰封期气温较低、装置运行热损失大、经济性差的特点，采油九厂污

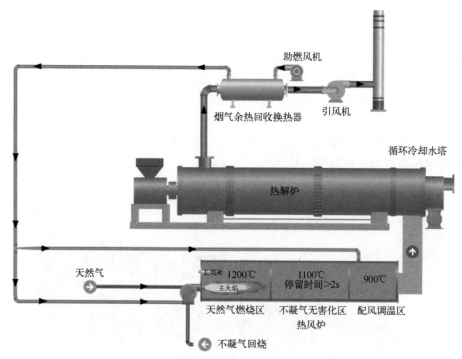

图 8-13　不凝气伴烧及余热回收原理示意

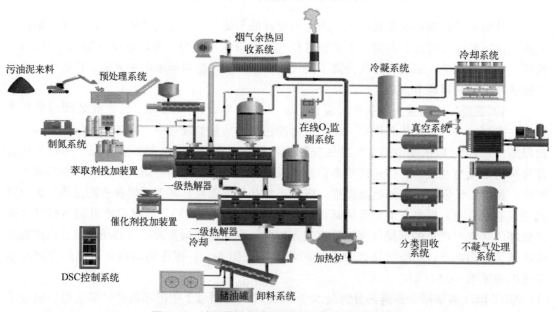

图 8-14　减压蒸馏耦合高温热分解技术工艺原理

泥处理站采用定期运行模式,预处理工艺年运行 150 天,热解工艺年运行 210 天,冬季停运进行设备维护。

采油九厂年产生各类含油污泥的总量为 $2.2 \times 10^4 \mathrm{m}^3$。其中"预处理＋热解"工艺主要处理 $1.1 \times 10^4 \mathrm{m}^3$ 的清淤污泥(平均含油 30%、含水 50%、含固 20%)和 $0.7 \times 10^4 \mathrm{m}^3$ 压裂油泥(平均含油 40%、含水 30%、含固 30%)。热解工艺每年处理落地油泥(平均含油 20%、含水 20%、含固 60%) $0.4 \times 10^4 \mathrm{m}^3$,直接采用热解工艺进行处理。

图 8-15　大庆油田第六采油厂含油污泥无害化处理项目现场设备

图 8-16　大庆油田第九采油厂油基岩屑无害化处理项目现场设备

图 8-17　大庆油田第三采油厂含油污泥无害化处理项目现场设备

如图 8-18 所示，根据总物料平衡图，污泥收集池内大约 $1.8 \times 10^4 \mathrm{m}^3$ 的液态污泥（含油率 34%，含水率 42%，含固率 24%）要进入预处理。预处理按每天 24h 运行，年运行 150d 计算，预处理工艺处理规模为 $5 \mathrm{m}^3/\mathrm{h}$。预计经过"预处理"后产生污泥 $1.3 \times 10^4 \mathrm{m}^3$，落地油泥 $0.4 \times 10^4 \mathrm{m}^3$，可直接采用热解工艺进行处理。预处理按每天 24h 运行，年运行 210d 计算，热解处理规模为 $80 \mathrm{m}^3/\mathrm{d}$。目前采油九厂油田区域约有存量污泥 $2.0 \times 10^4 \mathrm{m}^3$，2019 年与蓝星环保和华谊金鹰签订含油污泥处理技术服务合同，在 2020 年对现存污泥进行处理，处理后产生的大约 $2400 \mathrm{m}^3$ 含油 2% 的污泥进入新建污泥站热解装置进行处理，处理后泥中

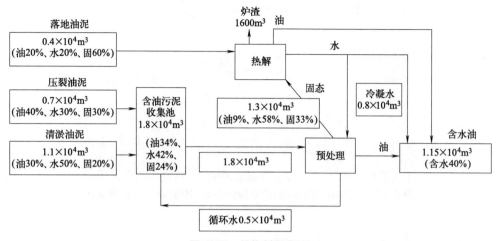

图 8-18 总物料平衡图

含油少于 0.3%。按新建污泥站热解工艺处理量计算,2400m³ 的污泥最多需要 30d 可完成处理,可适当延长热解工艺的年运行时间,设计处理规模不做调整。

8.2.2.2 处理工艺及技术指标

(1)处理工艺

清淤污泥和压裂污泥采用"预处理+热解"工艺;落地污泥采用热解工艺。

(2)处理后含油污泥指标

热解处理后,污泥中石油类含量≤0.3%,达到《油田含油污泥综合利用污染控制标准》(DB23/T 1413—2010)中的要求。

8.2.2.3 主体工艺描述

主体工艺主要分为以下两个部分。

(1)第一部分:污泥预处理

含油污泥进入含油污泥收集池后,通过格栅,液态可流动的含油污泥进入集液池,经液下螺杆泵打入均质搅拌混合罐,均质搅拌混合罐内的物料加热至 65～75℃,同时将药剂加入均质搅拌混合罐。罐内上部浮油通过浮动收油装置收集,下部油泥搅拌均匀后进入卧式两相离心机进行液固分离,分离出的液态油水混合物进入油水分离装置进一步处理后,含水油外输至龙一联的热化学脱水装置处理;离心机分离出的固态污泥含水率为 65%～75%,含油率在 10%左右,由小型工程车送至热解炉进行处理。

(2)第二部分:含油污泥热解处理

干物料堆放场内的落地油泥、含油污泥收集池内的干污泥和离心机产生的污泥用小型工程车送入热解炉。热解炉在无氧的条件下形成 400～450℃的温度环境,将含油污泥中大部分油解吸回收,部分有机质发生热解反应,产生可燃的不可凝气体,该气体经碱洗净化后被引出并在燃烧系统中燃烧回用。产生的蒸气和解吸油气经热解炉导气管及软连接进入分气包(分离塔),油气经过分气包会有一部分重质油分油品分离,经溢流管路进入渣油罐;一部分轻质油分会进一步通过水潜或喷淋冷凝系统再次冷却,经溢流管进入油水分离器;剩余不冷凝可燃气经主阀门进入不凝气净化洗涤塔、安全水封装置,然后通过联组管道返回联组内炉膛进行燃烧,实现不凝气回用,节约能源。

主体工艺流程见图 8-19。

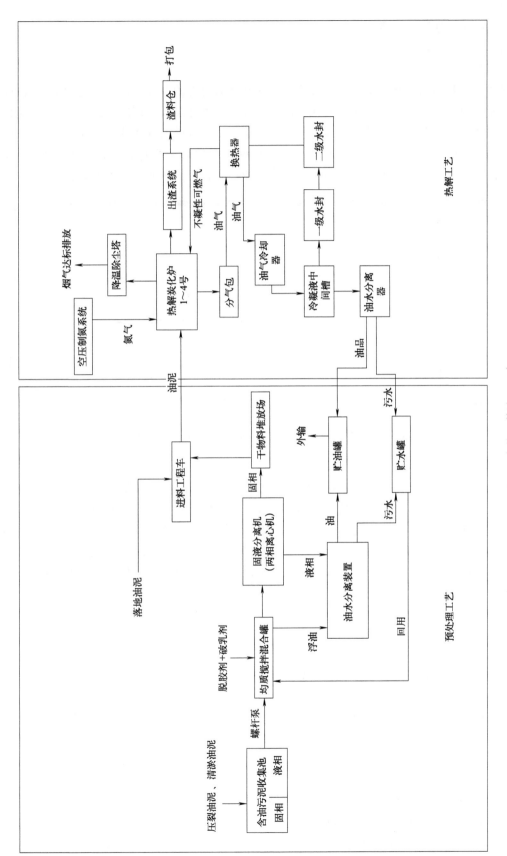

图 8-19　主体工艺流程示意

8.2.2.4 污泥处理工艺方案

(1) 含油污泥收集池

1) 功能描述

含油污泥收集池主要用来收集存放含油含水率大的流态的含油污泥。该池用格栅格出污油池，使池内的液态含水油进入污油池，污油池设立式螺杆泵，定期用立式螺杆泵把含油液体输送至污泥均质混合搅拌槽进行预处理。每年运行初期可借助本次新建污泥站站址西南侧40m处的"龙一联配套设施完善工程"中的蒸汽锅炉产生的蒸汽对含油污泥收集池表面的凝结污油进行流化，使预处理工艺启动。已建含油污泥收集池平面图见图8-20。

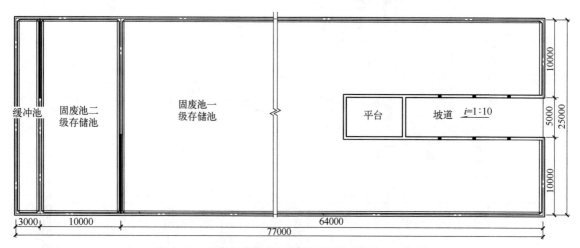

图 8-20 已建含油污泥收集池平面图（单位：mm）

2) 设计参数

本工程内的含油污泥收集池利用采油九厂已建的4800m³含油污泥收集池，该收集池为钢筋混凝土结构，满足含油污泥的防渗等级要求。主要用于贮存冬季预处理停运期间产生的含油污泥，并对运行期间的污泥进行暂存，经统计采油九厂冬季停运期间污泥产量约为3000m³。含油污泥收集池尺寸（长×宽×深）为77m×25m×2.5m，具有贮存、固液分离功能，周围设围栏。已建含油污泥收集池原有工艺：污泥卸至污泥收集池坡道处，进入一级存储池，经过滤网1过滤大块杂质后进入二级存储池，再经过滤网2过滤固体杂质进入缓冲池，缓冲池的油水混合物经收油泵回收至收油泵房。保留已建含油污泥收集池的原有功能，更换污泥池南侧泵房内的2台单螺泵（XG050B02Z，$Q=10.8\text{m}^3/\text{h}$，$P=1.2\text{MPa}$）。

(2) 含油污泥预处理工艺

方案中的预处理工艺属于含油污泥调质-离心工艺，主要针对采油九厂产生的清淤污泥、压裂液处理后产生的油泥等液态的含油污泥进行处理，经过均质收油后进行固液分离。方案中的预处理工艺在油田在运污泥站的工艺基础上做了相应的简化，目的是脱除液态含油污泥中的污油和水分，使物料更适宜后续的热解工艺。

本次方案的预处理工艺与大庆油田已建含油污泥处理站采用的调质-离心工艺的区别如下。

① 本方案未采用已建站中的预处理流化装置。因为采油九厂产生的清淤污泥、压裂液处理后产生的油泥中基本没有大块物料。

② 本方案缩短了调质停留时间，采用2台均质搅拌混合罐，而已建站采用3台调质罐。

含油污泥收集池中集液池内的液态可流动含油污泥，经液下螺杆泵打入均质搅拌混合罐，均质搅拌混合罐内物料升温，同时加入清洗剂和破乳剂。经搅拌均匀后上部浮油通过浮动收油装置收集进入油水分离装置，下部均质污泥进入两相卧式离心机进行液固分离，分离出的液态油水混合物进入油水分离装置进一步处理后外输至龙一联处理站，离心机分离出的固态污泥可送入干物料贮存场或者由小型工程车送至热解炉进行处理。含油污泥预处理流程见图 8-21，预处理工艺物料平衡表见表 8-3。

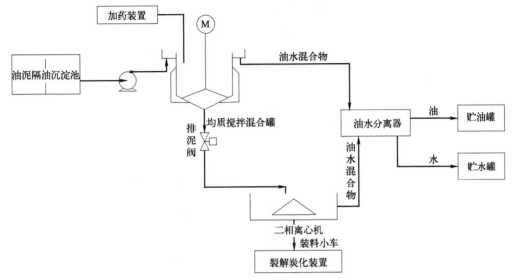

图 8-21　含油污泥预处理流程

表 8-3　预处理工艺物料平衡表

介质名称	含油污泥	回掺热水	流化污泥	离心前污泥	浮油	油水混合物	离心后固体	分离后的回掺水	外排含水油
流量/(kg/h)（密度按 0.966g/cm³）	1697	20	1717	717	1000	427	290	20	1407
	2096	9972	12068	8197	3871	6229	1968	9972	128
	1198	8	1206	1086	120	286	800	8	398
	4991	10000	14991	10000	4991	6942	3058	10000	1933
各组分所占比例/%	34	0.2	11.45	7.17	20	6.15	9.48	0.20	72.79
	42	99.72	80.50	81.97	78	89.73	64.36	99.72	6.63
	24	0.08	8.04	10.86	2	4.12	26.16	0.08	20.58
	100	100	100	100	100	100	100	100	100

1) 液下螺杆泵

① 功能描述。从含油污泥收集池内的集液池输送液态污泥至均质搅拌混合罐。

② 设计参数。液下螺杆泵 $Q=15\text{m}^3/\text{h}$，$W=7.5\text{kW}$，共 2 台。

2) 均质搅拌混合罐

① 功能描述。液态含油污泥在均质搅拌混合罐内升温匀化，通过加入化学药剂，增设曝气及浮动收油装置，使原油从污泥的固体颗粒上分离，并回收部分原油。均质搅拌混合罐立体示意见图 8-22。

② 设计参数。均质搅拌混合罐尺寸，$\phi 3000\text{mm} \times 3500\text{mm}$，匹配搅拌功率 11.5kW。加热温度 65～75℃。共 2 台，单台有效容积 30m^3，停留时间 2h 左右。

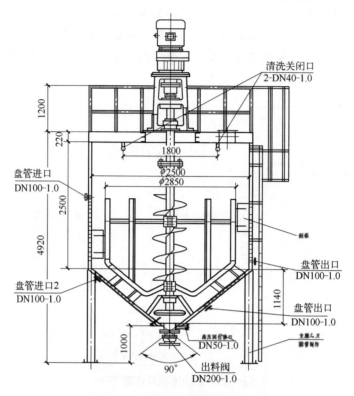

图 8-22　均质搅拌混合罐立面示意

3）加药装置

① 功能描述。为含油污泥预处理工艺添加化学药剂，化学药剂种类包括清洗剂、絮凝剂、pH 调节剂、破乳剂。

② 设计参数。共 4 套加药装置，其中 3 套液态加药装置，1 套干粉加药装置。加药量按物料质量比的 0.2%～0.5%（10～20L/h）添加。

4）离心分离装置

① 功能描述。使含油污泥固液分离，分离出的油水混合物进入热化学脱水装置，分离出的固体进入热解炉中进行处理。

② 设计参数。卧式离心机：2 台，型号为 LW450×2000，$W=45\text{kW}$。单台处理能力 $5\text{m}^3/\text{h}$；进料固含量为 10%左右；转速为 2500～2800r/min；分离因数为 1980。

5）油水贮存罐

① 功能描述。贮存整套预处理工艺和热解工艺产生的油和污水。

② 设计参数。贮油罐：$V=40\text{m}^3$，1 座，停留时间 5～10h，含水油外输至龙一联处理站。

贮水罐：$V=40\text{m}^3$，1 座，停留时间 2～4h，可用作预处理工艺的回掺水，多余回掺水可以外输至龙一联处理站。

6）导热油加热装置

① 功能描述。为整套预处理-收油工艺提供热源，提高油泥分离清洗效果。需要导热油

伴热的工艺位置为含油污泥收集池中集液池泵吸口附近、均质搅拌混合罐、离心机前换热罐、贮油罐、贮水罐、油水分离罐。

② 设计参数。选用热负荷为1000kW的导热油加热炉，燃料为天然气，占地约7.5m×9m，露天安装。

（3）干物料贮存场

① 功能描述。贮存经预处理后产生的固态含油污泥和落地油泥。

② 设计参数。干物料贮存场为混凝土防渗结构，上设遮雨棚。堆放场设计尺寸为36m×27m×1.2m。

（4）含油污泥热解工艺

热解是一种油泥资源化、无害化的处理技术。热解技术采用间接加热的方式，对含油污染物进行加热，将油、水等成分汽化，热相分离产生的不凝气体经净化处理后可作为燃料，产生的轻质油可回收利用，整个系统最终排放的只有处理后的固相和烟气。

油泥热相分离热解技术原理见图8-23。

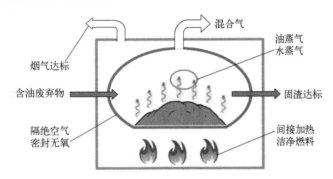

图 8-23　油泥热相分离技术原理

常用的热解装置有流化床、固定床、回转窑和螺旋推进等处理装置，由于污泥不均匀，含有部分焦质和一定的水分，所以选择回转窑式的热解设备。回转窑式热解设备最大的特点是对物料的混合效果好，可以得到更均匀的热解产物。采用间壁式加热方式，物料不与氧气直接接触。具有较强毒性的致癌物质二噁英，是含氯有机物在有氧气参与且不完全燃烧时产生的，热解设备是绝氧环境，不燃烧不发生氧化反应，故不会产生二噁英。本方案采用序批式回转窑进行热解处理。

采油九厂依托龙一联北侧已建5000m³污油泥存储池进行含油污泥处理。污油泥处理单套设备处理能力为20m³/d，共2套，配套天然气供给系统（包括管线、阀门、流量计等配件）、电力供给系统（包括电缆、变压器等配件）。

本次方案采用的热解工艺和设备在水务公司技术服务项目的基础上进行如下改进。

① 油气冷凝系统由之前的喷淋式改为水箱盘管式冷凝，增强了系统操作弹性和寒冷天气运行能力；

② 根据炉体运行荷载主炉拖轮由普通拖轮升级为重载拖轮，进一步提高了系统运行的稳定性和安全性；

③ 为确保系统在冬季寒冷天气的稳定运行，重油罐和轻油罐增设了加热盘管并相应增加其容积；

④ 为进一步提高生产效率和降低能耗，炉体耐火保温材料由传统材料升级为新型耐火

材料,进一步加快了炉体升降温速率;

⑤为进一步提高燃料热能的利用率对炉体底座结构进行了优化升级,确保燃料充分燃烧和热能利用最大化;

⑥炉体增设油泥刮壁装置,可有效解决油泥结焦粘壁问题,进一步提高装置运行效率和安全性;

⑦此系统增设了氮气置换冷却系统,进一步提高了系统运营的安全性和生产效率。

针对热解工艺易产生的污染源,采取的措施如下。

①烟气防污染措施。燃烧热裂解气含尘量较少,根据工程分析热解炉燃烧供热产生的烟尘浓度的比例,选择水喷淋除尘工艺。水喷淋除尘是使水与含尘气体充分接触,将尘粒洗涤下来而使气体净化的方法。循环喷淋系统中装配高压喷嘴和高效填充材料,使喷液达到雾化状态,当喷淋水和含尘气体接触时,气体中的可吸收粉尘溶解于液体中,形成气体、固体混合液。但由于塔内设置了固液分离器,大部分大颗粒的固体颗粒被收集,喷淋水重新循环。

②灰分防污染措施。热解炉停止加热,冷却至50℃左右。炭渣出料时,为避免撒漏和产生粉尘废气,项目采用封闭式螺旋出渣机与炭黑出料口(直径0.4m)严密对接,炭黑在出渣过程中被封闭在管道中,末端直接与放置在磅秤上的包装袋对接,最大限度地防止炭黑尘的外泄散逸。

③热裂解气。热裂解过程中产生大量热裂解油气,其成分主要包含燃料油(气态)和热裂解气等,热裂解油气经管道进入冷凝器,在冷却水冷凝下,热裂解油气分为液体燃料油和少量不凝热裂解气体,燃料油经油水分离器油水分离,油水分离后的燃料油进入燃料油暂存罐;不凝热裂解气体经水封罐后用管道输送至平衡管道进行稳压,再采用管道输送至裂解釜炉膛作为燃料燃烧加热蓄能,后经烟气处理装置处理。

1)热解装置

①功能描述。经过预处理后的污泥和落地油泥由挖机或铲车倒运至进料器中,靠重力滑进热解炉。进料器见图8-24,炉体及进料舱门见图8-25。

图8-24 进料器

图8-25 炉体及进料舱门

在无氧状态下热解炉将含油污泥加热到适宜的分解温度(400~450℃),使含油污泥中的油、水和有机物充分分解成气态。产生的蒸气和解吸油气经热解炉导气管及软连接进入分气包(图8-26),油气经过分气包时会有一部分重质油分油品分离,经溢流管路进入渣油罐;一部分轻质油分会进一步通过冷凝器(图8-27)再次冷却,经溢流管进入油水分离罐;

剩余不冷凝可燃气经主阀门进入不凝气净化系统后返回联组内炉膛进行燃烧，实现不凝气回用，节约能源。

图 8-26　分气包

图 8-27　冷凝器

　　热解炉内设防粘壁装置。在裂解过程的中后期三角支撑架随主炉一起旋转，单个刮壁单元 360°自由旋动，因刮板轴套内径大于三角支撑架主轴外径，故刮板与主炉内壁摩擦接触，可有效防止凝析相分离结焦、重力沉降结焦。在出渣阶段，炉内冷却后，人工将挡杆安装到三角支撑架上，随着主炉的旋转，挡杆在一定程度上可限制刮壁单元的自由度，并且由于刮板呈螺带状，可促使炭黑向出渣端移动，以完成出渣工作。防粘壁装置见图 8-28。

图 8-28　防粘壁装置示意图

　　② 设计参数。从进料到出料，处理一炉污泥约需 24h，经历升温—恒温—降温的过程。

进料：2h。

升温：7～8h，温度逐渐达到 400～450℃。

恒温：2～3h，温度达到 400～450℃。

降温：经过 10h，温度降到 50～60℃。

出料：2h。

　　1 台热解设备，1 天生产 1 炉，约为 20m³，1.7×10^4 m³ 的泥量，按一年生产 210d 计算需要 4 台热解炉同时运行。热解装置参数见表 8-4。

　　2）不凝气净化系统

　　① 功能描述。热解油气经冷凝装置冷却后，产生油水混合物和不凝气体，该不凝气可燃，不凝可燃气经主阀门进入两级安全水封装置后，通过联组管道返回热解炉炉膛内进行燃

表 8-4　热解装置参数表

序号		名称	规格	材质	数量	备注
1	热解炉	炉体	$\phi 2800mm \times 7700mm$，容积 $47m^3$，工作容积 $20m^3$	Q245R，厚度 $\delta=18mm$	4 台	含炉门、内螺旋、拖轮和齿圈
2		底座	$7350mm \times 2650mm$	Q235	4 台	含耐火材料和废气喷枪
3		机壳	$\phi 3080mm \times 6400mm$	Q235	4 台	含耐火材料
4		传动总成	JZQ-600 $W=7.5kW$	组件	4 套	—
5		低氮天然气燃烧机	$3 \times 10^5 kcal/h$	组件	4 组	
6		防粘壁装置	轨道挡槽桥架螺旋	Q235/Cu	4 套	
7	密封体		$\phi 900mm \times 450mm$	Q235/石墨	4 套	
8	分气包		$\phi 900mm \times 1500mm$	Q235	4 台	含安全阀
9	渣油罐		$\phi 700mm \times 1250mm$	Q235	4 台	
10	渣油泵		$F=5m^3/h$	—	2 台	
11	轻油泵		$F=10m^3/h$	—	2 台	
12	水箱式冷凝器		$32mm \times \phi 133mm$，换热面积 $85m^2$	Q235	2 套	含水箱、喷淋盘管
13	油水分离罐		$\phi 1400mm \times 3000mm$	Q235	4 台	工作温度：50℃
14	鼓风机		1.5kW	Q235	4 台	—

注：1kcal=4.186kJ。

烧供能，实现不凝气回收，节约能源。如该部分不凝气体产生量过多，回燃到炉膛内后不能充分燃烧，可通过分支管道，将部分不凝气引入无效燃烧室内点燃。

② 设计参数。不凝气净化系统参数见表 8-5。

表 8-5　不凝气净化系统参数表

序号	名称	规格	材质	数量
1	水封平衡罐	$\phi 700mm \times 1250mm$	Q235	8 台
2	阻火器	DN65mm	GFQ-2	4 个
3	安全阀	整定压力 0.08MPa	—	4 个
4	废气燃烧室	—	组件	1 套

3）出渣收集系统

① 功能描述。停炉 8h 后，待炉体温度降到 60℃左右，打开舱门，热解碳化后的炭渣经密闭溜槽出渣机导入吨包袋，打包后由专用小车运至热解后物料暂存区。图 8-29 为出渣机，产生的灰渣见图 8-30。

② 设计参数。出渣收集系统参数见表 8-6。

图 8-29　出渣机

图 8-30　热解后物料

表 8-6　出渣收集系统参数表

序号	名称	材质	数量	备注
1	出渣机	Q235	4 套	密闭溜槽出渣机
2	打包装置	—	1 套	—
3	特制吨包小车	Q235	1 套	非标

4）降温置换安全系统

① 功能描述。当炉体物料经约 10h 热解碳化完成后，炉体停止加热，进入氮气置换冷却阶段，经氮气降温后降温时间可缩短约 2h。喷入适量氮气，可彻底杜绝炉体开炉时的闪爆问题，进一步提高炉体的安全系数。

② 设计参数。降温置换安全系统参数见表 8-7。

表 8-7　降温置换安全系统参数表

序号	名称	规格	数量
1	空压制氮系统	$F=100\text{m}^3/\text{h}$	1 套
2	旋转接头及其连接组件	NJDN200	4 套

5）烟气处理系统

① 功能描述。热解炉炉膛内产生的烟气，经过降温除尘塔除尘降温后，通过引风机进入烟囱排空。烟气处理流程见图 8-31。

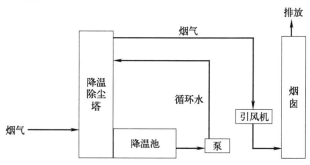

图 8-31　烟气处理流程

② 设计参数。烟气处理系统参数见表 8-8。

表 8-8　烟气处理系统参数表

序号	名称	规格	材质	数量	备注
1	降温除尘塔	$\phi 1500mm \times 4500mm$	304	1 台	—
2	降温池	$1500mm \times 1500mm \times 1500mm$	Q235	1 台	
3	引风机	$Q = 20000m^3/h$ $P = 18.5kW$	Q235	1 台	变频控制
4	分引风机	—	—	4 台	—
5	烟囱	$\phi 525mm, 18m$	Q235	1 座	—

（5）热解后污泥堆放场

① 功能描述。用于堆放热解装置热解后产生的袋装污泥。热解处理后的污泥可以在此直接装车外运。

② 设计参数。将堆放场设计为 27m×18m×1.2m，场地边缘堆放高度为 1.2m，有效堆积容积为 450m³，堆放场可堆放 2 个月左右产生的泥量。建材公司同意，在不收取费用的情况下，接收污泥灰渣。处理后污泥堆放场平面见图 8-32。

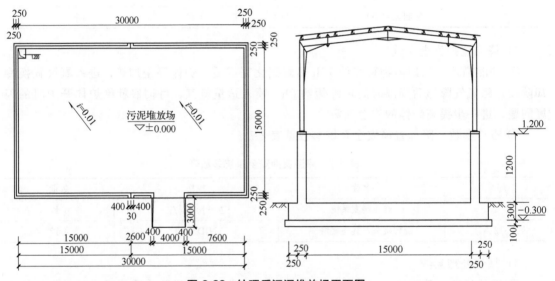

图 8-32　处理后污泥堆放场平面图

（6）老化油脱水工艺

为处理采油九厂含油污泥处理站产出污油新建老化油处理工艺 1 套，污泥站外输含水油 50～80m³/d，考虑周边卸油点的情况，设计规模为 120m³/d，设计参数如下。

加热炉进口温度：含油污泥处理站的回收油来液温度为 45℃。

加热炉出口温度：>70℃。

加热炉工作压力：0.35～0.4MPa（表压）。

沉降脱水装置温度：>70℃。

沉降脱水装置工作压力：常压。

沉降脱水装置沉降时间：>8h。

净化油中含水: ≤ 0.3%。

污水中含油: ≤ 3000mg/L。

污油破乳剂: 20~400mg/L。

硫化物去除剂: 200~2000mg/L。

龙一联为已建站,本次扩建龙一联处理站,新建1台老化油处理装置、1台老化油加热炉、1座老化油处理装置操作间(内含加药装置),新建部分设备配套管网及电缆。本次改造新增占地50m²,新增建筑面积30m²。

老化油系统工艺: 老化原油、污油破乳剂、硫化物去除剂→老化油加热炉→老化油沉降分离装置(大罐)→龙一联外输线或事故罐。

加药系统工艺: 药桶→药槽→加药药罐→加药泵→老化油加热炉进液汇管。

老化油处理工艺工程量见表8-9。

表8-9 老化油处理工艺工程量

序号	项目名称	数量
1	老化油加热炉:0.58MW	1台
2	φ4m×16m老化油沉降分离罐	2台
3	破乳剂加药装置	1套
4	输油泵:$Q=10m^3$,$H=250m$	1台
5	污水泵:$Q=10m^3$,$H=50m$	1台
6	硫化物去除剂加药装置	1套
7	新建建筑面积	30m²
8	巡检人行道板	0.05km²
9	围墙	100m²
10	无缝钢管:PN=1.6MPa,φ60mm×3.5mm	0.1km
11	无缝钢管:PN=1.6MPa,φ114mm×4.5mm	0.1km

(7) 污泥转运设备

含油污泥收集池内的污泥和预处理离心后的污泥需要通过机械转运至热解炉进料口,需要如下转运设备: 30型装载机,2台; 60型挖沟机,1台; 5t翻斗车,1台。

(8) 平面布局

污泥处理站站址位于采油九厂龙一联北侧,包括原采油九厂已建"龙一联含油污泥存放点治理工程"中的4800m³含油污泥储存池及其配套工程。本次工程污泥站占地192m×92m,新增占地面积0.7hm²。

(9) 站内外辅助系统

1) 站外管网

生产用水量为10m³/h,水压为0.2MPa; 生活用水水量为2.8m³/h,水压为0.1MPa。站外新建DN65生产给水管线1条,$L=210m$,接自龙一联卸油点南侧已建DN100给水管线; 站外新建DN40生活给水管线1条,$L=250m$,接自大庆油田采油九厂龙虎泡采油作业区生产指挥中心工程场区已建DN100生活给水管线。

含油污泥站属二级负荷,采用双电源供电,总装机容量为400kW。建设2座500kV·A变电站,6kV双电源分别T接自站外本工程迁建的2回6kV线路,采用架空线路及高压电缆引入新建变压器。

天然气从龙一联气阀组件接天然气管道，新建气阀组件，管径 DN100，气压为 20kPa。热解装置耗气量为 200m³/h，导热油加热炉耗气量为 170m³/h。

经含油污泥处理站分离的含水油外输至龙一联热化学脱水装置，外输量为 50～80m³/d，外输管管径 DN80，长 150m。

2）给排水及消防

① 给水系统：本工程为新建预处理厂房、加药间及化验室提供生产用水，为新建卫生间、浴室提供生活用水。生产用水量为 10m³/h，水压为 0.2MPa；生活用水水量为 2.8m³/h，水压为 0.1MPa。站外新建 DN65 生产给水管线 1 条，$L=210$m，接自龙一联卸油点南侧已建 DN100 给水管线；站外新建 DN40 生活给水管线 1 条，$L=250$m，接自龙虎泡公司生产指挥中心工程场区已建 DN100 生活给水管线；生产、生活给水管线管材均采用热镀锌焊接钢管，埋地敷设并做外加强级防腐。

② 排水系统：卫生间及浴室产生的生活污水经污水检查井收集后，进入新建化粪池定期清理；管材采用承插式柔性接口铸铁排水管。

③ 消防系统：根据《石油天然气工程设计防火规范》（GB 50183—2015）中第 8.1.2 条的规定：集输油工程中的井场、计量站、五级接转站、五级输油站，集输气工程中的集气站、配气站、输气站、清管站、计量站及五级压气站、注气站，采出水处理站可不设消防给水设施。新建污泥站为五级站场，因此不设消防给水设施。

3）供电系统

龙一联脱水站配电室距规划建设的污泥站场场区约 200m，脱水站已建变压器为 $2×10^3$kV·A，目前运行负荷为 1200kW，其中二级负荷 850kW，脱水站已建变压器无法满足污泥站的供配电需求。

① 供电电源及电压等级：含油污泥站属二级负荷，采用双电源供电。根据负荷预测，二级负荷约 338kW；三级负荷约 100kW，包含照明及动力插座负荷。6kV 双电源分别 T 接自站外本工程迁建的 2 回 6kV 线路，采用架空线路及高压电缆引入新建变压器。

② 场区 6kV 供电线路调整：由于本次工程站址占用已建 6kV 架空线路，需迁建该部分线路，共需迁建 6kV 架空线路 0.5km。

在配电室外新建外附式变电站 2 座。0.4kV 侧配电采用单母线分段接线方式，正常情况下母联分开，两台变压器同时运行；故障时，母联闭合，单台变压器带站内全部二级负荷。污泥处理站内所有低压配电柜、控制柜及工艺设备的配电材料均由工艺设备厂家成套供应，并负责施工。

根据各房间功能的不同，相应配置动力箱、照明及动力插座等。

厂区照明：厂区设透光灯杆，为厂区提供照明。

防雷防静电接地：厂区设置避雷针，建筑物设置避雷带防止雷击；设局部等电位箱及总等电位箱，使进出户电缆、管道、工艺管线等可靠接地。

4）道路系统

为满足生产、消防要求，进站路建设标准为路面宽 6m、路基宽 8m 的水泥混凝土路，道路全长约 0.053km。站内路建设标准为路面宽 4（6）m 的混凝土路，道路全长约 0.281km。道路、场地采用混凝土路面。考虑该地区道路材料的供应情况，本着就地取材、节约资金的原则，经分析、计算确定道路及场地路面结构如下：20cm 现浇混凝土＋20cm

水泥稳定砂砾碎石（5：75：20)＋30cm 水泥稳定土（6：94)。人行道路面结构如下：6cm×10cm×20cm C40 混凝土路面砖＋3cm M5 干硬性水泥砂浆＋15cm 水泥稳定土（6：94)。

依据道路设计规范，确定进站路与主路交叉处加铺转角半径分别为 16m、19m，站内道路加铺转角半径为 12m，单向转弯半径（路面内侧）为 12m，路拱横坡为 1%。

拟建厂区地势平缓，结合邻近厂区情况，参照地形图，确定竖向布置采用平坡式。排水方向依据地势确定为站场四周方向，竖向排水坡度为 0.5% 和 1%。

5）通信系统

含油污泥处理站自控值班室新建生产行政管理电话 1 台，电话配线采用 RVB-2mm×0.2mm 塑料线，穿镀锌钢管暗配；外线采用 HYAT53-10mm×2mm×0.5mm 电缆，引自队部二楼机房，直埋敷设至含油污泥处理站自控值班室，过路处用 DN100 镀锌钢管保护。

本工程新建含油污泥处理站建设视频监控系统 1 套，在含油污泥收集池处新建防爆红外云台一体化网络摄像机 1 台，监测含油污泥收集池的生产情况，在配电室外墙壁上安装室外网络球型红外摄像机 1 台，监控南侧大门人员及车辆出入情况。摄像机分辨率不低于 720P。

含油污泥收集池处的视频信号通过光缆传输至自控值班室，南侧大门处的视频信号通过非屏蔽双绞线传输至自控值班室。视频信号在自控值班室存储，存储时间为 15d，视频信号上传至龙一联中心控制室，并转换为模拟视频信号接入已建数字录像设备（DVR)，实现统一管理。

6）暖通

本次新增采暖热负荷为 350kW。

预处理厂房、热解装置厂房及辅助间设散热器，采用钢管柱型散热器，挂墙明装。热源利用含油污泥预处理装置中的导热油炉换热板进行换热。

预处理厂房和热解装置厂房采用机械通风方式，墙上设防爆轴流风机排风，房间下部设自然进风口。化验室设置通风柜局部排风，同时辅以墙上轴流风机全面排风，自然补风。加药间采用机械通风方式，墙上设轴流风机排风，自然补风。浴室设置采暖、排风、照明三合一浴霸。卫生间设置集成吊顶专用排气扇。

配电值班室设分体壁挂式空调 1 台。

7）土建工程

本工程建、构筑物主要包括：

① 新建辅助间 1 座，砌体结构，建筑面积 151m²。基础采用 C30 钢筋混凝土独立基础及 MU30 毛石条形基础，M10 水泥砂浆砌筑。

② 新建热解装置厂房 1 座，轻钢彩板，建筑面积 1215m²。基础采用 C30 钢筋混凝土独立基础及 MU30 毛石条形基础。

③ 新建预处理装置厂房 1 座，砌体结构，建筑面积 216m²。基础采用 C30 钢筋混凝土独立基础及 MU30 毛石条形基础。

④ 新建处理后污泥堆放场 1 处，上设防雨棚 1 座，采用门式钢架结构。

⑤ 新建干污泥堆放场 1 处，均采用 C30P6 级抗渗钢筋混凝土浇筑；上设防雨棚 1 座，采用门式钢架结构。

⑥ 新建高 2.2m 钢板网围墙 650m、6m 宽大门 2 座、配套设备基础、构筑物等。

建筑结构安全等级为二级；地基基础设计等级为丙类；建筑抗震设防类别为标准设防类（丙类)；建筑物耐火等级为二级。

（10）主要工程量

主要工程量见表 8-10、表 8-11 和表 8-12。

表 8-10　主要设备表

序号	设备名称	数量	备注
1	预处理收油装置	1套	—
1.1	螺杆泵（$Q=15\mathrm{m}^3/\mathrm{h}, W=7.5\mathrm{kW}$）	2台	—
1.2	均质搅拌混合罐	1套	—
1.3	离心分离装置	1套	—
1.4	贮油贮水罐	1套	—
1.5	油水分离装置	1套	—
1.6	加药装置	4套	—
1.7	导热油加热装置（1000kW）	1套	—
2	热解综合处理装置	1套	—
2.1	热解装置	1套	—
2.2	不凝气净化系统	1套	—
2.3	出渣收集系统	1套	—
2.4	降温置换安全系统	1套	—
2.5	烟气处理系统	1套	—
2.6	控制系统	1套	—
3	制氮系统	1套	—
4	化验仪器（包括分光光度计、红外测油仪、电子天平、恒温干燥箱、悬浮固体测定仪、可控温水浴、振荡机等化验仪器）	1项	化验室内化验仪器
5	单螺泵（XG050B02Z,$Q=10.8\mathrm{m}^3/\mathrm{h}, P=1.2\mathrm{MPa}$）	2台	原拆除后更换

表 8-11　主要构筑物表

序号	名称及规格	结构形式	数量
1	配电室：9m×4.5m	砖混	1间
2	自控值班室：9m×7.5m	砖混	1间
3	化验室：4.5m×5.7m	砖混	1间
4	维修间：3m×5.7m	砖混	1间
5	卫生间：4.5m×3.0m	砖混	1间
6	库房：4.5m×3.0m	砖混	1间
7	加药间：12m×9m	砖混	1间
8	走廊：15.3m×1.8m	砖混	1条
9	浴室：4.5m×3.6m	砖混	1间
10	厂区大门：6.2m×2.1m	砖混	2座
11	处理后污泥堆放场：27m×18m×1.2m	钢混	1座
12	干污泥堆放场：36m×27m×1.2m	钢混	1座
13	热解装置厂房：45m×27m×8m	轻钢彩板	1间

序号	名称及规格	结构形式	数量
14	预处理收油装置厂房：18m×12m×8m	轻钢彩板	1间
15	采暖泵房：10m×6m	砖混	1座
16	厂区围墙：2.2m	钢板网	650m
17	场区其他构筑物（主要包括设备基础等场区构筑物）	钢混	1项
18	站内外管网（包括主工艺、油气集输、给排水及天然气等专业开列的站内外管线）	钢管	1项

表 8-12 拆除工程量

序号	拆除工程名称	数量	备注
1	厂房	480 m²	轻钢彩板
2	围墙	600m	纤维混凝土
3	发酵池	225m³	混凝土
4	投料池	180m³	混凝土
5	积水池	60m³	混凝土
6	单螺泵	2台	收油泵房内

热解工艺共运行 200d，总处理量 6595m³，耗气量 241310m³，耗电量 1928.9kW。产生废渣装袋 1000m³，其中 350m³ 用作铺垫井场基材。2019 年对处理后灰渣进行分析检测，两次检测结果分别是 54.2mg/kg 和 57.1mg/kg，达到标准要求。

8.3 长庆油田热解工艺

8.3.1 靖安油田现场工艺流程

靖安油泥处理站于 2013 年建成，2014 年投运，采用"调质＋离心脱水＋热解吸处理技术"，处理规模 6000t/a，污泥种类包括液态污泥、脱水污泥（湿污泥）和其他污泥。液态污泥的接收能力为清罐泥 400t/次，年进料规模 2371t；脱水污泥（湿污泥）年进料规模 3075t；其他污泥年进料规模 554t。处理后污泥含油率≤1%、含水率≤20%，可用于制砖、铺路。靖安油泥处理站厂貌如图 8-33 所示。

图 8-33 热解工艺现场工艺

工艺流程见图 8-34。

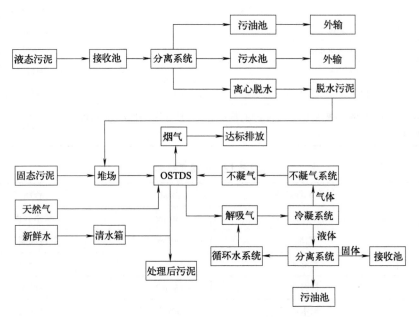

图 8-34 靖安含油污泥处理厂处理工艺流程

热解吸工艺如图 8-35 所示。

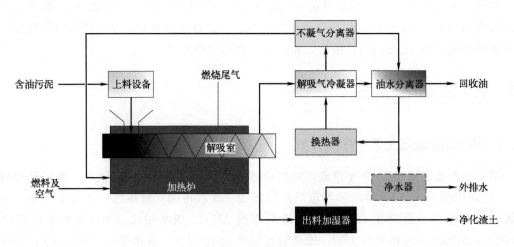

图 8-35 热解吸工艺

主体工艺路线是以热相分离（TPS）为核心的热处理。热相分离针对"液态污泥"，提高了油、泥两相分离和污泥脱水程度，作为热处理的预处理。根据进料的含水率，部分固态污泥可直接进行热相分离。

大体的工艺流程为：进料罐车经地磅称重后自流卸车到液态污泥接收池，再由提升泵提升到高效内循环油泥分离器，分离器底部的浓缩污泥经泵提升至离心机脱水。污油在分离器的顶部通过重力进入污油池。脱水后的油泥由螺旋输送机输送至污泥堆放场，进行自然干燥和调配。干燥后的油泥进入 TPS 设备。

本工艺的技术特点分以下几种。

（1）解吸室温控技术

一整套的温度控制系统：优化加热单元结构，合理配热，沿程分段控温，PLC（可编程逻辑控制器）自动控制，超温联锁控制。实现解吸腔沿程稳定控温，确保不凝气浓度远低于爆炸极限。

（2）固相防堵技术

自清洁、防卡气锁以及防堵主螺旋，实现故障自检和自动排除。消除了黏附和堆料造成的堵塞，实现长期稳定运行。

（3）气相防堵技术

优选填料，优化冷凝器结构和工艺，改造风机机械部件，设置在线清洗流程等。消除解吸气及不凝气系统堵塞问题，提高了冷凝效果。

（4）含氧量控制技术

开发气锁、氮封和压力控制等的联动控制系统，实现含氧量的可靠控制。稳定将氧含量控制在临界氧浓度以下，彻底消除爆炸风险。

（5）系统安全控制

冗余设计：氮气贮罐、双电源、防火防爆、泄爆设计等。进一步确保安全稳定。

该站主要处理流程为：进站油泥经过计量，明确来源和状态，高含液和高含油油泥卸入液态油泥池，经过泵提升，依次经过调质（加药、加热、搅拌、沉降）和离心机，固相出料进入固态油泥作业场；固态油泥进入作业场，与离心出料掺混均质，然后进入热脱附（解吸）装置，处理后残渣外运至烧结砖场，回收油和水由油田井口采出液系统回收。热脱附处理工艺装置模型见图 8-36，自动控制系统见图 8-37。

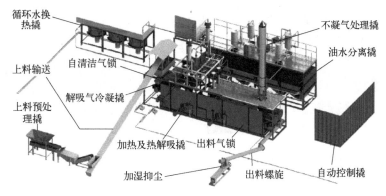

图 8-36　热脱附处理工艺装置模型

华孚间接热脱附成套处理装置具有以下特点。

① 稳定实现无害化：石油烃和有害物质被蒸发去除，运行稳定。

② 安全可靠：热脱附的温度不高，没有明显的裂解反应，系统中的含氧量低于临界氧浓度，可燃气含量远低于爆炸下限，采用密闭设计和氮气保护，系统运行安全可靠。

③ 实现资源化：回收油泥中 75% 以上的油，油品性质好，不凝气作为燃料利用。

④ 尾气达标：没有油泥的燃烧过程，采用天然气或生物质为燃料时，尾气中的污染物少，净化系统简单；全厂设除臭系统和尾气净化系统，无恶臭，尾气达标排放。

⑤ 实现资源化的最终处置：渣土可制砖或水泥，或用于建筑原材料，不占用填埋空间，节约填埋费用。渣土还可实现植被种植。

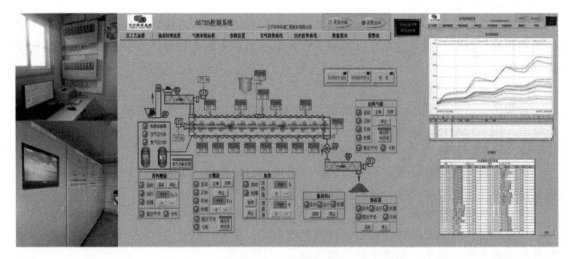

图 8-37　自动控制系统

⑥ 设备运行转速低，设备不易磨损腐蚀。

⑦ 适应性强：适应的进料含油率和含水率范围宽。

图 8-38～图 8-47 为靖安含油污泥处理厂现场照片。

图 8-38　液态污泥收集池

图 8-39　高效油泥分离器（调质装置）

图 8-40　离心后含油污泥

图 8-41　热脱附进料前筛分装置

图 8-42 热脱附固态物料进料

图 8-43 热脱附稀物料进料

图 8-44 热脱附炉

图 8-45 热脱附炉内推料螺旋

图 8-46 热脱附处理堆料口

图 8-47 干物料堆放场

　　靖安含油污泥处理厂液态含油污泥进入液态含油污泥储存池，通过泵输送至油泥高效分离器（调质装置），在调质装置中分离出部分污油，下部的泥水混合物进入离心机固液分离，分离出的固态污泥进入干物料堆放场，与堆放场内的固态含油污泥混合后进入热脱附前的物料筛分装置，筛分后通过无轴螺旋输送机进入热脱附装置。热脱附装置处理后的干物料经喷水降温后进入干物料堆放场。该处理厂自 2014 年试运行至 2018 年，共处置含油污泥 13516.8t，尾渣 6601t。

8.3.2　靖安油田现场试验数据

8.3.2.1　热解吸固体产物的分析

（1）热解吸固体产物含油量分析

热解吸的固体产物含油量检测结果见表 8-13。

表 8-13　热解吸固体产物含油量检测结果　　　　　单位：mg/kg

项目	1 号处理前污泥	1 号处理后泥样	2 号处理前污泥	2 号处理后泥样
石油类	214886	4471	97104	1273
TPH	21.40%	0.45%	9.70%	0.13%

注：TPH—总石油烃。

经热解吸后，1 号含油污泥 TPH 由进料的 21.40% 下降到出料的 0.45%，2 号泥样由 9.7% 降至 0.13%。热解吸进出料 TPH 监测月平均统计数据见表 8-14。

表 8-14　热解吸进出料 TPH 月平均统计数据

日期	TPH 月平均统计数据	
	进料/%	出料/%
2014 年 10 月	7.68	0.66
2014 年 11 月	7.56	0.69
2015 年 03 月	14.05	0.96
2015 年 04 月	16.71	0.79
2015 年 05 月	12.48	0.84
2015 年 06 月	8.31	0.82
2015 年 07 月	8.00	0.85
2015 年 08 月	8.81	0.75
平均	10.45	0.80

从 TPH 的月平均数据可见，TPH 从进料的平均值 10.45% 降至出料的 0.80%，热解吸工艺处理效果显著。

（2）热解吸残渣无机组分分析

为了用热解吸残渣制作建筑砖材，对残渣的矿物成分进行检测分析，检测结果见表 8-15。

表 8-15　热解吸残渣矿物成分含量分析

成分	SiO_2	Al_2O_3	TiO_2	CaO	MgO
含量	58.02%	9.88%	0.445%	7.00%	1.84%

8.3.2.2　热解吸不凝气组分的分析

不凝气组分的检测数据见表 8-16。

表 8-16 不凝气组分检测数据

成分	氮气	含氧量	水蒸气	可燃气体
含量	>92%	<5%	大量	远远小于爆炸下限

检测数据显示，含氧量小于临界氧浓度，可燃气体浓度也远小于爆炸下限（原油蒸气与空气混合物的爆炸区域如图 8-48 所示），现场热解设备安全可运行。

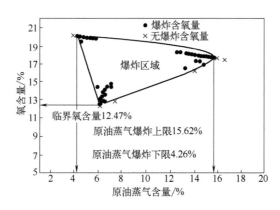

图 8-48 原油蒸气与空气混合物爆炸区域图

8.3.2.3 能源物料消耗分析

由表 8-17 可见，现场热解吸工艺的能耗分析中伴生气实际消耗量为 $40\sim80m^3$，电力消耗约为 $60\sim80kW\cdot h$。

表 8-17 热解吸工艺现场试验能耗分析

序号	名称	消耗	备注
1	清水	0.1t/h	用于出料冷却
2	氮气	最大 $30m^3/h$(纯度 99%,0.1MPa,储气能力 30min)	用于氮气封闭
3	天然气	设计平均 $70m^3/h$,瞬时最大 $140m^3/h$(0.1MPa)	采用伴生气 实际消耗量取决于进料含水量
4	电	装机容量 120kW,运行 80kW(380V,3 相)	双电源或配置备用发电机

8.3.2.4 处理后渣土的浸出毒性检测

由表 8-18 可见，热解后的残渣依据国标方法进行残渣重金属含量的浸出毒性检测。

表 8-18 热解残渣重金属含量分析

序号	指标	浓度值	标准限值	是否合格
1	pH 值	7.89	≥12.5 或≤2.0	合格
2	Cu	51.1mg/L	100mg/L	合格
3	Hg	6.1×10^{-5}mg/L;3.05×10^{-5}mg/kg	0.1mg/m^3	合格
4	Zn	ND	100mg/L	合格
5	Pb	ND	5mg/L	合格
6	As	0.0169mg/L	5mg/L	合格
7	Cr	0.008mg/L	5mg/L	合格

序号	指标	浓度值	标准限值	是否合格
8	Be	2×10^{-6} mg/L	0.02mg/L	合格
9	Ba	0.147mg/L	100mg/L	合格
10	Se	8.86×10^{-6} mg/L	5mg/L	合格
11	F^-	2.70mg/L	100mg/L	合格
12	Ni	ND	5mg/L	合格
13	Cd	ND	1mg/L	合格

注：ND 表示未检出。

8.3.2.5　环境影响评价和安全评价验收

热解吸工艺现场的水、气、扬尘和噪声等达标排放，通过了环保验收监测。回收油含水3%，污水达到"双十"指标，经过工艺现场的配伍性试验，回收至油系统。热解吸工艺现场通过了安全验收。

8.4　辽河油田落地油泥热解处置工艺

8.4.1　热解工艺介绍

（1）工艺原理

含油污泥在密闭的热解设备中加热至 400～500℃，在无氧状态下，含油污泥中大部分石油组分和其他有机废物发生热解反应，形成的含水油气被引出，经冷凝后，油水混合物进入油水分离塔完成油水分离，不可凝的可燃气体导入独立的燃烧系统中补充热量使热解反应持续，含油污泥不直接与空气接触，不发生氧化反应，处理完的产物是无机碳颗粒，重金属等污染物被络合在碳结构中，可以环保填埋或者回用，做到减量化和无害化。

（2）工艺流程

油泥热解工艺流程见图 8-49。

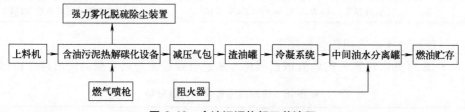

图 8-49　含油污泥热解工艺流程

原料可以直接经上料机输送至旋转裂解釜内，在无氧状态下热解。物料经过高温热解反应后，主要形成三大类产物，即可凝析油气、不可冷凝可燃气体及炭渣。

其中，可凝析油气和不可冷凝可燃气体的混合气从分气包进入冷凝器，在冷凝水的冷凝作用下，可回收油气变成油水混合物进入储油系统，不可冷凝可燃气经两级水封后进入燃烧系统，经燃烧系统燃烧，补充加热系统所需热量。而炭渣成分则在裂解结束时，采用高温排渣工艺，在裂解釜温度降至 200℃以下时输送出系统。

旋转裂解釜由天然气燃烧器和可燃气回收系统提供热量，反应温度为 200～500℃。尾气经脱硫除尘后排放。系统中产生的冷凝水、污水经收集后统一进污水处理系统处理。

热解反应过程中，热源不和物料直接接触，物料在无氧状态下热解，整个反应过程属于还原反应，与燃烧氧化反应相比，污染物及烟尘排放极少。

现场工艺见图8-50。

图 8-50　现场工艺

（3）主要设备

主要的设备装备如下。

1）热解主机

在密封环境下，油泥无氧裂解，钢板采用国标 Q345R 专用锅炉钢板，此种钢板具有寿命长、耐腐蚀等特点，是加热主体的理想材料。

2）分气包

在裂解过程中，油泥裂解产生的大分子油分及杂质进入分气包后，由于油气流动方向改变及直径变大，起到缓冲油气的作用，使得大分子油分及杂质沉降到连接在分气包底部的渣油罐内，而大部分的油气进入冷却系统内，这样可以保证油的质量。

3）渣油罐

贮存从分气包底部流出的重质油。

4）油水分离罐

主要贮存大部分油气冷却后产生的油。

5）水冷式冷却系统

主要起到冷却高温油气的作用，让其在冷却管道内液化成油。

6）水封

起到防回火的作用，是一个非常重要的安全装置，工作原理是可燃废气产生之后进入水封，水封进管在水面下，出管在水面上，经出管进入炉膛内燃烧，给主机供热，如果因为某些原因，炉膛内的明火开始回流，则水封的出管变为进管，而进管变成出管，进管在水面下，有效地阻止明火进入油罐，本工艺采用二级水封，更大程度地保证了生产安全。

7）可燃气回收系统

主要是将油泥在密闭环境下裂解产生的常温常压下不可液化的可燃气体进行回收，通过水封后，引入炉膛内，开启燃气喷枪及鼓风机，开始燃烧，给主机供热，有效地杜绝可燃废气的无效排放引起的污染及危害，节能环保。

8）强力雾化除尘系统

设备在前期是需要外部燃料（如煤/木柴/废油/天然气等）进行加热的，在燃烧外部燃料时会产生一定的烟气，烟气中包含硫化物及粉尘等，本工艺采用两个强力雾化除尘系统，用碱性水雾化喷出，烟气上升经过水雾区域，水雾会将二氧化硫及粉尘带入雾化塔底部，环保排放，碱性水与烟气中的硫化物反应，生成中性的硫酸钙，硫酸钙是建筑及水泥的原料，没有污染。

9) 引风机

将炉膛内燃烧产生的烟气引入强力雾化塔内，让其有效除尘。

10) 阻尼罐

大量油气在进入冷却系统前，进入了阻尼罐，其可以有效地缓冲及改变油气方向，降低油气速度，增加冷却时间，充分保证冷却效果，一定程度地保证了安全性。

11) 电控系统

采用集成模块式电控柜，使整个系统和整个操作更安全方便。

12) 压力温度警示系统

根据系统各观测点仪表数值，及时调整控制阀、控制器，使压力和温度在可控范围内。

(4) 操作步骤

该热解工艺系统涉及以下几个关键的操作步骤。

1) 装料

主要通过铲车将物料装入料斗，再由料斗下的液压进料机将物料推入炉膛内；在装料前应检查设备状态，关闭各阀门，将分气包上的排空阀门打开，以便热解炉在加热至 100℃时，排空系统内的水蒸气和其他残存气体；装料完成后应密封装料门，重点检查密封情况，保证料门密封良好，在装料过程中注意磅秤称量记录，不能超过负荷。

2) 点火

点火前应检查水封注水是否合格，进出口阀门是否关闭，上一炉的轻质油是否从出水口得到清理。脱硫除尘器需注满水，再次检查设备是否处于正常状态，先启动除尘风机，检查无误后才能点火，点火后启动主炉电机。

3) 分气包温度显示

100℃时油泥中的水分已转化成蒸汽，系统的残存空气在蒸空风机的引导下，以烟道气的形式进入废气处理系统排出，这时应关闭分气包上的排空阀门，打开放水阀门，排空分气包内的积水，排水完成后关闭放水阀门；随着温度的上升，分气包上压力表显示 0.01MPa 时，打开废气燃气喷枪，此时设备进入正常的微负压运行状态。

4) 热解核心过程

当温度升高到 180℃时，油泥开始裂解，温度升到 300～430℃时；油泥充分裂解，裂解时间 8～10h，在这一过程中操作人员应严格控制炉体温度及压力；本工艺运行中炉体正常温度 300℃，最高不能超过 360℃，正常压力 0.02MPa，最高不能超过 0.04MPa。通过燃烧机调整温度，当压力超过限值时打开废气燃烧喷枪，降低压力。随着热解温度的升高，油气产生量越来越少，油泥在炉内大幅度减少，到达热解时限后关闭燃烧机，降低炉体温度。

5) 出渣

当分气包上的温度降到 200℃时，启动高温出渣新工艺，打开排空阀和风机，排空分气包、炉膛内的气体，关闭风机，然后打开出渣机循环水泵，启动高温出渣机出渣，残渣排入密封的储料斗，最后将残渣装袋密封。

6) 生产结束

当分气包温度降至 50℃以下时，排出中间油罐里的油，包括分气包、沉降罐、水封内的积油，并检查各设备的密封情况，组织下一轮生产进料。

8.4.2 室内试验

根据现场油泥样品的特点，采用试验室工艺模拟方法，检验"化学＋物理热解"工艺能否使样品油泥中的油水有效分离，使处理后的污泥残渣含油率＜0.3％。

（1）试验过程

取2620g油泥样品，药剂（0.8％，约21g）装入试验机，使用液化石油气给试验机加热，收集油、水、气，待试验机温度至500℃时，停止加热，冷却后取出试验机残渣，收集油、水并分别称量。

（2）试验结果

2620g油泥样品加入药剂（0.8％），经试验装置处理后剩余残渣2050g，得到油、水混合物470g，在200~350℃之间产生少量可燃气体，残渣含油率为8×10^{-4}％。试验结果表明，辽河油田落地油泥适合采用此工艺进行热解处理。试验样品和产物见图8-51（书后另见彩图）。

  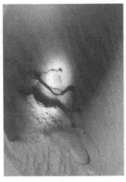 

(a)落地油泥　　　　(b)热解产物:油水　　　　(c)热解残渣　　　　(d)可燃气体燃烧

图8-51　试验样品和热解产物

8.4.3 现场试验

（1）含油污泥热解处理量

采用高温除渣工艺，按单炉每天处理35t油泥估算，至2018年1月30日可处理油泥9975t，详见表8-19。

表8-19　热解设备的含油污泥处理量

发货时间	新增设备量	占地面积 /m²	处理量 /(t/d)	主炉尺寸 /mm	处理时间 /d	总处理量 /t
11月20日	3	750	105	2600×6600	55	5775
11月30日	1	250	35	2600×6600	50	1750
12月15日	2	500	70	2600×6600	35	2450
—	—	—	—	—	—	累计总量:9975

（2）含油污泥热解处理前后的外观形貌

含油污泥经"化学＋物理热解"工艺处理后，固体残渣如干沙一般，处理前后的泥样对比见图8-52（书后另见彩图）。

(a) 处理前含油污泥1　　　　　　(b) 处理前含油污泥2　　　　　　(c) 处理后含油污泥

图 8-52　含油污泥热解前后的外观形貌

（3）热解固体产物含油率的检测分析

含油污泥热解现场试验定期采样测试热解固体产物的含油率，测试结果见表 8-20。

表 8-20　热解固体产物的含油率检测结果

序号	检测时间	样品名称	含油率/%
1	2017 年 08 月 23 日	辽河油田曙光采油厂落地油泥经化学热解处理后固体	0.0008
2	2018 年 01 月 24 日	辽河油田曙光采油厂落地油泥贮存地(含稠油污泥热解后的灰渣)2 号	0.16
3	2018 年 01 月 24 日	辽河油田曙光采油厂落地油泥贮存地(含稠油污泥热解后的灰渣)3 号	0.19
4	2018 年 02 月 05 日	辽河油田曙光采油厂落地油泥贮存地(含稠油污泥热解后的灰块)	0.07

如表 8-20 所示，检测现场试验热解的固体残渣含油率都小于 0.3%，满足排放标准，说明"化学＋物理热解"工艺可稳定运行。

8.5　塔里木油田的热解工艺

新疆塔里木油田热解成套设备整套系统由五大部分构成，即预处理部分、热解分馏部分、换热净化部分、污水处理部分、电控系统。首先由上料装置将物料输送至粗分离装置，通过粗分离装置将粒径＞1cm 的杂质进行分离，分离后的物料经细分离后，固相由传送装置输送到原料提升器，如物料比较均质，可直接送至原料提升器，然后将物料依次通过 1～6 级热解装置，经过净化后的干气直接回用，油进入贮油罐待用，热解后的渣料由输送装置传送至 2 级热解，最终由排渣装置进行降温、除尘处理后进入渣料收集装置。工艺过程中产生的烟气经达标处理后直接排放到大气中。经 1～3 级热解后排放的渣料含油率≤2%，经 4～6 级热解后排放的渣料含油率≤0.3%。新疆塔里木油田热解现场见图 8-53。

图 8-53　新疆塔里木油田热解现场

8.6 玉门油田的热解工艺

玉门油田针对含油污泥开展了热解工业化应用试验，处理量为50000t/a，满足0.3%的排放标准。玉门油田热解现场见图8-54。

图 8-54 玉门油田热解现场

8.7 延长油田的热解工艺

延长油田针对含油污泥开展了热解工业化应用试验，处理量为30000t/a，满足0.3%的排放标准，处理后的含油污泥制作成成型炭。延长油田热解现场见图8-55。热解产物资源化见图8-56。

首先对含水率80%的含油污泥，进行干化处理，处理后的含水率为30%，然后通过热解处理后含油率<0.3%，将处理后的污泥加工制备成成型炭，炭的热值大约为3500kcal。

含油污泥的最终出路，一定会从降本增效、节能降耗、绿色处理和资源化等几个方向上实现，技术研发是解决含油污泥处置问题的基础，实际生产需要是最后的落脚点。

图 8-55　延长油田热解现场

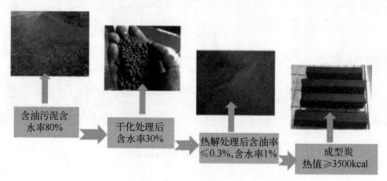

含油污泥含水率80% → 干化处理后含水率30% → 热解处理后含油率≤0.3%,含水率1% → 成型炭热值≥3500kcal

图 8-56　热解产物资源化

第**9**章

含油污泥的"出路"和"归宿"初探

随着碳达峰和碳中和、油田降本增效的提出以及绿色油田的构建,含油污泥作为一种资源,有效地回收、资源化利用、低成本的绿色处理是含油污泥重要的出路。处理后的含油污泥如何处置;含油污泥如何资源化,实现无污染、绿色低成本的目标,变成有用的资源;如何做成各种产品,都是亟待开发和解决的难题。从目前研究和应用的角度出发有 3 条出路:

① 作为调剖剂,回归地层,起到封堵地层、增产的作用;

② 制作地表压裂支撑剂、含油污泥陶粒;

③ 利用含油污泥的热值,制作环保型的油泥煤。

另外,现有的热洗和热解处理后的含油污泥(满足排放的标准的污泥),目前还没有有效的法律和行业标准依据执行,多用于制作行道砖和铺油田道路。后续在这方面应该出台可信的政策,以解决处理后却无处排放的问题。

9.1 含油污泥调剖剂的基础理论及调剖工艺研究

9.1.1 含油污泥调剖剂的基础理论

9.1.1.1 含油污泥调剖机理及含油污泥室内试验

油田开发过程中产生的含油污泥成分复杂,含有大量有害物质,直接排放会对生态环境造成严重污染。国内外对污油泥的无害化处理主要采用热解吸、调质-机械分离、热水洗涤、焚烧、微生物处理等技术,但这些技术存在处理工艺复杂、经济效益差、综合利用程度不高等问题。油田使用的凝胶型调剖剂耐温、抗盐、抗剪切性能比较差,受地层条件影响较大,在高温高盐油藏中的应用受到限制,并且调剖成本偏高。因此,近年来国内各大油田将含油污泥的处理问题与调剖需求相结合,开展了含油污泥调剖剂的研究。

含油污泥来源于地层,与地层具有良好的配伍性。与其他化学调剖剂相比,含油污泥调剖剂具有较好的热稳定性、抗盐性和耐剪切性,适合大剂量注入,并且成本低。将含油污泥用于调剖可取得良好的增油降水效果和经济效益。依据含油污泥的应用形式和配制方法,目前发展的含油污泥调剖剂可以分为含油污泥乳化悬浮体系、含油污泥固化体系、凝胶颗粒型含油污泥体系、有机凝胶型含油污泥体系以及含油污泥聚合物溶液体系 5 种体系。

(1)含油污泥调剖机理

1)调剖机理

不同体系的含油污泥调剖剂具有不同的调剖机理。普遍研究认为:含油污泥乳化悬浮体系用于调剖时，当含油污泥乳化悬浮液在地层到达一定深度后受地层水冲释及地层岩石的吸附作用，乳化悬浮体系分解，其中的泥质吸附胶质沥青质和蜡质，并粘连聚集形成较大粒径的"团粒结构"沉降在大孔道中，使大孔道通径变小，增大了注入水的渗流阻力，迫使注入水改变渗流方向，从而起到提高注入水的水驱波及体积，改善注水开发效果的目的。凝胶颗粒型含油污泥体系、有机凝胶型含油污泥体系等调剖体系的调剖机理与水膨体颗粒、弱凝胶等调剖剂的机理类似。

2）架桥理论

含油污泥主要靠固相进行机械封堵，满足架桥理论。如图9-1所示，当孔径与粒径的比值为6时，管柱渗透率下降幅度最大，封堵能力、耐冲刷能力均较高，能产生很好的封堵作用；孔径与粒径的比值为4~8（即粒径与孔道的比值为1/8~1/4）时，封堵效果较好。为了提高含油污泥调剖剂的黏度，可加入高分子稠化剂；为了提高悬砂性能，降低沉降速度，提高稳定性，可加入悬浮剂。

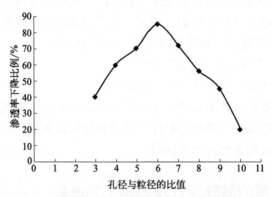

图9-1 渗透率下降比例随孔径与粒径比值变化情况

（2）含油污泥室内试验

1）含油污泥组分分析

将样品充分摇匀后，称取一定量的样品，置于蒸馏瓶中密封，接冷凝管，加热蒸馏，并在冷凝管出口收集馏出的水分至无馏出水。用石油醚和丙酮的混合液洗涤蒸馏瓶中的残余物，用砂芯漏斗过滤，并反复用混合液洗涤至漏斗中的残余物不含油为止，然后将砂芯漏斗连同残余物烘干，称量。含油污泥组分分析见表9-1。

表9-1 含油污泥组分分析

污泥样品	密度/(g/cm³)	含水率/%	含油率/%	含固率/%	pH 值
万方池	1.16	35.4	35.4	29.2	6.5
1号池	1.18	30.9	39.4	29.7	6.5

2）含油污泥固相粒径分析

对样品采用筛析法进行试验研究。含油污泥粒径分析结果见表9-2。

表9-2 含油污泥粒径分析结果

粒径 /μm	1号池		万方池	
	质量分数/%	累计质量分数/%	质量分数/%	累计质量分数/%
>441	12.53	12.53	2.61	2.61

粒径	1号池		万方池	
/μm	质量分数/%	累计质量分数/%	质量分数/%	累计质量分数/%
441～250	16.49	29.02	0.92	3.53
250～150	6.65	35.67	0.89	4.42
150～125	0.16	35.83	0.11	4.53
125～97	7.49	43.32	5.29	9.82
97～76	21.05	64.37	34.95	44.77
<76	35.63	100.00	55.23	100.00

含油污泥固相粒径组成见图 9-2。

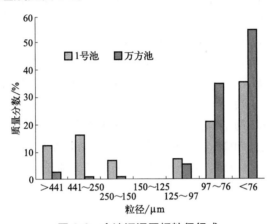

图 9-2 含油污泥固相粒径组成

由图 9-3 可见，1号池粒度中值为 97μm，万方池粒度中值<76μm。

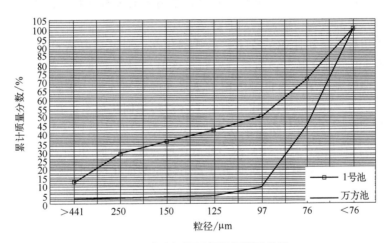

图 9-3 含油污泥固相粒径累计曲线

9.1.1.2 含油污泥调剖剂体系

国内各油田针对实际油藏条件，开发出了不同类型的含油污泥调剖体系，不同调剖体系具有不同的性能特点和应用效果。

（1）含油污泥乳化悬浮体系

该体系是以含油污泥为基本原料，加入适量的悬浮剂、乳化剂、固相颗粒添加剂、杀菌剂等添加剂后，将含油污泥调配成具有一定悬浮性和稳定性的乳化悬浮体系，注入地层一定深度后产生"团粒结构"，对大孔道进行深部封堵，从而扩大水驱波及体积，提高采收率。

有大量关于含油污泥的室内研究。肖文等采用岩心封堵试验、压汞试验、扫描电镜和铸体薄片图像分析等手段，开展了含油污泥调剖剂的配方和机理研究，研制了具有耐温抗盐、低成本、施工工艺简单、封堵效果好等特点的含油污泥调剖剂。采用同样的研究方法，胡雪滨等通过加入高分子稠化剂、悬浮剂和超细碳酸钙粉固相颗粒制备了黏度为 56mPa·s、沉降时间 4～5h、pH＝8.5、固相含量 5%～6% 的含油污泥调剖剂，封堵效果良好，低渗伤害率为 27.8%。

罗跃等在室内通过对不同类型添加剂进行筛选，最终配方为 0.25% 羧甲基纤维素钠＋0.6% 十二烷基苯磺酸钠＋0.2% 聚丙烯酰胺＋0.1% 木质素磺酸钠＋10% 膨润土＋含油污泥。该调剖体系封堵率达到 94%，突破压力达到 7.0MPa，具有良好的封堵效果，同时在油田现场应用中也获得了良好的应用效果。

河南油田采用 HNBR120 型含油污泥调剖剂在稠油油田 BQ10 区 G5615 和 G5717 两个井组的中心注水井进行调剖，一次性回注含油污泥 1400m，节约污泥处理费 7 万元，对应油井增油 302t，总投入 25 万元，总产出 65 万元，取得了较好的经济效益。

顾燕凌等针对长庆陇东油田悦 29 区注水平面矛盾突出的特点，采用 60%～75% 含油污泥堵剂＋15%～25% 凝胶堵剂＋10%～15% 高浓度凝胶堵剂的段塞组合，在悦 29 区先后试验 4 井次，工艺成功率达到 100%。共有油井 14 口，见效 6 口，见效率 42.9%。日产油增加 8.12t，综合含水率下降 3.7%，累计增油 1377t。辽河油田采用含油污泥乳化悬浮体系与胶束调剖剂、弱凝胶调剖剂以及树脂类调剖剂进行复合调剖，也取得了良好的应用效果。

（2）含油污泥固化体系

采用含油污泥乳化悬浮体系进行深部调驱，虽然可以产生一定的深部封堵效果，但由于其强度偏低，主要靠污泥颗粒在孔隙中的架桥机理对高渗透层进行封堵，耐冲刷性能差，导致封堵有效期短，所以在含油污泥乳化悬浮体系中另外加入不同类型的固化剂，可以制备含油污泥固化体系，提高含油污泥调剖剂的封堵强度。

赵金省等采用具有悬浮性能的稀土矿粉作固化剂，通过室内试验，研制了沉降时间达 15h 的可固化污油调剖体系。该体系具有可泵性好、封堵强度高、耐高温水冲刷等特点，既可以用于注水井的调剖堵水，也可以用于热采井的封堵气窜。李鹏华等采用水泥：粉煤灰：污泥：水＝1：1：1：1.5 的配比，制备了含油污泥固化体系。在油层温度 50℃下，稠化时间达到 20h，静置 15h 后，析水量仅为 7%，候凝 3d 后突破压力超过 7MPa，封堵率达 99%。用 200℃ 蒸汽冲刷 100PV（PV 数为注入速度×注入时间/孔隙体积）后，封堵率仍然保持在 99% 以上，调剖效果良好。尚朝辉等采用树脂型固化剂 SD 或 SG，研制出的含油污泥调剖剂固化时间在 4h 以上，适应温度 60～90℃，在老河口油田桩 106 块馆陶组油藏应用 15 井次，对应油井见效率达 92%，累计增油 12186t，调剖剂吨成本降低 30%，投入产出比达到 1：4.1。

（3）凝胶颗粒型含油污泥体系

含油污泥用于调剖时由于其固体粒径分布范围较窄，限制了其在不同渗透率油藏中的应用，尤其是不能应用于较大孔道油藏的深部调剖。为此，将含油污泥制备成体膨颗粒深部调剖剂，并根据需要制成不同大小的粒径，以满足不同孔道的油藏调剖需求。同时，含油污泥体膨颗粒便于储存和运输，能一次性处理大量污泥，大大减少了污泥存放费用，节约了成本，避免了对环境造成二次污染。

中国石油勘探开发研究院在室内采用45℃热水、10%H_2SO_4、40mg/L BCY除油剂，将污泥含油率控制在14%以下，然后加入不饱和单体、引发剂、交联剂、水以及适量的减阻剂和金属离子掩蔽剂等，进行聚合交联反应，通过配方优化得到了胶块强度高、膨胀倍数高、容易造粒的凝胶颗粒型含油污泥调剖剂。该类型调剖剂在自来水中和0.5%NaCl水溶液中的膨胀倍数分别为40倍和15倍，膨胀后强度高，弹性好。

（4）有机凝胶型含油污泥体系

对含油污泥进行乳化悬浮、添加各种固化剂或者制备成水膨体进行深部调剖时，这些调剖体系本质上都属于单一颗粒型堵剂，容易引起非目的层伤害，而且封堵有效期不长。此外，含油污泥水膨体深部调剖剂制备过程相对复杂，强度高，只适用于封堵大孔道，而有机凝胶型含油污泥可以较好地解决这些问题。

肖传敏等以含油污泥为主剂，加入0.1%聚合物和0.1%交联剂，研制了适用于80℃油藏条件的凝胶型含油污泥深度调剖剂。室内评价结果表明：该调剖剂在60℃养护90d后，黏度仍可达15000mPa·s，具有空间网状结构和较好的耐温性、抗剪切性，调驱后可使采收率提高16.2%，效果明显。赖南君等对在聚合物交联凝胶中掺入含油污泥进行调剖开展了研究。通过加入石灰粉调节pH至中性，将5%含油污泥与0.1%～0.3%疏水缔合聚合物AP-P4溶液混合，并加入杀菌剂、稳定剂以及交联剂（乌洛托品＋苯酚＋间苯二酚），在60℃下制备含油污泥的聚合物凝胶，凝胶黏度可达723～49900mPa·s，得到的凝胶耐热性较好，成胶后封堵率为95%，水突破压力大于7.35MPa。曹毅等通过对表面活性剂、碱、无机盐等不同类型的分散剂以及对CMC（羧甲基纤维素）、NPAM（非离子聚丙烯酰胺）、SNF（一种丙烯酸聚合物）和改性聚丙烯酰胺钾盐等进行悬浮筛选试验后，优选出分散剂$NaCO_3$、悬浮剂CMC，研制了凝胶型含油污泥调剖体系，配方为4.0%（有效含量）含油污泥＋1.0%Na_2CO_3＋0.3%CMC＋3.0%成胶剂4＋0.1%引发剂。该凝胶体系具有延展的韧性以及黏弹性，调剖后含水率由98%下降至92%，驱替压力梯度从0.15MPa/m增大到5.7MPa/m，最终采收率提高5.5%。该调剖剂可以起到较好的调剖封堵作用。

（5）含油污泥聚合物溶液体系

各种含油污泥调剖体系虽然成本相对较低，具有一定的封堵效果，但是配方研制及工艺处理都比较复杂，最简单的调剖体系就是将含油污泥颗粒采用聚合物溶液进行携带，注入地层深部进行调剖。

2007年以来，大庆油田开展了含油污泥聚合物溶液体系研究，采用脱水脱油后的污泥颗粒作为固相添加剂，利用黏度较高的聚合物水溶液作为悬浮介质，研制了含油污泥聚合物溶液调剖体系。体系中聚合物的质量分数为0.08%～0.14%，污泥质量分数为1%～6%。采用污水配液，污水钙、镁离子浓度为22mg/L，总矿化度为7156mg/L，调剖规模4200131井次，在某井注入调剖剂6526m，处理污油泥267.2t，调剖后注水井吸水剖面得到明显改善，4口连通油井平均含水率下降1.4%，有效期110d，累计增油1135.2t，调剖效果显著。

9.1.1.3 污油泥调剖剂配方研究

（1）增黏剂A浓度优化

含油污泥在清水中悬浮性差，因此需要添加增黏剂A，保证含油污泥具有良好的悬浮作用，延长油、水和固体颗粒的分层时间，减缓固体颗粒的沉降速度。增黏剂A浓度优化为0.4%～0.5%。增黏剂A浓度为0.4%～0.5%时对含油污泥具有较好的悬浮性能，固相含量初步优选为20%～30%。含油污泥固相含量见表9-3。

表 9-3　含油污泥固相含量

增黏剂 A /%	20%固相含量		30%固相含量		40%固相含量	
	开始分层时间 /min	完全分层时间 /h	开始分层时间 /min	完全分层时间 /h	开始分层时间 /min	完全分层时间 /h
0.4	12	>3	30	>3	46	>3
0.5	20	>3	40	>3	58	>3

　　增黏剂 A 具有耐温性，90℃下对含油污泥仍具有较好的悬浮性。含油污泥调剖剂配方优化为：0.4%～0.5%HV-CMC+30%固含。

　　技术说明：增黏剂 A 在水中溶解时间＞2h；固含量是指溶液中含油污泥中的固相含量。室温下固相浓度优选试验结果见表 9-4。90℃下固相浓度优选试验结果见表 9-5。

表 9-4　固相浓度优选试验结果（室温）

增黏剂 A /%	20%固相含量		25%固相含量		30%固相含量	
	开始分层时间 /min	完全分层时间 /h	开始分层时间 /min	完全分层时间 /h	开始分层时间 /min	完全分层时间 /h
0.4	12	>3	19	>3	27	>3
0.5	21	>3	25	>3	38	>3

表 9-5　固相浓度优选试验结果（90℃）

增黏剂 A /%	20%固相含量		25%固相含量		30%固相含量	
	开始分层时间 /min	完全分层时间 /h	开始分层时间 /min	完全分层时间 /h	开始分层时间 /min	完全分层时间 /h
0.4	12	>3	14	>3	22	>3
0.5	19	>3	21	>3	32	>3

　　（2）优化后含油污泥调剖剂的黏温性能

　　采用 HAAKE RV600 测试仪测定黏温曲线，含油污泥的流动性差，温度为 60℃时，黏度高达 110mPa·s；优化后含油污泥调剖剂在 30～90℃之间的最高黏度为 68mPa·s，能够满足施工泵送需求。优化前含油污泥的黏温曲线见图 9-4，优化后含油污泥的黏温曲线见图 9-5。

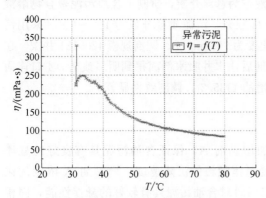

图 9-4　优化前含油污泥的黏温曲线

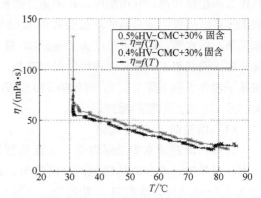

图 9-5　优化后含油污泥的黏温曲线

9.1.1.4 含油污泥调剖剂岩心封堵实验

物理模型为渗透率级差为 10 的平行双岩心组。岩心封堵实验前后分别切下一小段模型用于压汞、铸体薄片和电镜扫描测定。岩心组抽空饱和注入水并用注入水测渗透率 K_w，注入一定量的含油污泥调剖剂，放置不同时间，注水测渗透率 K_w，计算封堵率。为具有代表性的双岩心组绘制封堵实验曲线。

含油污泥调剖剂对高渗透岩心的封堵效果较好，封堵率为 93.3%，对低渗透岩心伤害较小，伤害率为 27.8%。高渗透岩心封堵前后的压汞实验数据表明，含油污泥调剖剂封堵后的高渗透岩心排驱压孔喉半径变小，物性变差。微观上证实了调剖剂对高渗透岩心的封堵作用。

高渗透岩心被含油污泥调剖剂封堵后的铸体薄片图表明，岩心面孔率由 22.1% 降至19.2%，平均孔隙直径由 31.6μm 降至 5.56μm，孔隙连通性变差，孔喉和喉道中的外来充填物增加。

扫描电镜照片表明调剖前具有连通性很好的孔道，调剖后基本上被外来充填物所堵塞。由岩心封堵实验结果确定，含油污泥调剖剂在注入量为 2PV、候凝时间为 48～72h时，调剖效果较好，对高渗透岩心的封堵效率在 90% 以上，对低渗透岩心的伤害率在30% 以下。

9.1.1.5 含油污泥调剖工艺参数优化

（1）段塞优化

注入 2PV 含油污泥调剖剂，不同段塞结构采用不同注入方式，注入方式分别为 3 段塞注入、2 段塞注入、1 段塞注入，封堵效果依次为 3 段塞、2 段塞、1 段塞。因此在矿场应用中，含油污泥调剖剂宜采用多段塞方式注入。

（2）施工排量

在相同的注入段塞方式、含油污泥调剖液量条件下，以不同流量注入含油污泥调剖剂进行岩心封堵实验，评价封堵效果。在渗透率相近的条件下，以低流量注入含油污泥调剖剂时的封堵效果较好。

9.1.2 利南油区含油污泥调剖工艺研究

利南采油厂有大型污水处理站 4 座，日处理污水量 $2.8 \times 10^4 m^3$，现已完成利一站和利五站两个站的污水处理系统改造，日产生干污油 20t。利二污联合站改造完成后，4 座污水处理站预计日产生含油污泥 30t。大量含油污泥的产出不仅花费大量资金，而且造成环境污染。

9.1.2.1 技术研究分析

利南油区有开发单元 59 个，中高含水区块 11 个，含油面积 48.6km²，地质储量 $8.942 \times 10^7 t$，可采储量 $2.765 \times 10^7 t$，11 个中高渗透区块的日产量占全厂总产量的 20%。实施堵水调剖，控制中高渗透油藏综合含水率上升，是保证中高含水区块开发效果的关键。堵水调剖工作经过"九五"期间的发展和完善形成了单井注入量在 200m³ 左右的小剂量调剖工艺。但随着生产时间和调剖次数的增加，由于封堵半径小，堵剂段塞少，调剖效果逐年变差，因此针对中高渗透油藏，控制综合含水率，积极寻求价格低廉、性能优异、地层配伍性好的适合大剂量深部调剖的堵水剂是十分必要的。

近年开展了含油污泥调剖工艺技术研究，研制出了含油污泥调剖剂。在先导实验成功的基础上，优化施工参数和施工工艺，开展了利五站整体注含油污泥调剖施工，形成了适合利南油区的含油污泥调剖工艺技术。已累计实施含油污泥调剖 4 井次，成功 4 井次，有效 4 井次，共消化含油污泥 1235t，累计增油 630t，起到消化利用含油污泥和深部调剖的双重作用，具有十分广阔的应用前景。

（1）含油污泥测定实验

油田采出水在净化除油、沉降过滤、缓蚀杀菌等处理过程中，在除油罐、缓冲沉降罐和储水罐底部等逐渐形成黑色黏稠液体——含油污泥。

测定固含量，计算公式为：$S = M/M_0$。

式中　S——试样的固含量，%；

　　　M——干燥后试样的质量，g；

　　　M_0——含油污泥试样的质量，g。

利一站含油污泥样固含量的测定结果见表 9-6，可看出含油污泥的固含量为 68.46%。

表 9-6　固含量的测定结果

试样名称	称量瓶质量/g	原称量瓶质量＋试样质量/g	原试样净质量/g	恒温后称量瓶质量＋试样质量/g	恒温后试样净质量/g	固含量/%
1 号	19.0343	25.6453	6.6107	23.1943	4.6600	68.49
2 号	19.0844	25.7462	6.6618	23.6754	4.5909	68.41
3 号	20.0320	26.7392	6.7072	24.6431	4.6111	68.43

注：含油污泥固含量误差<±5%（在允许误差范围内）。

（2）含油污泥成分组成分析

含油污泥组分分析由 X 射线衍射仪测定。由表 9-7 和表 9-8 可见含油污泥组分和矿物成分的分析结果。含油污泥组分中泥沙含量最高，为 70.1%；含水率为 28.6%，含油率为 1.27%。

表 9-7　含油污泥组分分析结果

取样地点	取样时间	含水率/%	含油率/%	含泥沙率/%	含油污泥外观
利一污水站	2003 年 2 月	28.64	1.27	70.1	棕褐色湿泥

由表 9-8 可以看出含油污泥矿物成分主要为方解石，其含量为 95%。

表 9-8　含油污泥矿物成分分析结果

名称	方解石	硬石膏	石英	石盐	钾长石
含量/%	95	1	1	2	1

（3）含油污泥调剖剂研制

1）分散剂筛选

分散剂（FS）：磺酸盐类、无机盐类等。FS1：石油磺酸盐（WPS）；FS4：活性木浆糖蜜、葡萄糖酸；FS6：多聚磷酸盐、甲叉磷酸盐；FS9：有机磷化合物；FS10：改性木素磺酸盐。在实验用水为区块产出水、含油污泥浓度为 20% 的条件下，分别加入各种分散剂，浓度依次为 0.1%、0.3%、0.5%，分散剂的筛选结果见表 9-9。

表 9-9　分散剂筛选实验结果

分散剂名称	浓度/%	完全沉降速度
FS1	0.1	77mL/10min,50mL/60min,44mL/180min,44mL/240min
	0.3	75mL/10min,50mL/60min,46mL/180min,46mL/240min
	0.5	74mL/10min,52mL/60min,46mL/180min,44mL/240min
FS4	0.1	70mL/10min,59mL/60min,49mL/180min,43mL/240min
	0.3	70mL/10min,59mL/60min,49mL/180min,40mL/240min
	0.5	70mL/10min,54mL/60min,47mL/180min,39mL/240min
FS6	0.1	45mL/10min,42mL/60min,40mL/180min,40mL/240min
	0.3	45mL/10min,38mL/60min,36mL/180min,36mL/240min
	0.5	46mL/10min,40mL/60min,35mL/180min,33mL/240min
FS9	0.1	82mL/10min,60mL/60min,53mL/180min,48mL/240min
	0.3	85mL/10min,62mL/60min,54mL/180min,50mL/240min
	0.5	86mL/10min,64mL/60min,58mL/180min,51mL/240min
FS10	0.1	70mL/10min,50mL/60min,40mL/180min,39mL/240min
	0.3	69mL/10min,50mL/60min,40mL/180min,38mL/240min
	0.5	69mL/10min,50mL/60min,40mL/180min,38mL/240min

注：实验用水为黄河水，含油污泥浓度为 20％。

从表 9-9 可以看出：分散效果好的顺序依次为 FS9＞FS1＞FS4＞FS10＞FS6，考虑分散剂来源和成本，初选分散剂为 FS4，浓度取 0.1％～0.3％。

2）悬浮剂筛选

悬浮剂（XF）主要为 XF1——焦磷酸盐；XF2——碱式复合铝；XF3——纤维钠土；XF4——HPAM。

在实验用水为区块产出水、含油污泥浓度为 20％的条件下对 4 种悬浮剂沉降速度和悬浮量进行评价，筛选实验结果见表 9-10 和图 9-6。由表 9-10 的沉降速度可以看出：添加悬浮剂 XF3 的悬浮性能最好，浓度取 1％～3％。

表 9-10　悬浮剂的筛选试验结果

配方	悬浮剂浓度/%	完全沉降速度	悬浮量/%
XF1	1	47mL/10min,44mL/30min,43mL/60min,43mL/240min	50.0
	3	46mL/10min,43mL/30min,43mL/60min,42mL/240min	50.0
	5	47mL/10min,43mL/30min,43mL/60min,42mL/240min	50.0
XF2	1	76mL/10min,55mL/30min,48mL/60min,43mL/240min	55.8
	3	75mL/10min,54mL/30min,48mL/60min,47mL/240min	55.8
	5	70mL/10min,55mL/30min,45mL/60min,43mL/240min	52.3
XF3	1	65mL/10min,55mL/30min,46mL/60min,43mL/240min	56.5
	3	76mL/10min,58mL/30min,51mL/60min,47mL/240min	61.3
	5	76mL/10min,58mL/30min,51mL/60min,47mL/240min	61.3
XF4	1	38mL/10min,35mL/30min,33mL/60min,33mL/240min	38.3
	3	40mL/10min,38mL/30min,35mL/60min,35mL/240min	40.7
	5	38mL/10min,36mL/30min,33mL/60min,33mL/240min	38.3

注：实验用水为黄河水，含油污泥浓度为 20％。

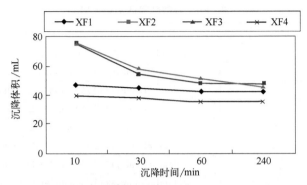

图 9-6　悬浮剂筛选实验（悬浮剂浓度为 5%）

3）稠化剂的筛选

由于含油污泥浓度在 20%，加入分散剂、悬浮剂时黏度仅有 12mPa·s 左右，为了提高调剖剂的黏度，在配方中加入增黏剂，起到对水的稠化作用和提高在黏土颗粒表面的吸附，增大黏土颗粒体积，提高流动时所产生的阻力，并在黏土颗粒间形成结构，产生结构黏度。

添加剂（TC）主要是纤维素类：TC1——水解纤维素；TC2——淀粉；TC3——羟丙基纤维素；TC4——亚钠甲基纤维素；TC5——羟丙基甲基纤维素。

在含油污泥浓度为 20%、分散剂浓度 0.1%、悬浮剂浓度 2%条件下，对 7 种稠化剂进行筛选，结果见表 9-11。

表 9-11　稠化剂筛选实验表

稠化剂名称	浓度/%	颗粒沉降速度	悬浮量/%
TC1	0.3	72mL/10min,62mL/30min,58mL/60min,52mL/120min,50mL/240min,48mL/300min	68.7
TC2	0.3	72mL/10min,62mL/30min,58mL/60min,52mL/120min,50mL/240min,48mL/300min	70.0
TC3	0.3	62mL/10min,58mL/30min,50mL/60min,45mL/120min,43mL/240min,43mL/300min	60.2
TC4	0.1	81mL/10min,80mL/30min,78mL/60min,73mL/120min,72mL/240min,72mL/300min	96.2
TC5	0.08	82mL/10min,79mL/30min,72mL/60min,70mL/120min,68mL/240min,67mL/300min	89.0
TC6	0.1	80mL/10min,79mL/30min,76mL/60min,69mL/120min,49mL/240min,49mL/300min	93.8
TC7	0.1	79mL/10min,75mL/30min,72mL/60min,68mL/120min,62mL/240min,50mL/300min	89.0

由表 9-11 可以看出：添加剂 TC4 的悬浮量最高，浓度为 0.1%。

4）污油泥调剖剂配方筛选

对 15 种不同配方的含油污泥调剖剂进行了筛选评价，配方筛选结果见表 9-12。综合考虑含油污泥调剖剂的成本选择配方 3：含油污泥为 15%～20%；FS4 为 0.1%；XF3 为 2%；TC 为 0.1%～0.3%。

表 9-12　加入不同添加剂配方的实验结果

配方	沉降开始时间—沉降终止时间/h	颗粒完全沉降速度	颗粒占总体积的比例/%
含油污泥 20%,FS1 0.1%,TC 0.3%	7:45—7:55—8:05—8:15—8:45—9:15—9:45—10:45—14:45	84mL/10min,77mL/30min,70mL/60min,56mL/120min,54mL/240min,49mL/300min	57.0
含油污泥 20%,FS4 0.1%,XF3 2%,TC 0.5%	7:55—8:05—8:15—8:25—8:55—9:25—10:55—11:55—14:55	86mL/10min,86mL/30min,86mL/60min,84mL/120min,80mL/240min,78mL/300min	91.6
含油污泥 20%,FS4 0.1%,XF3 2%,TC 0.3%	8:20—8:30—8:40—8:50—9:20—9:50—10:20—11:20—14:20	80mL/10min,80mL/30min,78mL/60min,77mL/120min,73mL/240min,71mL/300min	90.0
含油污泥 20%,FS5 0.1%,XF3 2%,TC 0.3%	8:28—8:38—8:48—8:58—9:28—9:58—10:28—11:28—14:28	81mL/10min,80mL/30min,78mL/60min,73mL/120min,72mL/240min,72mL/300min	84.0
含油污泥 20%,FS4 0.1%,DN 0.3%	8:34—8:44—8:54—9:04—9:32—10:04—10:32—11:04—13:34	72mL/10min,58mL/30min,54mL/60min,50mL/120min,46mL/240min,46mL/300min	52.0
含油污泥 20%,FS4 0.1%,TC 0.2%	9:03—9:13—9:23—9:33—10:02—10:33—11:03—14:03—15:03	80mL/10min,70mL/30min,60mL/60min,54mL/120min,49mL/240min,49mL/300min	57.6
含油污泥 20%,FS4 0.1%,TC 0.3%	14:00—14:10—14:20—14:30—15:00—15:30—16:00—17:00—18:00	81mL/10min,77mL/30min,74mL/60min,63mL/120min,54mL/240min,49mL/300min	61.4
含油污泥 10%,FS4 0.1%,TC 0.3%	8:37—8:47—8:57—9:07—9:37—10:07—10:37—11:07—13:37	70mL/10min,50mL/30min,45mL/60min,38mL/120min,35mL/240min,35mL/300min	38.9
含油污泥 15%,FS4 0.1%,TC 0.3%	8:41—8:51—9:01—9:11—9:41—10:11—10:41—13:41	68mL/10min,54mL/30min,50mL/60min,48mL/120min,46mL/240min,37mL/300min	41.6
含油污泥 8%,FS4 0.1%,TC 0.3%,XF3 2%	8:44—8:54—9:04—9:14—9:44—10:14—10:44—13:44—14:44	85mL/10min,70mL/30min,55mL/60min,44mL/120min,42mL/240min,39mL/300min	45.9
含油污泥 15%,FS4 0.1%,TC 0.3%,XF3 2%	9:35—9:45—10:05—10:35—11:05—13:35—14:35—15:35	79mL/10min,65mL/30min,60mL/60min,53mL/120min,49mL/240min,48mL/300min	57.1
含油污泥 13%,FS4 0.1%,TC 0.3%,XF3 2%	10:10—10:20—10:30—10:40—11:10—13:10—14:10—15:10	82mL/10min,78mL/30min,74mL/60min,61mL/120min,60mL/240min,59mL/300min	70.2
含油污泥 15%,悬浮 1 0.1%,TC 0.3%,XF3 3%	14:24—14:34—14:44—14:54—15:24—15:34—16:24—17:24—18:24	83mL/10min,81mL/30min,76mL/60min,73mL/120min,65mL/240min,65mL/300min	75.3
含油污泥 10%,FS4 0.1%,TC 0.3%,XF3 3%	7:44—7:54—8:04—8:14—8:44—9:14—9:44—10:44—11:44—13:44	81mL/10min,79mL/30min,76mL/60min,73mL/120min,65mL/240min,61mL/300min	75.9
含油污泥 20%,FS9 0.3%,FS10 0.05%,XF3 5%	10:12—10:22—10:32—10:42—11:12—13:12—14:12—15:12—16:12	73mL/10min,71mL/30min,71mL/60min,70mL/120min,69mL/240min,68mL/300min	81.9

注：实验用水为区块产出水。

（4）注入参数优化

1）注入压力设计

注入压力的选择主要根据注水干线压力及沿程压力损失来确定：利南油区正常的注水干线压力为14~16MPa，因此井口注入压力一般应低于注水干线压力3~4MPa。

2）注入浓度设计

根据单井调剖和整体注含油污泥施工的不同情况，建议在整体回注时含油污泥控制在15%左右，单井调剖时浓度在15%~20%。

① 整体回注：含油污泥浓度15%，分散剂浓度0.1%，悬浮剂浓度0.1%；如果施工压力平稳，添加剂的浓度可适当降低甚至不加。

② 单井注入：含油污泥浓度10%~20%，分散剂浓度0.1%，悬浮剂浓度0.1%。

3）注入用量设计

堵剂用量计算公式采用常用调剖堵剂用量公式：

$$Q = \pi r^2 H \Phi \beta$$

式中　Q——用于处理的堵剂量，m^3；

　　　r——处理半径，m；

　　　H——处理层段厚度，m；

　　　Φ——处理层段的孔隙度，%；

　　　β——用量附加系数，1.2。

4）注入方式研究

① 整体回注：对距离配液站较近的井组，建立地面整体回注流程，一般采用集中连续施工的方式，即视含油污泥产出情况，一个月施工1~2次，每次施工时间为1个星期，连续注入。

② 单井调剖：对距离较远的高含水井点，考虑运输及现场施工情况，采用段塞式注入方式，即白天施工12h，晚上正常注水12h。

5）注入管柱设计

① 整体回注：采用光油管，尾深下至油层下界3~5m，笼统注入。

② 单井调剖：a. 如果套管无问题，采用光油管，尾深下至油层下界3~5m，笼统注入；b. 如果油层上部套破，采用封隔器对套破段卡封，同时采用 ϕ62mm 光油管，尾深下至油层下界3~5m注入。

9.1.2.2　现场应用情况

（1）利30-4井注含油污泥先导实验

1）先导实验目的

① 验证含油污泥调剖技术在现场的应用情况；

② 通过对30-4注水井高渗透层段的封堵，调整吸水剖面，改善注水效果，同时消化利用含油污泥。

2）施工井概况

该井截至2003年8月，泵压12.9MPa，油压3.3MPa，日注130m^3，累注1215914m^3；对应油井5口，高含水停3口（30-10、30-11、263），开井2口：

① 利30-1井：日液185.7t，日油11.6t，含水率93.7%，液面352m。

② 利30-13井：日液173.6t，日油9.3t，含水率94.6%，液面393m。

利 30-4 井的基础数据、油层数据见表 9-13 和表 9-14。

表 9-13　基础数据表

完井日期	1985 年 11 月 5 日	油层套管	外径	139.7mm	人工井底	1573m
完钻井深	1600m		壁厚	7.72mm	水泥返高	837m
油补距	3.84m		下深	1597.32m	固井质量	合格
最大井斜及深度			3°,1025m			

表 9-14　油层数据表

层位	射孔井段/m	厚度/m	孔隙度/%	油层温度/℃
S3	1457.4～1459.4	2	30	65
S3	1483.4～1493.4	10	30	—

3）施工工艺设计

① 调剖剂用量及段塞设计：堵剂用量为 $Q = \pi r^2 H \Phi \beta = 3.14 \times 10^2 \times 12 \times 0.3 \times 1.2 = 1356$（$m^3$）。

结合现场实际情况采用三段塞注入，段塞设计见表 9-15。

表 9-15　利 30-4 井含油污泥调剖注入段塞设计

管段	第一段			第二段	第三段		
组分	含油污泥	分散剂	悬稠剂	DY-1	含油污泥	分散剂	悬稠剂
浓度/%	5～10	0.18	0.8	22	10～20	0.15	0.3
注入量/m³	110			150	1100		

② 施工管柱优化：由于本次施工注入堵剂量大，施工时间长，为防止堵剂沉淀，施工管柱采用 ϕ62mm 光油管，尾深下至油层下界 3～5m。

③ 地面注入流程配套：采用单井撬装式流程，增加 2 个 15m³ 双搅拌器、带喷枪和漏斗的配液池，进行流程配套，采用 2 台 3HB-100 泥浆泵注入。

④ 施工工序优化：起出原井生产管柱→通井刮管→套管试压→完成调剖管柱→地面管线试压合格→清水试挤→挤入堵剂→顶替清水→关井候凝 2 天→正常注水。

4）现场施工情况

在利 30-4 井上进行了含油污泥调剖先导实验，实际注入含油污泥 80t，共注入调剖剂 133t，施工压力最高 10.5MPa，注水压力由调剖前的 3.5MPa 提高到 8.5MPa（放开注），施工压力曲线见图 9-7。

① 第一个段塞为预堵段，含油污泥配液浓度 15%～20%，分散剂浓度 0.1%～0.15%，悬浮剂浓度 0.8%，人工加料，按设计要求在保证连续施工的条件下，尽可能多地注入含油污泥。但由于后期运输的含油污泥太脏，实际只注入 80t，完成设计量的 36%，分散剂注入 2t，悬浮剂 4.5t，施工压力 4～6.5MPa。

② 第二个段塞为充填段。注入 DY-1 堵剂 33t。该堵剂由 A 剂（固）＋B 剂（液）组成，其中 A 剂 22t，配液浓度 15%～20%，B 剂 11t，配液浓度 10%，施工压力最初为 3MPa，结束时稳定在 7MPa。

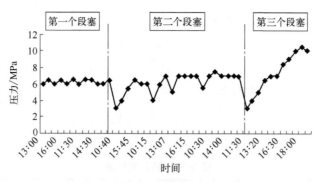

图 9-7　利 30-4 井施工压力曲线图

③ 第三个段塞为封口段。注入 GSY 封窜堵漏剂 20t。该堵剂具有膨胀体积大、初凝时间短、固化快、强度高等特点。配液浓度 15％～30％，施工压力最初为 3MPa，施工结束后为 10.5MPa。

从三个段塞施工压力的变化情况来看：在相同的注入量下，第三个段塞最后的施工压力为 10MPa，比第一个段塞的最初施工压力 3MPa 高出 7MPa，可见高渗透带被有效封堵，因此本次利 30-4 井采用含油污泥调剖的先导实验是成功的。

5）施工前后生产情况

利 30-4 井调剖后开井，图 9-8 为其调剖前后的注水曲线。从曲线中可以看出，调剖后第一阶段在注水压力相差不大的情况下，日配均为 100m³，调剖前日注 133m³，调剖后日注 100m³，日减水 33m³；第二阶段（2003 年 12 月 1 日至 2004 年 4 月 30 日），注水压力由 4.5MPa 上升到 7.5MPa，累计减水 6225m³。

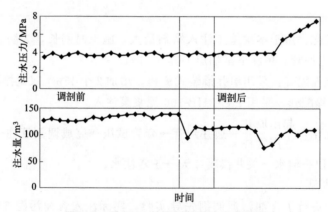

图 9-8　利 30-4 井调剖前后注水曲线图

6）先导实验小结

通过利 30-4 井注含油污泥调剖施工，取得了两方面的突破：一是含油污泥调剖先导实验取得成功，该工艺不论是从技术、工艺上，还是在现场实施上都是可行的；二是研制的含油污泥调剖剂完全可以满足大剂量调剖施工，每立方米堵剂费用低于 60 元。

（2）利 30 块整体注含油污泥调剖现场应用

1）区块简介

利 30 块位于尚店油田的中南部，为一断层遮挡的单斜底水块状油藏。该块含油面积 3.6km²，地质储量 7.73×10⁶t。开发层位 S3 和 S4，油层深度 1450m，平均有效厚度

13.6m，有效孔隙度 30%，有效渗透率 $164.9 \times 10^{-3} \mu m^2$，含油饱和度 68%。油层温度 68℃，饱和压力 13.7MPa，原始地层压力 14.5MPa。油田水水型为 $NaHCO_3$ 型，总矿化度 30220mg/L。

利 30 块总井数 45 口，油井 34 口，开井 10 口，日液能力 1049t/d，日油能力 38/d，综合含水率 96.3%，累计产油 $372.7529 \times 10^4 t$，采出程度 48.22%；注水井 12 口，开井 6 口，日注水平 $1991m^3/d$，累计注水 $2051.9286 \times 10^4 m^3$。该块已进入特高含水开发期，存在的主要问题为剩余油分布情况不清楚、区块高度水淹、停产停注井多等。

2）注入水井井组的确定

含油污泥注入水井井组的确定必须符合以下 3 个原则：

① 油水井对应关系好；

② 日注水量超过或达到配注；

③ 水井井况良好。

通过对利 30 块注水井组的调查分析，筛选出了距离利五污水处理站距离较近的利 30 块的 3 口注水井井组开展整体注含油污泥。3 口水井基本生产情况见表 9-16。

表 9-16　利 30 块所选井组水井生产情况

井号	井段	层数 /层	厚度 /m	泵压 /MPa	油压 /MPa	套压 /MPa	配注 /m³	日注 /m³	备注
30-7	1469.0～1507.8	3	19.8	12.5	6.5	0.7	100	133	合注
30-4	1457.4～1493.4	2	12.0	14.3	7.5	3.2	100	120	合注
529	1440.0～1447.0	1	7.0	14.5	1.5	0.5	100	425	合注

3）整体注污油泥工艺优化

① 注入参数设计：根据含油污泥用量计算公式 $Q = \pi r^2 H \Phi \beta$ 确定井组注入参数设计，见表 9-17。

表 9-17　整体注含油污泥井组堵剂用量设计

序号	井号	油层厚度 /m	设计半径 /m	孔隙度 /%	用量系数	配液量 /m³	分散剂用量 /t	悬浮剂用量 /t
1	利 30-7	19.8	10	30	1.2	2238	2.24	2.24
2	利 30-4	12.0	10	30	1.2	1356	1.36	1.36
3	利 529	7.0	10	30	1.2	791	0.8	0.8
合计	—	—	—	—	—	4385	4.4	4.4

② 注入流程配套：利五站内配液、注入流程改造；利 30-4 井、利 30-7、利 529 井地面注入管线及配水间流程改造。

③ 注入方式优化：施工管柱采用 ϕ73mm 光油管，尾深下至油层下界 3～5m；采用多段塞连续注入工艺，即注 12h 调剖剂后再倒注 12h 水。

4）施工概况

开展注含油污泥调剖施工，含油污泥浓度 15%～20%，分散剂 0.1%，悬浮剂 0.1%，日注 60～100m³，累计注入 7596m³，共消化含油污泥 1235t，分散剂用量 7.59t，添加剂用量 7.59t。3 口整体注含油污泥调剖施工井的施工参数见表 9-18。

表 9-18　整体注含油污泥调剖井的施工参数

施工井号	施工压力/MPa	施工排量/(m³/h)	调剖剂设计量/m³	实际注入量/m³	含油污泥用量/t	分散剂用量/t	添加剂用量/t
30-7	3～6	12～15	2238	3540	531	3.54	3.54
30-4	7～10	8～12	1356	2674	428	2.67	2.67
529	1.5～5.5	12～15	791	1382	276	1.38	1.38
合计	—	—	4385	7596	1235	7.59	7.59

9.1.2.3　应用效果分析

（1）现场应用效果

共开展含油污泥调剖 3 口井 4 井次，全部投产，成功率 100％，有效率 100％，共消化利用含油污泥 1235t，阶段累计增油 630t，效果主要表现在两个方面。

① 油压上升，日注水量稳中有降。3 口调剖井调剖后由于大孔道被有效封堵，提高了注水油压，日注水量呈下降趋势。3 口含油污泥调剖前平均油压 5.2MPa，日注 226m³，调剖后平均油压 7.2MPa，日注 209m³。调剖前后对比表明：调剖后比调剖前油压升高了 2.0MPa，日注减少了 17m³。详见表 9-19。

表 9-19　整体注含油污泥调剖井调剖前后生产数据

施工井号	施工日期	调剖前			调剖后		
		泵压/MPa	油压/MPa	日注/m³	泵压/MPa	油压/MPa	日注/m³
30-7		12.5	6.5	133	12.6	7.5	112
30-4	2004 年 4～10 月	14.3	7.5	120	14.5	8.7	108
529		14.5	1.5	425	14.5	5.5	408
平均值	—	—	5.2	226	—	7.2	209

② 井组综合含水率下降，油井产量增加。由于高渗透层被封堵，注入水改向中低渗透层渗透，增加注入水的水驱波及体积和驱油效率，提高了剩余油富集部位的动用程度，降低了井组综合含水率，对应油井产量上升。表 9-20 为整体注含油污泥调剖现场应用效果统计。从表 9-21 中可以看出，注含油污泥调剖井组对应油井 5 口，见效 4 口，调剖前井组日液 802.8t，日油 29.3t，综合含水率 96.4％；调剖后日液 805.1t，日油 35.6t，含水率 95.6％。调剖前后相比：调剖后比调剖前日增油 6.3t，综合含水率下降了 0.8 个百分点，累计增油 630t。

表 9-20　整体注含油污泥调剖现场应用效果

井号	措施前			措施后			日增油/t	累计增油/t
	日液/t	日油/t	含水率/%	日液/t	日油/t	含水率/%		
利 30-1	185.7	11.6	93.7	186.2	13.1	93.0	1.5	150
利 30-10	142.5	2.8	98.0	143.4	5.1	96.4	2.3	230
利 30-11	164.2	3.5	97.9	164.7	4.8	97.0	1.3	130
利 30-13	173.6	9.3	94.6	172.4	8.3	95.0	—	—
利 263	136.8	2.1	98.5	138.4	4.3	96.6	2.2	220
平均值	—	—	96.5	—	—	95.6		
合计	802.8	29.3	—	805.1	35.6	—	6.3	730

（2）经济效益分析

1）项目总产出

在完善室内研究的基础上，共实施含油污泥调剖 3 口井 4 井次，成功率 100%，有效率 100%，共消化含油污泥 1235t，调剖井组阶段增油 630t。项目的产出主要包括 3 个部分。

① 消化含油污泥免除环保罚款。每吨含油污泥外排环保罚款为 800 元，截至目前实施含油污泥调剖共消化含油污泥 1235t，因此节省环保资金＝800×1235÷10000＝98.8（万元）。

② 井组增油收入。每吨原油售价按 1200 元计，截至目前实施井组阶段累计增油 630t，则售油收入＝1200×630÷10000＝75.6（万元）。

③ 节约堵剂费用。深部调剖堵剂一般采用体膨性堵剂，配液浓度为 1%，每吨体膨性堵剂价格为 1.6 万元，则配制每立方米体膨性堵剂溶液价格为 160 元/m^3，而本次整体注含油污泥费用仅为 20 元/m^3，则每立方米堵剂节约费用为 140 元，因此该项目阶段累计节约费用为：总注入体积×每立方米节省堵剂金额＝7596×140÷10000＝106.344（万元）；

含油污泥调剖项目总收入＝98.8＋75.6＋106.344＝280.744（万元）。

2）项目总投入

该项目研究及现场应用总投入费用主要包括以下 4 项。

① 室内研究费用：15 万元。

② 注入流程配套：25 万元。

③ 药剂费用：6 万元。

④ 施工劳务费用：2 万元。

以上 4 项合计总投入费用为 48 万元。

3）经济效益对比

该项目总投入为 48 万元，阶段总产出为 280.744 万元，则：

经济效益＝总产出－总投入＝280.744－48＝232.744（万元）。

投入产出比为 1：5.85。

（3）社会效益分析

利南油区有 11 个依靠注水开发的中高渗透区块已经进入中高含水开发阶段，积极寻找价格低廉、性能优越的深部调剖剂势在必行。同时随着污水处理技术和管理水平的提高，含油污泥的消化利用问题亟待解决。含油污泥调剖工艺技术的研究成功，不仅有效地解决了利南油区含油污泥外排造成的环境污染，而且为中高含水油藏的大剂量调剖提供了堵剂来源，大大降低了调剖费用，达到了消化利用含油污泥和深部调剖的双重作用。

（4）应用前景

为进一步提高对该技术应用前景的认识，对适合含油污泥调剖的区块进行了初步筛选。结合室内研究和利南油区的油藏特点，分析认为初步满足含油污泥调剖的区块必须具备两个基本条件：一是区块必须是中高含水区块；二是区块可以满足含油污泥的正常注入。

9.1.3 辽河油田调剖工艺应用研究

辽河油田稠油丰富，每年产生污油泥 180kt 以上。由于含油污泥没有科学有效的处理途径，污水厂和联合站存储能力已达极限，严重影响原油正常生产，迫切需要寻求出路，同时辽河油田稠油油藏存在吸汽不均、动用不均、汽窜和高含水等生产问题。

开展含油污泥调剖技术的研究与应用，可实现资源循环利用，有效避免含油污泥的运输、处理及二次污染等问题，同时可为油田绿色环保开发提供强有力的技术支撑。

9.1.3.1 技术研究分析

（1）含油污泥的组分含量分析

在原油开采、集输和污水厂处理等过程中，在沉降罐、污水罐、浮选池和隔油池逐渐形成的黑色黏稠液体称为含油污泥。取污水厂和联合站含油污泥样品，测定其组分含量。含油污泥组分含量分析结果见表9-21。

表9-21　含油污泥组分含量分析结果

污油泥样品	取样地点	含水率/%	含泥量/%	含油量/%	样品外观
1	污水厂	61.58	19.17	19.25	黑色黏稠液体
2	污水厂	56.36	25.08	18.56	黑色黏稠液体
3	联合站	64.10	16.85	19.05	黑色黏稠液体

（2）含油污泥粒径分析

将含油污泥样品经脱油、脱水后分离出的泥质组分，采用激光粒度分析仪测定其粒径分布。泥质组分粒径分布分析结果见表9-22。

表9-22　泥质组分粒径分布分析结果

样品	取样地点	不同粒径含泥量分布/%					
		<5μm	5～10μm	10～50μm	50～100μm	100～300μm	>300μm
1	污水厂	7.00	7.78	48.23	18.12	12.31	6.56
2	污水厂	2.50	3.12	49.28	27.87	15.68	1.55
3	联合站	3.52	6.23	47.65	23.36	17.56	1.68

（3）含油污泥颗粒调剖剂

该调剖剂体系是以含油污泥为基本原料，加入适量的钠基膨润土、土粉、橡胶粉，将含油污泥调配成具有一定悬浮性和稳定性的悬浮体系，该体系可使橡胶粉颗粒溶胀分散，并产生"团粒结构"，使其仅进入大孔道和汽窜通道中进行封堵，从而扩大水驱波及体积，提高采收率。该体系配制黏度为50～300mPa·s，使用温度300℃，封堵率≥85%，适用于封堵高渗透储层和大孔道、汽窜通道等。

（4）含油污泥聚合物复合调剖剂

该体系由含油污泥、聚丙烯酰胺、聚阴离子纤维素和淀粉组成。将含油污泥与聚丙烯酰胺溶液分段塞注入地层，利用含油污泥微粒表面的—OH基团与聚丙烯酰胺分子中—NH_2基团结合形成氢键，大量的氢键使聚合物较稳定地吸附在含油污泥微粒表面，使含油污泥絮凝成为更大的颗粒，从而在地层中产生封堵作用。该体系配制黏度80～200mPa·s，使用温度200℃，封堵率≥70%，适用于中、低渗透储层，满足地层深部调剖的需求。

（5）含油污泥改性高温封口剂

该体系由含油污泥超细水泥、四氟化硅、烧碱钠基膨润土按适当比例复配而成。含油污泥改性高温封口剂通过控制温度和烧碱用量，调节成胶速度和成胶后的强度。该体系在成胶前黏度低，利于泵注；在地层中成胶后，强度高，耐温性好，能满足蒸汽条件下耐蒸汽高温冲刷的要求，并长期有效。

该体系工作液黏度60～150mPa·s，成胶温度范围40～95℃，成胶时间8～72h可调，耐温 350℃，突破压力＞10MPa，封堵率≥95％。该体系对稠油井的近井地带进行高强度封堵，有利于延长含油污泥调剖的有效期，提高调剖施工效果。

9.1.3.2 现场应用情况

（1）选井原则

注汽压力（＜13MPa）较低、地下亏空大的稠油热采井；有汽窜史的稠油热采油井；纵向动用不均，需改善动用程度的稠油热采井；井筒无套管变形，或有轻微套管变形但不影响冲砂作业的油井。

（2）施工工艺优化

根据现场实际情况，含油污泥调剖剂的注入方式设计为多段塞式注入，对于地层亏空大的油藏，段塞组合为含油污泥＋含油污泥改性高温封口剂；对于高渗透储层和大孔道、汽窜通道的油藏，段塞组合为含油污泥＋含油污泥颗粒调剖剂＋含油污泥改性高温封口剂；对于中、低渗透储层的油藏，段塞组合为含油污泥＋含油污泥聚合物复合调剖剂＋含油污泥改性高温封口剂。含油污泥段塞现场注入压力控制在 8MPa 以下，含油污泥颗粒调剖剂和含油污泥聚合物复合调剖剂段塞现场注入压力控制在 10MPa 以下，含油污泥改性高温封口剂压力控制在 15MPa 以下。依据现场实时参数，动态调整配方及注入量，保证施工的顺利进行和施工效果。

9.1.3.3 应用效果分析

（1）现场应用效果

2015 年含油污泥调剖技术在辽河油田稠油油藏现场应用 15 井次，累计注入含油污泥 $3.65×10^4t$，措施井的注汽压力、纵向吸汽情况和平面见效程度发生明显改变，汽窜问题得到有效改善，增油降水效果显著。现场应用表明，该技术可有效改善稠油油藏吸汽不均、动用不均、汽窜、高含水等生产问题，提高了稠油油藏的开发效果，同时解决了含油污泥处理难题，实现了资源的循环利用。

① 措施井平均注汽压力上升，纵向吸汽问题改善明显。含油污泥调剖前，措施井平均注汽压力为 11.3MPa，吸汽剖面资料显示吸汽较好层吸汽量达 77.6％。调剖后，平均注汽压力升至 13.2MPa，增加 1.9MPa；吸汽较好层吸汽量为 57.2％，降低 20.4 个百分点。措施井平均注汽压力明显上升，纵向吸汽问题明显改善，吸汽较差层和不吸汽层动用程度提高。

② 措施井汽窜通道得到有效封堵，平面受效程度更均匀。含油污泥调剖前，示踪剂监测资料显示蒸汽推进速度差异较大，井间蒸汽推进速度最快达 9.5m/d，最慢仅 1.8m/d。调剖后井间蒸汽推进速度最快为 6.3m/d，最慢为 3.5m/d。措施井汽窜通道单向突进得到有效封堵，井组受效更均匀。

③ 措施井增油降水效果显著。该技术在现场应用后，平均单井综合含水率下降 6.28％，累计增油量为 $0.32×10^4t$，增油降水效果显著。

（2）经济效益分析

含油污泥调剖技术现场实施 15 井次，累计注入含油污泥 $3.65×10^4t$，节约污泥处理费用 $1898×10^4$ 元，具有巨大的经济效益。

（3）典型井例效果分析

某井 2012 年投产，生产井段 787.5～844.0m，油层厚度 26m，2015 年某井进行第 10 周期注汽吞吐，此周期生产效果差，同时该井受邻井汽窜影响，不出油关井。对该井在第 11 周期注汽吞吐前实施含油污泥调剖，共注入含油污泥＋含油污泥颗粒调剖剂＋含油污泥改性高温封口剂复合段塞 1156m³，其中含油污泥 450m³，配方体系为 16%含油污泥，余量为水；含油污泥颗粒调剖剂 600m³，配方体系为 8% 含油污泥＋0.3% 钠基膨润土＋0.2% 土粉＋2.0%橡胶粉，余量为水；含油污泥改性高温封口剂 106m³，配方体系为 15%含油污泥＋4.0%超细水泥＋0.1%四氟化硅＋0.3%烧碱＋8.0%钠基膨润土，余量为水。调剖后，该井的生产情况得到明显改善，见表 9-23。

表 9-23　某井污油泥调剖前后注汽及生产情况

周期	平均注汽参数				周期生产情况		
	注汽日期	温度/℃	压力/MPa	干度/%	生产天数/d	产油量/t	产水量/t
10	3 月 7～11 日	329.3	12.9	75.2	47.34	8.8	418.2
11	6 月 25～30 日	338.2	14.4	75.3	112.98	471.5	1833.1

由表 9-24 可知，调剖后该井注汽压力上升了 1.5MPa，研究表明，调剖后吸汽问题得到有效改善，含油污泥调剖剂复合段塞封堵了汽窜通道和高渗透层，迫使蒸汽转向，启动潜力层，提高了蒸汽波及体积。平均产油量由调剖前的 0.8t/d 上升至 4.2t/d，平均含水率由调剖前的 97.9%下降至 79.6%，同时周期增油 462.7t，增油降水效果显著。

9.1.4　大庆油田调剖工艺研究

9.1.4.1　技术研究分析

（1）污泥成分及粒径分析

由表 9-24 可以看出，含油污泥中含水率为 16.97%～46.50%，含泥量在 16%左右，含油量为 36.60%～67.70%，较高的含水量和含油量为泵送调剖剂打下了基础。

表 9-24　污泥组成成分分析

取样地点	含水率/%	含泥率/%	含油率/%
罐内	16.97	15.33	67.70
泵出	46.50	16.90	36.60

由表 9-25 可以看出，含油污泥中粒径＜100μm 的颗粒占总泥质 90%左右，较小粒径的泥质颗粒便于用来封堵高渗透地层。

表 9-25　含油污泥中不同粒径含量分布　　　　　　单位：%

取样地点	＜10μm	10～50μm	50～100μm	＞100μm
罐内	35.69	25.89	26.24	12.18
泵出	45.55	29.87	15.99	8.59

（2）确定悬浮剂用量

由表 9-26 可见，悬浮剂对含油污泥具有良好的悬浮作用，可延长油、水和固体颗粒的分层时间，而且还可减缓固体颗粒的沉降速度。实验表明，悬浮剂用量在 0.20%～0.30%为宜。

表 9-26　悬浮剂用量对含油污泥悬浮作用的影响

序号	污泥含量/%	悬浮剂加入量/%	开始分层时间/min	颗粒全部沉降时间/h
1	50	0	7	31

序号	污泥含量 /%	悬浮剂加入量 /%	开始分层时间 /min	颗粒全部沉降时间 /h
2	50	0.10	20	75
3	50	0.15	32	112
4	50	0.20	41	145
5	50	0.25	49	181
6	50	0.30	50	216

（3）确定乳化剂用量

由表 9-27 可见，加入乳化剂可以减慢颗粒的沉降速度，用量在 0.30%～0.40% 之间为宜。

表 9-27　乳化剂用量对含油污泥悬浮性能的影响

序号	乳化剂用量 /%	污泥含量 /%	乳化时间 /h	颗粒全部沉降时间 /h
1	0	50	0.5	145
2	0.10	50	5	248
3	0.20	50	24	252
4	0.30	50	＞48	263
5	0.40	50	＞48	281

（4）优选增强剂

由表 9-28 可知，由于含油污泥调剖剂的针入度指标为≤3.0cm，因此考虑成本和技术指标两项因素，确定增强剂的加量在 30～40g 之间。

表 9-28　增强剂对调剖剂强度的影响

增强剂加量/g	20	30	40	50
针入度/cm	5	3.5	1.1	0.5

（5）调剖剂技术指标

如表 9-29 所列，通过调研对比并结合室内实验结果，初步确定出含油污泥调剖剂的技术指标。

表 9-29　含油污泥调剖剂技术指标

项目	技术指标	项目	技术指标
地面黏度/(MPa·s)	≤100	热稳定性(70℃时)/d	≥40
固化时间(50℃时)/d	2～7	岩心封堵率/%	≥90
针入度/cm	≤3.0		

9.1.4.2　现场应用情况

（1）选取实验井组和目的层

某井组共有油水井 7 口，开采层位萨Ⅱ组、萨Ⅲ组、葡Ⅰ组油层。从精细地质研究成果角度看，葡Ⅰ组共有 3 口油井与杏某井连通，且葡Ⅰ11a 层、葡Ⅰ11b 层、葡Ⅰ21b 层在该井组发育大面积的河道砂体。葡Ⅰ11a层有 1 个方向的采出井点,葡Ⅰ11b、葡Ⅰ21b层各有 2 个方向的采出井点,注采系统比较完善,油井单层含水率都在 90% 以上。其测井曲线显示层内存在渗透率差异,吸水剖面也显示层内吸水不均匀,同时连通油井对应层位低渗部位出液比例较低,含水级别也很低。为挖掘这部分潜力,经过反复论证,最终选取杏某井的葡Ⅰ11 和葡Ⅰ21b 两个层段进行深度调剖,封堵高渗部位,提高低渗部位的动用比例。

(2) 现场施工情况

杏某井含油污泥深度调剖于 2005 年 5 月开注,同年 11 月结束施工,施工分为三个段塞:一段塞为前置液(弱凝胶)2200m³,实际注入 2340m³;二段塞为主段塞(含油污泥调剖剂)3000m³,实际注入 3107m³;三段塞为后置液(封口剂)800m³,实际注入 808m³。调剖剂总设计量为 6000m³,实际累计注入 6255m³。启动压力由开注时的 6MPa 上升到 13.0MPa,压力的上升必将大幅提高低渗油层和厚油层内低渗漏部位的动用程度。

9.1.4.3 应用效果分析

井口数据对比结果表明,启动压力上升 2.5MPa,目的层段吸水指数平均下降 1.3m³·MPa/d,调剖后平均注水压力上升 2.7MPa,吸水剖面得到明显改善。

从施工的压力变化分析,注入压力相对平稳。主要是由于含油污泥调剖剂的高矿化度及其与地层流体的良好配伍性,决定了其在地层内的稳定流态,保证了其在地层内较大的波及半径。

对比调剖前后同位素吸水剖面可知:吸水厚度增加了 3.9m,吸水层数增加了 3 层,吸水厚度比例提高了 14.1%;目的层内水驱主流道发生了改变,葡Ⅰ1 水驱主流道上移了 2m,葡Ⅰ21b 水驱主流道下移了 3.5m,层内发育变差部位吸水量大幅增加。

杏某井深度调剖后吸水剖面得到明显改善,薄差层的动用比例提高了 14.1%,同时层内低渗部位的动用程度也得到大幅提高。

如表 9-30 所列,周围连通油井效果明显,杏某井深度调剖 2 个月后,周围连通油井开始见效,合计日增液 27m³,日增油 1.6t,综合含水率下降 0.5%,流压平均上升 0.93MPa,说明低出液、低含水部位的出液比例得到了大幅提高,实现了对这部分剩余油的挖潜目标。

表 9-30　杏某井连通油井调剖前后产量变化情况

井号	调剖前/调剖后				差值			
	日产液 /(m³/d)	日产油 /(t/d)	含水率 /%	流压 /MPa	日产液 /(m³/d)	日产油 /(t/d)	含水率 /%	流压 /MPa
10-1-B47	46/47	2/2.3	94.8/95.1	4.65/7.28	1	0.3	0.3	2.63
10-1-B481	21/21	1/1	96.5/95.2	4.14/3.59	0	0	−1.3	−0.55
10-1-B471	36/62	1/2.3	96.5/96.3	4.28/4.98	26	1.3	−0.2	0.7
平均值	—	—	95.9/95.5	4.36/5.28	—	—	−0.4	0.93
合计	103/130	4/5.6	—	—	27	1.6	—	—

通过分析上述案例,含油污泥调剖剂具有性能稳定、可泵性好、封堵能力强、价格低廉等优点,完全可以满足中高渗透油藏深部调剖的需要。扩大含油污泥调剖技术应用规模的关键在于深入中高含水区块含油污泥调剖适应性研究和加大注入流程改造力度。该技术不仅能够有效解决含油污泥外排污染难题,而且为大剂量深部调剖提供了堵剂来源,起到了消化含油污泥和调剖的双重作用。其应用有效减轻了生产过程造成的环境危害,具有显著的经济效益、社会效益及良好的推广应用前景。

9.2 热洗后的含油污泥制备环保油泥煤

9.2.1 环保油泥煤介绍

环保油泥煤属于环保领域产品，是利用新技术将危险废物油泥作为原料，添加特制的添加剂、填料、废弃物等材料制成的热值>4000kcal，易于燃烧的新燃料。环保油泥煤可用于燃煤发电、生物质发电、燃煤供热以及石灰窑燃煤、回转窑燃煤等。

可用作环保油泥煤原料的含油污泥如下。

① 石油开采及天然气开发：罐底油泥、作业油泥、管线腐蚀渗漏油泥及钻井油基泥浆等减量化油泥。

② 精炼石油：炼油厂罐底油泥、炼油产生的浮渣油泥及含油污水处理产生的减量化油泥等。

③ 非特定行业：机械加工厂使用油基车削液、废润滑油、废机油、废齿轮油等产生的油泥。

环保油泥煤将难于处理的含油污泥危险废物通过新技术和工艺进行无害化、燃料化、资源化处理，充分利用，保护环境，利国利民。

环保油泥煤特点包括：a. 资源化利用危险废物及废弃物；b. 降低碳排放量；c. 处理工艺简单、安全、环保、节能；d. 不产生废水、废气、废渣；e. 降本增效。

减量化油泥无害化处理方法对比见表9-31。

表 9-31 减量化油泥无害化处理方法对比

序号	对比项目	焚烧法	热解法	油泥利用(油泥煤)
1	节能	不节能	不节能	节能
2	烟气	产生	产生	无
3	气味	刺鼻	刺鼻	轻微
4	碳排量	增加	增加	不增加
5	管理难易程度	难	难	简单
6	安全隐患	有	有	无
7	残渣	有	有	无

9.2.2 环保油泥煤制作的工艺流程

图9-9为环保油泥煤的工艺流程图。

9.2.3 环保油泥煤室内制作

从减量化油泥处理站取10kg离心机出口油泥，取10kg热解不彻底残渣，分别按含油污泥量、特制添加剂量、填料量及废弃物量等不同占比，按制作工艺要求制作1号和2号环保油泥煤两个样品，各取500g寄送北京中科光析化工技术研究所进行检测，结果如下。

(1) 1号环保油泥煤

热值：17280.9kJ/kg (4134.18kcal/kg)。

灰分：47.39%。

挥发分：27.26%。

燃烧后残渣含油率：0.05%。

燃烧烟气检测：颗粒物，8.02mg/m³；二氧化硫，11.55mg/m³；氮氧化物，80.24mg/m³。

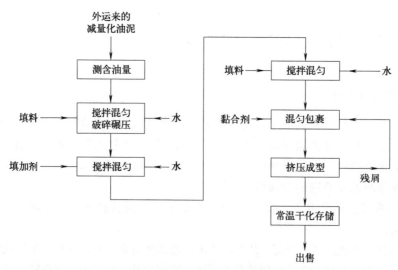

图 9-9　环保油泥煤的工艺流程

林格曼黑度：1mg/m³。

1号环保油泥煤灼烧前后对比见图 9-10（书后另见彩图）。

(a)1号环保油泥煤灼烧前　　　　　　　　　　(b)1号环保油泥煤灼烧后

图 9-10　1号环保油泥煤

经国家电炉质量监督检验中心检验，功率因数为 1.0，电热转化效率为 98.8%。

（2）2 号环保油泥煤

热值：17348.7kJ/kg（4150.40kcal/kg）。

灰分：42.56%。

挥发分：26.34%。

燃烧后残渣含油率：0.04%。

2 号环保油泥煤灼烧前后对比见图 9-11（书后另见彩图）。

从检测结果可以看出，1 号和 2 号环保油泥煤热值均在 4000kcal 以上。对照配比看出以下几点。

①　油泥、特制添加剂及填料占比越大，其热值越高。检测符合《煤的发热量测定方法》（GB/T 213—2008）；

②　灰分和挥发分检测值均在《煤的工业分析方法》（GB/T 212—2008）规定的标准值以内；

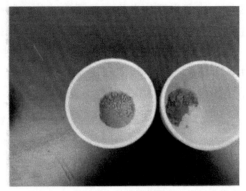

(a) 2号环保油泥煤灼烧前   (b) 2号环保油泥煤灼烧后

图 9-11　2 号环保油泥煤

③ 环保油泥煤燃烧后残渣含油率在 0.05％ 左右。在黑龙江省地方标准《油田含油污泥处置与利用污染控制要求》（DB23/T 3104—2022）规定的泥渣含油小于 0.3％ 标准限值以内；

④ 环保油泥煤燃烧烟气中的颗粒物、二氧化硫、氮氧化物等的含量均在《锅炉大气污染物排放标准》（GB 13271—2014）规定的标准限值以内。

最终工艺流程如图 9-12 所示。

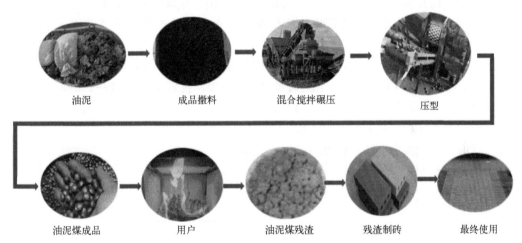

油泥　　　成品撒料　　　混合搅拌碾压　　　压型

油泥煤成品　　　用户　　　油泥煤残渣　　　残渣制砖　　　最终使用

图 9-12　最终工艺流程

9.2.4　油泥煤的应用

油泥煤同煤一样可用于燃烧，可用作锅炉燃煤、发电燃煤、回转窑燃煤等。由于油泥是一种危险废物，其转运和存放有严格要求，因此用减量化油泥制作的油泥煤需考虑转运、存放和使用。应减少油泥煤存放时间，即产即用。可与长年运行的锅炉厂或电厂签订供货协议。市场调研如下。

某热力公司情况如下。

该环保油泥煤是以危险废物含油污泥、废弃料为原料，添加特制添加剂及填料采用新技术新工艺加工制作而成的一种新型燃料，热值高，价格低廉，碳排放量少，燃烧后灰分、挥发分、残渣含油，以及烟气中颗粒物、二氧化硫等成分均远小于国家、行业及地方标准限值，可供给长年燃煤的单位如生物质发电厂或冬季供给热力公司燃煤锅炉使用。燃烧后产生的残渣含油率为万分之几，可用于铺路、制砖。环保油泥煤生产过程中无废水、废气、废渣产生，该项目符合国家环保及新能源产业扶持政策标准，市场前景广阔。

"点对点"定向利用：油田和炼油厂产生的减量油泥（危险废物），直接运送到环保油泥煤生产厂施行点对点定向利用。符合《国家危险废物名录（2021年版）》"危险废物豁免管理清单"中第31~32条内容，见表9-32。

表 9-32 "危险废物豁免管理清单"中第 31~32 条内容

序号	废物类别/代码	危险废物	豁免环节	豁免条件	豁免内容
31	900-049-50	机动车和非道路移动机械尾气净化废催化剂	运输	运输工具满足防雨、防渗、防遗撒要求	不按危险废物进行运输
32	—	未列入本《危险废物豁免管理清单》中的危险废物或利用过程不满足《危险废物豁免管理清单》所列豁免条件的危险废物	利用	在环境风险可控的前提下，根据省级生态环境部门确定的方案，实行危险废物"点对点"定向利用，即：一家单位产生的一种危险废物，可作为另一家单位环境治理或工业原料生产的替代原料进行使用	利用过程不按危险废物管理

相关文件如下。

① 《中华人民共和国固体废物污染环境防治法》《国家危险废物名录》；

② 国务院办公厅《关于印发强化危险废物监管和利用处置能力改革实施方案的通知》（国办函 2021-47 号）；

③ 《黑龙江省危险废物"点对点"定向利用豁免管理试点实施方案》；

④ 《陆上石油天然气开采含油污泥处理处置及污染控制技术规范》（SY/T 7300—2016）；

⑤ 《锅炉大气污染物排放标准》（GB 13271—2014）；

⑥ 《煤的工业分析方法》（GB/T 212—2008）；

⑦ 《煤的发热量测定方法》（GB/T 213—2008）；

⑧ 《城镇污水处理厂污泥处置 制砖用泥质》（GB/T 25031—2010）；

⑨ 《油田含油污泥处置与利用污染控制要求》（DB23/T 3104—2022）。

9.3 含油污泥陶粒的制备

9.3.1 处理含油污泥，"变废为宝"形成"环保闭环"

含油污泥处置后如何有效利用，一直是"老大难"问题。

目前在采油工艺中应用的压裂支撑剂传统原料大多为天然石英砂和铝矾土，我国是全球石英砂的领先消费者，现阶段中低端石英砂已经实现国产化供应，但高端石英砂仍需海外进口。近年来，我国石英砂需求不断增长，加上我国矿业开发及加工产业政策的调整，一些资本也流入石英砂市场，助推了石英砂价格的提升。铝土矿应用领域广泛，但我国资源储量较低，无法满足市场需求，需长期依靠进口，导致行业发展受限，亟需在保护环境的同时，加大铝土矿的开采力度。然而，铝土矿作为全球战略性矿产资源，受国际市场及供需紧张等情况的影响，价格持续上涨，这将为行业发展带来巨大挑战。且国内对天然石英砂矿和铝土矿的开采，已造成环境巨大破坏，为了保护环境，国家出台了一些限采政策，致使传统原料供不应求，寻找替代原料成了迫在眉睫的必然途径。

本技术采用"含油污泥压裂支撑剂制备"工艺进行含油污泥的处理与利用，工艺中可回收含油污泥中的石油资源、剩余泥渣可作为烧制陶粒的主要原料进行高值化、资源化利用，陶粒烧制完成后，达到《水力压裂和砾石充填作业用支撑剂性能测试方法》（SY/T 5108—2014）标准要求并作为压裂支撑剂应用于油田井下压裂施工，同时产品满足《油田含油污泥处置与利用污染控制要求》（DB23/T 3104—2022）中处置后泥渣利用污染物控制限值的各项要求。

9.3.2 室内小试试验

通过多次室内试验确定了除油后的干基污泥烘干均化、磨粉均化、成球筛分、高温煅烧的工艺过程，并提出了生产不同规格陶粒产品的不同配方体系与工艺参数。烧制出的不同规格的压裂支撑剂见图9-13。

9.3.3 中试试验

相继开展了中试试验，主要是为此后的工业化生产提供依据，例如规模化生产所需

图 9-13　烧制出的不同规格的压裂支撑剂

的装置设备、生产能力设计、工艺参数优化、能耗对标、安全环保以及投资预测和经济效益比对等。按照工艺技术路线图再结合小试实验的结果分析，中试或工业化生产的三大主要环节是粉磨、成球、煅烧。所以中试主要围绕着这三大主体设备展开。

2022年初至今，用多种原料先后在河南、安徽、山东、辽宁等设备厂家现场磨粉试验，最终确定球磨最适合该项技术实施。在成球中试试验中优选直径1.2m的成球机做中试，摸索成球率、成球时间和电耗，优化设计成球机的参数、数量配置和电机组合及性价比。在煅烧工艺中选择100kg/h的回转窑进行煅烧，摸索进料量、耗气量、窑转速等参数与烧成温度和自动控制的关系，为优化设计安全环保、高效低耗工业化生产窑提供数据支撑。

小试和中试试验结果表明，用含油污泥制成的压裂支撑剂具有体积密度小、圆球度好、抗压能力强、导流能力优等特点。陶粒的检测指标见表9-33，可达到《水力压裂和砾石充填作业用支撑剂性能测试方法》（SY/T 5108—2014）标准要求并作为压裂支撑剂应用于油田井下压裂施工。

表 9-33　陶粒的检测指标

指标	标准值	16～20目 28MPa	16～30目 35MPa	20～40目 52MPa	30～50目 69MPa	40～70目 86MPa	70～140目 103MPa
粒径	≥90%	98	97	98.5	97.6	97.5	98.4
圆球度	≥0.9	0.9	0.9	0.9	0.9	0.9	0.9
浊度/FTU	≤100	55	58	57	58	58	60
酸溶解度	≤7%	6.3	6.5	6.0	6.4	6.7	6.1
破碎率/%	≤9%	8.1	8.0	6.9	6.4	6.8	7.1
体积密度/(g/cm³)	—	1.41	1.48	1.51	1.47	1.50	1.49

9.3.4 技术路线和方法

经过室内试验和中试试验，拟提出如下技术路线和应用方法（图9-14）。

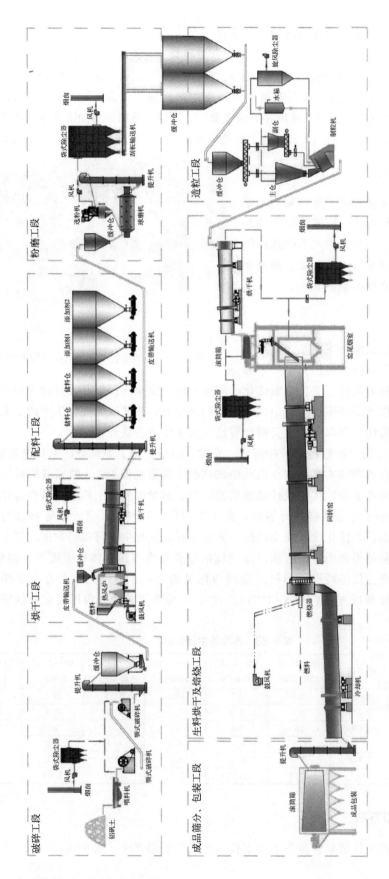

图 9-14 污油泥及钻井岩屑制作压裂支撑剂工艺流程

（1）干基污泥预烘干与配料

除油后的干基污泥输送至堆棚进行堆存，自然风干。用铲车上料，经过受料斗下边皮带秤称量后由皮带机输送至预烘干设备。烘干后的干基污泥由皮带机输送至均化库，通过机械倒库的方式实现干基污泥的均化。其他辅料（均为矿山尾矿渣）通过卡车运输进厂后，直接卸车到受料斗。配料库底设转子秤，各物料经过计量后（确保干基污泥用量＞55%）用皮带机输送至球磨机。

（2）原料粉磨

经过计量后的混合料经皮带机输送至球磨机进行混合粉磨。粉磨后的混合料由提升机输送至选粉机，经过选粉机分选后，细度合格的物料由空气输送斜槽、提升机输送至混合料库内贮存；粉磨细度不合格的物料由空气输送斜槽输送至球磨机再次粉磨。

（3）粉料均化

由于干基污泥的成分变化对生产压裂支撑剂的影响比较大，为了进一步均化，并保证不影响连续生产，设置原料均化粉库。通过库底空气输送斜槽、提升机等设备在库内或库与库之间进行倒库均化，均化合格的粉料输送至成球中间仓暂存。

（4）成球筛分

中间仓的生料粉经过计量后通过螺旋机输送至成球机进行成球。成球后的生料球由大倾角皮带机输送至生料湿球中间仓，湿球输送至滚筒筛进行筛分，筛分不合格的小料球直接进入湿粉缓冲仓，筛分合格料球烘干后输送至中间仓，大颗粒不合格球，经过打粉破碎后再次进入成球盘，进行二次成球。

（5）烘干烧成

中间仓粒度合格的料球经过提升机进入单筒烘干机进行烘干，烘干后再次筛分去除细粉料，由提升机输送至生料干球仓。干球仓底设计称量喂料系统，将干球喂入回转窑，物料经过烧成后，由单筒冷却机进行冷却。

（6）包装发运

冷却后的成品压裂支撑剂由板式输送机、提升机输送至包装仓，包装仓下设振动筛，把大块料筛出去除，成品料直接包装发运。

（7）废气处理

回转窑窑头的烟气一部分通往烘干机进行原料烘干，另一部分通往干基污泥预烘干窑进行烘干。其余热风进入余热锅炉，余热锅炉生成的蒸汽可用于发电，也可用于含油污泥除油生产线。尾气通往脱硫脱硝装置进行处理后达标排放。

综上，含油污泥压裂支撑剂制备技术为石油行业提供了一套解决油气田开发和原油加工过程中产生的含油污泥无"路"可走的技术方案。利用含油污泥制备环保压裂支撑剂的新技术，实现了石油行业环保闭环、节约自然资源、可持续发展的新目标。

参 考 文 献

[1]　车承丹，吴少林，朱南文，等. 含油污泥石油醚浸提技术研究 [J]. 安全与环境学报，2008 (01)：56-58.

[2]　张秀霞，耿春香，冯成武. 溶剂萃取——蒸汽蒸馏法处理含油污泥 [J]. 上海环境科学，2000 (05)：228-229.

[3]　战玉柱，高洪阁，张大松，等. 低含油污泥固化处理技术研究 [J]. 油气田环境保护，2010，20 (01)：20-22，61.

[4]　刘敏，陈欢，范杰，等. 油田含油污泥固化与耐水性能研究 [J]. 重庆科技学院学报（自然科学版），2010，12 (06)：95-97.

[5]　冯大伟，肖荣欣，张保森，等. 含油污泥处理技术应用研究进展 [J]. 黑龙江科技信息，2008 (18)：46，175.

[6]　宋绍富，魏强. 含油污泥处理技术进展 [J]. 石油化工应用，2015，34 (11)：3-7.

[7]　余冬梅，骆永明，刘五星，等. 堆肥法处理含油污泥的研究 [J]. 土壤学报，2009，46 (06)：1019-1025.

[8]　宋绍富，魏强. 含油污泥处理技术进展 [J]. 石油化工应用，2015，34 (11)：3-7.

[9]　姜淑兰. 土地耕作法处理油田含油污泥 [J]. 油气田地面工程，2009，28 (01)：12-13.

[10]　周立辉，任建科，张海玲，等. 使用撬装式生物反应器处理含油污泥的现场试验 [J]. 干旱环境监测，2011，25 (04)：242-244，249.

[11]　舒政，郑川江，叶仲斌，等. 油田含油污泥调剖技术研究进展 [J]. 应用化工，2012，41 (07)：1232-1235.

[12]　唐金龙，杜新勇，郝志勇，等. 含油污泥调剖技术研究及应用 [J]. 钻采工艺，2004 (03)：92-93，6.

[13]　王亚，苏建栋. 含油污泥调剖技术研究与应用 [J]. 石油天然气学报，2008 (04)：159-160，178.

[14]　秦艳，李红旭. 含油污泥焚烧处理技术在油田的应用 [J]. 石油工业技术监督，2010，26 (04)：25-29.

[15]　邹丽萍，易大专. 含油污泥处理技术研究进展 [J]. 油气田地面工程，2011，30 (09)：44-46.

[16]　仝坤，宋启辉，刘晓辉. 含油污泥处理存在的问题及解决建议 [J]. 油气田环境保护，2017，27 (01)：6-9，60.

[17]　郑晓伟，陈立平. 含油污泥处理技术研究进展与展望 [J]. 中国资源综合利用，2008，26 (1)：34-37.

[18]　王立璇. 含油污泥处理技术进展 [J]. 当代化工研究，2016 (8)：104-105.

[19]　王万福，金浩，石丰，等. 含油污泥热解技术 [J]. 石油与天然气化工，2010，39 (2)：173-178.

[20]　王庆莲. 大庆油田典型含油固废热解处理及资源化探讨 [D]. 大庆：大庆石油学院，2009.

[21]　高敏杰. 高温热解技术处理含油污泥的研究 [D]. 北京：北京化工大学，2018.

[22]　郭全. 含油污泥处理技术研究及装置设计 [D]. 南充：西南石油大学，2018.

[23]　吴小飞. 含油污泥固定床热解特性研究 [D]. 北京：中国石油大学，2013.

[24]　张里华. 含油污泥流化床热解特性研究 [D]. 哈尔滨：哈尔滨工业大学，2018.

[25]　阮宏伟，王志刚，白天. 含油污泥热解处理的试验与应用 [J]. 油气田环境保护，2009，19 (11)：47-49.

[26]　孙东，王越. 含油污泥热解处理技术研究进展 [J]. 山东化工，2019，48：62-66.

[27]　刘颖，杜卫东，程泽生，等. 含油污泥热解的影响因素初探 [J]. 油气田环境保护，2010，20 (2)：7-9，28.

[28]　刘鹏，王万福，岳勇，等. 含油污泥热解工艺技术方案研究 [J]. 油气田环境保护，2010，20 (2)：

10-13.

[29] 俞音，蒋勇军，高庆国，等. 含油污泥热解综合处理技术研究与应用 [J]. 环境工程，2018，36：213-216，221.

[30] 巴玉鑫，王惠惠，吴小飞，等. 热解装置对含油污泥热解产物的影响 [J]. 油气田环境保护，2017，27 (1)：18-20，60.

[31] 丁安军，王雨辰，廖长君，等. 钻井含油污泥高温热解处理技术研究应用 [J]. 石油地质与工程，2018，32 (5)：119-120.

[32] 王静静. 含油污泥热解动力学及传热传质特性研究 [D]. 北京：中国石油大学，2013.

[33] 江波. 含油污泥热解动力学研究 [D]. 上海：华东理工大学，2012.

[34] 彭发修. 含油污泥热解动力学研究 [D]. 上海：华东理工大学，2012.

[35] 高敏杰. 高温热解技术处理含油污泥的研究 [D]. 北京：北京化工大学，2018.

[36] 张楠，王宇晶，刘涉江，等. 含油污泥化学热洗技术研究现状与进展 [J]. 化工进展，2021，40 (03)：1276-1283.

[37] 董丁，陈亮，刘晓丽，等. 球磨辅助化学热洗处理含聚油泥的研究 [J]. 石油与天然气化工，2021，50 (02)：120-126.

[38] 张雷，曹伟锴，王建磊. 油泥残渣固定化制作路面砖及性能评价 [J]. 四川环境，2021，40 (05)：11-16.

[39] 赵瑞玉，宋永辉，孙重，等. 活性水洗-溶剂萃取组合处理含油污泥 [J]. 中国石油大学学报（自然科学版），2021，45 (05)：169-175.

[40] CHEN G，CHENG C，ZHANG J，et al. Synergistic effect of surfactant and alkali on the treatment of oil sludge [J]. Journal of Petroleum Science and Engineering，2019，183：106420.

[41] 李予. 生物制剂清洗＋微生物降解处理油田含油污泥技术研究 [J]. 石油炼制与化工，2021，52 (07)：101-106.

[42] 陈世宁，陈典章，梅光军，等. 环保型清洗剂处理含油污泥研究 [J]. 油气田环境保护，2020，30 (06)：25-28，32，68.

[43] LU Z，LIU W，BAO M，et al. Oil recovery from polymer-containing oil sludge in oilfield by thermo-chemical cleaning treatment [J]. Colloids and Surfaces A：Physicochemical and Engineering Aspects，2021，611：125887.

[44] 张全娟. 含油污泥热化学洗涤处理研究及装置设计与调试 [D]. 大庆：东北石油大学，2020.

[45] 廖长君，曹斐姝，戴书剑，等. 塔河油田老化油泥热清洗实验研究 [J]. 现代化工，2021，41 (S1)：159-162，68.

[46] 张乐，胡海杰，屈撑囤，等. 清罐含油污泥热洗收油技术研究 [J]. 石油化工应用，2021，40 (05)：61-66，87.

[47] LIANG X R，LI X，CHEN Y，et al. Optimization of microemulsion cleaning sludge conditions using response surface method [J]. Journal of Environmental Science and Health Part a-Toxic/Hazardous Substances & Environmental Engineering，2020，56 (1)：63-74.

[48] 李银玲. 环保型清洗剂处理含油污泥研究 [J]. 清洗世界，2021，37 (05)：33-34.

[49] 黄朝琦，秦志文，尚绪敏，等. 含油污泥化学热洗的药剂配方及工艺优化 [J]. 化工进展，2020，39 (04)：1478-1484.

[50] 包红旭，张欣，赵峰，等. 不同结构配比的鼠李糖脂乳化活性与油泥清洗效果 [J]. 生态学杂志，2020，39 (01)：243-251.

[51] 毕延超. 超声波石油钻采含油污泥处理技术试验研究 [J]. 低碳世界，2019，9 (03)：16-17.

[52] LUO X，GONG H，HE Z，et al. Research on mechanism and characteristics of oil recovery from oily sludge in ultrasonic fields [J]. Journal of Hazardous Materials，2020，399：123137.

[53] HE S L, TAN X C, HU X, et al. Effect of ultrasound on oil recovery from crude oil containing sludge [J]. Environmental Technology, 2019, 40 (11): 1401-1407.

[54] 刘庆洁. 含油污泥处理的试验研究 [J]. 石油化工安全环保技术, 2018, 34 (06): 54-55, 61, 8.

[55] GAO Y-X, DING R, CHEN X, et al. Ultrasonic washing for oily sludge treatment in pilot scale [J]. Ultrasonics, 2018, 90: 1-4.

[56] AGHAPOUR AKTIJ S, TAGHIPOUR A, RAHIMPOUR A, et al. A critical review on ultrasonic-assisted fouling control and cleaning of fouled membranes [J]. Ultrasonics, 2020, 108: 106228.

[57] 伏渭娜, 张星, 田园, 等. 油泥超声破乳-离心分离除油工艺研究 [J]. 内蒙古石油化工, 2021, 47 (06): 13-15.

[58] 于鑫娅. 超声-微生物-电化学耦合法处理炼油厂含油污泥试验研究 [D]. 常州: 常州大学, 2021.

[59] 滕大勇, 方健, 张昕, 等. 超声波与解聚剂协同处理含聚油泥 [J]. 化工进展, 2020, 39 (S1): 292-299.

[60] 田义, 陈杰, 林本常, 等. 含油污泥多相特征分析及除油试验 [J]. 非常规油气, 2021, 8 (06): 112-118.

[61] LIU C, HU X, XU Q, et al. Response surface methodology for the optimization of the ultrasonic-assisted rhamnolipid treatment of oily sludge [J]. Arabian Journal of Chemistry, 2021, 14 (3): 102971.

[62] LIN Z H, XU F S, WANG L L, et al. Characterization of oil component and solid particle of oily sludge treated by surfactant-assisted ultrasonication [J]. Chinese Journal of Chemical Engineering, 2021, 34: 53-60.

[63] 彭涛. 含油污泥干化热解一体化技术及设备 [D]. 常州: 常州大学, 2021.

[64] 米鹏涛. 油泥干化技术在炼油厂污水处理场中的应用 [J]. 石油石化绿色低碳, 2020, 5 (06): 36-39, 68.

[65] BAHú J O, MIRANDA N T, KHOURI N G, et al. Crude oil emulsion breaking: An investigation about gravitational and rheological stability under demulsifiers action [J]. Journal of Petroleum Science and Engineering, 2022, 210: 110089.

[66] YANG Y, PENG P, YANG Q, et al. Fabrication of renewable gutta percha/silylated nanofibers membrane for highly effective oil-water emulsions separation [J]. Applied Surface Science, 2020, 530: 147163.

[67] SOUSA A M, PEREIRA M J, MATOS H A. Oil-in-water and water-in-oil emulsions formation and demulsification [J]. Journal of Petroleum Science and Engineering, 2022, 210: 110041.

[68] ROMANOVA Y N, MARYUTINA T A, MUSINA N S, et al. Application of ultrasonic treatment for demulsification of stable water-in-oil emulsions [J]. Journal of Petroleum Science and Engineering, 2022, 209: 109977.

[69] LV X, SONG Z, YU J, et al. Study on the demulsification of refinery oily sludge enhanced by microwave irradiation [J]. Fuel, 2020, 279: 118417.

[70] ABDURAHMAN N H, YUNUS R M, AZHARI N H, et al. The potential of microwave heating in separating water-in-oil (w/o) emulsions [J]. Energy Procedia, 2017, 138: 1023-1028.

[71] SONG Z, PAN W, WANG S, et al. Microwave demulsification characteristics and product analysis of oily sludge [J]. 2021.

[72] GAO N, DUAN Y, LI Z, et al. Hydrothermal treatment combined with in-situ mechanical compression for floated oily sludge dewatering [J]. Journal of Hazardous Materials, 2021, 402: 124173.

[73] 褚志炜, 巩志强, 王振波, 等. 含油污泥热处置技术研究 [J]. 应用化工, 2021, 50 (02): 526-531.

[74] 白冬锐, 张涛, 詹雨雨, 等. 含油污泥处理技术进展 [J]. 环境工程, 2020, 38 (08): 207-

212, 146.

[75] 屈京, 马跃, 岳长涛, 等. 含油污泥脱水技术国内外研究现状 [J]. 应用化工, 2021, 50 (11): 3079-3086.

[76] SU B, HUANG L, LI S, et al. Chemical-microwave-ultrasonic compound conditioning treatment of highly-emulsified oily sludge in gas fields [J]. Natural Gas Industry B, 2019, 6 (4): 412-418.

[77] 林子增, 徐健, 王天然, 等. 炼化含油污泥三氯化铁调质脱水实验研究 [J]. 应用化工, 2018, 47 (08): 1600-1604.

[78] 安静, 周龙涛, 贾悦, 等. 新疆油田含油污泥破乳-离心脱水工艺优化 [J]. 环境工程学报, 2021, 15 (08): 2721-2729.

[79] 杨嗣靖, 李刚, 范维利. 6种污泥热干化技术概述 [J]. 节能, 2018, 37 (07): 65-67.

[80] 王争刚. 薄层干化技术在含油污泥处置中的应用 [J]. 安徽化工, 2021, 47 (06): 138-141.

[81] 徐斌. 炼油污水处理场油泥干化处理技术应用 [J]. 石油石化绿色低碳, 2020, 5 (05): 38-41, 5.

[82] 刘念汝, 王光华, 李文兵, 等. 城市污泥微波干化及污染物析出特性研究 [J]. 工业安全与环保, 2016, 42 (07): 80-83.

[83] HUI K, TANG J, LU H, et al. Status and prospect of oil recovery from oily sludge: A review [J]. Arabian Journal of Chemistry, 2020, 13 (8): 6523-6543.

[84] DUAN Y, GAO N, SIPRA A T, et al. Characterization of heavy metals and oil components in the products of oily sludge after hydrothermal treatment [J]. Journal of Hazardous Materials, 2022, 424: 127293.

[85] 马骏, 孙培, 孙超, 等. 含油污泥不同处理工艺的研究进展 [J]. 山东化工, 2021, 50 (05): 109-110, 18.

[86] HAMIDI Y, ATAEI S A, SARRAFI A. A highly efficient method with low energy and water consumption in biodegradation of total petroleum hydrocarbons of oily sludge [J]. Journal of Environmental Management, 2021, 293: 112911.

[87] SU H, LIN J, WANG Q. A clean production process on oily sludge with a novel collaborative process via integrating multiple approaches [J]. Journal of Cleaner Production, 2021, 322: 128983.

[88] 朱桂丹, 何伟, 陕洁, 等. 含油污泥热解技术研究现状与进展 [J]. 广东化工, 2021, 48 (17): 34-36.

[89] 罗书亮. 热裂解技术在固废处置中的应用研究进展 [J]. 节能与环保, 2021, (08): 75-76.

[90] 邵丹萍, 潘国强, 曾凡, 等. 含油污泥无害化热处理工艺研究 [J]. 广东化工, 2022, 49 (01): 128-130.

[91] 朱海林. 含油污泥及热解残渣在建筑领域的应用概述 [J]. 绿色环保建材, 2021 (10): 7-8.

[92] 汤超, 熊小伟, 蔡文良, 等. 含油污泥热解残渣中热解炭的回收及应用研究 [J]. 石油与天然气化工, 2021, 50 (01): 124-128, 34.

[93] MA Z, XIE J, GAO N, et al. Pyrolysis behaviors of oilfield sludge based on Py-GC/MS and DAEM kinetics analysis [J]. Journal of the Energy Institute, 2019, 92 (4): 1053-1063.

[94] ALI I, TARIQ R, NAQVI S R, et al. Kinetic and thermodynamic analyses of dried oily sludge pyrolysis [J]. Journal of the Energy Institute, 2021, 95: 30-40.

[95] GONG Z, ZHANG H, LIU C, et al. Co-pyrolysis characteristics and kinetic analysis of oil sludge with different additives [J]. Journal of Thermal Science, 2021, 30 (4): 1452-1467.

[96] 莫榴, 林顺洪, 李玉, 等. 含油污泥与玉米秸秆共热解协同特性 [J]. 环境工程学报, 2018, 12 (04): 1268-1276.

[97] 匡少平, 宋燕. 不同油田油泥热裂解的特性分析及动力学研究 [J]. 环境工程学报, 2017, 11 (07): 4298-4304.

[98] 高敏杰，林青山，娄红春，等. 炼化厂含油污泥的理化特性分析及动力学研究 [J]. 淮阴工学院学报，2018，27 (01)：36-40.

[99] 武哲. 磁性纳米粒子强化微波热解含油污泥机理研究 [D]. 西安：西安石油大学，2021.

[100] 张里华. 含油污泥流化床热解特性研究 [D]. 哈尔滨：哈尔滨工业大学，2018.

[101] 王斌，马跃，岳长涛，等. 吉化油泥热解燃烧特性及动力学研究 [J]. 石油科学通报，2021，6 (02)：292-301.

[102] CONESA J A, MOLTó J, ARIZA J, et al. Study of the thermal decomposition of petrochemical sludge in a pilot plant reactor [J]. Journal of Analytical and Applied Pyrolysis, 2014, 107: 101-106.

[103] 詹咏，张领军，谢加才，等. 热解终温对含油污泥三相产物特性的影响 [J]. 环境工程学报，2021，15 (07)：2409-2416.

[104] 王飞飞，杨鹏辉，鱼涛，等. 含油污泥催化热解工艺的优化及热解产物分析 [J]. 环境工程，2019，37 (09)：171-176，204.

[105] 尚贞晓，赵庚，马艳飞. 含油污泥催化热解及残渣资源化利用实验研究 [J]. 石油与天然气化工，2021，50 (06)：115-119，25.

[106] 许思涵，王敏艳，张进，等. 热解时间对污泥炭特性及其重金属生态风险水平的影响 [J]. 环境工程，2020，38 (03)：162-167.

[107] 宋宇佳，武跃，王晓川，等. 热水解氧化法在含油污泥脱水及脱重金属方面的应用 [J]. 辽宁化工，2017，46 (04)：318-321，24.

[108] CRELIER M M M, DWECK J. Water content of a Brazilian refinery oil sludge and its influence on pyrolysis enthalpy by thermal analysis [J]. J Therm Anal Calorim, 2009, 97 (2): 551-557.

[109] 刘颖，杜卫东，程泽生，等. 含油污泥热解的影响因素初探 [J]. 油气田环境保护，2010，20 (02)：7-9，28，60.

[110] 俞音，蒋勇军，高庆国，等. 含油污泥热解综合处理技术研究与应用 [C]//《环境工程》2018 年全国学术年会论文集（中册），2018：217-220，225.

[111] HU G, FENG H, HE P, et al. Comparative life-cycle assessment of traditional and emerging oily sludge treatment approaches [J]. Journal of Cleaner Production, 2020, 251.

[112] DING K, XIONG Q, ZHONG Z, et al. CFD simulation of combustible solid waste pyrolysis in a fluidized bed reactor [J]. Powder Technology, 2020, 362: 177-187.

[113] 张小桃，张程俞，黄雪琦，等. 生物质（气）耦合燃煤锅炉燃烧特性数值模拟 [J]. 能源研究与管理，2021 (04)：47-51，7.

[114] 邵欣，邢国麟，韩思奇，等. 基于 FLUENT 的高炉内煤粉燃烧效率模拟与优化研究 [J]. 环境工程，2018，36 (06)：110-115.

[115] 冯子洋，刘臻，管清亮，等. 平焰型粉煤气化炉热态流场分布特性的数值模拟 [J]. 煤炭学报，2019，44 (S2)：657-664.

[116] 高庆军. 催化裂化提升管反应器三维 CFD 模拟分析 [J]. 化工管理，2018，(17)：121-122.

[117] RODRIGUEZ-ALEJANDRO D A, ZALETA-AGUILAR A, RANGEL-HERNáNDEZ V H, et al. Numerical simulation of a pilot-scale reactor under different operating modes: Combustion, gasification and pyrolysis [J]. Biomass and Bioenergy, 2018, 116: 80-88.

[118] 彭发修. 含油污泥热解动力学研究 [D]. 上海：华东理工大学，2012.

[119] 唐鑫鑫. 含油污泥低温热解过程实验研究及数值分析 [D]. 济南：山东大学，2019.

[120] GAO N, JIA X, GAO G, et al. Modeling and simulation of coupled pyrolysis and gasification of oily sludge in a rotary kiln [J]. Fuel, 2020, 279: 118152.

[121] 董楠航，王擎，刘荣厚. 玉米秸秆鼓泡床内快速热解过程数值模拟研究 [J]. 太阳能学报，2018，

39 (10)：2869-2875.

[122] SIA S Q，WANG W-C. Numerical simulations of fluidized bed fast pyrolysis of biomass through computational fluid dynamics ［J］. Renewable Energy，2020，155：248-256.

[123] 徐千芃，文远高，夏世斌. 转速对油基钻屑热解炉温度场影响的数值模拟 ［J］. 油气田环境保护，2019，29 （01）：33-36，61.

[124] QIAN Y，ZHAN J，YU Y，et al. CFD model of coal pyrolysis in fixed bed reactor ［J］. Chemical Engineering Science，2019，200：1-11.

[125] 傅继敏. 微波加热生物质催化热解制油试验研究和数值模拟 ［D］. 南京：东南大学，2020.

含油污泥热解仿真计算质量损失速率UDF

```
#include "udf. h"

//K/min
#define T1 350.
#define T2 400.
#define T3 450.
#define T4 500.
#define T5 550.
#define T6 600.
#define T7 650.
#define T8 700.
#define T9 750.

#define TRANSFER_RATE 0. 1

//kmol/(m3 s)
DEFINE_HET_RXN_RATE(rate 1,c,t,hr,mw,yi,rr,rr_t)
{
    Thread * * pt=THREAD_SUB_THREADS(t);
    Thread * tp=pt[0];
    Thread * ts=pt[1];

    * rr=0;
    if(C_T(c,ts)>T1){
        * rr=TRANSFER_RATE * yi[1][0] * C_R(c,ts) * C_VOF(c,ts)/mw[1][0];
    }
}

//kmol(m3 s)
DEFINE_HET_RXN_RATE(rate2,c,t,hr,mw,yi,rr,rr_t)
{
```

```
    Thread * * pt=THREAD_SUB_THREADS(t);
    Thread * tp=pt[0];
    Thread * ts=pt[1];
     * rr=0;
    if(C_T(c,ts)>T2){
        * rr=TRANSFER_RATE * yi[1][1] * C_R(c,ts) * C_VOF(c,ts)/mw[1][1];
    }
}


//kmol(m3 s)
DEFINE_HET_RXN_RATE(rate3,c,t,hr,mw,yi,rr,rr_t)
{
    Thread * * pt=THREAD_SUB_THREADS(t);
    Thread * tp=pt[0];
    Thread * ts=pt[1];
     * rr=0;
    if(C_T(c,ts)>T3){
        * rr=TRANSFER_RATE * yi[1][2] * C_R(c,ts) * C_VOF(c,ts)/mw[1][2];
    }
}


//kmol(m3 s)
DEFINE_HET_RXN_RATE(rate4,c,t,hr,mw,yi,rr,rr_t)
{
    Thread * * pt=THREAD_SUB_THREADS(t);
    Thread * tp=pt[0];
    Thread * ts=pt[1];
     * rr=0;
    if(C_T(c,ts)>T4){
        * rr=TRANSFER_RATE * yi[1][3] * C_R(c,ts) * C_VOF(c,ts)/mw[1][3];
    }
}


//kmol(m3 s)
DEFINE_HET_RXN_RATE(rate5,c,t,hr,mw,yi,rr,rr_t)
{
    Thread * * pt=THREAD_SUB_THREADS(t);
    Thread * tp=pt[0];
    Thread * ts=pt[1];
     * rr=0;
```

```
        if(C_T(c,ts)>T5){
            * rr=TRANSFER_RATE * yi[1][4] * C_R(c,ts) * C_VOF(c,ts)/mw[1][4];
        }
    }


    //kmol(m3 s)
    DEFINE_HET_RXN_RATE(rate6,c,t,hr,mw,yi,rr,rr_t)
    {
        Thread * * pt=THREAD_SUB_THREADS(t);
        Thread * tp=pt[0];
        Thread * ts=pt[1];

        * rr=0;
        if(C_T(c,ts)>T6){
            * rr=TRANSFER_RATE * yi[1][5] * C_R(c,ts) * C_VOF(c,ts)/mw[1][5];
        }
    }


    //kmol(m3 s)
    DEFINE_HET_RXN_RATE(rate7,c,t,hr,mw,yi,rr,rr_t)
    {
        Thread * * pt=THREAD_SUB_THREADS(t);
        Thread * tp=pt[0];
        Thread * ts=pt[1];

        * rr=0;
        if(C_T(c,ts)>T7){
            * rr=TRANSFER_RATE * yi[1][6] * C_R(c,ts) * C_VOF(c,ts)/mw[1][6];
        }
    }


    //kmol(m3 s)
    DEFINE_HET_RXN_RATE(rate8,c,t,hr,mw,yi,rr,rr_t)
    {
        Thread * * pt=THREAD_SUB_THREADS(t);
        Thread * tp=pt[0];
        Thread * ts=pt[1];

        * rr=0;
        if(C_T(c,ts)>T8){
```

```
        * rr＝TRANSFER_RATE * yi[1][7] * C_R(c,ts) * C_VOF(c,ts)/mw[1][7];
    }
}


//kmol(m3 s)
DEFINE_HET_RXN_RATE(rate9,c,t,hr,mw,yi,rr,rr_t)
{
    Thread * * pt＝THREAD_SUB_THREADS(t);
    Thread * tp＝pt[0];
    Thread * ts＝pt[1];

    * rr＝0;
    if(C_T(c,ts)＞T9){
        * rr＝TRANSFER_RATE * yi[1][8] * C_R(c,ts) * C_VOF(c,ts)/mw[1][8];
    }
}


DEFINE_PROPERTY(mix_density,cell,thread)
{
    real density＝1300.
    return density;
}
```

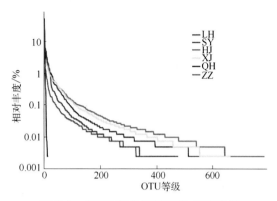

图 3-1　含油污泥样品的等级-丰度曲线

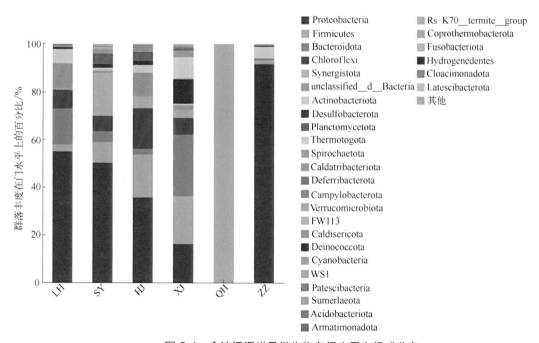

Proteobacteria	Rs-K70__termite__group
Firmicutes	Coprothermobacterota
Bacteroidota	Fusobacteriota
Chloroflexi	Hydrogenedentes
Synergistota	Cloacimonadota
unclassified__d__Bacteria	Latescibacterota
Actinobacteriota	其他
Desulfobacterota
Planctomycetota
Thermotogota
Spirochaetota
Caldatribacteriota
Deferribacterota
Campylobacterota
Verrucomicrobiota
FW113
Caldisericota
Deinococcota
Cyanobacteria
WS1
Patescibacteria
Sumerlaeota
Acidobacteriota
Armatimonadota

图 3-4　含油污泥样品微生物在门水平上组成分布

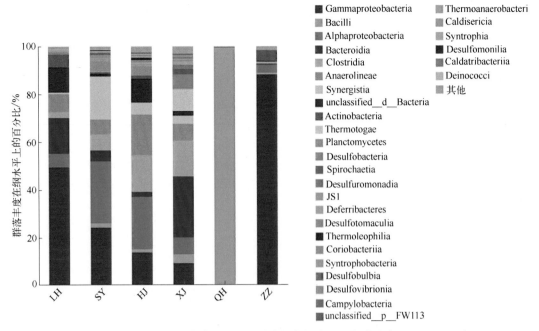

图 3-5　含油污泥样品微生物在纲水平上组成分布

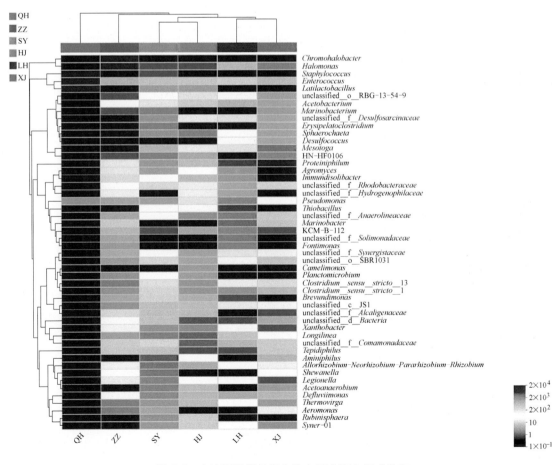

图 3-6　含油污泥样品微生物在属水平上组成分布

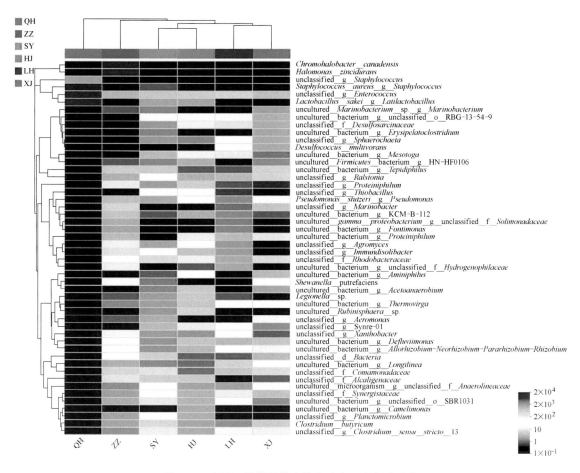

图 3-7　含油污泥样品微生物在种水平上组成分布

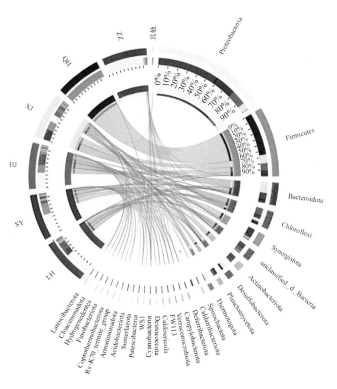

图 3-8　含油污泥样品门水平上细菌物种-样本 Circos 图

COG功能分类

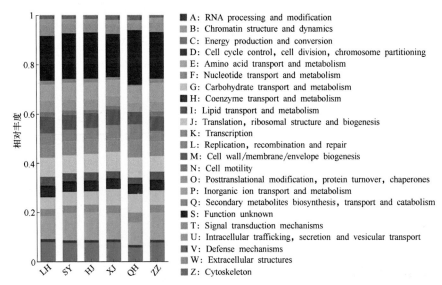

图 3-9　含油污泥样品的 COG 功能预测图

（A：核糖核酸加工和修饰；B：染色质结构和动力学；C：能源生产和转换；D：细胞周期控制、细胞分裂、
染色体分割；E：氨基酸转运和代谢；F：核苷酸转运和代谢；G：碳水化合物运输和代谢；H：辅酶运输和代谢；
I：脂质转运和代谢；J：翻译、核糖体结构和生物发生；K：转录；L：复制、重组和修复；M：细胞壁/膜/包膜生物发生；
N：细胞活力；O：翻译后修饰、蛋白质周转、分子伴侣；P：无机离子运输和代谢；Q：次级代谢产物的生物合成、
运输和分解代谢；S：功能未知；T：信号转导机制；U：细胞内运输、分泌和囊泡运输；V：防御机制；
W：细胞外结构；Z：细胞骨架）

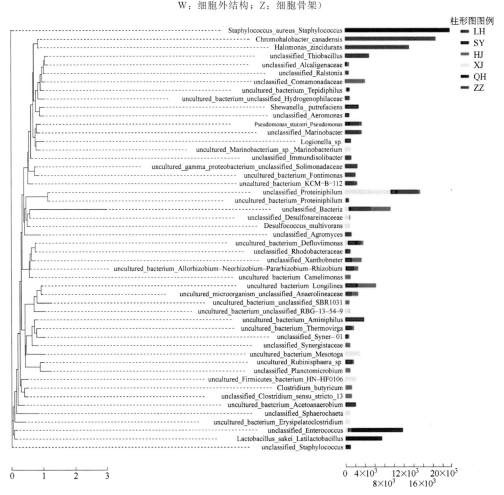

图 3-10　含油污泥样品微生物的系统发生进化树

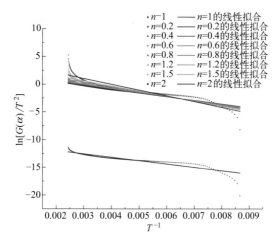

图 6-5　轻质油快速热解段动力学拟合曲线

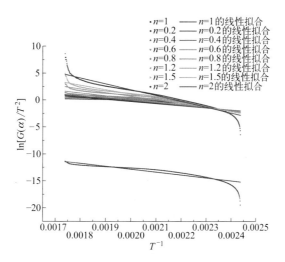

图 6-6　重质油慢速热解段动力学拟合曲线

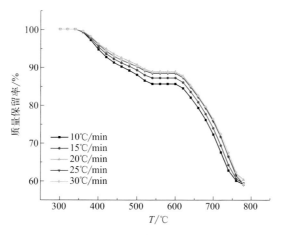

图 6-7　不同升温速率下的 TG 曲线

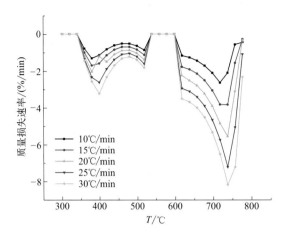

图 6-8　不同升温速率下的 DTG 曲线

图 7-10　热解后含油污泥样品

图 7-11　热解后产生的油水混合物

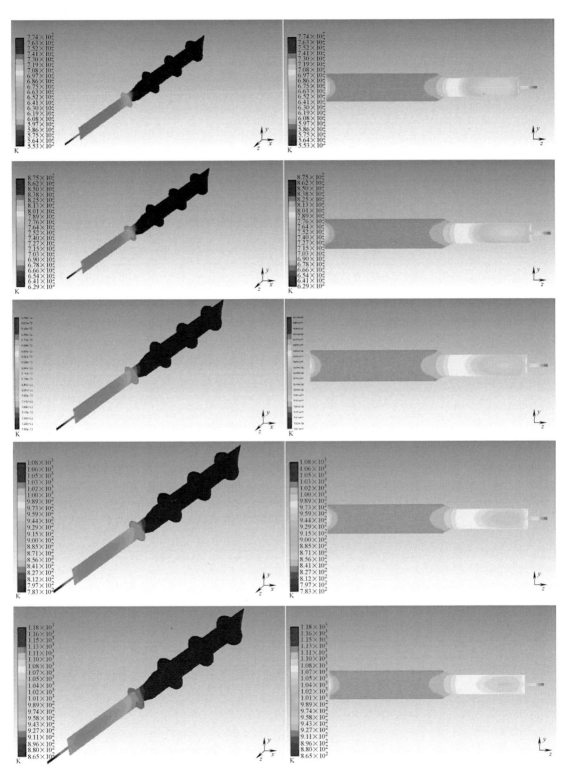

图 7-14 不同温度下热解设备内的温度分布情况

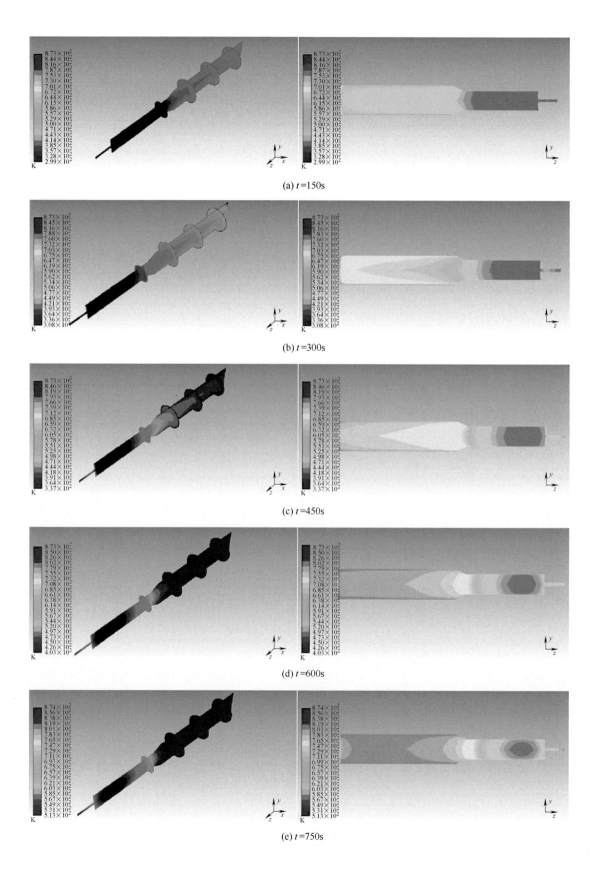

(a) t =150s

(b) t =300s

(c) t =450s

(d) t =600s

(e) t =750s

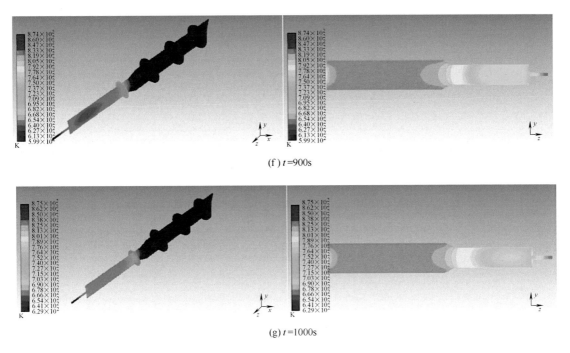

(f) $t=900s$

(g) $t=1000s$

图 7-16 873K 时热解设备的 y-z 平面温度云图

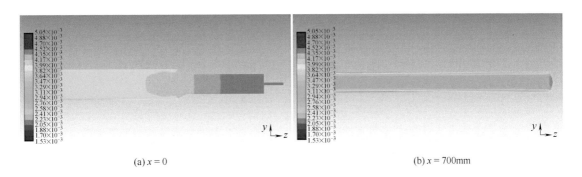

(a) $x=0$

(b) $x=700mm$

图 7-17 C_2H_6 组分的质量分数分布图

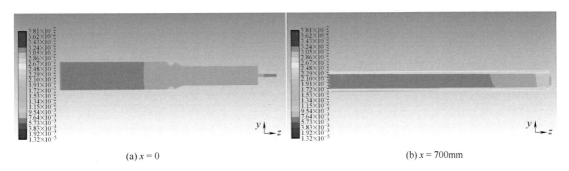

(a) $x=0$

(b) $x=700mm$

图 7-18 CH_4 组分的质量分数分布图

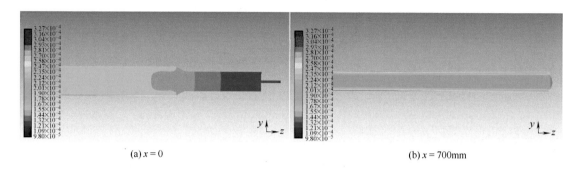

(a) x = 0

(b) x = 700mm

图 7-19 H$_2$ 组分的质量分数分布图

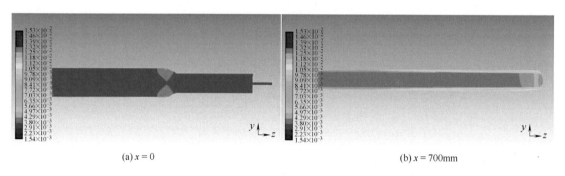

(a) x = 0

(b) x = 700mm

图 7-20 CO 组分的质量分数分布图

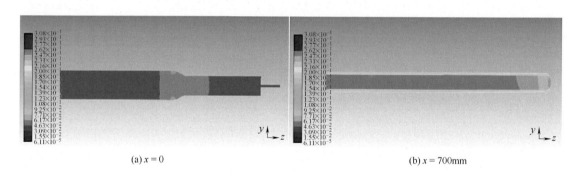

(a) x = 0

(b) x = 700mm

图 7-21 CO$_2$ 组分的质量分数分布图

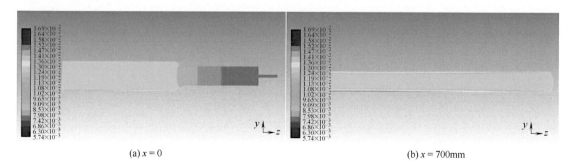

(a) x = 0

(b) x = 700mm

图 7-22 热解残渣的质量分数分布图

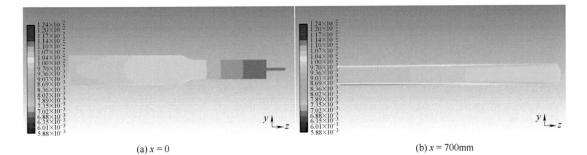

(a) x = 0   (b) x = 700mm

图 7-23　热解油的质量分数分布图

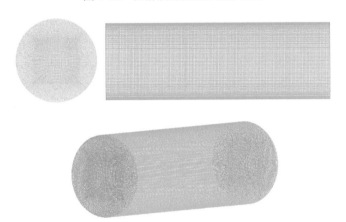

图 7-26　热解炉网格划分结果

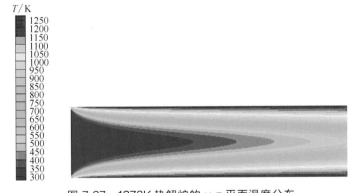

图 7-27　1273K 热解炉的 y-z 平面温度分布

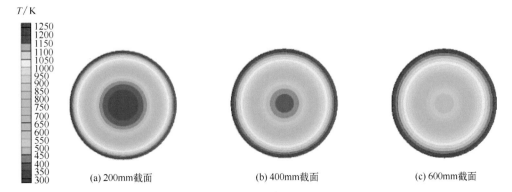

(a) 200mm截面　　　　(b) 400mm截面　　　　(c) 600mm截面

图 7-28　1273K 下 200mm、 400mm 和 600mm 截面的温度分布

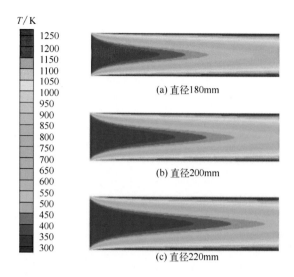

图 7-30　直径 180mm、 200mm 和 220mm 的热解炉在 1173K 下的温度场分布

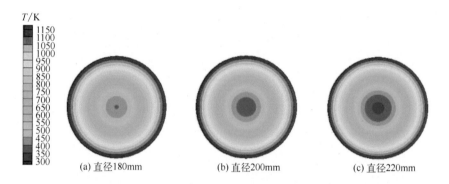

图 7-31　直径 180mm、 200mm 和 220mm 的热解炉在 1173K 下的中间截面温度

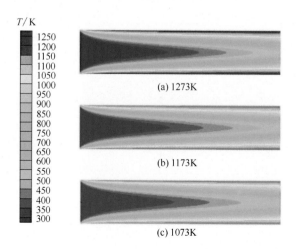

图 7-32　1273K、1173K 和 1073K 壁面温度下的温度场分布

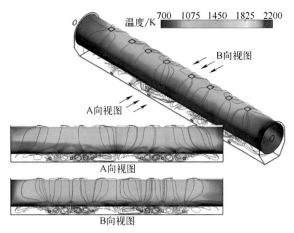

图 7-37　炉筒壁面烟气侧温度分布

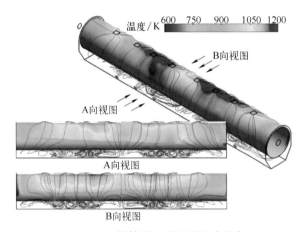

图 7-38　炉筒壁面油泥侧温度分布

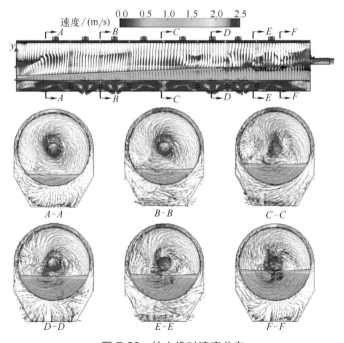

图 7-39　炉内绝对速度分布

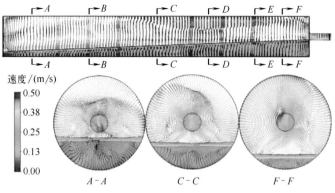

图 7-40　炉筒内相对速度分布

图 7-44　热解炉网格划分

(a) 几何模型

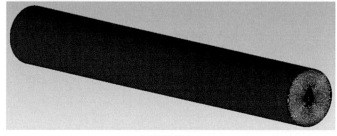

(b) 网格划分

图 7-45　炉筒几何模型及网格划分

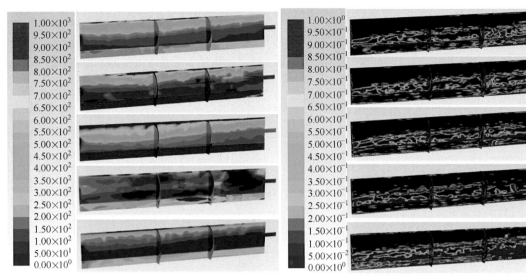

图 7-49　不同温度下炉筒内温度分布图　　　　　图 7-50　不同温度下气相产物分布图

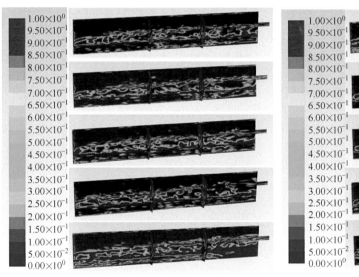
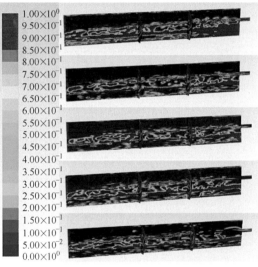

图 7-51　不同温度下液相产物分布图　　　　　图 7-52　不同温度下固相组分分布图

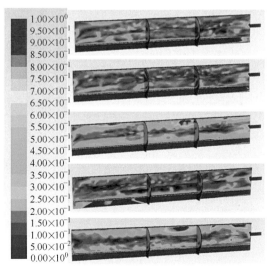
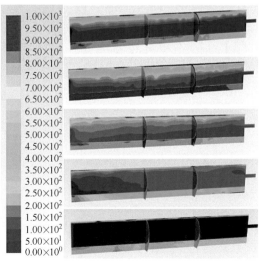

图 7-53　不同温度下炉内速度分布图　　　　　图 7-54　不同转速下炉筒内温度分布图

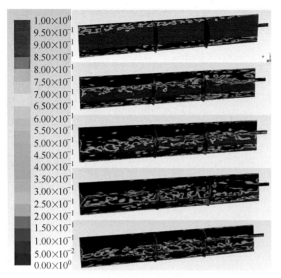

图 7-55　不同转速下气相产物分布图

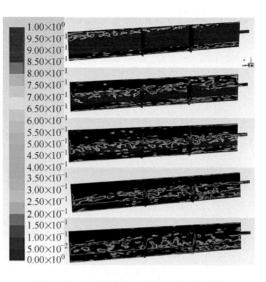

图 7-56　不同转速下液相产物分布图

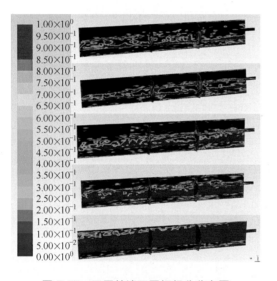

图 7-57　不同转速下固相组分分布图

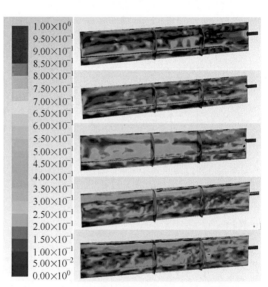

图 7-58　不同转速下炉内速度分布图

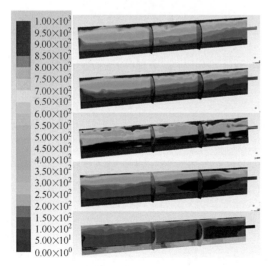

图 7-59　不同污泥入口速度下炉筒内温度分布图

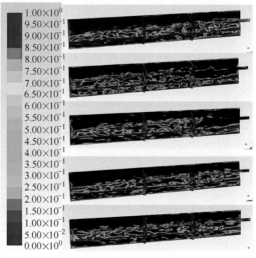

图 7-60　不同污泥入口速度下气相产物分布图

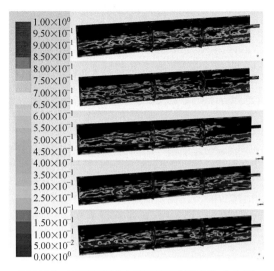

图 7-61　不同污泥入口速度下液相产物分布图

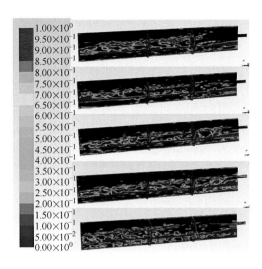

图 7-62　不同污泥入口速度下固相组分分布图

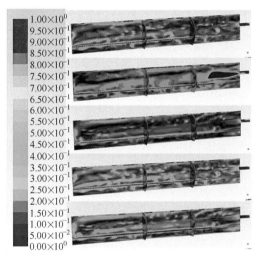

图 7-63　不同污泥入口速度下的速度云图

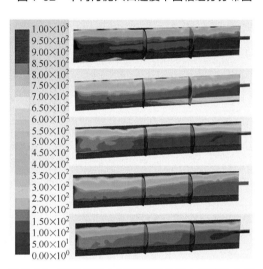

图 7-64　不同燃料入口速度下炉筒内温度分布图

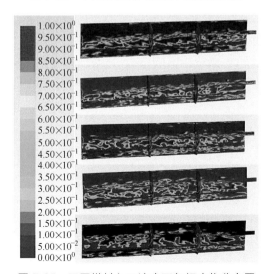

图 7-65　不同燃料入口速度下气相产物分布图

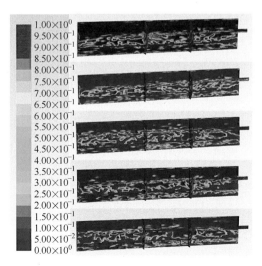

图 7-66　不同燃料入口速度下液相产物分布图

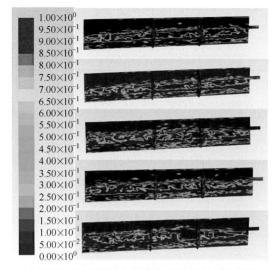

图 7-67　不同燃料入口速度下固相组分分布图

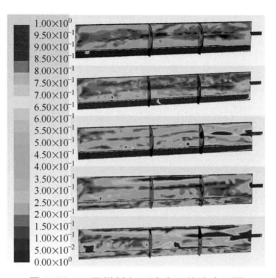

图 7-68　不同燃料入口速度下的速度云图

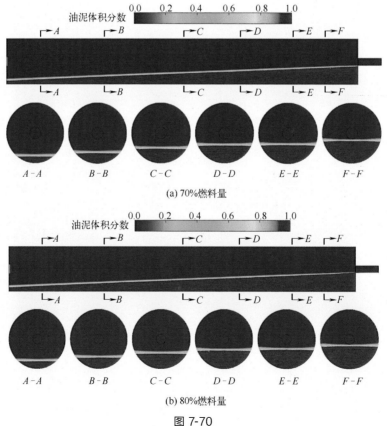

(a) 70%燃料量

(b) 80%燃料量

图 7-70

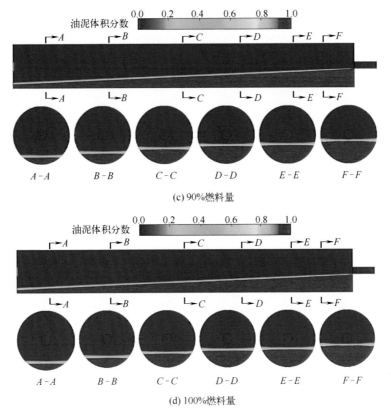

(c) 90%燃料量

(d) 100%燃料量

图 7-70 炉内油泥体积分数

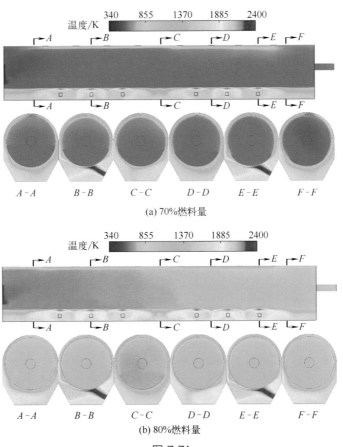

(a) 70%燃料量

(b) 80%燃料量

图 7-71

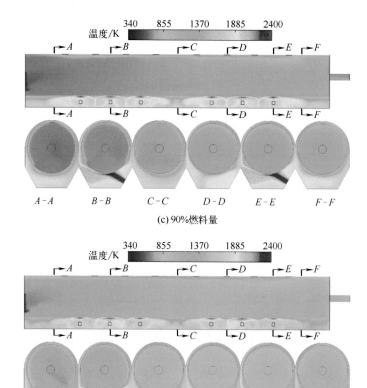

温度/K

(c) 90%燃料量

$A-A$ $B-B$ $C-C$ $D-D$ $E-E$ $F-F$

温度/K

(d) 100%燃料量

图 7-71　炉膛温度分布

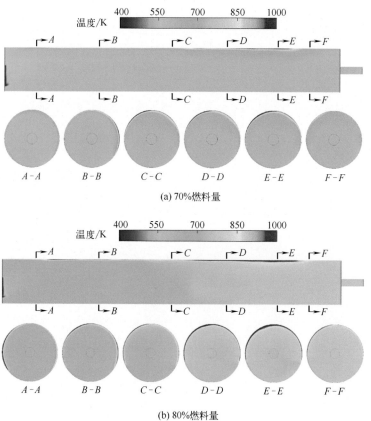

温度/K

$A-A$ $B-B$ $C-C$ $D-D$ $E-E$ $F-F$

(a) 70%燃料量

温度/K

$A-A$ $B-B$ $C-C$ $D-D$ $E-E$ $F-F$

(b) 80%燃料量

图 7-72

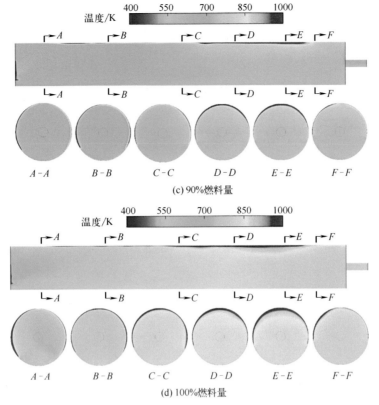

(c) 90%燃料量

(d) 100%燃料量

图 7-72　炉筒内温度分布

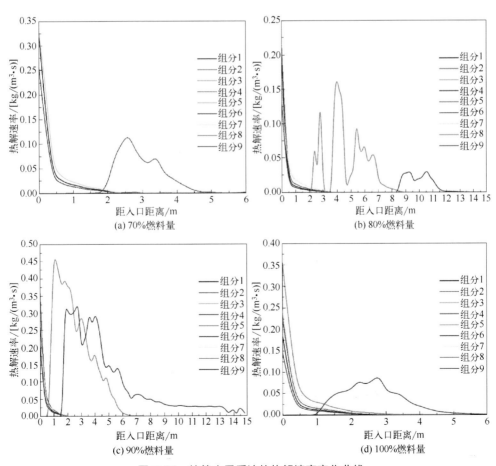

图 7-74　炉筒内重质油的热解速率变化曲线

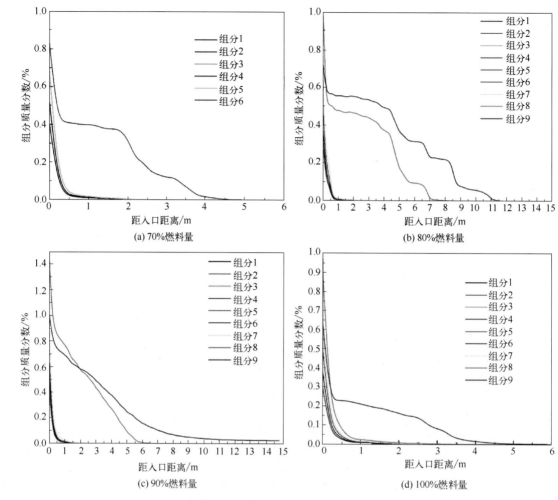

图 7-75　炉筒内不同位置的最大重质油质量分数变化曲线

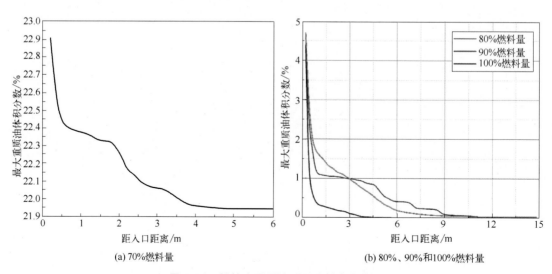

图 7-76　炉筒内重质油质量分数变化曲线

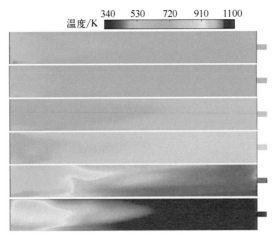

图 7-77　炉筒温度分布

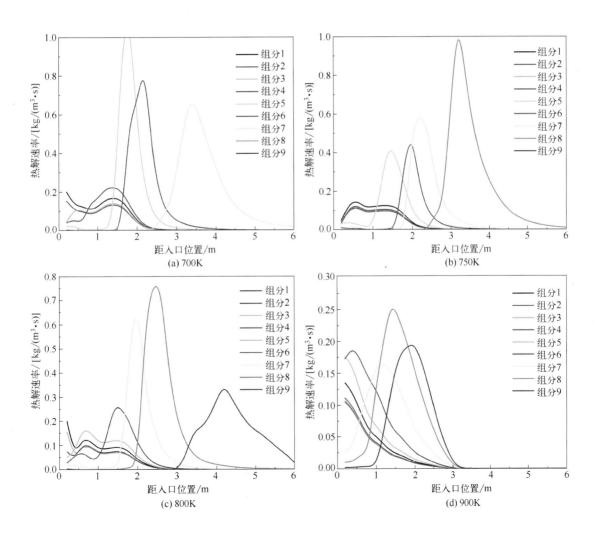

(a) 700K

(b) 750K

(c) 800K

(d) 900K

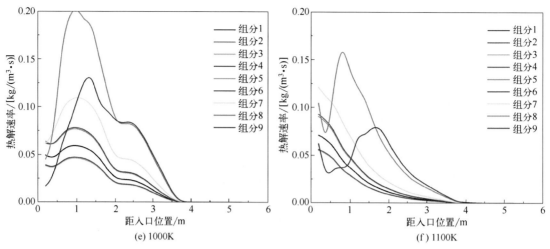

图 7-78　各组分热解速率

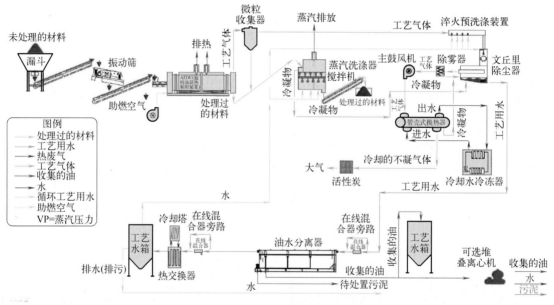

图 8-1　RLC 公司热解炉工艺流程

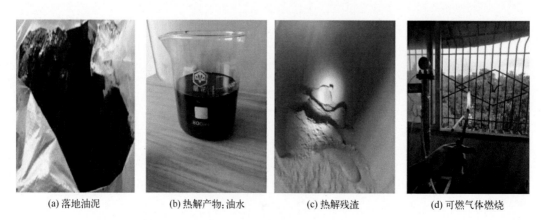

图 8-51　实验样品和热解产物

(a) 处理前含油污泥1   (b) 处理前含油污泥2   (c) 处理后含油污泥

图 8-52　含油污泥热解前后的外观形貌

(a) 1号环保油泥煤灼烧前   (b) 1号环保油泥煤灼烧后

图 9-10　1号环保油泥煤

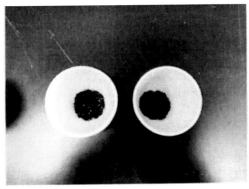 

(a) 2号环保油泥煤灼烧前   (b) 2号环保油泥煤灼烧后

图 9-11　2号环保油泥煤